SECHSTES BUCH.

F. J. [illegible]

I.

DIE ALTE.

Lukianos. II. 309. VI.

Färbe nur immer dein Haupt, dein Alter färbest du niemals,
Und die Falten der Stirn glättest du nimmer hinweg.
Warum tünchest du denn mit Schminke das ganze Gesicht dir?
Eine Maske gibt das, aber kein neues Gesicht.
Fruchtlos mühest du dich. Was rasest du? Glaubst du, daſs jemals
Durch Cinnober und Weiſs Hekabe Helena wird.

II.

Lukillios. II. 323. XXXI.

Manche behaupten, du habest dein Haar,
Nikylla, geschwärzet,
Das du doch, schwarz wie es ist, gleich
von dem Markte gekauft.

III.

Lukillios. II. 324. XXXIII.

Sicher täuscht der Spiegel Timarion's! Wenn
er die Wahrheit
Zeigete, würde sie sich jemals darinne
besehn?

IV.

Lukillios. II. 324. XXXIV.

Schminke kaufst du und Honig und Wachs
und Locken und Zähne;
Für das nehmliche Geld kaufst du ein
ganzes Gesicht!

V.

Palladas. II. 425. LXXXIX.

Amor'n gleichet dein Sohn; Amathusien
gleichet die Gattin;
Also mit Recht, o Schmidt, hinkst du
dem Lemnier nach.

VI.

Lukillios. II. 321. XIX.

Daſs du mit dieser Gestalt, Olympikos,
nimmer der Quelle,
Nimmer dem Spiegel des See's auf dem
Gebirge dich nahst!
Schautest du, wie Narkiſs, dein Angesicht,
stürbst du, wie dieser;
Und der Abscheu vor dir brächte dich
selber in's Grab.

VII.

DER MAGRE.

Lukillios. II. 330. LXV.

Plötzlich erhoben vom leisesten Hauch des lispelnden Westwinds,
Stieg jüngst, leichter als Spreu, Markos zum Äther hinauf.
Und er hätte die Luft mit rauschender Eile durchseegelt,
Hätte der Spinne Geweb nicht ihm die Füſse verstrickt.
Als er nun hier fünf Tag' und Nächte gehangen, ergriff er
Einen der Fäden und stieg langsam zur Erde herab.

VIII.

DIE TAUBE.

Lollius Bassus. II. 160. III.

Schaffe die Taube mir fort, Onesimos, schaffe die Vettel
Mir vom Halse; durch sie wird mir das Leben zur Last.
Wenn ich zum Beyspiel ihr heifse, mir neuen Käse zu bringen,
Bringt sie mir, glaubst du es wohl? Besen, die neu sie gekauft.
Neulich schmerzt mir der Kopf. Ich fordere Raute zum Umschlag.
Sie, nicht träge, hinaus — bringt mir die Laute herein.
Forder' ich Wein, so holt sie Steine her; sag' ich, mich hungert,
Setze den Kohlkopf mir auf, setzt sie den Nachttopf mir hin.
Fordr' ich den Rock, so bringt sie den Stock; und fehlet der Stock mir,
Bringt sie die Socken. Genug, nimmer versteht sie mich recht.

Soll ich zum Schreyer denn werden der tauben Vettel zu Liebe,
Und um Mitternacht mich üben im offenen Feld?

IX.

ÜBEL DER MENSCHHEIT.

Lukillios. II. 332. LXXVI.

Nicht Deukalion's schreckliche Fluth, die alles bedeckte,
Auch nicht Phaethons Brand, welcher die Erde verzehrt,
Raffte so viele der Menschen hinab zu des Aïdes Schatten,
Als der Chirurg Hermogen und der Poet Potamon.
Daher kennt die Geschichte der Welt nur folgende Übel:
Deukalion, Phaethon, Hermogenes, Potamon.

X.

DER TÖDLICHE NAHME.

Nikarchos. II. 355. XXVII.

Nie hat mich Pheidon klystirt, noch angerührt; aber im Fieber
Fiel sein Nahme mir ein, und ich erblaſste darob.

XI.

DER NEUE EURYSTHEUS.

Lukillios. II. 325. XL.

Wie die Fabel erzählt, entsendete einstens Eurystheus
Jupiters mächtigen Sohn in die Gefilde der Nacht.
Doktor Menophanes thut das nemliche. Doktor Eurystheus,
Nicht Menophanes mehr, werd' er in Zukunft genannt.

XII.

JUPITER'S TOD.

Lukillios. II. 324. XXXVI.

Doktor Markos berührte den steinernen
Jupiter gestern;
Heute trägt man den Gott, trägt man den
Marmor zu Grab.

XIII.

DER TÖDLICHE TRAUM.

Lukillios. II. 324. XXXVII.

Träumend sah Diophantos den Arzt Hermogenes; allen
Amuleten zum Trotz, sank er in ewigen
Schlaf.

XIV.

DER AUGENARZT.

Lukillios. II. 325. XL.

Hat ein Feind dich gekränkt und willst du dich rächen, so wünsche
Weder die Isis ihm an, noch des Harpokrates Zorn;
Oder wer sonst noch der Augen beraubt. Nein, rufe dem Simon,
Und du wirst sehn, was ein Gott, und was ein Simon vermag.

XV.

DER HOMERISCHE ARZT.

Lukianos. II. 312. xxiv.

Neulich vertraut' mir ein Arzt sein theuerstes Söhnchen, und schickt es,
Um Grammatik bey mir gründlich zu lernen, in's Haus.
Als der Knabe nun, Singe den Zorn und Leiden verursacht,
Und die Zeile darauf folgende Worte gehört:
Viel der Helden-Seelen hinab zum Aïdes sandt' er;
Schickte der Vater mir ihn weiter zur Schule nicht mehr.
Jüngst begegnet' er mir und grüſste mich: „Dank der Bemühung,
Aber was du ihn gelehrt, lehr' ich ihn eben so gut.
Auch ich sende hinab zum Aïdes viele der Seelen,
Und noch hab' ich dabey nie die Grammatik vermiſst."

XVI.

VERWÜNSCHUNG.

Pollianos. II. 439. 11.

Auch im Chor der Musen sind Furien; diese creirten
Dich zum Poeten; durch sie schreibst du so ohne Verstand.
Schreibe nur, schreibe nur zu, ich bitte dich. Nimmer o! sönne
Selbst der tückischte Feind schrecklichern Wahnsinn dir aus.

XVII.

DAS KENOTAPH.

Lukillios. II. 332. LXXV.

Ohne dafs irgend ein Mensch gestorben war, baute der Dichter
Markos, o Wandrer, das Grab, welches am Wege du siehst;
Dann bezeichnet' er es mit folgender Zeile zur Inschrift:
„Weint dem zwölfjährigen Kind, Maximos aus Ephesos."
Niemals sah ich diefs Kind, den Maximos; sondern ich habe,
Wanderer, nur zum Prunk Thränen zu fordern Befehl.

XVIII.

Nikarch. II. 356. XXXII.

Tod verkündet der Trauergesang der nächtlichen Eule;
Aber Demophilos Sang bringet der Eule den Tod.

XIX.

APOTHEOSE.

Lukianos. II. 310. XII.

Sey mir, Grammatika, hold, Ernährerin, die du ein sichres
Mittel dem Hunger erfand'st: Singe den Zorn des Achill.
Dir auch sollten wir flugs hellstrahlende Tempel erbauen,
Und Altäre dir weihn, nimmer ermangelnd des Rauchs.
Denn du erfüllest das Land, die Strafsen, die Häfen, den Pontos,
Keinen weisest du weg, wirthliche Grammatika!

XX.

BEZAUBERUNG.

Lukillios. II. 327. XLVIII.

Denk' ich an Heliodor, den Grammatiker, ist
mir der Mund gleich
Wie bezaubert, und bringt nur Solözismen
heraus.

XXI.

Lukillios. II. 334. LXXXIV.

Meine Ziege, mein Schwein und die Kuh,
die jüngst ich verlohren,
Schaff', o Menekles, mir für die Gebühren
zurück.
Dabey hab' ich, o Freund, mit Othryades
nichts zu verhandeln,
Auch des Leonidas Heer klag' ich des
Raubes nicht an.

Mit dem Eutychides hab' ich zu thun. Was kümmert mich also
Salamis und Marathon oder Thermopylä Paſs?
Sage doch, Bester, von mir auch einiges, oder ich rufe:
„Anderes sagt Menekles, andres das Schwein und die Kuh."

XXII.

RECHTSENTSCHEIDUNG.

Agathias. III. 56. LXVII.

Einstmals kam ein Klient zu Diodoros, dem Anwald,
Über folgenden Fall Raths sich befragend, und sprach:
„Jüngst entlief mir die Magd aus dem Haus; es findet sie jemand,
Und obschon sie nicht sein Eigenthum, gibt er sie doch

Einem von seinen Sklaven zum Weib; dem brachte sie Kinder.
Jetzo fragt sich's, wer hat diese zu fordern ein Recht?" —
Jener bedachte sich lang, durchblätterte viele Juristen
Staubbedeckt; öffnete dann, runzelnd die Stirne, den Mund:
„Dir entweder gebührt der streitigen Kinder Besitzthum,
Oder dem jetzigen Herrn, welcher das Mädchen entführt;
Will der Richter dir wohl, so kann es nicht fehlen, und hast du
Triftige Gründe für dich, nun, so gewinnst du gewifs."

XXIII.

DER MAHLER.

Leonidas aus Alexandrien. II. 191. v.

Jüngst hat Heliodor Menodotos Bildnifs gemahlet;
Jedermann gleichet das Bild, nur dem Menodotos nicht.

XXIV.

DER GEBROCHNE SCHWUR.

Palladas. II. 410. xv.

Tausendmal schwur ich mir zu, nie mehr Epigrammen zu schreiben,
Die bey den Narren mir nur Feindschaft erzeugen und Hafs.
Aber wenn Pantagathos mir, der Paphlagonier, vorkömmt,
Gleich ergreift mich die Wuth Verse zu machen auf's neu.

XXV.

AUF EINEN NICHTSWÜRDIGEN.

Ungenannter. III. 168. LXXXVIII.

Nicht aus Neigung erhob Fortuna dich, sondern zu zeigen,
Dafs sie selber an dir alles zu leisten vermag.

XXVI.

AUF EINEN KYNIKER.

Antipater aus Sidon. II. 22. LXI.

Traurig erseufzt der Ranzen und Herkules mächtige Waffe,
Dieser knotige Stock, vormals Diogenes Zier,

Und das Doppelgewand mit schmutzigem Schweifse getränket,
Welches dem starrenden Frost wehrt und dem stöbernden Schnee,
Dafs es an dir sich befleckt; denn jener, ein Hund des Olympos,
War von Göttergeschlecht, während im Staube du kriechst.
Gieb die Rüstung zurück, sie gebührt dir nicht; wahrlich es ziemet
Andres dem mächtigen Leun, andres dem zottigen Bock.

XXVII.

Ammianos. II. 387. XIII.

Leichte Erde bedeck' im Tode dich, armer Nearchos,
Denn so scharren dereinst leichter die Hunde dich aus.

XXVIII.

Philippos. II. 222. XL.

Treibe die Heerde fürbas, o Rinderhirt, dafs nicht der Erzdieb
Perikles endlich auch dich selbst mit den Rindern entführt.

XXIX.

DER NEUE HERKULES.

Lukillios. II. 327. L.

Aus den hesperischen Gärten des Jupiter raubte Meniskos,
Wie der Alkide vordem, Äpfel von strahlendem Gold.
Aber ertappt auf der That gewährt er ein seltenes Schauspiel;
Wie der Alkide vordem steigt er in Flammen empor.

XXX.

DER DIEBISCHE ARZT.

Kallikter. II. 294. II.

Rhodon nimmt durch Arzney die Krätze
hinweg und den Aussatz.
Aber auch jegliches sonst nimmt er dir
sonder Arzney.

XXXI.

DER TRÄGE.

Lukillios. II. 340. CIX.

Markus träumte vorlängst, er habe gelaufen;
nun schläft der
Faule nicht mehr, weil ihm bangt ähnliche
Träume zu sehn.

XXXII.

DER GEIZIGE.

Lukillios. II. 339. CIII.

Hermon gab im Traume vorlängst ein herrliches Gastmal;
Und am folgenden Tag hing er verzweifelnd sich auf.

XXXIII.

Ebenderselbe. II. 338. XCIX.

Sterbend bestellte sein Haus Hermokrates; sterbend vermachte
Alles Hermokrates sich, was er im Leben besafs.
Sorgsam rechnet' er dann, und verglich die Kosten der Krankheit
Mit den Kosten der Kur, wenn er vom Fieber genefst.

Einige Groschen betrug die letztere mehr als
die Krankheit;
„Besser ist es, du stirbst", sprach er und
reckte sich aus.
Nichts mehr bleibet ihm nun als der Obolos;
aber die Erben
Eilen schon lachenden Muths zu der
Vertheilung herbey.

XXXIV.

DER NÜCHTERNE.

Lukianos. II. 311. XVI.

Unter den Trunknen begehrt Akindynos
nüchtern zu bleiben;
Darum scheinet nur er trunken von allen
zu seyn.

XXXV.

DER LANGSAME STADIODROM.

Lukillios. II. 321. XXI.

Durch das Stadium schlich Eutychidas; aber zur Mahlzeit
Eilet' er; wer ihn erblickt, saget: Eutychidas fliegt.

XXXVI.

Lukianos. II. 310. X.

Bist du, o Freund, im Essen behend, und langsam im Wettlauf,
Ey, so iss mit dem Fuss, brauche zum Laufen den Mund.

XXXVII.

DAS LECKE FAHRZEUG.

Lukillios. II. 342. cxix.

Alle Wände des Schiffs, Diophantos, nehmen das Meer auf,
Und der Okeanos stürzt sich in die Luken hinein.
Nereus fröhliches Volk, die wimmelnden Heerden der Fische,
Füllen, o Bester, den Raum, schwimmend hinauf und hinab.
Bald wird, hoff' ich, ein Schiff in dem unsrigen seegelnd sich zeigen,
Wenn wir nur warten; im Meer fehlet das Wasser schon jetzt.

XXXVIII.

DAS PODAGRA.

Lukianos. II. 313. xxvii.

Armuthhassender Gott, du einzige Plage des Reichthums,
Der du überall nur köstlich zu leben begehrst;
Weichlich sitzest du gern auf Füſsen von andern, und hüllest
Dich in Socken und suchst düftender Salben Genuſs;
Dich erfreuet der Kranz und das Naſs des ausonischen Bakchos;
Nirgends findest du das unter des Dürftigen Dach.
Darum meidest du stets die unvergoldeten Schwellen,
Und wo Plutos dir winkt, drängst du den Füſsen dich an.

XXXIX.

DER BACH.

Ungenannter. III. 190. CXCVI.

Wer sich sehnt nach dem Tod und doch zum
Hängen nicht Muth hat,
Komm und trinke das Naſs aus Hierapolis
Bach.

SIEBENTES BUCH.

I.

MARSYAS.

Alkaios aus Messene. I. 488. x.

Nicht mehr wirst du dich nun in Phrygiens Pinienwäldern
Aus durchbohrtem Geröhr Töne zu locken erfreun;
Nicht mehr, Sohn der Nymphen, o Marsyas, strahlet in deinen
Künstlichen Händen, wie sonst, Pallas Tritonia's Werk.
Unzerbrechliche Fesseln umschlingen dich, weil du im Kunststreit,
Du von sterblichem Blut, Phoibos Apollen genaht.
Also hat dir das flötende Rohr, am Tone der süſsen
Cithar ähnlich, nicht Ruhm sondern Verderben gebracht.

II.

DIE NYMPHEN AN MARSYAS.

Archias. II. 97. XXII.

Also hänget dein Leib am dichten Gezweige der Fichte,
Und dein zottiges Fell schwebt von den Lüften gepeitscht?
Armer! denn auf dem Gebirg der Phrygier hast du, o Satyr,
Jüngst mit Phoibos Apoll frevelnden Wettstreit gewagt.
Nun ertönen nicht mehr die phrygischen Thale; wir Nymphen
Lauschen der süſsen Musik deiner Syringe nicht mehr.

III.

DER SCHLUMMERNDE AMOR.

Plato. I. 174. XXIX.

Als wir kamen zum Hayn, dem schattenden, fanden darin wir,
Ähnelnd purpurnen Äpfeln, Kytheria's liebliches Knäblein,
Nicht mit dem Bogen geschmückt und dem pfeilumhüllenden Köcher,
Sondern es hing das Waffengeräth an laubigen Bäumen.
Aber er schlummerte selbst auf düftender Blüthe der Rosen,
Lächelnd im Arme des Schlafs; ihn umsummeten gelbliche Bienen,
Auf dem nektarischen Mund des Schlummernden Honig zu sammeln.

IV.

AMOR ALS HIRT.

Myrinos. II. 107. 111.

Thyrsis, dem die Nymphen der Flur die
Heerde vertrauten,
Welcher, wie Mainalos Pan Töne den
Flöten entlockt,
Schläft hier, trunken des Weins, im heiligen
Schatten der Fichte,
Und die Heerde bewacht Amor, den Stab
in der Hand.
Nymphen, o Nymphen erweckt den muthigen
Jäger der Wölfe,
Daſs kein reiſsendes Thier Kypriens
Knaben verzehrt.

V.

ALKON.

Lentulus Gaitulikus. II. 167. IV.

Alkon schaute bestrickt vom gräſslichen
Drachen sein Knäblein,
Und mit zitternder Hand spannt' er den
Bogen nach ihm.
Nicht verfehlt' er das Thier. Der leichtbe-
flügelte Pfeil drang,
Über der Scheitel des Kind's, tief in den
gähnenden Schlund.
Banger Sorge befreyt, hat Alkon hier an die
Eiche
Seinen Köcher gehängt, Zeichen des
Glücks und der Kunst.

VI.

TIRESIAS MÄDCHEN UND JÜNGLING.

Evenos. I. 165. 11.

Ich, die Kyprien jüngst die flammende Fackel erhoben
In jungfräulicher Hand, bittend um Hymens Geschenk,
Lös' im Thalamos mir die zarten Gewande der Weiber,
Und erblicke bestürzt Zeichen der männlichen Kraft.
Braut kaum, nennen sie mich jetzt Bräutigam; Herkules Altar
Und die Tempel des Mars kränz' ich statt Kypriens nun.
Theben nannte mich sonst Teiresia; nun ich die Mitra
Mit der Chlamys vertauscht, liebet mich Chalkis als Mann.

VII.

HEKUBA'S KLAGEN.

Statyllius Flakkus II. 264. x.

Als auf ragendem Grab Polyxena's traurige Hochzeit
Neoptolemos einst seinem Erzeuger vollzog,
Rifs ihr graues Gelock vom trauernden Scheitel des Kisseus
Tochter, und weinte dem Mord ihrer Geliebten und sprach:
Lebend rafftest du einst an flammender Achse den Leichnam
Hektors; jetzo begehrst tod du Polyxena's Blut.
Warum zürnest du so auf meine Gebohrnen, Pelide,
Und verfolgst sie noch jetzt wüthend in Aïdes Reich?

VIII.

AN DEMETER.

Aristokles. II. 108.

In der Sikuler Au'n erscheinest du, Mutter der Früchte,
Deo; auch zu Athen. Aber Hermiona rühmt
Deiner Macht sich zuerst. Den wüthenden Stier von der Heerde,
Den zehn Männer vereint nicht zu bewegen vermocht,
Diesen führt die Alte beym Ohr allein zu dem Altar;
Wie der Mutter das Kind, folgt er der Leitenden nach.
Deine Kräfte sind diefs, o Göttliche! — Schaue noch ferner
Auf Hermiona's Flur segnenden Blickes herab.

IX.

RETTUNG.

Simonides. I. 147. CXII.

Unter das schützende Dach der Felskluft eilte der Priester
Dindymenens, dem Sturm stöbernden Schnee's zu entfliehn;
Als er das triefende Haar sich trocknete, sieh, da verfolgt' ihn
Spürend ein grimmiger Leu durch das zerrifsne Geklipp.
Aber der Priester ergriff das Tympanum, schlug mit der breiten
Hand darauf, und es erklang von dem Getöne der Fels;
Und das Thier des Waldes erbebte der Kybele Tönen,
Und zum dicken Gebüsch eilet' es flüchtigen Laufs,
Kybelens Priester zu fliehn, den Halbmann, welcher der Rhea
Diese Flechten des Haars und die Gewänder geweiht.

X.

KRAFT DER WEIHUNG.

Antiphilos. II. 178. XXXIII.

Stützend führte der Stab zum Tempel mich: denn es gebrach mir
Helios freundliches Licht und die Erleuchtung des Sinns.
Beydes gewähreten mir die Göttinnen; denn sie befreyten
In der heiligen Nacht auch von dem Dunkel mein Aug.
Stablos kehr' ich zur Stadt und kündige, statt mit der Zunge,
Mit dem beredteren Aug ihrer Mysterien Kraft.

XI.

DOPPELTE GABE.

Antipater von Thessal. II. 119. XLI.

Blind und kinderlos bat ich die Himmlischen,
dafs sie ein Kind mir
Schenketen, oder das Licht. Beydes
gewährten sie mir.
Wider Erwarten gebahr ich ein Knäblein;
selbigen Tages
Kehrte dem trauernden Aug Helios gött-
licher Glanz.
Beyde Gaben verliehst du mir, Artemis.
Kreisenden Weibern
Kömmst du helfend, und hold strahlet
im Dunkel dein Licht.

XII.

GÖTTERHÜLFE.

Philippos aus Thessalonike. II. 214. XII.

Als jüngst des Libys Sturm, des Notos Ungestüm
Das Meer umfinsternd schlug, und aus dem tiefen Schoos
Des Grundes Sand emporstieg, alle Masten sich
Zertrümmert neigten, und die Ladung in die Fluth
Hinabgestürzt ward, flehete Lysistratos
Den Göttern, die der Schiffer milder Beystand sind;
Und sieh, urplötzlich hörten sie des Priesters Wort,
Und schweigten hülfreich wilder Fluthen Ungestüm.

XIII.

AUFSCHUB DER STRAFE.

Palladas. II. 436. cxxxix.

An ein morsches Gebaü, erzählet man, lehnt sich ein Mörder
Schlummernd; während er schläft, zeiget Sarapis sich ihm;
Und mit warnender Stimm': O der du hier liegest, enteile,
Ruft er ihm, suche zum Schlaf einen bequemeren Ort.
Jener erwacht und entflieht. Und schau, das morsche Gemäuer
Stürzet, sonder Verzug, hinter dem Fliehenden ein.
Freudig bringet er nun den Himmlischen Opfer des Dankes,
Wähnend, es schaue der Gott gnädig auf Mörder herab.
Aber da zeigte sich ihm im Traume Sarapis noch einmal,
Rief dem Mörder und sprach: Wähnst du, ich sey dir geneigt?

Wiſs, ich rettete jetzt vom Tode dich, daſs du nicht schmerzlos
Stürbest, und spare dafür, Frevler, dem Kreuze dich auf.

XIV.

AUF EIN GERETTETES KIND.

Philippos. II. 231. LXX.

Auf ein irrendes Kind, das seine Mutter verlassen,
Stürmt' ein Widder daher trotzig mit krummen Gehörn;
Sieh, da brach der Eber des Herkules aus dem Gefängniſs,
Und durchbohrte des Thiers Hüfte mit flammendem Zahn,
Und entraffte das Kind dem Untergang. Heren's Verfolgung
Eingedenk, schützt der Alcid milde der Kinder Geschlecht.

XV.

KAMPF IN DEN WELLEN.

Antipater aus Thessal. II. 120. XLII.

Als die Wellen das Schiff zertrümmerten, kämpften der Männer
Zwey; ein einziges Bret eigneten beyde sich zu.
Und Antagoras schlug den Peisistratos. Wahrlich in solchem
Kampf verzeihlich; und doch ahndete Dike die That.
Dieser entschwamm und jenen verzehrte der gräfsliche Hayfisch.
Denn der Himmlischen Zorn rastet nicht, selber im Meer.

XVI.

Hegesippos. I. 254. IV.

Eines ertrunkenen Mann's zur Hälfte verzehreten Leichnam,
Eine Beute des Meers, zogen die Fischer herauf;
Aber sträflichem Raub entsagten sie; Körper und Fische
Bargen sie, alles zugleich unter dem sparsamen Sand.
Erde, du hast ihn ganz, den Unglücklichen! Was von dem Fleisch ihm
Mangelt, ersetzen dir die, welche den Körper benagt.

XVII.

DIE GLÜCKLICHE MUTTER.

Antipater aus Thessal. II. 125. LXIII.

Neun und zwanzig der Kinder gebar ich Hermokrateia,
Alle blühten mir auf, keines entraffte der Tod.
Phoibos tödtete nicht mit feindlichem Bogen die Söhne;
Keine der Töchter erlag Artemis bitterm Geschoſs.
Sondern es eilete die den Kreisenden rüstig zu Hülfe;
Und die Knaben erzog Delios schützende Huld,
Krankheit wendend und Noth. So weichet mir Tantalos Tochter
An der Geborenen Zahl und an bescheidnem Gemüth.

XVIII.

DIE SPARTANISCHE MUTTER.

Erykios. II. 297. VIII.

Als du aus blutiger Schlacht, Damatrios, bebend zurückkamst,
Und die Mutter dich sah schmückender Waffen beraubt,
Da durchbohrte sie dir mit blutiger Lanze die Hüften
Zornigen Herzens und sprach: Geh zu den Schatten hinab;
Geh, entlaste der Schmach dein Vaterland! Säugten der Mutter
Brüste zur Memme dich auf, trage nicht Sparta die Schuld.

XIX.

FRIEDENSZEICHEN.

Philippos aus Thessalonike. II. 220. xxx.

Diese Rostra mit ehernem Zahn, der Galeere Bewaffnung,
Lehnend am Ufer des Meers, Zeugen der aktischen Schlacht,
Tragen des Wachses Geweb, die liebliche Gabe der Bienen,
Und der summende Schwarm füllt sie mit Honig umher.
Solche Geschenke gewährt der Frieden uns. Feindliche Waffen
Bringen auf Käsar's Gebot Früchte des Friedens hervor.

XX.

DAS MÜCKENNETZ.

Paulos Silent. III. 91. LXVI.

Nicht das mächtige Wild, auch nicht die Fische der Meersfluth,
Noch die Vögel der Luft fang ich im leichten Geflecht,
Sondern den Sterblichen selbst. Ihn umzieht das schützende Kunstwerk,
Und ich wehre von ihm lästiger Fliegen Besuch,
Wenn er nach fröhlichem Mahl des Schlaf's am drückenden Mittag
Pfleget; wie Mauern die Stadt also beschütz' ich den Mann.
Diesem verleih' ich des Schlafes Genuſs; auch danket der Sklav mir,
Dem ich fürder die Last Fliegen zu scheuchen entnahm.

XXI.

DIE ZERBROCHENE FLASCHE.

Marcus Argentarius. II. 272. XXVI.

Jüngst beym fröhlichen Schmaufs zerbrachst du uns, liebliche Flasche,
Und dein berstender Bauch strömte den Bakchos dahin.
Denn es traf dich von fern ein sausender Kiesel, dem Blitz gleich,
Nicht aus Kronions, sondern aus Chromios Hand.
Lautes Gelächter entstand und häufiges Scherzen der Männer,
Und ein tosender Lärm, als du in Scherben zerfielst.
Ich beklage dich nicht; du gebarst den Evischen Bakchos;
Und auch Semelen traf, Flasche, dasselbe Geschick.

XXII.

DER SCHNEE.

Simonides. I. 146. cv.

Diesen schüttelte jüngst, den thrakischen
Fluren enteilend,
Boreas Fittich herab auf des Olympos
Gebirg;
Und es erstarrten die leicht bekleideten. Aber
er selber
Wurde lebendig verscharrt in das pieri-
sche Land.
Mischet davon auch mir dem Weine zu!
Warmes Getränke
Darzureichen dem Freund, ziemet, o
Freunde! sich nicht.

XXIII.

DER ASTRONOM.

Ptolemaios. II. 66. 11.

Dafs ich sterblich nur bin, wohl weifs ich es; aber erforsch' ich,
Eure verschlungene Bahn, helle Gestirne der Nacht,
Dünkt mir, ich schwebe hinweg vom irdischen Boden, und koste,
In der Unsterblichen Saal, Jupiters Ambrosia.

XXIV.

DIE WASSERMÜHLE.

Antipater aus Thessal. II. 119. xxxix.

Gönne nun Ruhe der Hand, o Müllerin;
freue des Schlafs dich,
Ohne zu lauschen des Hahns Morgen verkündendem Ruf;
Denn Demeter gebot den emsigen Nymphen
die Arbeit;
Rüstig springen sie nun hoch von dem
Rade herab,
Und bewegen die Achsen im Kreis; es drehn
sich die Speichen,
Und mit ihnen zugleich wälzen die Steine
sich um.
Glückliche Zeiten Saturn's, schon kehret ihr!
Sonder Bemühung
Bietet den Sterblichen schon Deo der
Früchte Genuſs.

XXV.

DAS VERBRANNTE SCHIFF.

Antiphilos. II. 176. XXVI.

Oftmals hab' ich die Wellen des Meers mit rauschendem Kiele
Rasch durchschnitten, und nur selten am Ufer geruht.
Doch zerstörte mich nicht der Schiffenden Sorge, die Meersfluth,
Sondern am Ufer Vulkan. Nenne die Wellen noch falsch!
Sie, die mich Arme gebar, zerstörte mich. Liegend am Strande
Werf' ich die Tücke des Meers, täuschende Erde, dir vor.

XXVI.

LAND UND MEER.

Antipater aus Thessal. II. 121. XLVII.

Als der Pflüger Archipp, von unheilbarem Übel belastet,
Schweraufathmend der Nacht grausende Pfade betrat,
Rief er den Söhnen und sprach: Geliebteste, ehret das Grabscheit;
Wie der Pflug mich genährt, also ernähr' er auch euch.
Nie verlocke zu trauriger Müh das schreckliche Meer euch,
Nimmer waget die Fahrt über die tückische Fluth.
So wie stets Stiefmütter an freundlichem Sinne den Müttern
Nachstehn, weichet auch dir, liebende Erde, das Meer.

XXVII.

SCHIFFAHRT.

Antiphilos. II. 174. xxv.

Kühnheit, denn du führ'st die Schiffenden über die Meersfluth,
Und zu schnödem Gewinn spornst du der Menschen Gemüth.
Welch' ein tückisches Holz ersannest du, welche Begierden,
Oft vom Tode bestraft, weckst du in sterblicher Brust?
Golden war das Geschlecht der Sterblichen, als sie den Pontos,
Schaudernd, wie Aïdes Reich, ferne vom Ufer noch sahn!

XXVIII.

ERMUNTERUNG ZUR SCHIFFAHRT.

Leonidas von Tarent. I. 235. LVII.

Alles ladet zur Fahrt. Es ertönt der plaudernden Schwalbe
Frühgesang; leise beginnt Zephyros lieblicher Hauch.
Blumen entspriefsen der Au, es schweiget die brausende Meersfluth,
Und es ruht des Orkan Wellen erregender Zorn.
Windet den Anker herauf, entstrickt, o Schiffer, das Tauwerk,
Richtet die Masten empor, gebet die Seegel dem Wind.
Also ermahnt vom Gestad Priápos euch, Pflüger des Meeres,
Dafs ihr zu frohem Gewinn lenket die glückliche Fahrt.

XXIX.

Satyrius Thyillos. II. 277. VI.

Schon erhebt sich der Hauch des Zephyros, mahnend zur Schiffahrt,
Und entlocket der Au' lieblicher Blumen Geschlecht.
Pandions Tochter erseufzt, es lächelt die spiegelnde Meersfluth
Freundlichen Blicks, nicht mehr schauernd von Boreas Sturm.
Kommt, o Schiffer, entlöst die hemmenden Anker, und breitet
Um den beflügelten Mast schwellender Seegel Gewand.
Auf, beginnet aufs neu des fröhlichen Handels Geschäfte,
Und vertrauet des Ports freundlichem Schützer Priap.

XXX.

Agathias. III. 53. LVII.

Ruhig erglänzt der Spiegel des purpurnen Meeres; der Sturmwind
Peitschet die Wellen nicht mehr oder bedeckt sie mit Schaum.
Nicht mehr stürmet die Fluth, an starrenden Klippen gebrochen,
Jetzt zum Himmel empört, jetzt in die Tiefen versenkt.
Zephyros athmet allein; es zwitschert die emsige Schwalbe
Und aus Halmen und Koth baut sie ihr schwebendes Nest.
Keine Gefahren bedrohn, o Schiffer, dich; ob du die Syrten,
Ob du der Sikuler Au'n, kundig des Meeres, besuchst.
Doch verbrenne vorher dem Schützer der Häfen, Priapos,
Auf dem flammenden Heerd, Butten und Humbern und Stör.

XXXI.

Philippos von Thessal. II. 232. LXXII.

Um den rauschenden Kiel des Meer durchschneidenden Fahrzeugs
Tanzten Delphine daher, Räuber der Fische des Meers.
Sie gewahrte der Hund von dem Bord herab; Thiere des Waldes
Wähnt' er zu sehn, und entsprang gierig hinab in die Fluth;
Und die seltsame Jagd entraffte ihn. Denn es gelingt nicht
Allen Hunden der Tanz über den Wellen des Meers.

XXXII.

Agathias. III. 65. LXXXIV.

Dich verzehrte die Katze, die Räuberin, zierliches Rebhuhn;
Aber sie hoffet umsonst länger zu horsten im Haus.
Denn nicht sonder Geschenk verlass' ich dich an des Kozytos
Trübem Gestade. Der Feind netze mit Blute dein Grab.
Denn es rastet nicht eh'r dein zürnender Schatten, bevor ich
Dir wie der Thetis Sohn Pyrrhos ein Opfer gebracht.

XXXIII.

DIE ZIEGE.

Ungenannter. III. 241. CCCCXXII.

Ungern nähr' ich säugend am schwellenden
Euter die Wolfsbrut;
Denn mich zwinget des Herrn thörichter
Wille dazu.
Hab' ich erst grofs ihn gesäugt, so droht mir
sein Rachen Verderben;
Keine Güte vermag dich zu verwandeln,
Natur.

XXXIV.

DER POLYP.

Antipater von Thessal. II. 120. XLIV.

In der wärmenden Sonn', an felsiger Klippe des Meeres,
Lag ein Polypus jüngst, trocknend der Arme Geflecht.
Und noch glich er dem Fels an Farbe nicht. Plötzlich erschaut' ihn
Aus den Wolken der Aar und er ergriff ihn behend.
Aber umstrickt von dem Haar des Polypus fiel er, der Beute
Und des Lebens beraubt, stracks in die Fluthen hinab.

XXXV.

Bianor. II. 154. 11.

An dem Strande des Meers erblickte der lauernde Fischer
Einen Polypus einst in der Gewässer Krystall;
Eilig griff er darnach und erbeutet' ihn; aber die Flechten
Fürchtend, warf er den Fisch schnell aus dem Wasser an's Land.
Schüchtern drückte sich hier im Lager der flüchtige Hase,
Und der Geschleuderte fiel über den Schlummernden her,
Und umschlang ihn mit rankendem Arm; so hat die gefangne
Beute des Meeres dem Mann Beute des Landes gebracht.

XXXVI.

DER PAPAGEY.

Krinagoras. II. 147. XXVII.

Aus dem Gebauer entwich auf glänzendem Flügel der Psittich,
Menschliche Rede gelehrt, zu dem benachbarten Hayn.
Weil er nun lange gewohnt, den trefflichen Kayser zu grüfsen,
Blieb er des Nahmens auch itzt auf dem Gebirge gedenk.
Und es lernten die Vögel von ihm mit reger Beeifrung,
Und ein jeglicher rief: Sey mir, o Kayser, gegrüfst.
Thiere folgten dem Sohn Kalliopens; aber aus freyer
Neigung preisen dich itzt, Kayser, die Vögel im Wald.

XXXVII.

DER WEINSTOCK ZUM BOCK.

Evenos. I. 165. VII.

Bis zur Wurzel hinab benagst du mich; dennoch, o Frevler,
Trag' ich des Weines genug, einst zu begiefsen dein Haupt.

XXXVIII.

VERGELTUNG.

Leonidas von Tarent. I. 236. LXI.

In dem Weinberg nagte der bärtige Gatte der Ziegen
Mit begierigem Zahn jegliches zarte Geschofs.
Drob ertönte diefs Wort aus der Erd' herauf: Nage nur, Frevler,
Nage die Rebe nur ab, Bromios edles Geschenk.
Aus der Wurzel, im Boden verwahrt, wird quellen der Nektar,
Welcher dein frevelndes Haupt einst am Altare benetzt.

XXXIX.

Anyte. I. 199. x.

Sieh des Bromios Bock, den gehörneten, wie er so muthvoll
Mit dem trotzigen Blick schaut auf den zottigen Bart.
Darum brüstet er sich, daſs oft beym borstigen Kinn ihn
Mit der rosigen Hand faſste die Nymphe des Hayns.

XL.

WETTLAUF.

Anyte. I. 197. IV.

Scherzend legten, o Bock, die spielenden Knaben den Maulkorb
Und den purpurnen Zaum dir um den zottigen Mund.
Und sie feyern im Hayn des Hippios Kämpfe des Rofslaufs,
Und mit flüchtigem Sprung trägst du die fröhliche Schaar.

XLI.

AN DIE SCHWALBE.

Mnasalkas. I. 192. IX.

Lispelnd - klagende Tochter des Pandion,
trauernde Jungfrau,
Welche zu sträflicher Lust Thrakiens
König umfing;
Warum stöhnst du im Haus vom Morgen
zum Abend, o Schwalbe?
Raste doch! Bleibet dir nicht künftig zu
Thränen noch Zeit?

XLII.

Evenos. I. 166. XIII.

Lieblichtönendes Mädchen von Attika, bringst du die Grille,
Deine Beute, der Brut nackender Kinder im Nest?
Die Geschwätzige, du die Schwätzerin, Fremde die Fremde,
Sie, geflügelt wie du, Bothin des Sommers, wie du!
Lafs die Gefangne denn los! denn wahrlich nicht ziemend noch recht ist's,
Dafs ein singender Mund Sängern Verderben erzeugt.

XLIII.

DIE NACHTIGALL.

Philippos aus Thessalonike. II. 220. XXXII.

Boreas Stürme zu fliehn, enteilet' ich über den Pontos,
Denn von Thrakien ist selber die Luft mir verhafst.
Sieh, da bot der Delphin der Sängerin freundlich den Rücken,
Und der Bewohner des Meers trug die Geflügelte fort.
Sorgsam führete mich der Ruderer, und es erfreut' ihn
Dankbar meines Gesangs liebliches Flötengetön.
Immer führten Delphine die Musen sonder Belohnung
Über die Fluthen. Hinfort glaubet Arions Geschick!

XLIV.

DIE HIRSCHE.

Apollonidas. II. 135. XV.

Als der stöbernde Schnee die starrenden Gipfel der Berge
Deckete, eilte die Schaar schüchterner Hirsche hinab,
Hülfe zu suchen am Flufs. Es hofften die Armen vergebens
In dem lauligen Strom sich zu erwärmen das Knie.
Aber sie packte die Fluth mit feindlichen Armen, und plötzlich
Schlug sie das schreckliche Band starrenden Eises umher.
Leicht ward jetzo das Wild den ländlichen Männern zur Beute,
Welches öfters dem Netz, öfters den Schlingen entflohn.

XLV.

DER ADLER.

Bianor. II. 156. x.

Als von Jupiters Thron den Sterblichen
Kunde zu bringen,
Niederschwebte der Aar durch die Gebiete
der Luft,
Eilte der Kreter ihm vor und spannte die
schwirrende Sehne,
Und der geflügelte Pfeil traf des Geflü-
gelten Brust;
Nicht verborgen dem Aug des Donnerers.
Über den Jäger
Stürzete, rächend des Pfeils sichre Ge-
schosse, der Aar.
Denn der Stahl, der ihn selber erlegt, durch-
bohrte des Mannes
Nacken, und doppeltes Blut Sterbender
tränkte den Pfeil.

XLVI.

DER LÖWE.

Leonidas von Alex. II. 192. XII.

Jüngst vom Schrecken der Nacht und stürmischen Hagel getrieben,
Schneegestöber und Frost, welcher die Glieder erstarrt,
Fliehend, suchte der Leu, die mächtigen Hüften zerschlagen,
Auf dem schroffen Gebirg, unter den Ziegen, nach Schutz.
Doch der Hirten gewahrt nicht einer ihn. Selber auf Rettung
Denkend, saſsen sie da, Jupiters Hülfe zu flehn.
Und es weilte der Leu die Nacht hindurch; keinen verletzend,
Weder Menschen noch Thier, eilt' er am Morgen davon.
Darum haben, o Zeus, die Hüter der Geiſsen dieſs Bildniſs,
Dir, dem Schützer der Hohn, unter der Eiche geweiht.

XLVII.

MUTTERLIEBE.

Alpheios. II. 131. XII.

Ihre Jungen im Nest umschirmte die brütende Henne,
Und dem stöbernden Schnee wehrten die Flügel umher,
Bis sie erliegend dem Frost erstarrete. Über den Kindern,
Trotzend dem stürmischen Nord, weilte sie ruhig im Nest.
Prokne, die du den Knaben erwürgt, Medeia, der Kinder
Mörderin, Schaam auf der Stirn schauet den schönen Instinkt.

XLVIII.

ZWIEFACHE MÜHE.

Philippos von Thessalonike. II. 228. LIX.

Folgend dem stachelnden Sporn, der ihr die Seite verwundet,
Zieht die pflügende Kuh Furchen den Acker entlang.
Dann entlastet vom Joch des Pflugschaars, reicht sie das Euter
Ihrem Kalb' und erträgt duldend die doppelte Müh.
Treibe schonend die Mutter, o Ackermann! wenn du sie milde
Pflegest, wächst dir das Kalb selber zur Mutter heran.

XLIX.

DIE FISCHENDEN STIERE.

Philippos. II. 219. XXVII.

Wir, die Pflüger des Felds, die viel erduldenden Stiere,
Treiben des Landes Geschäft auch in den Wellen des Meers.
Denn vom eisernen Pfluge befreyt durchfurchen das Meer wir,
Und am langstreckenden Seil ziehen wir rüstig das Netz.
Sind die Felder besät, so fischen wir! Selber die Salzfluth
Bringet Früchte durch uns, Lastenerduldend Geschlecht.

L.

Leonidas von Alexandria. II. 197. XXXVI.

Nicht die Furchen allein erlernten wir Rinder zu pflügen,
Auch im Meere, du siehst, ziehn wir die Barken dahin.
Denn der Schiffenden Kunst erlernten wir. Sende, Poseidon,
Deine Delphine dem Land, pflügend zu tragen das Joch.

LI.

DIE GEBÄHRENDE KUH.

Philippos. II. 219. XXVI.

Blutigem Tode geweiht, zu Latoniens heiligem Altar,
Schwerbelastet den Leib, folgte den Priestern die Kuh.
Sieh, da eilte die frohe Geburt dem drohenden Streich vor,
Und die Entlastete ging frey zu der Heerde zurück.
Denn die Tochter des Zeus, der Kreisenden Schützerin, will nicht
Armer Gebährenden Tod, denen sie Hülfe versprach.

LII.

LOHN DER ARBEITSAMKEIT

Addaios. II. 241. III.

Diesen emsigen Stier, von Alter ermüdet und Arbeit,
Führete Alkimos nicht unter das mordende Beil,
Ehrend die Werke des Thiers. Nun geht er auf üppigen Wiesen,
Und sein frohes Gebrüll kündet der Freyheit Genufs.

LIII.

DER FLEHENDE STIER.

Meleager. I. 33. CXVI.

Hier an deinem Altar, o Jupiter, suchet des Stieres
Lautes Brüllen bey dir Hülfe vom blutigen Tod;
Gieb ihn frey, Kronide, den Pflügenden! Hast du doch selber
Einst Europen geführt, König, in Stieres Gestalt.

LIV.

DAS RENNPFERD.

Archias. II. 98. xxiv.

Aietos, welcher vordem windfüſsige Rosse besiegte,
Dessen Schenkel die Zier heiliger Bänder umschlang;
Welchen Phoibos Apoll's prophetisches Pytho bekränzte,
Als er, den Vögeln der Luft ähnlich, zum Ziele gestürmt;
Und des trotzigen Leun Ernährerin, Nemea, Pisa,
Und das isthmische Land doppelt vom Meere bespült.
Jetzt ach! lastet ihn fesselnd das schmähliche Kummt auf dem Nacken,
Und mit hartem Gestein mahlet er Ceres Geschenk.
Solches Leiden erfuhr einst Herkules. Knechtische Banden
Drückten den mächtigen Arm, der den Olympos gestützt.

LV.

Archias II 98. xxv

An des Alpheios Gestad bekränzten mich Zweige der Sieger,
Zweymal ward ich gekrönt an dem kastalischen Quell;
Auch ertönte mein Nahm' in Nemea; über des Isthmos
Rennbahn flog ich dem Wind ähnlich zum strahlenden Ziel.
Nun ach! wälz' ich gedrückt von lastendem Alter den Mühlstein
Und die Kränze des Ruhms schmähet der niedrige Dienst.

LVI.

Ungenannter. III. 240. ccccxx.

Roſsernährendes Land, Thessalia, Pegasos zürnt dir
Ob dem herben Geschick, das mich im Alter betraf.
Pytho krönete mich, mich krönte die isthmische Rennbahn,
Und der nemeïsche Zeus und der arkadische Kranz.
Jetzo schlepp' ich die Last des nisyritischen Mühlsteins,
Welcher getrieben im Kreis Deo's Geschenke zermalmt.

LVII.

DER VOGELLEIM.

Marcus Argentarius. II. 273. xxviij.

Nicht mehr ruhe dein Fuſs auf schattendem Wipfel des Eichbaums,
Nicht mehr töne dein Lied, Amsel, in seinem Gezweig!
Meide den feindlichen Stamm! Dich ladet der fröhliche Weinstock,
Schimmernd in bläulichem Laub, unter sein schattiges Zelt.
Dorthin eile dein Flug; dort zwitschre du, ohne Besorgniſs,
Von den Reben herab schalle dein lauter Gesang.
Denn den feindlichen Leim erzeuget die Eiche den Vögeln;
Aber die Rebe den Wein; Bromios schützt den Gesang!

LVIII.

AN DIE BIENE.

Nikias. I. 249. VII.

Die du den blühenden Lenz verkündigest,
flatternde Biene,
Und mit taumelnder Lust Blüthen auf
Blüthen besuchst,
Fliege zur düftenden Au', betreibe die fröh-
liche Arbeit,
Dafs sich mit lieblichem Seim fülle dein
wächsern Gemach.

LIX.

DIE CICADE.

Ungenannter. III. 239. ccccxvi.

Warum reifset ihr mich mit frevelnder Ruthe hernieder,
Mich, die Freundin der Ruh, Hirten, vom thauigen Zweig?
Mich, die der Nachtigall gleich, am glühenden Mittag ihr Lied zirpt,
In dem Schatten des Hayns oder den Nymphen am Weg.
Schau' die Drosseln umher, die geschwätzigen Staaren, die Amseln,
All die gefräfsige Schaar, Räuber der Schätze des Felds.
Deo's Feinde zu fahn geziemet euch; tödtet die Frevler!
Aber was neidet ihr mir Blätter und Blumen und Thau?

LX.

Leonidas von Tarent. I. 236. LX.

Nicht nur weiſs ich zu singen auf schattigen
Wipfeln der Bäume,
Wenn die feurige Gluth mich zu Gesängen
erhitzt, —
Denn ich stimme dem wandernden Mann mein
fröhliches Lied an,
Sonder Belohnung, vom Naſs lieblichen
Thaues getränkt. —
Auch zu thronen auf schattendem Speer der
göttlichen Pallas,
Wie du mich selber hier siehst, schaffet
mir süſsen Genuſs.
Wie mich liebt der pierische Chor, so lieb
ich Athenen,
Denn die Flöten erfreun Jupiters edelstes
Kind.

ACHTES BUCH.

I.

BILD DES LEBENS.

Solon. I. 65. VI. (Poesis Gnom. p. 73.)

Kinder des himmlischen Zeus, Mnemosynens
göttliche Töchter,
Musen, pierische Zunft, höret des Betenden Wunsch:
Reichthum theilet mir zu von den Seligen, aber bey allen
Menschen schaffet mir stets herrlichen Ruhmes Genuſs.
Lieblich mög' ich dem Freund, dem Feinde nur bitter erscheinen;
Achtung zolle mir der; dieser erbebe vor mir.

Güter begehret mein Herz, doch meid' ich auf Wegen des Unrechts
Ihren Erwerb. Denn stets folget die Strafe darauf.
Reichthum, welchen die Götter verleihn, verweilt bey den Menschen
Unerschüttert, vom Grund bis zu dem Gipfel hinauf.
Aber der Menschen Erwerb, unredlicher Thaten Erzeugniſs,
Folgt dem Frevel nur nach, der ihn voll Übermuths zwingt,
Ungern, sträubenden Schritts. Schnell eint sich ihm strafendes Übel,
Welches allmählich beginnt, ähnlich des Feuers Natur;
Kraftlos ist es zuerst, doch endet es schmerzengebährend;
Denn des Frevels Erwerb dauert den Sterblichen nicht.
Zeus erkündet das Ziel von jeglichem. Plötzlich erhebt sich —
Wie des Zephyros Hauch plötzlich die Wolken zerstreut,

Rauschenden Flugs; er regte die unterste Tiefe des wilden
Oceans, brauste daher über die wallende Saat
Und verheerte die Flur; dann rauschet er zu des Olympos
Göttersitz, welchem er stracks glänzende Heitre verleiht;
Helios leuchtet auf's neu und bestrahlt die unendliche Erde
Lieblich; jegliche Spur schwand des Gewölkes dahin. —
Also erhebet sich auch Kronions strafende Rache,
Aber nicht jeglichem Mann zürnet er, Sterblichen gleich;
Doch verbirgt sich dem Aug' des Mächtigen keiner der Bösen
Immerdar; lange versteckt, zeigt er sich endlich gewiſs.
Stracks büſst dieser, erst spät ein anderer; aber entflieht auch
Selbst der Frevler, und trifft Rache der Götter ihn nicht,

Doch erscheint sie zuletzt. Dann büſsen unschuldige Kinder
Solche Thaten erst ab, oder das Folgegeschlecht.

— — —

Also denket der Mensch, der Redliche wie der Verkehrte,
Und ein jeglicher hält seine Gedanken für gut,
Ehe die That sie geprüft; dann trauert er. Aber bis dahin
Stehen wir gaffenden Munds, thörichter Hoffnung erfreut.
Einen der Menschen beklemmt die Last verzehrender Krankheit,
Aber ein täuschender Wahn spiegelt Genesung ihm vor.
Jenen beängstigt die Furcht; doch wähnet er tapfer zu heiſsen;
Und mit Reizen begabt dünket der Häſsliche sich.

Den drückt Mangel und Noth; doch unter der lastenden Armuth
Träumt er von Schätzen und hofft reich sich und glücklich zu sehn.
Mannichfaltige Bahn verfolgen sie. Dieser durchirret,
Reiche Beute zu fahn, rüstig auf Schiffen des Meers
Fischdurchwimmelte Fluth, von wüthenden Stürmen getrieben,
Und voll kühner Begier achtet des Lebens er nicht.
Einer durchwühlet das Land, ergeben der knechtischen Arbeit,
Jegliches Jahr, und treibt emsig den eisernen Pflug.
Einer übet die Kunst des Hefaistos oder Athenens,
Und die regsame Hand schafft ihm des Lebens Gewinn.
Einen lehrte der Chor Mnemosynens liebliche Weisheit,
Und in sinniger Brust wohnet ihm Fülle der Kunst.

Einen begabet Apoll der fernhintreffende König,
Und der Seher erschaut kommendes Übel von fern;
Götter umringen den Mann; doch wendet kein blutiges Opfer,
Wenden Augurien nicht mächtiger Parzen Beschlufs,
Noch Asklepios Zunft, der heilenden Mittel Erfinder,
Wendet ihn; eitel erscheint jegliches Streben darob.
Öfters erwächst aus kleinem Beginn ein mächtiges Übel,
Und kein linderndes Kraut bannt den verzehrenden Schmerz.
Wiederum kämpfet im Sturm verderblichen Fiebers ein andrer;
Kaum berührt ihn der Arzt und er gesundet sogleich.
Traun, das Verhängnifs ertheilt den Sterblichen Gutes und Böses,
Keiner entfliehet dem Loos, welches die Götter gesandt.

Was du auch immer beginnst, ist ungewiſs; keiner der Menschen,
Hat er den Anfang gewagt, kennt das erwartende Ziel.
Dieser verfolget den Weg des strahlenden Ruhmes, und taumelt
In den Abgrund der Noth, eh' er es ahndet, hinab.
Jenem bereitet der Gott in jeglichem, was er begonnen,
Glück und frohen Erfolg, welcher die Tadelsucht schweigt.

— — —

Auch kein ruhiges Ziel gewähret dem Menschen der Reichthum.
Müht sich nicht jeder von uns, welcher am meisten besitzt,
Doppelt so sehr? — Wer sättigte wohl zur Gnüge die Menschen?
Von den Unsterblichen zwar kommen die Schätze herab,

Oftmals aber entspriefst dem strahlenden Golde die Ate,
Die vom Kroniden gesandt, diesen und jenen ergreift.

II.

PARODIE.

Krates von Theben. I. 187. VI.

Kinder des himmlischen Zeus, Mnemosynens göttliche Tochter,
Musen, pierische Zunft, höret des Betenden Wunsch:
Gebet zu jeglicher Zeit dem Bauche des Futters Genüge,
Dafs kein knechtisches Joch drücke das freye Gemüth!

— — — — — —

Nützlich begehr' ich dem Freund, aber nicht lieblich zu seyn.

Keinen glänzenden Schatz begehr' ich zu häufen, dem Käfer
Oder der Ameis gleich, gierig nach todtem Besitz.
Aber Gerechtigkeit bitt' ich von euch, des schöneren Reichthums,
Welchen die Tugend gebiert, nimmerbelastendes Gut.
Dafür dank' ich euch einst, o heilige Musen und Hermes,
Nicht mit reichem Geschenk, sondern mit frommen Gemüth.

III.

SCHWERE WAHL.

Poseidippos. II. 49. xvi.

Welchen Pfad des Lebens erwähl' ich mir? Hader und schlimme
Händel erfüllen den Markt; Sorgen bewohnen das Haus.
Lästige Mühen erzeugt der Ackerbau; Schrekken des Todes
Schweben dir über dem Meer; bist du begütert, so folgt
Furcht in die Fremde dir nach; des Dürftigen harret der Kummer;
Sorgen bringt es zu freyn; freyst du nicht, bist du verwaist.
Kinder erzeugen dir Noth, und kinderlos bist du verlassen;
Jugend ist ohne Verstand, Alter der Kräfte beraubt.
Wünsche denn eines von zweyn, daſs du nimmer die Erde begrüſset,
Oder das Leben sogleich wieder vertauscht mit dem Tod.

IV.

LEBENSBÜRDE.

Aesopos. I. p. 76.

Leben, wie flieht man dich ohne den Tod? unsägliche Leiden
Drücken dich; weder zu fliehn, noch dich zu tragen ist leicht.
Lieblich ist, was die Natur dir verliehen hat, Himmel und Erde,
Meer und Gestirn' und der Mond, Helios leuchtender Glanz.
Furcht und Leiden erfüll'n das übrige. Gönnet das Glück dir
Gutes, so wäget dafür Nemesis Böses uns zu.

V.

SCHIFFAHRT DES LEBENS.

Palladas. II. 428. CIV.

Einer bedenklichen Fahrt vergleich ich das Leben der Menschen,
Viele schleudert der Sturm gegen das Felsengeklipp.
Tycha sitzt am Ruder und lenket den schwankenden Nachen,
Wie durch Fluthen des Meers gleiten durch's Leben wir hin.
Diesem wehet ein günstiger Wind, ein widriger jenem;
Ein gemeinsamer Port nimmt uns im Aïdes auf.

VI.

Palladas. II. 428. CIII.

Nackt betrat ich die Welt, nackt wandel' ich
unter die Erde.
Solch' ein dürftiges Loos ist es der Mühen
wohl werth?

VII.

Palladas. II. 428. CII.

Weinend kam ich zur Welt und scheide mit
Thränen von dannen;
Unter Leiden und Schmerz schwand mir
das Leben dahin.
Thränenvolles Geschlecht der Sterblichen,
schwächlich verlebst du
Wenige Tag' und im Grab löst die Verwesung dich auf.

VIII.

Theognis. V. 721 - 750.

Wie nur, ewiger Fürst der Himmlischen, mag es gerecht seyn,
Daſs der redliche Mann, welcher von Frevel entfernt,
Nimmer kränkt das Gesetz, noch heilige Eide verletzet,
Sondern Gerechtigkeit übt, doch nicht Gerechtes empfängt?
Wie mag fürder ein Mensch, erschauet er solcherley Beyspiel,
Ehren der Götter Geschlecht? oder was fühlet sein Herz,
Wenn er den Frevler erblickt, den Bösewicht, welcher der Menschen,
Welcher der Himmlischen Zorn trotzigen Sinnes nicht scheut,
Doch von Schätzen beglückt und Herrlichkeit! während der Edle
Ewig von Mangel gequält, trauernd sein Leben verdarbt?

IX.

Theognis. V. 365 - 390.

Zeus, ich staune dich an, Olympischer! Alle regierst du,
Ehr' und herrliche Macht schmücket dich einen allein.
Jegliches Menschen Gemüth erkennest du, jedes Gesinnung;
Und der andern Gewalt neigt sich, o Konig, vor dir.
Aber, Kronide, wie mag dein göttlicher Sinn den Gerechten
Und den frevelnden Mann würdigen gleichen Geschenks?
Den, der weisen Gemüths der Mäfsigkeit huldigt, und jenen,
Der sich den Bösen ergiebt, sinnend auf sträfliche That?
Wo denn findet der Mensch der Himmlischen sichre Gesetze,
Oder wo zeigt sich ein Pfad, den zu betreten ihm frommt.

Ruhiger Schätze geniefst der Frevelnde, aber der Fromme,
Welcher sich, heiligen Sinns, sträflicher Thaten enthält,
Und Gerechtigkeit übt, erlieget der quälenden Armuth,
Welche der Menschen Gemüth öfters zum Bösen verlenkt.
Denn die gewaltige Noth verkehret das Herz in dem Busen,
Und es duldet dann wohl Schmähliches wider Gelust,
Vom Bedürfnifs besiegt, das viel Verderbliches lehret,
Selbst den, welcher es hafst, Lügen und bösen Betrug
Und verderblichen Streit. Es gleichet kein Übel der Armuth,
Denn sie zeuget die Noth, welche des Rathes entbehrt.
Oftmals scheinet alsdann der Treffliche schlechter in Armuth,
Und der Schlechtere scheint besser als jener zu seyn;

Denn es sinnet sein Herz nur Frevelndes, und es entspriefset
Seinem verkehrten Gemüth nimmer ein guter Entschlufs;
Aber des andern Gemüth verfolget nicht Gutes noch Böses,
Und der Redliche mufs jenes erdulden und diefs.

X.

Simonides. I. 145. CIV.

Keine Gabe verweilt unabänderlich unter den Menschen.
Wahrlich, ein treffliches Wort sagte der chiische Mann:
„Wie die Blätter im Wald, so sind die Geschlechte der Menschen,"
Viele vernahmen das Wort, doch mit den Ohren allein,

Und es stieg nicht hinab in die Brust; denn jeglichen gängelt
Hoffnung freundlichen Blicks, schwelgerd in jungem Gemüth.
Strahlet einem der Menschen die liebliche Blüthe der Jugend,
Hoffet er fröhlichen Sinns viel, was die Parze versagt.
Nicht gedenkt er die Zeit des drohenden Alters, den Tod nicht,
In der Gesundheit Gefühl nicht den verzehrenden Schmerz.
Also wandeln sie hin in thörichtem Sinne, vergessend,
Wie so eilig die Zeit, eilig der Jugend Geschenk
Hinflieht. Diefs gedenkend, o Sterblicher, gönne dem Herzen,
Bis du zum Ziele gelangst, fröhlicher Tage Genufs.

XI.

Skolia. I. 158. xviii.

Trink' und liebe mit mir, kränze dein Haupt, freue der Jugend dich;
Rase, Trauter, mit mir Rasenden, sey klug mit dem Nüchternen.

XII.

SARDANAPALOS LEBENSWEISHEIT

Choirilos I 185.

Nimmer vergifs, dafs du stirbst. Erfreue dich, weil du noch lebest,
An dem schwelgenden Mahl; dem Entschlummerten weichet die Wollust.
Auch ich wurde zu Staub, des herrlichen Ninive König.
Was ich beym Trunk und Schmaufs und in üppiger Liebe genossen,
Das nur ist mein. Was sonst ich besafs an Schätzen, verliefs ich.
Solche Lehre beglückt, ihr Sterblichen, eure Wallfahrt.

XIII.

KÜRZE DES LEBENS.

Ungenannter. III. 166. LXXXI.

Trinke, geniefse der Zeit! was bringt dir der Morgen? die Zukunft?
Niemand weifs es. Wohlan, laufe nicht, mühe dich nicht!
Freue dich, liebe, geniefse, du kannst es noch, denke des Todes;
Zwischen Leben und Tod liegt ein unmerklicher Punkt.
Leben ist nur ein Moment. Ergreifst du ihn, ist er der Deine;
Stirbst du, so nehmen dein Gut andre, nichts bleibet dir selbst.

XIV.

DER GEIZIGE.

Antiphanes. II. 204. III.

Wer sich der Flöten nicht freut, der Laute
nicht, oder des frohen
Rundgesangs; wer dich verschmäht, Bakchos
nektarisches Nafs;
Wer statt Salben und Kranz und fröhlichen
Mahlen und Mädchen
Immer den wachsenden Zins ängstlich
berechnet und zählt,
Wahrlich, der dünket mich todt! Ich gehe den
nüchternen Leichnam,
Welcher für andre nur spart, darbet und
hungert, vorbey.

XV.

Antiphanes. II. 205. IV.

Rechnest du, Armer? — Es eilet die Zeit und führet allmählich
So das Alter herbey, wie es die Zinsen vermehrt.
Dann ereilt dich der Tod, und ohne die Scheitel zu kränzen,
Ohne Salben und Wein, ohne der Liebe Genuſs
Stirbst du dahin, und verläſst ein groſses und glänzendes Erbtheil,
Während ein Obolos dich über den Acheron führt.

XVI.

Anakreon. I. 119. LXXXIV.

Fern sey, welcher beym Mahl und schäumendem Becher Lyaiens
Thränen erregenden Krieg hadernder Menschen erzählt.
Dessen erfreut sich mein Herz, der Kypriens Gaben und Amors
Und der Musen Geschenk mischend, der Freude gedenkt.

XVII.

Marcus Argentarius. II. 270. xix.

Fünf Fuſs Erde bedeckst du im Tod; dann
rühret die Freude
Deinen Busen nicht mehr, oder die Sonne
dein Aug.
Leere denn jetzt den Pokal des Bromios
fröhlichen Herzens,
Kinkios, und dir im Arm ruhe das
reizende Weib.
Aber trachtest du nur nach der Weisheit,
o so vergiſs nicht,
Daſs auch Chrysipp und Kleanth Aïdes
Reich nicht entflohn.

XVIII.

FESTFEYER.

Nikainetos aus Samos I. 416. II.

Nicht im Kerker der Stadt, Philotherios, unter den Bäumen,
Lispelnd von Zephyros Hauch, lafs uns die Feyer begehn.
Mir genügt es am Boden zu ruhn, statt weichlichen Lagers;
Nah wächst, tauglich zur Streu, heimischer Promalos auf,
Und die Weide, der Schmuck der Karier. Bringet den Wein uns,
Bringet die Leyer herbey, freundlicher Musen Geschenk.
Dafs wir beym fröhlichen Schmaufs die herrliche Gattin Kronion's,
Dieses samischen Land's Königin feyernd erhöhn.

XIX.

Philodemos II. 89. xxII.

Nicht nach Veilchen zum köstlichen Kranz
und theuern Guitarren,
Nicht nach Assyriens Duft oder nach
chiischen Wein,
Lüstet mich. Theu're Hetären begehr' ich
nicht, oder des Komos
Muthwill. Ferne von mir, was nur den
Rasenden freut!
Mit Narkissen bekränzt die Schläfe mir; lasset
die Pfeife
Tönen; mit Krokos nur salbet die Glieder
mir ein.
Und benetzt mir die Brust mit mitylenäischen
Weinmost,
Führet ein Mädchen zuletzt aus den
Spelunken mir zu.

XX.

Makedonios. III. 116. xxi.

Die ihr, Freunde, die Orgien liebt des fröhlichen Bakchos,
Scheuchet, des Weines gedenk, Sorgen der Armuth hinweg!
Dieser Krater, er sey mein Pokal; es schäume die Kelter
Statt des Fasses, ein Quell lachender Freude, bey uns.
Muth erfüllet die Brust dem Trinkenden; Söhne Kanastra's,
Voll von Bromios Kraft fordr' ich zum Kampf' euch heraus.
Nicht erbeb' ich dem zürnenden Meer, noch Jupiters Blitzen;
Unter Dionysos Schild waffnet mich sichres Vertraun.

XXI.

WEIN UND DICHTKUNST.

Nikainetos. I. 417. IV.

„Wein ist ein feuriges Roſs dem fröhlichen
Priester der Musen!
Nichts Weises traun! erschafft des Was-
sertrinkers Sinn.“
Also, Dionysos, sprach Kratinos, düftend
nach Weinmost,
Nicht Eines Schlauchs — denn ganze
Fässer leert er aus!
Zahlreich blühten die Kränze dem Treffli-
chen! Gelbliche Beere
Des Epheu's schmückten ihm, wie,
Bakchos, dir, die Stirn.

XXII.

AN DIE FLASCHE.

Poseidippos. II. 48. xi.

Spende, kekropische Flasche, die reichlichen
Gaben Lyäens;
Spende sie! schäumendes Nafs netze den
fröhlichen Schmaufs!
Schweig', o stoischer Schwan, o Zenon! Muse Kleanthens,
Schweige heut! Amor allein werde den
Trunknen gehört.

XXIII.

KÜRZE DER FREUDE.

Ungenannter. III. 159. xxxix.

Wenige Tage nur währt die Rosenzeit; sind
sie verschwunden,
Siehst du die Rose nicht mehr, sondern
die Dornen allein.

XXIV.

Palladas. II. 412. xxiv.

Reiche mir Wein! das Gewölk der Traurig-
keit scheuche Lyaios,
Und entzünde die Gluth in der erkälteten
Brust.

XXV.

Theognis. V. 857 - 864.

Freue, mein Herz, dich der Zeit! Bald werden hier andre der Menschen
Leben, während mich selbst Dunkel des Grabes umhüllt.
Trinke des Weins, den mir Taygetos heilige Gipfel
Aus den Reben gezeugt, welche Theotimos einst
An der Lehne des Bergs, der Freund der Götter gepflanzt hat,
Von den Platanengebüsch leitend den kühligen Bach.
Wenn du dessen geneusst, verscheuchst du die quälenden Sorgen,
Und im fröhlichen Rausch schwingst du dich leichter empor.

XXVI.

Theognis. V. 951 - 956.

Keiner, welchen die Nacht des Erebos, welchen die Erde
Einhüllt, wenn er das Haus Persephoneiens betrat,
Freuet sich weder der Flöte Getön noch fröhlicher Laute,
Noch aus goldnem Pokal trinkt er Lyaiens Geschenk.
Darum folg' ich des Herzens Gelust, so lange mein Knie noch
Ohne zu wanken sich hebt, ohne zu zittern mein Haupt.

XXVII.

Theognis V. 981 - 986.

Nützliche Lehre vernehmt, o Sterbliche! Welchem der Jugend
Reizende Blüthe noch strahlt, solcher geniefse das Gut
Weisen Gemüths, das Geschenk der Himmlischen. Denn es verleiht nicht
Doppelte Jugend ein Gott, oder entfernet den Tod
Von der Sterblichen Haupt. Verderbliches Alter ergreift dich,
Und bevor du es wähnst, sitzt es am Scheitel dir fest.

XXVIII.

WUNSCH.

Theognis. V. 1075.

Jugend erfreue mein Herz; es liebe mich Phoibos Apollo,
Leto's Sohn, und Zeus, welcher die Götter beherrscht;
So verfliefse mir fern von jeglichem Übel das Leben,
Und es erquicke mein Herz Jugend und Fülle des Glücks.

XXIX.

Theognis. V. 1085.

Trink' ich des Weins, so kümmert mich nicht
die quälende Armuth,
Nicht der Feinde Geklätsch, welche mich
lästernd verschmähn.
Aber ich klage die Flucht der lieblichen
Jugend, und weine,
Daſs mit eilendem Fuſs drückendes Alter
sich naht.

XXX.

HASS DES WASSERS.

Antipater. II. 7. VII.

Während ich gestern satt von der Nymphen
reinem Getränke
Schlummerte, nahte sich mir Bromios
zürnenden Blicks:
„Also geziemet es sich für Dionysos Feinde
zu schlummern;
Hast du Hippolytos Loos, Nüchterner,
nimmer gehört?
Zittre, daſs dir nicht gleiches begegene?" —
Also Lyaios;
Und er entschwand; seitdem ist mir das
Wasser verhaſst.

XXXI.

Antipater. II. 6. 1

Wenige Jahre verheiſsen mir nur sternkundige Männer;
Zwar ich glaube dem Wort, aber es kümmert mich nicht.
Alle wandeln den Pfad in die Unterwelt; find' ich den Meinen
Plötzlicher, schau' ich dafür früher des Minos Gericht.
Trinken wir! Bakchos Geschenk ist ein treffliches Roſs auf die Reise,
Wenn zu Fuſs wir hinab steigen in Aïdes Nacht.

XXXII.

MITTEL GEGEN DIE LIEBE.

Meleagros. I. 4. VI.

Trink', o du, von der Liebe gequält; die
Flammen des Eros
Wieget Bromios ein, welcher Vergessen-
heit schafft.
Trinke den schäumenden Most! Des Wein-
gotts reichliche Becher
Scheuchen der seufzenden Brust glühende
Qualen hinweg.

XXXIII.

Nikarchos. II. 350. VII.

Steht mir der Tod nicht bevor? Was kümmert's mich, ob ich podagrisch,
Ob ich flüchtigen Schritts eile zu Aïdes Burg?
Dazu leihen mir andre den Fuſs. Laſs immer mich lahm seyn,
Jenen zu sparen die Müh, meid' ich den Thiasos nicht.

XXXIV.

DER IRDNE BECHER.

Diodoros Zona. II. 80. 1.

Reiche den zierlichen mir aus Erde gebildeten Becher;
Aus ihr ward ich, von ihr werd' ich im Tode bedeckt.

XXXV.

DER TRUNKNE.

Dionysos. II. 254. III.

Gleit' ich vom Regen des Zeus und Bromios schwankend, was Wunder?
Einen besiegen wohl zwey, Götter den Sterblichen leicht.

XXXVI.

BAKCHOS UND DIE NYMPHEN.

Meleager. I. 32. cxiii.

Als dem flammenden Blitz Dionysos eben entflohn war,
Noch von Asche bedeckt, wuschen die Nymphen ihn ab.
Darum bindet noch jetzt den Bromios Liebe der Nymphen;
Trennst du sie, lodert noch jetzt flammendes Feuer ihm auf.

XXXVII.

BAKCHOS VERRÄTHEREY.

Meleager. I. 17. LVII.

Kühner, ich trage dich wohl, o Bromios! Herrsche beym Trinkfest!
Dir, dem Gotte geziemt's, daſs du den Menschen regierst.
Selbst in Flammen erzeugt, begünstigst du Flammen des Eros;
Mich, der um Hülfe dich bat, giebst du dem Frevler zurück.
Treulos bist du und falsch! Du strafst die Verräther an deinen
Orgien, während du selbst frevelnd die meinen verräthst.

XXXVIII.

DER FRÖHLICHE GREISS.

Palladas. II. 407. IV.

Mich verhöhnen die Frau'n und schicken den
Alten zum Spiegel,
Um den traurigen Rest blühender Jugend
zu schaun.
Ob sich mit braunem Gelock mein Scheitel
oder mit weißem
Schmücket, kümmert mich nicht, eil' ich
dem Ziele nur zu.
Darum schmück' ich mein Haupt mit Kränzen
und düftender Narde,
Und verscheuche des Gram's finstres Gewölke mit Wein.

XXXIX.

DAS KELTERFEST.

Quintus Maicius. II. 239. xi.

Tritt nur selber, o König, herein mit flüchtigem Sprunge,
Führer beym kelternden Tanz, leite das nächtliche Werk!
Schürze die Chläna hinauf bis über die rüstigen Kniee,
Treibend die Keltrer zum Reihn, färbe die Füſse mit Schaum.
Endlich leite den Most in reinliche Fässer, und nimm dann
Gütig die Kuchen zum Lohn und den gelobeten Bock.

XL.

Agathias. III. 42. XXIV.

Kelternd stampften wir jüngst die köstlichen Gaben Iakchos,
Und verschlungen im Tanz ehrten wir fröhlich den Gott.
Reichlich entflofs der Kelter das Nafs; wie zierliche Nachen
Schwammen die Becher umher auf dem begeisternden Meer;
Denn wir schöpften damit den brausenden Most aus dem weiten
Zuber, und fragten nach euch, heifse Najaden, nicht viel.
Sieh, da bückte hinab sich über die Kelter Rhodanthe,
Und das holde Gesicht strahlete lieblich zurück.
Allen erbebeten tief im innersten Busen die Herzen,
Alles huldigte dir, Bakchos, und, Paphia, dir;
Weh uns, Armen! Es flofs wohl jener in reichlichen Strömen,
Aber mit Hoffnung und Wahn täuschte Kythere das Herz.

XLI.

DER MUNTRE GREISS.

Agathias. III. 43. XXVI.

Schon belastete schwer der düftende Bakchos den alten
Oinopion, dennoch setzt er den Becher nicht hin.
Sondern er zürnet der Hand, ohn' Unterlaſs dürstend des Weines,
Wenn sie müſsig verweilt oder zu schöpfen verzieht.
Sieh, es schnarchen bereits die Jünglinge; keiner vermag mehr
Nur zu zählen, wie viel heut er Pokale geleert.
Trink', o fröhlicher Greiſs! Mit Unrecht sagte Homeros,
Von der Jünglinge Kraft werde das Alter besiegt.

XLII.

ERGEBUNG.

Skolia. I. 154. IV.

Vom Land schaue der Schiffe Fahrt,
Wenn dir's vergönnt ist und dein Geschick es will.
Doch wenn du auf den Fluthen schwimmest
Mufst du dem Rufe des Schicksals folgen.

XLIII.

DER ACKER.

Ungenannter. III. 238. CCCCX.

Vormals nannte mich sein Achaimenides, jetzo Menippos;
Wandernd aus Hand in Hand tausch' ich beständig den Herrn.
Jener wähnete mich sein Eigenthum, dieser auch wähnt es;
Doch besitzt mich durchaus keiner, als Tyche allein.

XLIV.

DER WEG DES TODES.

Ungenannter. III. 245. CCCCXLIII.

Sicher führet der Weg zum Aïdes; ob du im Tode
Von Kekropia's Flur oder von Meroë kömmst.
Gräme dich nicht, wenn fern vom Vaterland Klotho dich abruft;
Überall wehet der Wind, welcher zum Hafen dich führt.

XLV.

Leonidas von Tarent. I. 236. LXIII.

Getrost beschreite, Sterblicher, des Orkus
Bahn.
Nicht schwer zu wandeln, sonder Krümmung ist der Weg,
Und sonder Irsal, stracks und lehn hinabgesenkt,
Und sicher triffst du mit verschlofsnen
Augen ihn.

XLVI.

MUTHIGER ENTSCHLUSS.

Leonidas von Tarent. I. 241. LXXIX.

Wie die Rebe sich hält am stützenden Pfahle,
so trägt mich
Alten der Stab: zu der Nacht Wohnungen
ruft mich der Tod.
Sey dem Rufe nicht taub, o Gorgias! stirbst
du wohl leichter,
Wenn noch dreymal der Lenz oder noch
viermal dich wärmt?
Also sprach nicht prahlend der Greis, und
wälzte des Lebens
Last hinab, muthigen Sinns wandelnd
zum dunkeln Gestad.

XLVII.

DAS ALTER.

Menekrates. I. 476. 11.

Ist das Alter entfernt, wer wünscht es nicht? Kömmt es denn endlich,
Tadelt es jeder; als Schuld dünkt es uns schöner zu seyn.

XLVIII.

Antiphanes. T. III. p. 331. (ed. Lips. II. p. 187. 1. *a*.)

Jegliches haſst dich, o Mensch! denn wilder als reiſsende Thiere
Wüthest du; tückischer Tod lauert dir überall auf.
Fliehst du auf's Land, so schleicht der Wolf dir nach; wenn du der Bäume
Gipfel besteigst, so drohn Nattern auf grünem Gezweig;
Suchst du den Nil, er verbirgt im strudelnden Wasser ein Unthier,
Das der Gerechtigkeit Spruch gegen die Frevler vollstreckt.

XLIX.

GENUGSAMKEIT.

Parmenio. II. 203. x.

Dieses dürftige Kleid genüget mir; Blumen der Musen
Nähren mich; nimmer, o Freund, macht mich die Tafel zum Knecht.
Reichthum sonder Verstand bethört mich nicht; Winke belauern
Kann ich nicht; denn mich ergötzt Freyheit bey mäfsiger Kost.

L.

Theognis. V. 421 - 430.

Leichter zeugst du und nährst den Sterblichen, als du ihm Weisheit
Einimpfst; solches ersann keiner der Menschen bis jetzt,
Thoren in Weise zu wandeln, den Frevelnden rechtlich zu bilden;
Möchten Asklepios Zunft solches die Götter verleihn!
Dafs sie von bösem Gemüth und sträflichem Sinne die Menschen
Heileten; trefflichen Lohn trüge so herrliche Kunst!
Könnte man tiefen Verstand und göttliche Gaben der Weisheit
Sterblichen Herzen verleihn, folgte kein frevelnder Sohn
Edeln Vätern, gedenk des Unterrichts. Aber Belehrung
Macht, wie sehr du dich mühst, nimmer den Bösewicht gut.

LI.

WAHRER REICHTHUM.

Lukianos. II. 315. XXXVI.

Schätze des Geistes allein verdienen den
Nahmen des Reichthums;
Jeglichem andern entquillt weniger Freude
als Schmerz.

LII.

DER SAMMLER.

Lukianos. II. 315. XXXVII.

Reich und Güterbegabt verdienet nur jener
zu heifsen,
Welcher die Gaben des Glücks weislich zu
brauchen versteht;
Aber wer selber sich quält und ewig nur
zählet und rechnet,
Haufen auf Haufen nur thürmt, Schätze
zu Schätzen gesellt,
Diesen vergleich' ich der Biene, die immer
auf Waben des Wachses
Emsig schaffet, indefs andre des Honigs
sich freun.

LIII.

Lukillios. II. 337. XCVII.

Ward dir das Leben des Hirsches, das Leben der Krähe beschieden,
Sey dir die stete Begier Schätze zu sammeln verziehn.
Bist du hingegen ein Mensch, den plötzliches Alter belastet,
So entsage der Wuth nach dem unendlichen Gold.
In unsäglicher Müh verlierest du, Armer, das Leben,
Und der Erbe genießt mühelos was du gespart.

LIV.

ARMUTH UND FREYHEIT.

Palladas. II. 429. CVIII.

Arm zwar bin ich, doch wohnt bey der Armuth heilige Freyheit,
Und ich verachte das Glück, welches die Armuth verhöhnt.

LV.

UNBEFRIEDIGTE HOFFNUNG.

Krinagoras. II. 149. XXXIII.

Sprich, o thörichtes Herz, wie lange noch schwebst du zu düstrer
Wolken frostigem Sitz, trunken von Hoffnung, empor?
Bau'st jetzt Träume des Glücks, zerstörest sie, bau'st sie auf's neue?
Ach! kein freyer Besitz wurde dem Menschen zu Theil!
Suche die Gunst der Töchter Mnemosynens! thörichte Herzen
Laſs der eitlen Begier trüber Phantome sich freun.

LVI.

ABSCHIED.

Palladas. II. 429. CVIII.

Hofnung und Glück, ihr kümmert mich nicht; die Zeiten der Täuschung
Sind vorüber; ich lief ein in den Hafen der Ruh.

LVII.

Theognis. V. 199 - 210.

Welche Schätze der Mensch aus Jupiters heiliger Rechte
Reinen Sinnes empfängt, diese nur bleiben ihm treu.
Aber empfängt er durch Frevel ein Gut, nur schnöder Gewinnsucht
Fröhnend, oder verletzt Wahrheit und Treue sein Eid,
Dann zwar freut er für jetzt des Glückes sich, aber zuletzt doch
Zeugt es Verderben; es siegt endlich das göttliche Recht.
Aber der Sterblichen Sinn bethöret es, daſs die Bestrafung
Nicht urplötzlich die That, wann sie begangen, verfolgt.
Mancher büſset wohl selbst den Frevel ab; mancher vererbet
Auf der Kinder Geschlecht rächender Strafe Gefahr;
Mancher entschlüpfet der Hand der Gerechtigkeit, welchen des Todes
Unerbittlich Geschick früher die Augen umhüllt.

LVIII.

EPIKUROS WEISHEIT.

Athenaios. II. 257. 11.

Nach dem Thörichten nur, o Sterbliche, trachtet ihr mühvoll,
Und die unendliche Gier bringet euch Hader und Krieg.
Was die Natur zu besitzen begehrt, ist enge begränzet,
Aber der thörichte Sinn strebt in's Unendliche hin.
Solche Lehren vernahm von Mnemosynens Töchtern Neokles
Sprößling, oder von dir, Delphischer Seher, Apoll.

LIX.

ZIEL DER WEISHEIT.

Onestes. II. 289. III.

Mühsam steigst du empor zu dem Helikon;
aber dich sättigt
Dort das nektarische Nafs aus dem
pegasischen Quell.
Auch der Weisheit Pfade sind mühevoll;
aber du schöpfest,
An der Höhe des Ziels, heiliger Musen
Geschenk.

LX.

Theognis. V. 136 - 145.

Keiner schaffet sich selbst, o Kyrnos, Schaden und Vortheil,
Sondern die Götter verleihn beydes der Menschen Geschlecht.
Was auch immer beginnt der Sterbliche, nimmer erkennt er
Ob zum glücklichen Ziel, oder zum Unglück es führt.
Gutes schaffet er oft, wenn Schlimmes er wähnet zu schaffen,
Und was Glück ihm verhiefs, endet in Kummer und Noth.
Keiner, o Kyrnos, empfängt der Sterblichen, was er begehret,
Denn die Unmöglichkeit setzt Gränzen und Ziel dem Erfolg.
Vieles wähnet der Mensch voll Eitelkeit, weniges weifs er;
Denn nach eigenem Rath lenken die Götter die Welt.

LXI.

Lukianos. II. 315. xxxiii.

Sterblichen Blicken entziehst du vielleicht
die Thaten der Bosheit;
Göttlichen Augen verbirgt selbst der
Gedanke sich nicht.

LXII.

WAHL DER FREUNDE.

Theognis. V. 29 - 38.

Weise sey, suche dir nicht durch schändliche
Thaten und Unrecht
Ehr und Würden und Macht oder der
Schätze Besitz.
Nimm zu Herzen diefs Wort: Vermeide der
frevelnden Menschen
Umgang; schliefse vielmehr fest dich dem
Redlichen an.
Solche nur suche beym Wein, beym fröhlichen
Schmaufse, zu solchen
Setze dich; solchen gefall'n bringet dir
grofsen Gewinn.
Rechtliches lernest du nur von Rechtlichen;
aber gesellst du
Dich den Frevelnden zu, stirbt dir im
Herzen der Sinn.
Darum suche, mein Freund, die Redlichen,
und du bekennst mir
Einstens, dafs ich dem Freund Gutes zu
rathen gewufst.

LXIII.

DAS SCHÖNSTE GUT.

Ungenannter. III. 241. CCCCXXV.

Wahrlich, der redliche Freund ist unter den
Gütern der Menschen
Ewig das schönste für den, welcher ihn
weise bewahrt.

LXIV.

LEICHTE TÄUSCHUNG

Theognis. V. 1171.

Gegner zu täuschen ist schwer und feindliche
Herzen, o Kyrnos;
Aber mit tückischem Sinn Freunde zu
täuschen, ist leicht.

LXV.

WANKELMUTH.

Lukianos. II. 316. XXXVIII.

Göttern bist du geliebt und Sterblichen, wenn dir das Glück lacht;
Was du auch immer begehrst, willig erhören sie dich.
Strauchelst du, schau', so fliehn die Freunde dich; alles ist feindlich;
Und mit dem Hauche des Glücks wandelt die Liebe sich um.

LXVI.

FREUNDESWAHL.

Skolia. I. 158. XIII.

Lern', o Trauter, das Wort König Admets: Liebe die Muthigen;
Feigen meide zu nahn; wenigen Dank bringet der Feige dir.

LXVII.

SELTENHEIT WAHRER FREUNDSCHAFT.

Theognis. V. 79 - 86.

Wenige findest du nur, Polypaides, unter den Freunden,
Die bey schlimmer Gefahr Treue zu üben gelernt,
Stets ergeben dem Freund, mit gleichem Gemüthe die Übel,
Wie der Freude Genuſs, muthig zu theilen bereit.
Wenige findest du nur in der Sterblichen weiten Geschlechtern;
Wahrlich, ein einziges Schiff faſste die sämmtliche Schaar,
Denen die heilige Schaam so Lippen als Augen bewahret,
Und zum Schändlichen nicht schnöde Begierde entflammt.

LXVIII.

Palladas II. 409. XII.

Dafs uns jegliches Weib verderblich ist, zeiget Homeros.
Sittsam oder verbuhlt, jedesmal bringt es Gefahr.
Mord der Männer entsprang aus Helena's frevelnder Buhlschaft;
Keusch war Penelope; dennoch erzeuget sie Mord.
Eine Ilias ward dem Weibe zu Liebe gekämpfet,
Und Penelope gab Stoff zu dem Lied von Ulyfs.

LXIX.

WAHRE REINIGKEIT.

Ungenannter. III. 199. CCXXXVIII. *b.* (Anal. Lection. p. 311.)

Rein sey, welcher die Schwell'n des duftenden
Tempels beschreitet;
Aber Reinigkeit ist frommen Gemüthes
zu seyn.

LXX.

MUTH UND KLUGHEIT

Evenos. I. 164. II.

Schön und nützlich ist Muth, vereinet mit
kluger Besinnung;
Aber von Klugheit getrennt, bringt er
Verderben hervor.

LXXI.

Antipater II 7 VIII.

Nicht so fürchterlich sind die Pleiaden mir,
oder der Meersfluth
Dumpfes Wogengeräusch, brüllend am
schroffen Geklipp,
Noch des Donners Geschofs, wie mir schlechte
Gesellen verhafst sind,
Und der Verächter des Weins worte-
belauernde Zunft.

LXXII.

SCHÖNHEIT UND ANMUTH.

Kapito. II. 199.

Schönheit ohne die Charis erfreut, doch hält
sie das Herz nicht;
Wie, vom Angel gelöst, schwimmender
Köder nicht fängt.

LXXIII.

HASS UND LIEBE.

Evenos. I. 165. VI.

Wenn zu hassen uns drückt und Liebe
bekümmert, so wähl' ich
Von zwey Übeln mir das, welches am
wenigsten schmerzt.

LXXIV.

MITTEL GEGEN DIE LIEBE.

Krates. I. 186. 1.

Der Hunger heilt die Liebespein; wo nicht, die Zeit.
Doch löscht auch diese nicht die wilden Flammen aus,
So bleibet dir noch ein Spezifikum, der Strick.

LXXV.

DER ZORN.

Evenos. I. 164. 1.

Oftmals ziehet der Zorn der Sterblichen, schlimmer als Wahnsinn,
Was das innerste Herz lange verborgen, an's Licht.

LXXVI.

DIE ZEIT.

Plato. I. 172. XIX.

Alles entführet die Zeit. Die flüchtigen Jahre verändern
Nahmen und äufsre Gestalt, und die Natur und das Glück.

LXXVII.

DER ARME AN DIE RÄUBER.

Julianos. II. 501. XXXVI.

Suchet, o Räuber, ein Haus, das reichere Beute verheifset!
Denn das meinige wird stets von der Armuth bewacht.

NEUNTES BUCH.

I.

DER TÖNENDE STEIN

Ungenannter. III. 192. CCIV.

Denke des tönenden Steins, des nisaischen, dem du vorbeygehst!
Als Alkathoos einst Mauern erbaute der Burg,
Nahm auch Phoibos Apoll auf rüstige Schultern ein Werkstück,
Und, indem er es trug, legt' er die Leyer darauf.
Darum tön' ich noch jetzt. Berühre mich leis mit dem Kiesel,
Und ich bewähre dir flugs, was ich gerühmt, durch die That

II.

TROIA AN ATHENEN.

Agathias. III. 54. LX.

Städtebeschützerin, o! verzeihe mir! Strahlende Tempel
Hat dir Pergamos einst, wie sie dir ziemten, gebaut.
Aber du gabst mich zum Raub den Danaern. Für den versagten
Apfel entrissest du mir Mauern und jeglichen Schmuck.
Gnügt' es dir nicht den Hirten zu züchtigen? Wenn er durch Frevel
Sündigte, wahrlich! so war diefs nicht des Vaterlands Schuld.

III.

TROIA'S TRIUMPH.

Alpheios. II. 130. ix.

Ruhm des Homerischen Lieds, o Argolis, goldnes Mykenä,
Perseus herrliche Burg, Fluren von Hellas, auch ihr,
Sanket dahin, ihr Sitze der Göttlichen, welche mit Mannskraft
Iliums stolzes Gebäu niedergetreten in Staub.
Stattlicher strahlet die Burg von Pergamos. Aber den Boden,
Wo ihr gefallen, erfüllt weidender Heerden Geblök.

IV.

AN HEKTOR.

Hadrian. II. 285. 11.

Hör'st du der Lebenden Wort am Acheron,
Sprößling des Ares,
Hektor, freu' dich des Glücks, welches
dein Vaterland traf.
Ilium strebet empor, das herrliche; Männer
voll Kühnheit,
Wenn gleich schwächer als du, füllen die
Mauern der Stadt.
Myrmidon's Abkunft erlosch. Geh, sage dem
Sohne der Thetis,
Daß Aineiens Geschlecht über Thessalien
herrscht.

V.

TROIA'S UNSTERBLICHKEIT.

Evenos. I. 166. XIV.

Mich, die heilige Stadt, o Wanderer, mich das berühmte
Ilion, welches vordem göttliche Mauern geschmückt,
Haben die Jahre verzehrt; doch sind mir die Lieder Homeros
Eine eherne Burg nimmervergänglichen Ruhms.
Hier verwüstet mich nicht die verderbliche Lanze der Griechen,
Und es bewahret der Mund aller Hellenen mich auf.

VI.

THEBEN

Onestes. II. 290. VI.

Heilig nenne die Eh' Harmonia's! aber voll Sünde
Oidipus gräſslichen Bund; heilig war Antigone,
Aber voll schändlichen Gräul's das Brüderpaar; selig ist Ino,
Aber gequält der Gemahl; unter der Laute Getön
Wuchs die Mauer, den Bau zerstörte die Flöte; so hat dir,
O Kadmeia, der Gott Gutes mit Bösem gemischt.

VII.

DIE WUNDER DER WELT.

Antipater aus Sidon. II. 20. LII.

Deine felsigen Mauern, o Babylon, Wagen-
umfahrne,
Und den donnernden Zeus hab' ich in
Pisa gesehn,
Und die schwebenden Gärten, und Helios
stolzen Kolossus,
Pyramiden, auch euch, an dem Gestade
des Nils,
Und das prunkende Mahl des Kariers; aber
so bald ich
Artemis Tempel erblickt, welcher die
Wolken berührt,
Hüllte das andre sich mir in Dunkelheit;
Helios selber
Sah kein göttlicher Werk aufser der
Gotter Olymp.

VIII.

DIE UEBERSCHWEMMUNG.

Duris. II. 59.

Sagt, ihr Wolken der Luft, wo schöpftet ihr jene Gewässer,
Welche das weite Gefild deckten in stürmischer Nacht?
Nicht auf Libyens Sand entstürztet ihr; Ephesos holden
Thälern habt ihr den Schatz langer Äonen entführt.
Ach, ihr schützenden Götter der Stadt, wo weiltet ihr damals?
Weh dir, Ionia's Schmuck, Liedergefeyerte Burg!
Wie die schwellende Fluth, so rollte der Menschen Besitzthum
In die Tiefe des Meers auf dem unendlichen Strom.

IX.

KORINTH'S ZERSTÖRUNG.

Polystratos. II. 1. 11.

Hellas Strahlengestirn, das achaiïsche Akro-
korinthos,
Und des isthmischen Land's doppeltes
Ufer umher,
Stürmete Lukios Heer. Nun thürmet am
öden Gestade
Sich der Kämpfer Gebein, welche die
Lanzen erlegt.
Sie, die Priamos Burg entzündeten, Danaos
Abkunft,
Hat Aineien's Geschlecht ehrender Gräber
beraubt.

X.

SPARTA.

Ungenannter. III. 247. CCCCLII.

Vormals nimmer besiegt erblickest du, heiliges Sparta,
Jetzt den olenischen Rauch an des Eurotas Gestad,
Schattenberaubt. Es erbauen ihr Nest die Vögel am Boden,
Und der Heerden Geblök hören die Wölfe nicht mehr.

XI.

DER DAMM

Philippos von Thessalonike. II. 232. LXXIV

Helle's Furth bejochte des Persers thörichte Kühnheit,
Doch das mühsame Werk schwemmten die Fluthen hinweg;
Aber Dikaiarcheia befestigte schäumende Wellen,
Und die Tiefe des Meers wandelt in Erde sich um.
Unermeſslich erhebt der Felsen sich wurzelnd im Abgrund;
Träge rastet die Fluth in dem gigantischen Werk.
Schiffe theilten vordem den Ozean; siehe, nun bietet
Seinen Rücken das Meer selber dem Wandelnden an.

XII.

ROM.

Krinagoras. II. 148. XXIX.

Wenn der Okeanos auch die Fülle der Fluthen ergöſse,
Oder Germaniens Schwarm tränke die Ströme des Rheins,
Roma's heilige Kraft erbebet nicht; bleibet, o Cäsar,
Nur die mächtige Hand, welche die Erde regiert.
Unerschütterlich stehn die heiligen Eichen Kronions;
Nur das vertrocknete Laub stören die Winde herab.

XIII.

DIE UNBEFLÜGELTE SIEGESGÖTTIN.

Ungenannter. III. 203. CCLXXIX.

Nimmer erstirbt dein herrlicher Ruhm, allherrschende Roma;
Denn der Flügel beraubt weichet dir nimmer der Sieg.

XIV.

ROM DIE BEHERRSCHERIN DER WELT.

Alpheios. II. 129. VII.

Schliefse das eherne Thor, o Jupiter, schliefse der Götter
Wohnsitz, wache genau über die Burg des Olymps.
Denn schon beugt sich das Land und der Ozean Romulus Enkeln,
Nur zum Olympos hinan klimmten die Kühnen nicht.

XV.

HERO UND LEIANDER

Antipater aus Thess. II. 123. LIV

Hier schwamm über die Fluth Leiander hin; zwischen den Ländern
Drängt, nicht Liebenden nur feindlich, der Pontos sich hin.
Hero's ländliches Haus erhob sich hier; tückisch erlöschte
Hier die Fackel, und hier liegen die Trümmern des Thurms.
Hier nun schlummern sie beyde vereint im gemeinsamen Grabmal;
Scheltend den neidischen Sturm, der sie dem Leben entrafft.

XVI.

DELOS.

Antipater aus Thess. II. 118. XXXV.

Irrt' ich doch lieber umher auf schwankenden
Wellen, o Leto;
Hätt' ich doch, dich zu empfahn, nimmer
gewurzelt im Grund;
So betrauert' ich nicht die Einsamkeit! Wehe
mir Armen,
Zahllos treiben an mir Schiffe der Grie-
chen dahin,
Und gedenken des Ruhms von Delos nicht.
Bittre Vergeltung
Hat Saturnia spät über mich Arme
gebracht.

XVII.

Alpheios. II. 130. x.

Die du die Kinder Latonens gesäugt, o heiliges Eyland,
Welcher Kronion vergönnt Wurzeln zu treiben im Meer,
Nimmer beklag' ich dein Loos, o Herrliche; nimmer auch nenn' ich
Mit Antipatros dich, Götterbeschützete, arm.
Glückliche! denn du empfingst den Apoll; und nach des Olympos
Höhe, nennt Artemis dich, Delos, ihr mütterlich Land.

XVIII.

DIE INSELN.

Antipater aus Thessal. II. 118. XXXVII.

Traurige Trümmer des Lands, verwaisete
Inseln des Pontos,
Die des ägeïschen Meers brausender Gürtel
umfängt,
Siphnos gleicht ihr anitzt, Unglückliche, und
Pholegandros
Dürrem Gefilde; der Glanz voriger Zeiten
erlosch.
Delos führte den Reihn, der Vorzeit strahlendes Eyland,
Welches zur Wüste zuerst feindliche Götter verkehrt.

XIX.

TENOS UND DELOS.

Antipater aus Thessal. II. 118. XXXVI.

Dich auch nannte die Welt. Denn Boreas muthige Söhne,
Leicht mit Flügeln beschwingt, brachten, o Tenos, dir Ruhm.
Doch weit herrlicher war Ortygia; über den Ister
Und die Rhipäen hinaus wurde sein Nahme geehrt.
Aber Ortygia sank und du lebest noch! Welcher der Menschen
Hätte wohl Delos gehofft öder als Tenos zu sehn?

XX.

EINLADUNG ZUM QUELL.

Leonidas von Tarent. I. 230. xxxix.

Trinke nicht hier auf einsamer Trifft aus
schäumendem Gieſsbach
Solchen lauligen Trank, Wandrer, mit
Schlamme vermischt;
Sondern wandle fürbaſs zu dem Rindernäh-
renden Weidplatz,
Neben der Fichte, dem Sitz flötender
Hirten zunächst,
Dort entsprudelt der Quelle Krystall der
rieselnden Felskluft,
Kälter als Thrakiens Schnee flieſst er die
Klippen hinab.

XXI.

DER BRUNNEN

Nikias. I. 248. IV.

Bist du müd', o Wandrer, so setze dich unter die Pappeln,
Und erfrische dich hier an dem erquikkenden Nafs.
Sey des Brunnens auch fern noch eingedenk. Thränenvergieſsend
Hat ihn an Gillo's Grab Simos, der Vater, gefafst.

XXII.

DER RUHEPLATZ.

Satyrius. II. 278. 111.

Lorbeern grünen umher; ein helles Gewässer
ergieſst sich
Unter den Wurzeln hervor; Schatten
verbreitet des Hayns
Grünes Gezweig, durchsäuselt vom Zephyros.
Gegen Ermüdung
Durst und flammende Gluth finden hier
Wandernde Schutz.

XXIII.

PAN AN DEN WANDRER

Plato. I. 171. XIII.

Setze dich nieder in Schatten des flüsternden
Baumes, o Wandrer!
Sieh, es spielet der West lieblich im
schauernden Laub;
Und am murmelnden Bach ertönet dir meine
Syringe;
Leise nahet der Schlaf deinem ermüdeten
Aug.

XXIV.

Plato. I. 171. XIV.

Schweiget auf rauhem Gebirg, ihr Waldungen, schweiget ihr Bäche,
Stürzend vom steilen Geklipp; blökende Heerden auch ihr.
Denn es tönet dem Pan harmonische Lieder die Syrinx,
Über gefügtes Geröhr gleitet der flötende Mund;
Und es schlingen mit rosigem Fuſs die zierlichen Nymphen,
Hamadryaden um ihn und Hydriaden den Tanz.

XXV.

Anyte. I. 198. VII.

Unter dem schattenden Fels, o Wanderer, ruhe vom Weg aus;
In dem grünen Gezweig plaudern die Lüfte so süfs.
Trinke des sprudelnden Quells erquickendes Wasser; es winket
Während der sengenden Gluth freundlich der schattige Platz.

XXVI.

Ungenannter. III. 227 CCCLXIII.

Schau, diefs nimmer versiegende Nafs der spiegelnden Quelle
Giefst das nahe Gebirg durstenden Wandrern hervor.
Lorbeer kränzt mich umher, und des Platanos herrliches Laubdach,
Und von Schatten bedeckt rauschet das kühle Getränk.
Geh nicht im Sommer vorbey, und hast du getrunken, o Wandrer,
Ruhe dich neben mir aus von dem ermüdenden Weg.

XXVII.

HERMES.

Hermokreon. II. 252. 11.

Unter dem schattigen Dach des Platanos ruhet, o Wandrer,
Wo mit zartem Geräusch Zephyros lispelt im Laub.
Hieher stellete mich Nikagoras, Majas Gebornen,
Hüter der fruchtbaren Flur, Hüter der Heerde zu seyn.

XXVIII.

APHRODITENS HAYN.

Mnasalkas. I. 191. VIII.

Laſst uns treten zum niedern Gestad des
schäumenden Pontos,
Um der Göttin des Meers, Kypriens
Hayn zu beschaun,
Und den Bach, umsäuselt von schattenden
Pappeln, aus welchem
Halkyonen umher schöpfen das rieselnde
Naſs.

XXIX.

PAN.

Alkaios von Messene. I. 489. XII.

Lafs den Hirtengesang von lieblichen Lippen erschallen,
Von dem ländlichen Rohr lafs ihn erschallen, o Pan!
Hauche melodische Tön' in helle Syringen, begleite
Mit dem begeisterten Lied ihren harmonischen Laut!
Um dich herum, nach dem Takt, erheben die ländlichen Nymphen,
Ihren Quellen enttaucht, fröhlich den tanzenden Fufs.

XXX.

HERMES.

Ungenannter. III. 198. CCXXXVI.

Diesen einsamen Platz in felsiger Gegend, o Wandrer,
Hab' ich nicht selber gewählt, sondern Archelochos mir.
Denn nicht schwindelnder Höhn, noch schroffen Gebirges erfreut sich
Hermes, sondern er sucht lieber den fröhlichen Weg.
Aber Archelochos, hold der Einsamkeit, Menschen entfremdet,
Hat, o Wandrer, auch mich in das Gebirge verbannt.

XXXI.

Ungenannter. III. 222. CCCXL.

Kypris und Amor, Apoll und die Grazien,
Bakchos, die Nymphen,
Haben in diesem Gefild ewig zu wohnen
gelobt.

XXXII.

VEREINIGUNG

Paulos Silent. III. 90. LXII.

Sieh, hier streiten Najaden und Hamadryaden
und Nereus
Töchter, welchen der Platz mehr als den
andern gebührt.
Und als Richterin sitzt die Grazie, aber sie
spricht kein
Urtheil; alle zugleich geben ihm Anmuth
und Reiz.

XXXIII.

Arabios. III. 110. VII.

Wasser, Gärten und Hayn und Dionysos fröhliche Gabe
Und das benachbarte Meer schmücket mich reichlich umher.
Aus dem Wasser, vom Land, erfreuen mich holde Geschenke,
Welche der Fischer mir jetzt, jetzo der Pflüger mir bringt.
Weilst du, o Wandrer, bey mir, ergötzen dich singende Vögel
Aus dem Gebüsch, und vom Meer fröhlicher Schiffer Gesang.

XXXIV.

DIE VERTROCKNETE QUELLE

Antiphilos. II. 180. xxxix.

Wandrer.

Wasser der Quellen, wohin entwichet ihr? einstens so reichlich?
Haben dich, ewigen Strom, Helios Flammen verzehrt?

Die Quelle.

Thränenvergiefsend dem Tod Agrikola's sind wir vertrocknet;
Unser sämmtliches Nafs schlürfte sein durstiger Staub.

XXXV.

Antiphanes. II. 205. VII.

Vormals strömt' ich aus reichlichem Quell
die Fülle des Wassers,
Jetzo schmacht' ich umsonst, meiner
Najaden beraubt.
Denn ein Mörder hat hier die blutigen Hände
gewaschen
Und der Befleckung Gräul meinem Ge-
wässer vermischt.
Seitdem flohen das Licht die heiligen Nym-
phen. Dem Bakchos,
Sprachen sie, mischen wir uns; nimmer
dem blutigen Mars.

XXXVI.

DER REGENBACH.

Antiphilos. II. 177. XXXI.

Warum stürmest du so mit eilenden Füſsen,
o Gieſsbach,
Warum hemmet den Weg wandernder
Männer dein Zorn?
Trunken bist du vom Regen, o Bach; nicht
himmlische Nymphen
Reichten das Wasser dir dar, sondern ein
trübes Gewölk.
Bald verzehrt dich die Gluth des Helios,
welche des edeln
Stromes ächte Geburt und den Bastarden
erprobt.

XXXVII.

DAS BAD.

Ungenannter. III. 167. LXXXIV.

Wer umbaute mit Mauern den Strom? wer unter den Menschen
Nannte den frostigen Bach fälschlichen Nahmens ein Bad?
Aiolos, Hippotes Sohn, ein Freund der unsterblichen Götter,
Führte, vertauschend sein Reich, sämmtliche Winde hierher.
Warum leget man wohl die breternen Schemel zu Füfsen?
Nicht zu wehren der Gluth, sondern dem starrenden Frost.
Schauder und Zittern und Frost nur wohnet hier. Schreibe denn drüber:
„Komm' im July zum Bad, Boreas herrschet darin."

XXXVIII.

Kyros. II. 455. IV.

Mit dem geflügelten Sohn und den Grazien badete vormals
Kypria hier, und verlieh Anmuth dem Bade zum Dank.

XXXIX.

Ungenannter. III. 220. CCCXXIV.

Hier entkleideten sich die Grazien; als sie gebadet,
Gaben sie dankbar dem Ort ihren unsterblichen Reiz.

XL.

Ungenannter. III. 220. CCCXXVI.

Hier wusch Kypris den göttlichen Leib, bevor sie zu Paris
Richtstuhl trat und empfing den Preis des Sieges, den Apfel.

XLI.

DER FRÜHLING.

Meleager. I. 31. cx.

Nun vom Äther hinweg der stürmische Winter entflohn ist,
Kehret uns lächelnd im purpurnen Glanz der blumige Frühling.
Schon bekränzt sich mit üppiger Saat die bräunliche Erde,
Und mit grünendem Laub bekleiden sich sprieſsende Kräuter.
Von dem glänzenden Thau der Pflanzenernährenden Eos
Lachet die Wiese getränkt; es schlieſset die Rose den Kelch auf.
Freudig ergreifet der Hirt und stimmet im Walde die Syrinx,
Und der graulichen Schaar der Zicklein freut sich der Geishirt.
Schiffer durchschneiden die Fluth, und laden zu glücklicher Schiffahrt
In die schwellenden Seegel des Zephyros holdes Gesäusel.

Jauchzend begehn sie das Fest des Bromios, Kränze des Epheus
Um die Schläfe geknüpft, und feyern den Geber des Weinstocks.
Schon beginnet der Bienen Geschlecht, den Rindern entsprossen,
Künstliches Werk; geschäftig auf zierlicher Waben Gebäude,
Schaffen sie Zellen von Wachs, des lieblichen Seimes Behältnifs.
Ringsum tönet das Lied hellwirbelnder Vögelgeschlechte,
Halkyonen am Meer, im schützenden Hause die Schwalbe,
An der Flüsse Gestaden der Schwan, und in Wäldern Aëdon.
Wenn die Bäume des Haars sich erfreun, die Erde des Grünen,
Flötend der Hirt sich ergötzt, und die wollige Heerd' auf dem Weidplatz,
Wenn der Schiffer die Wellen durchpflügt, Dionysos tanzet,
Vögel singen im Wald, und Honig die Biene bereitet,
Warum begönne der Dichter nicht auch zu singen im Frühling?

XLII.

DER PLATANOS.

Thallos aus Milet. II. 165. IV.

Sieh, wie traulich doch hier der Platanos liebender Herzen
Orgien unter dem Dach heiliger Zweige verbirgt;
Reben schlingen vertraut sich hinauf, und die Freude der Horen,
Trauben voll lieblichen Mosts, schmücken die Zweige umher.
Immer grüne dein Stamm, o Platanos! immer umhülle
Mit dem schattigen Laub zärtlicher Liebe Geschwätz.

XLIII.

DIE EICHE.

Antiphilos. II. 172. XII.

Eichbaum, schlankes Gewächs, die schattigen
Zweige verbreitend
Schützest du gegen die Gluth feuriger
Strahlen das Haupt,
Herrliche Laube, dem Dach auf Sterblicher
Häusern vergleichbar,
Grünumlaubter Pallast, Tauben und Grillen
bewohnt;
Sieh, ich eile zu dir, im heiligen Schatten
zu rasten,
Huldreich schütze mich auch, wehrend
der Sonne Geschofs.

XLIV.

DER WEINSTOCK AN DEN EPHEU.

Philippos. II. 224. XLV.

Mit dem heimlichen Fuſs umtanzest du, schleichender Epheu,
Bromios holdes Geschenk, das du umarmend erstickst.
Aber indem du mich würgst, zerstörst du dich selber. Wer kränzte
Wohl mit Epheu die Stirn, ohne Dionysos Most?

XLV.

DER WEINSTOCK AN DEN WANDRER.

Leonidas von Tarent. I. 232. XLVI.

Willig entlad' ich einst selbst der Früchte
mich, wann sie gereift sind;
Also verletze mich nicht, Wandrer, mit
scharfem Gestein.
Wisse, Dionysos zürnt dem Frevelnden; also
verschone
Sein geliebtes Geschenk, denkend der
Strafe Lykurgs.

XLVI.

DIE SAUREN BEEREN.

Philippos von Thessalonike. II. 250. LXVIII.

Welches öde Gebirg von Skythien, Boreas
Heimath,
Hat dich, wildes Gewächs, fern von der
Sonne genährt?
Oder die ewig beschneyten, die starrenden
Gipfel der Alpen,
Und der iberischen Flur Eisen gebärender
Schoofs?
Beeren herben Geschmacks erzeugtest du,
Trauben, die nimmer
Reifeten, — saures Getränk strömen die
Heerlinge aus! —
Deine Hippe, Lykurg, vermissen wir; komme
des wilden
Weinstocks rohes Gerank bis auf die
Wurzel zu mähn!

XLVII.

SYMBOL DER DANKBARKEIT.

Antipater aus Sidon. II. 16. XXXVIII.

Meinen verdorreten Stamm umranket des fröhlichen Weinstocks
Laubwerk; fremdes Gelock schmücket des Platanos Haupt,
Welcher vorlängst im grünen Gezweig die Fülle der Trauben
Nährete, reichlich mit Laub, so wie die Rebe, gekrönt.
Solche Freunde, so treuen Gemüths, erziele sich jeder,
Die mit dankbarem Sinn Liebe vergelten im Tod.

XLVIII.

DIE UNREIFE TRAUBE.

Ungenannter. III. 232. CCCLXXXIII.

Wer hat, sonder Bedacht, die schwellenden Trauben Lyaiens
Ihrem nährenden Stamm, ehe sie reiften, entpflückt?
Dann sie, zürnend dem herben Geschmack, zur Erde geworfen,
Wo den verachteten Rest eilend der Wandrer zertritt?
Bakchos zürne dem Mann, wie dem thrakischen König er zürnte,
Weil er den spriefsenden Keim frohen Genusses zerstört.
Wäre die Traube gereift, sie hätte zu Liedern begeistert,
Oder ein trauerndes Herz drückenden Kummers befreyt.

XLIX.

DER AHORN.

Philippos. II. 229. LXIV.

Notos tobende Stürm' ergriffen mich schattigen Ahorn,
Und den Wurzeln entrafft ward ich zu Boden gelegt.
Aber nun steh' ich auf's neu, von Bromios Gaben getränket;
Süfser, als Regen und Licht Jupiters, war mir der Wein.
Sterbend leb' ich auf's neu! Noch liegen die andern; ich einer,
Trunken des göttlichen Mosts strebe jetzt schöner empor.

L.

DIE FICHTE.

Ungenannter. III. 232. CCCLXXXIV.

Mich, die schattige Ficht', entwurzelten
Stürme des Südwinds,
Und auf weitem Gebirg lag ich zu
Boden gestreckt;
Wiederum kämpf' ich, zum Schiffe geformt,
mit feindlichen Stürmen;
Also bekehret euch nichts, Sterbliche,
kühnes Geschlecht?

ZEHNTES BUCH.

I.

PANS ENTSCHLUSS.

Meleager. I. 15. XLVII.

Nicht mehr wohnt der mänalische Pan bey blökenden Heerden,
Auf des steilen Gebirgs ragendem Gipfel nicht mehr.
Welche Freude gewährt das Gebirge mir? Daphnis erblaſste,
Der mir in innerster Brust Flammen der Liebe gebar.
Ich bewohne die Stadt! — Ein anderer ziehe der muntern
Jagd nach; voriger Zeit Freude verschied mit dem Freund.

II.

LAËRTES GRAB.

Ungenannter. III. 281. DCXV.

Wandel der Jahre zermalmt den Felsen auch; selber des Eisens
Schont er nicht; jegliches mäht rüstig die Sense der Zeit.
Also sinket auch hier von schauernden Regen Laërtes
Ragendes Grab, an des Meers brausendem Ufer erhöht.
Aber in ewiger Kraft verweilet der Nahme des Edeln,
Nimmer sieget die Zeit über der Dichter Gesang.

III.

NIOBE UND IHRE KINDER.

Antipater aus Thessal. II. 123. LV.

Führer der Todten, o nimm des Tantalos plaudernde Tochter
Auf in den Kahn; ihm bringt Niobe Bürde genug.
Meine Gebornen allein erfüllen ihn. Schaue die Knaben,
Schaue die Mädchen umher Phoibos und Artemis Raub.

IV.

BITTE.

Diodoros Zonas. II. 81. VII.

Der du den Nachen regierst auf düsterm Gewässer des Schilfsee's,
Führer der Todten am Styx, schone des Kinyras Sohn,
Wenn er die Brücke herab vom Gestad zum Borde des Schiff's kömmt,
Schmerzenbelastet, so gieb, Charon, dem Knaben die Hand.
Ungewiſs schwankt in Sandalen sein Schritt, und auf kiesigem Ufer
Nackten Fuſses zu gehn, dünket dem Zarten zu hart.

V.

Plato. I. 173. xxi.

Gleich des Morgens Gestirn erschienst du den Lebenden vormals;
Gleich dem Hesperos strahlt jetzo den Todten dein Licht.

VI.

PTOLEMAIOS.

Antipater aus Sidon. II. 34. xcix.

Tausendfältig beklagt dein Vater dich, o Ptolemaïos,
Und die Mutter zerreifst jammernd ihr zartes Gelock.
Laut auf stöhnt dein Lehrer Andromachos, welcher die Scheitel
Trauernd mit Staube bestreut, den er dem Boden entrafft.

Auch Aigyptos zerreifst, die herrliche, weinend ihr Haupthaar,
Und von Seufzern umher hallet Europens Gefild.
Auch verdunkelte sich Selana's glänzende Scheibe,
Und von himmlischer Bahn flohn die Gestirne hinweg.
Dich entraffte die Pest, des Landes fressendes Unheil,
Und der Zepter des Reichs füllte dir nimmer die Hand.
Aber nicht Erebos Nacht umhüllte dich. Treffliche Fürsten
Werden nicht Aïdes Raub, sondern Genossen des Zeus.

VII.

AKYLINOS.

Ungenannter. III. 300. DCXCV. *a*.

Neidisch entführte der Tod im blühenden Lenze den Jüngling,
Als die Wangen ihm noch kränzte der röthelnde Flaum.
Ungeendet verliefs er künstliche Werke der Hände;
Und die Parze zerstört keimender Hoffnungen viel.
Gütige Mutter, wohlan, bedecke mit leichter Umhüllung
Akylinos Gebein; kränze mit Blumen sein Grab;
Blumen, den Indern entführt, Arabiens süfse Geschenke,
Spriefsen hier; lieblicher Duft, welcher dem Hügel entsteigt;
Thue dem Wandernden kund: Hier schlummert der Himmlischen Liebling;
Bringet Opfer und Wein, aber nicht Thränen ihm dar.

VIII.

DION.

Plato. I. 173. XXII.

Ilion's edeln Matronen und Hekaben spannen des Schicksals
Göttinnen, bey der Geburt, Thränen und jammernden Schmerz.
Auch dir, Dion, entrifs der Himmlischen Wille der edeln
Thaten verdienten Gewinn, glänzender Hoffnungen Lohn.
Sieh, nun raget dein Grab, du meiner Seele Geliebter,
Deinen Bürgern geehrt, hier in dem heimischen Land.

IX.

DIONYSIOS.

Ungenannter. III. 311. DCCXXXIV.

Siebzehn Sommer entflohn dem Lebenden; siehe, da raubte
Strenger Parzen Beschlufs mich zu Persephonens Reich.
Ach den Fackellauf nur vergönnte mir Jupiters Rathschlufs,
Und verschlofs mir die Bahn, welche das Alter betritt.
Von der Jugend gekrönt und den lieblichen Gaben der Musen,
Stieg ich Dionysios nieder in Aïdes Nacht.
Vater, Mutter, o stillt die schmerzlichen Thränen der Trauer;
Nur den Frommen allein setzen die Götter diefs Ziel!

X.

GRABMAHL DES KINDES.

Bianor. II, 158. xvi.

Warum raubst du das Kind, den Attalos, gieriger Charon?
War er denn weniger dein, wenn er im Alter erblich?

XI.

GRAB DES TAPFERN.

Anakreon. I. 117. xii.

Rüstig war im Gefecht Timokritos, welchen diefs Grab deckt;
Nicht den muthigen Mann, Feige nur schonet der Krieg.

XII.

TOD FÜR'S VATERLAND.

Anyte. I. 199. XIII.

Als du fielst in der Blüthe der Kraft,
umhüllte, Proarchos,
Düstern Grames Gewölk deiner Erzeu-
gerin Brust.
Aber der herrliche Ruf verkündiget, daſs du,
des theuern
Vaterlandes Gefild schützend, den Feinden
erlagst.

XIII.

DIE SPARTANISCHE MUTTER.

Dioskorides. I. 502. XXXIV.

Gegen den Feind entsandte Demaineta acht der Gebornen;
Allen erhöhte sie hier dieses umhüllende Grab.
Thränen entfielen ihr nicht, der Trauernden; heiliges Sparta,
Sprach sie, Vaterland, dir hab' ich die Knaben gebracht.

XIV.

KRINAGORAS.

Diotimos. I. 252. IX.

Nicht der Leu des Gebirgs ist schrecklicher, als in der Lanzen,
Als in der Rosse Gewühl Mikon's Krinagoras war.
Ist die Hülle nur klein, so tadl' es nicht. Auch die beschränkte
Flur, o Wandrer, erzeugt muthige Streiter des Mars.

XV.

PHOKIONS KENOTAPH.

Phalaikos. I. 421. v.

An dem fremden Gestad starb Phokion; denn des Schiffes Fügung
Ertrug der finstern Wellen wilden Andrang nicht;
Sondern es sank in den Schlund des aegeischen Meeres, ergriffen
Vom Sturm, der in des Pontos tiefstem Schooſse wühlt.
Sein ist dieſs ledige Grab in dem Vaterland; wo anitzt Promethis,
An herbem Schmerz dem trauervollen Vogel gleich,
Täglich ein Opfer von Klagen ihm bringt, die Mutter dem Sohne,
Den Armen rufend, den zu früh die Nacht umfing.

XVI.

Hegesippos. I. 255. VII.

Auf dem Pfad zur Rechten, erzählet man,
führt von dem Holzstoſs
Hermes die Guten hinab zu Rhadamanthos
Gericht.
Diesen wandelt der Sohn des Chairestratos;
schmerzlich beweinet
Stieg Aristonoos jüngst in des Agesilas
Haus.

XVII.

GRAB DES GERECHTEN.

Kallimachos. Anal. I. 472. XLIX.

Hier schläft heiligen Schlaf der Akanthier, Dikon's Erzeugter,
Saon; nenne die Ruh edler Entschlafnen nicht Tod.

XVIII.

Meleagros. I. 35. CXXI.

Erde sey mir gegrüfst, Allnährerin! ihn, der im Leben
Nie dich gedrücket, umfang leise den Aisigenes.

XIX.

REICHTHUM DES VERSTORBENEN.

Ungenannter. III. 298. DCLXXXVII.

Auf der Erde Gefild verwelket im Tode dein Ruhm nicht,
Und es schmücket noch jetzt jegliche Zierde dein Herz.
Dir, o Pytheas, folgt zu der Seligen glücklichem Eyland,
Was die Natur dir verliehn, was du, o Edler, erlernt.

XX.

Demagetes. II. 40. XII.

Rufet ein freundliches Wort, ein ehrendes, wandernde Männer,
Ruft dem Praxiteles zu, grüſsend den Edeln im Tod.
Denn es liebten die Musen, es liebten die Freunde beym Schmauſs ihn;
Herzlich sey mir gegrüſst, andrischer Praxiteles.

XXI.

AUFFORDERUNG.

Leonidas von Tarent. I. 239. LXX.

Ewige Zeiten entflohn, o Sterblicher, eh' du zum Tagslicht
Aufstiegst, ewige Zeit weilst du in Aïdes Reich.
Was denn bleibt für das Leben zurück? Ein dürftiger Antheil,
Kaum ein ärmlicher Punkt, oder was kleiner noch ist.
Enge zusammengedrängt ist die Lebenszeit; aber auch diese
Leer an Freuden und schier bittrer als feindlicher Tod.
Meide den wilden Orkan des stürmischen Lebens, so ruft dir
Pheidon; suche, wie er, Aïdes ruhigen Port.

XXII.

Euripide's. II. 57. (ed. Lips. I. 96.)

Der du den ewigen Pfad, o Helios, wandelst im Äther,
Hat dein Auge vordem ähnlichen Jammer gesehn?
Es entraffte zugleich die Mutter, die Brüder, die Jungfrau
Ein verderblicher Tag hin zu den Schatten der Nacht.

XXIII.

WARNUNG.

Antipater von Sidon. II. 36. CVII.

Soll ich den Regen des Zeus, des stürmischen, oder den Bakchos
Tadeln! jener wie der bringet zum Gleiten den Fufs.
Also kehrte vom Schmaufs Polyxenos über das Feld heim,
Und von schlüpfriger Höh glitt er in Orkus hinab;
Fern von Smyrna's Gefild, des äolischen. Meidet, o Trunkne!
Meidet im Dunkel der Nacht Pfade von Regen benetzt.

XXIV.

Leonidas von Tarent. I. 240. LXXV.

Höre das warnende Wort des syrakosanischen Orthon:
„Wandle, wenn trunken du bist, nimmer bey stürmischer Nacht."
Dieses brachte den Tod mir, o Wanderer! Darum bedeckt mich
Armen ein fremdes Gefild, ferne vom heimischen Land.

XXV.

DER BANKIER.

Theodoridas. II. 43. x.

Ohne Hülfe des Stabs, Kinesias, Diener des Hermes,
Stiegst du, zu zahlen die Schuld, nieder in Aïdes Reich.
Rüstig stelltest du dich dem Mächtigen. Nun du so redlich
Deine Treue bewährt, liebt dich der König der Nacht.

XXVI.

GRAB DES REICHEN.

Leonidas von Tarent. I. 238. LXIX.

Nur der Marmor allein, der deinen Nahmen verkündigt,
Bleibet dir, Krethon; du selbst hast dich dem Staube gemischt.
Vormals strahlten dir Schätze der lydischen Könige, vormals
Blökten dir Rinder im Thal, Ziegen auf luftigen Höhn;
Vormals ... doch, was erzähl' ich noch mehr? Dem Glücklichgepriesnen
Blieb die Spanne des Feld's einzig vom weiten Besitz.

XXVII.

DER GENÜGSAME.

Simonides. I. 145. CIII.

Keinen Kroisos umschliefset diefs Grab;
Gorgippos der Arme
Schlummert hier. Klein ist die Gruft,
aber genügend für mich.
Auch kein zärtliches Weib beweinte mich,
als ich den düstern
Pfad zu Persephonens nächtlichen Hallen
betrat.

XXVIII.

GRAB DES HIRTEN.

Erykios. II. 298. XIV.

Nicht mehr stimmst du hinfort, Therimachos, unter des weiten
Platanos schattigem Dach, ländlicher Flöten Getön;
Rinder weiden nicht mehr, der lieblichen Stimme der Syrinx
Lauschend, während du ruhst unter der Buche Gezweig.
Dich erschlug der flammende Blitz. Es kehrten die Rinder,
Vom Gestöber verfolgt, spät zu den Horden zurück.

XXIX.

Diotimos. I. 252. x.

Selber kehrte die Heerd' am dämmernden Abend zur Heimath,
Weifs vom stöbernden Schnee, aus dem Gebirge zurück.
Ach dort schlummert der Hirt Therimachos ewigen Schlaf jetzt
Unter der Eich'; ihn erschlug Jupiters flammender Strahl.

XXX.

Leonidas von Tarent. I. 246. xcviii.

Hüter der Ziegen, und ihr der Wollenbekleideten Schaafe
Hirten, wenn ihr die Höhn dieser Gebirge besucht,
Gönnt ein kleines Geschenk dem Klitagoras, aber ein holdes
Gönnet ihm; Fromme belohnt Persephoneia mit Huld!
Unter der Heerden Geblök, an den moosigen Felsen gelehnet,
Stimme der Schäfer das Rohr, und mich erfreue sein Lied.
In des Lenzes Beginn entpflücket der thauigen Wiese
Düftende Blumen, und schmückt freundlich mit Kränzen das Grab.
Leget das Euter darauf der säugenden Mutter der Lämmer,
Dafs der liebliche Trank quelle den Hügel hinab.
Gönnt solch frommes Geschenk dem Bittenden; auch bey den Todten,
Auch in Aïdes Reich wohnet vergeltender Dank.

XXXI.

GRAB DES GÄRTNERS.

Ungenannter. III. 288. DCL.

Nimm, o Erde, den Greis Amyntichos
freundlich an Busen,
Jeglicher Mühe gedenk, die er vollbrachte
für dich.
Oftmals hat er für dich des Ölbaums Stämme
gestützet,
Und sie mit Reben geschmückt, Bromios
holdem Geschenk.
Auch mit Deo's Früchten begabt er dich,
führte Kanäle,
Und du prangest mit Obst, prangst mit
Gemüse durch ihn.
Darum decke du sanft die Schläfe des Alten,
o Erde,
Und mit Blumen und Gras kränze sein
schwellendes Grab.

XXXII.

GRAB DES VOGELSTELLERS.

Isidoros. II. 474. v.

Mit den Ruthen und Leim ernährte sich
lebend Eumelos;
Spärlich nur nährt' er sich zwar, aber
mit freyem Gemüth;
Niemals hat er schmarozend die Hand dem
Reichen geküsset.
Diefs war Freude für ihn, dieses sein
ganzer Genufs.
Neunzig Sommer durchlebet' er so; nun
schläft er im Grabe,
Ruthen, Vögel und Leim läfst er den
Kindern zurück.

XXXIII.

Mnasalkas. I. 192. XII.

Künftig rastet auch hier der heilige Vogel, und schützend
Nimmt des Platanos Zweig, ist er ermüdet, ihn auf;
Denn Poimandros starb, der Mallier. Nimmer o kehrt er
Dieses Weges zurück, Ruthen zu salben mit Leim.

XXXIV.

GRAB DES JÄGERS

Ungenannter. III. 293. DCLXVI.

Diesen Hügel, o Sohn des Archias, schmücket der Marmor
Deines Ruhmes gedenk, welchen die Jagd dir gebar.
Alles zeiget dein Grab, o Perikles, Lanzen und Rosse,
Hund' und hölzern Gestäng, bey dem Gestänge das Netz.
Aber ach! alles von Stein; es irret das Wild um das Grabmal,
Während, o Jüngling, du selbst schlummerst den ewigen Schlaf.

XXXV.

GRAB DES FISCHERS.

Sappho. I. 55. III.

Seinem Sohne, dem Fischer, dem Pelagon,
weihte Meniskos
Reufsen und Ruder am Grab, dürftigen
Lebens Symbol.

XXXVI.

Philetas. Anal. II. 524. (Anth. Lips. I. 122. VI.)

Herzlich weinet mir nach, doch mit Mäfsig-
keit; saget ein liebreich
Wörtchen, und denket des Freunds auch
noch im Tode mit Lust.

XXXVII.

TODTENFEYER.

Leonidas von Tarent. I. 237 LXVI

Dein gedenkend, Eubul, o Trefflicher, welchen diefs Grab deckt,
Trinken wir. Allen gemein öffnet sich Aïdes Port.

XXXVIII.

DER TRINKER DEN LEBENDEN.

Julianos. II. 507. LXI.

Vielmal hab' ich's gesungen und ruf' es euch noch aus dem Grab zu:
Trinket, o Sterbliche, trinkt, ehe das Grab euch umhüllt!

XXXIX.

ALGEMEINES SCHICKSAL.

Simonides. I. 145. xcix.

Meines Sterbens erfreut sich ein Lebender; bald wird ein andrer
Seines Sterbens sich freun. Keinen verschonet der Tod.

XL.

DER TODTE DEM PFLÜGER.

Ungenannter. III. 246. ccccl.

Blieb denn nirgend dem furchenden Pflug ein Acker, o Landmann,
Daſs der seufzende Stier selber die Gräber betritt,
Und das Eisen die Todten durchwühlt? Was frommt dir die Ernde,
Welche der Asche du raubst, nicht der gedeihlichen Flur?
Auch dein harret der Tod! ein anderer wühlet auch dich um;
Was dein Frevel begann, büſsest du selber dereinst.

XLI.

DER ERMORDETE SEINEN MÖRDERN.

Simonides. I. 137 LIX.

Die mich mordeten, mögen dereinst ein
Gleiches empfangen,
Die mich begruben, o Zeus, mögen des
Lebens sich freun.

XLII.

DER ERMORDETE AN DEN MÖRDER, DER IHN BEGRÄBT.

Ungenannter. III. 252. CCCCLXXVI.

Birg mich, so tief du nur willst; der Sterbli-
chen Blicke betrügst du;
Aber Dike erschaut jegliches, was du
beginnst.

XLIII.

TIMON'S GRAB.

Timon. I. 153.

Hier zerrifs ich das Band der kummerbelasteten Seele.
Fragt um den Nahmen mich nicht, und sterbet, ihr Schurken, im Elend.

XLIV.

Kallimachos. I. 470. xxxviii.

Wanderer.

Timon, ist dir die Nacht des Aïdes oder das Tagslicht
Feindlicher?

Timon.

Jene! Die Nacht fasset der eurigen mehr.

XLV.

Hegesippos. I. 255. VIII.

Disteln ragen umher und stechende Dornen verletzen
Dir, o Wandrer, den Fuſs, wenn du dem Grabe dich nahst.
Timon, den Hasser der Menschen, umschlieſset es. Wandle vorüber,
Scheltend, wenn dir's beliebt, Wandrer, nur gehe vorbey.

XLVI.

Zenodotos aus Ephesos. II. 61. 11.

Treib', o durstender Staub, die stachlichen Ranken des Schwarzdorns
Rundum über mein Grab, oder der Disteln Gestripp,
Dafs kein Vogel darauf die schwebenden Flügel im Lenze
Raste, kein lebender Laut störe des Einsamen Ruh;
Denn der Feind des Menschengeschlechts, der den Bürgern verhafst war,
Fliehet das arge Geschlecht auch in der Unterwelt noch.

XLVII.

Leonidas von Alexandrien. II. 198. XXXIX.

Ohne zu grüſsen das Grab, o Wanderer, schreite vorüber,
Ohne zu fragen nach mir, wer und von wannen ich war.
Fragst du, so bringe der Weg dir den Untergang; gehst du vorüber
Schweigend, so bringe der Weg dennoch den Untergang dir.

XLVIII.

ARCHEDIKE.

Simonides. I. 136. LIII.

Archedike, die Tochter des Hippias, eines der Edeln
Im hellenischen Land, deckt der umhüllende Staub.
König war ihr Vater; der Gatte, die Brüder, die Söhne
Könige; dennoch erhob nie sich zum Frevel ihr Herz.

XLIX.

XANTIPPE.

Simonides. I. 143. xci.

Deiner gedenke mein Lied! Nicht ziemt es sich, dafs du, Archonautes
Glorreiche Gattin, ruhmlos liegst im Grabe.
O Xantippe, du Sprofs Perianders, der des hochgethürmten
Korinthos Zügel einst mit starker Faust hielt.

L.

ARETEMIAS.

Herakleides. II. 261. 1.

Frisch gegraben erhebt der Hügel sich; über des Denkmals
Stirne flattert ein Kranz, schüttelnd das welkende Laub.
Lafs, o Wandrer, uns gehn, die Schriften am Steine zu lesen;
Wessen Gebeine das Grab decket, verkünden sie uns.
„Mich, die Knidierin Aretemias, führete Euphron
„Heim als Gattin; ich gab doppelte Kinder dem Mann.
„Sterbend liefs ich ihm eines zurück, sein Alter zu pflegen;
„Eines nahm ich hinab, mich der Erinnrung zu freun.

LI.

Antipater von Sidon. II. 55. CIV.

Als du dem Nachen entstiegst, Aretemias, welcher die Todten
Über den Acheron führt, tretend an's düstre Gestad,
Auf dem Arm das entschlummerte Kind, da klagten die zarten
Weiber dorischen Bluts, Holde, dein herbes Geschick,
Da sie gehört, wie du starbst. Die blühenden Wangen zerfleischend
Und mit Thränen benetzt, sprachst du diefs traurige Wort:
Doppelte Kinder gebar ich dem Mann; ihm liefs ich das eine,
Zu den Schatten der Nacht bring' ich das andre herab.

LII.

BOÏSKION UND RHODOPE.

Antipater von Sidon. II. 29. LXXXIV.

Rhódope stieg mit der Mutter Boïskion nieder
zum Orkus,
Nicht von Krankheit entrafft, noch von
dem feindlichen Speer.
Als die Fackel des Mars des Vaterlands heilige
Mauern
Akrokorinthos entflammt, wählten wir
muthigen Tod.
Mich durchbohrte zuerst mit schneidendem
Stahle die Mutter,
Und dann kehrte sie selbst gegen ihr
Leben die Hand.
Denn sie knüpfte dem Hals die tödtende
Schlinge. Dem Freyen
Dünket ein rühmlicher Tod schöner als
sklavisches Joch.

LIII.

HELIODORA.

Meleager. I. 30. cix.

Thränen bring' ich dir dar zu dem Acheron, Heliodora,
Zeugen des zärtlichen Bunds, der uns auf Erden vereint;
Bittere Zähren voll Schmerz. Der heiligen Liebe gedenkend,
Spend' ich der Sehnsucht Nafs hier am bejammerten Grab.
Schmerzvoll, schmerzvoll ruf' ich dir nach zu den Schatten des Orkus;
Aber der Sterblichen Flehn rühret den Acheron nicht.
Ach, wo schwandest du hin, du liebliche Blume? Der Tod hat
Dich gebrochen und ach! grausam dem Staube gemischt.
Erd', ich flehe dich an, ernährende Mutter der Menschen,
Drücke das zarte Gebild leis' an die liebende Brust.

LIV.

MUSA.

Ungenannter. III. 306. DCCXVIII.

Welcher feindliche Gott entführte die holde Sirene,
Wer die Nachtigall mir, die mich mit Liedern erfreut?
Ach zu frostigem Staub zerstiebtest du! feindliche Krankheit
Schlofs auf ewig dem Licht, Musa, dein lächelndes Aug,
Schlofs der Rede den Mund, den goldenen! Alles entfloh dir,
So die holde Gestalt, wie der gebildete Sinn!
Quälende Sorgen, entweicht! Wenn wurde den Sterblichen Gutes
Sonder Schmerzen? und wenn paarte sich Glück mit Bestand?

LV.

KLAGEN DES GATTEN UND VATERS.

Bianor. II. 159. xix.

Jüngst beweint' ich den Tod Theonoëns; aber des Kindes
Hoffnung, das sie mir liefs, mäfsigte freundlich den Schmerz.
Ach nun raubt mir die Hand der neidischen Parze den Knaben,
Und mir schwindet der Trost, den du, o Kind, mir gewährt.
Persephassa, vernimm die schmerzlichen Thränen des Vaters,
Lege das schlummernde Kind, Göttin, der Mutter in Schoofs.

LVI.

GRAB DER BRAUT.

Erinne. I. 58. III.

Baukis umhüllet das Grab; erblickst du ihr thränenbenetztes
Denkmal, rufe diefs Wort, Wandrer, dem Aïdes zu:
„Aïdes, neidischer Gott!" — Es künden die bunten Symbole,
Welche die Säule dir zeigt, Bauko's verhafstes Geschick.
Diese Fackeln, womit ihr Hymenaios geleuchtet,
Führten sie, flammend am Grab, in die Gefilde der Nacht.
Und es wurde dein Lied, o fröhlicher Führer der Bräute,
Hymen, am Sarge der Braut plötzlich in Klagen verkehrt.

LVII.

Philetas. I. 189. 11.

Dieses meldet der Stein: Die kleine Theiodota folgte,
Ohne zu murren, der Hand, die sie dem Leben entführt.
Und noch ruft die Kleine dem Vater zu: Stille die Thränen,
Oft, o Vater, umringt Sterbliche drückender Schmerz.

LVIII.

Mnasalkas. I. 193. XVIII.

Weh, Aristokrateia, du stiegst zu des Acherons
dunkelm
Freudelosem Gestad, ehe dir Hymen
erschien.
Thränen ach! liefst du zurück der trauernden
Mutter, die oftmals
Hier am Grabe gelehnt, jammernd die
Tochter beweint.

LIX.

DIE SIRENEN AUF DEM GRABE DER JUNGFRAU.

Mnasalkas. I. 195. XVII.

Weh dem verderblichen Sinn Persephonens, welche so früh dir
Heiterer Jugend Geschenk, liebliche Kleo, geraubt.
Sieh, wir sitzen am Grab die zerrissene Wange benetzend,
Und es zeiget der Stein holder Sirenen Gestalt.

LX.

DIE STERBENDE DEM VATER.

Anyte. I. 200. XVIII.

Scheidend mit liebendem Arm umfaſste den Vater die holde
Erato; Thränen im Aug sprach sie das rührende Wort:
„O mein Vater, ich scheide von dir; schon weichet das Leben;
Und das Dunkel der Nacht decket mein brechendes Aug."

LXI.

GRAB DER JUNGFRAU

Sappho. I. 55. III.

Diefs ist Tima's Grab; sie wandelte, eh' sie
vermählt ward,
Zu dem dunkeln Gemach Persephoneiens
hinab.
Als sie verblich, da mähten mit scharfen
Stahle die Jungfraun
Ihres trauernden Haupts liebliche Locken
auf's Grab.

LXII.

GRAB DES KINDES.

Ungenannter. III. 305. DCCXI.

Kaum fünf Jahre vollendete hier das blühende Mägdlein,
Und schon reifst sie dein Ruf, König der Todten, hinab
Wie im lachenden Lenz die duftende Knospe der Rose,
Hast du sie grausam entpflückt, ehe die Zeit sie gereift.
Trockne dein weinendes Aug', o Philtatos, hemm', Alexandra,
Deiner Klagen Geschrey, über der Lieblichen Grab.
Denn holdseliger Reiz umblühte das rosige Antlitz,
Und der Unsterblichen Chor nahm in den Äther sie auf.
Glaubet des Alterthums Sag', o Sterbliche! Nicht Aidoneus,
Nymphen entführten das Kind, wie den Geliebten Alcids.

LXIII.

PHILAINIS.

Aischrion. I. 189.

Verrufnen Nahmens schläft Philainis hier,
Vom langen Alter rastend in dem Grab.
Lenkst du dein Schiff um dieses Vorgebirg,
So spott' und lache mein, o Schiffer, nicht.
Denn nie — die Tyndariden zeugen mir,
Mir zeuget Jupiter! — nie gab ich mich
Verbuhlten Sinns der Männer Lüsten hin.
Polykrates, ein Bürger von Athen,
Ein schlimmer Sykophant, schrieb, was er schrieb;
Sey's, was es will; mir ist es unbekannt.

LXIV.

Dioskorides. I. 500. xxvi.

Samos Bürgerin deckt der ragende Hügel Philainis;
Nahe getrost dich dem Stein, Wandrer, und rede mich an.
Nimmer, o Götter, beschrieb ich frevelnde Werke der Weiber,
Nimmer, o heilige Schaam, spottet' ich deinem Gebot;
Ja, mir zeuget diefs Grab, ich ehrte dich! Aber hat einer
Meinem Nahmen zur Schmach freche Geschichten erdacht,
O so enthülle die Zeit den Lästerer! schändlichen Leumunds
Ledig, freuet sich dann, Wandrer, mein modernd Gebein.

LXV.

LAÏS.

Agathias. III. 63. LXXX.

Als ich nach Ephyra ging, erblickt' ich am Wege der Alten
Laïs ragendes Grab, welches die Inschrift besagt;
Und ich sagte mit Thränen: O Reizende, sey mir gegrüfset,
Ob ich auch nimmer dich sah, regt sich doch Mitleid in mir.
Viele hast du betrübt der Jünglinge: aber nun ruhst du,
Deiner Reize beraubt, in der Vergessenheit Schoofs.

LXVI.

Antipater aus Sidon. II. 28. LXXXIII.

Laïs, welche vordem in Purpur und goldnem Geschmeide
Prangete; Amors Stolz; zärter als Paphia selbst;
Decket diefs Grab. Sie nährte das Meerumspühlte Korinthos,
Und der Pirene Krystall strahlte nicht reiner als sie.
Unter den Menschen erschien sie als Kypria; mehrere Freyer,
Als um Helenen einst, warben um ihren Besitz,
Pflückend die Blüthe der Lust, der käuflichen Liebe Genüsse.
Sieh, noch düftet das Grab lieblichen Krokos umher;
Noch sind ihre Gebeine von duftenden Salben befeuchtet,
Und das glänzende Haar athmet ambrosischen Hauch.

Als sie erblich, zerfleischte die blühenden Wangen Kythere,
Aus der Tiefe der Brust stöhnete Amor um sie.
Hätte sie jeglichem nicht ihr käufliches Lager geboten,
Wäre der troische Krieg wieder in Hellas entbrannt.

LXVII.

Ungenannter. III. 284. DCXXVIII

Hellas, nimmer besiegt im Kampfe der Männer, mit stolzem
Ruhme bekränzet, erlag Laïs unsterblichem Reiz.
Diese hat Amor erzeugt; es nährte sie Akrokorinthos;
In Thessaliens Flur ruht der Entschlummerten Staub.

LXVIII.

Antipater von Sidon. II. 30. XXXVII.

Wandrer.

Welchen heimlichen Sinn, Lysidika, hier in des Grabsteins
Zeichen der Künstler gelegt, forsch' ich vergebens in mir.
Zaum und Beifskorb schau' ich und Tanagra's Fluren erzeuget
Diesen rüstigen Hahn, welcher der Kämpfe sich freut.
Wie nur ziemen dem Weib, dem häuslichen, solcherley Zeichen,
Welcher die Spindel zu drehn oder zu weben gebührt?

Lysidika.

Dafs ich früh mich erhob zur Emsigkeit, meldet der Haushahn,
Dafs ich regierte das Haus, deutet der Zügel dir an.
Dieser Beifskorb endlich verkündet dir, dafs ich die Zunge
Mäfsigte, sinniger Ruh, nicht der Geschwätzigkeit hold.

LXIX.

Antipater aus Sidon. II. 30. LXXXVIII

Wundre dich nicht auf Myro's Mahl die Geifsel zu schauen,
Neben der Eule die Gans, neben dem Bogen den Hund.
Dafs sie rüstig ihr Haus verwaltete, kündet der Bogen;
Dafs sie der Kinder gepflegt, deutet der wachsame Hund.
An der Geifsel erkennest du nicht die grausame Hausfrau,
Sondern welche mit Ernst fehlende Mägde gestraft.
Ihres heimischen Heerds Beschützerin kündet die Gans an,
Und die Eule den Dienst, den sie Athenen geweiht.
Solcher Geschäft' erfreut' ich im Leben mich; jetzo verkünden
Diese Symbole sie dir, welche mir Biton ersann.

LXX.

MARONIS.

Antipater aus Sidon. II. 31. xc.

Dieses schwellende Grab bedecket die graue Maronis,
Wo du den Becher erblickst, künstlich aus Marmor gehaun.
Jetzo noch trauert sie nicht, die Geschwätzige, über die Kinder,
Die sie verlassen, und nicht über den dürftigen Mann;
Nur diefs eine beklagt im Grabe sie, dafs sie Lyaios
Becher, des Mostes beraubt, über dem Hügel erblickt.

LXXI.

DIE TRINKERIN.

Ungenannter. III. 293. DCLXVIII.

Myrtas schöpfte vordem an heiliger Kelter des Bakchos
Unermüdlich den Most, nimmer mit Wasser gemischt;
Auch im Tode bedeckt kein Hügel mich, sondern ein Weinfaſs,
Bakchischer Freude Symbol, ist mir ein fröhliches Grab.

LXXII.

DER SCHIFFBRÜCHIGE AN DIE SCHIFFER.

Plato. I. 174. XXVII.

Glücklich erreichet das Ziel, ihr Schiffenden! Aber vernehmet,
Dieser Hügel bedeckt eines der Opfer des Meers.

LXXIII.

Theodoridas. II. 44. XVI.

Mich entseelte das Meer; doch schiffe nur!
Als ich dem Aufruhr
Tobender Wellen erlag, fanden die andern
den Port.

LXXIV.

Ungenannter. III. 294. DCLXXII.

Frag', o Schiffer, mich nicht, wess Staub ich
umhüllend verberge;
Mögest du selber dich einst günstigern
Meeres erfreun!

LXXV.

Diokles. II. 183. IV.

Decket mit Erde mich nicht; was hilft es
mir? häufet den Sand nicht
Hier am feuchten Gestad, über des Todten
Gebein!
Denn es zürnt mir die Fluth; sie findet mich
hier an dem Meerstrand,
In dem schroffen Geklipp und in dem
Aïdes selbst.
Steiget der Wellen Gewühl, mich Armen zu
suchen, an's Ufer,
Wozu hilft mir das Grab? Sparet die
traurige Müh.

LXXVI.

KENOTAPH.

Pankrates. I. 259. 111.

Auf dem ägeischen Meer vernichtete, Epiereides,
Dich der stürmische Süd und der Hyaden Gestirn,
Mit dem Schiffe zugleich und den Schiffenden. Thränenvergieſsend
Baute dein Vater das Grab, das sich hier ledig erhebt.

LXXVII.

Nikainetos. I. 417.

Hier schläft Biton, der Sohn des Nikagoras. Gehst du, o Wandrer,
Nach Torone hinauf, ferne von Amphipolis,
O so höre der Vater von dir, daſs seinen Erzeugten
Ihm der Strymon geraubt und der Pleiaden Gestirn.

LXXVIII.

Philippos von Thessalonike. II. 233. LXXVII.

Mit belastetem Schiff die ikarischen Fluthen beseegelnd
Glitt Nikaretos Sohn, Damis, hinab vom Verdeck.
Weinend erhub zum Olymp die flehenden Arme der Vater,
Und von den Göttern des Meers bat er den Knaben zurück
Sonder Erbarmen verschlang die Welle ihn. Wildes Gewässer,
Also hast du auch sonst Bitten des Vaters verschmäht!

LXXIX.

Leonidas von Tarent. I. 242. LXXXII.

Also waret ihr stets, Piraten und Räuber-
gesindel;
Wann ward Recht und Gesetz bey den
Kretensern gekannt?
Mich Timolytos auch, als ich mit kärglicher
Ladung
Seegelte, stiefsen sie frech in das kreten-
sische Meer.
Jetzt beklagt mich die Schaar gefräfsiger
Meewen und Aaren
An dem Gestad; kein Grab decket Timo-
lytos Staub.

LXXX.

Leonidas von Tarent. I. 243. LXXXVIII.

Glücklich ende die Fahrt dem Schiffenden! Aber entrafft dich,
Wie mich Armen, der Sturm zu dem lethäischen Port,
Schilt die unwirthliche Fluth des Meeres nicht; tadle dich selber,
Dafs du am warnenden Grab, Kühner, die Anker gelöst.

LXXXI.

Leonidas von Tarent. I. 245. XCV.

Erd' und Pontos zugleich begruben mich, Charmides Sprössling,
Thrasis; solches verlieh Lachesis mir zum voraus.
Als ich herunter mich liess zu der hemmenden Schwere des Ankers,
Und des jonischen Meers feuchtes Gewässer durchschnitt,
Rettet' ich ihn. Schon taucht' ich empor zum Licht aus der Meersfluth,
Und schon streckt' ich die Hand zu den Gefährten hinauf;
Sieh, da packte mich wild des Okeanos grässliches Unthier,
Und sein wüthender Zahn riss mich zur Hälfte hinab.
Halb nur kehrt' ich zurück, ein verstümmelter Körper, des Schiffvolks
Händen folgend, und halb ward ich zur Beute dem Thier.
Hier am öden Gestad begruben sie, Wandrer, die armen
Reste; zum heimischen Land ward mir zu kehren versagt.

LXXXII.

Leonidas von Tarent. I. 240. LXXVI.

Nicht das mächtige Schiff, das kleine nicht, schützet die Reise,
Diefs wie jenes ergreift siegender Stürme Gewalt.
Stürme tödteten auch den Promachos; tobende Wellen
Stürzten in gähnenden Schlund Schiffer und Barke hinab.
Doch ein Gutes verdankt er dabey dem feindlichen Schicksal,
Dafs das heimische Land seine Gebeine bedeckt.
Denn es führte die Fluth, die brausende, Promachos Leichnam
Zu dem Ufer, wo ihm Freunde den Hügel erhöht.

LXXXIII.

WARNUNG

Antiphilos. II. 181. XLIII.

Als ich dem heimischen Land mich näherte,
sprach ich: „O Morgen,
Morgen endet für mich diese verdrüſsliche
Fahrt.“
Kaum verschloſs ich den Mund, o Jupiter!
wandelt der Pontos
Sich zum Aïs und mich tödtet das flüchtige Wort.
Nimmer verheiſse dir je das Morgende!
Selber das Kleinste,
Was den Lippen entwischt ahndet der
Nemesis Zorn.

LXXXIV.

Xenokrates. II. 256.

Deinen Locken enttrauft, Unglückliche, Wasser der Salzfluth,
Welche, Lysidike, dich schmählich dem Leben entrafft.
Als der Sturm sich erhob, erbebtest du; fürchtend der Wellen
Ungestüm, fielst du hinaus über den schwankenden Bord.
Nun verkündet der Stein Lysidikens Nahmen und Heymath
Kumä, aber dein Leib treibet am kalten Gestad.
Schmerzlich weinet dein Loos Aristomachos, der dich zur Hochzeit
Führend, die Tochter und selbst ihre Gebeine verlor.

LXXXV.

WOHLTHAT DES MEERES.

Julianos. II. 505. LIII.

Sey mir, o Armer, gegrüfst, und steigst du
zum Aïdes nieder,
Zürne dem Ozean nicht, sondern den
Stürmen der Luft.
Diese tödteten dich. Die Wellen des freund-
lichen Pontos
Spülten an's Ufer dich hin, wo bey den
Ahnen du ruhst.

LXXXVI.

DER BERAUBTE.

Plato. I. 174. XXVI.

Selbst das brausende Meer erbarmte sich meiner und liefs mir
Doch das letzte Gewand in dem Gewühle der Fluth.
Aber ein Mensch entrifs mir mit frevelnden Händen auch dieses,
Und für kleinen Gewinn übt' er die schändliche That.
Stieg' er doch also bekleidet hinab zu Aïdes Schatten,
Und mit meinem Gewand tret' er vor Minos Gericht!

LXXXVII.

Asklepiades. I. 219. XXXVIII.

Nur acht Ellen entferne dich hier, o feindliche Meersfluth!
Brüll' und schäume dann auf, wie du nur immer vermagst.
Aber zerstörst du das Grab des Eumares, findest du keine
Schätze, nur modernd Gebein, schmutziger Asche gemischt.

LXXXVIII.

GRAB DES SCHIFFBRÜCHIGEN AM UFER.

Poseidippos. II. 51. XIX.

Warum hier am Gestad begrabt ihr mich? Fern von der Meersfluth
Ruhe des Armen Gebein, welchen die Fluthen ertränkt!
Denn ich erbebe noch jetzt dem Geräusch der rollenden Wogen;
Dennoch seyd mir gegrüfst, die ihr Nikétas begrubt.

LXXXIX.

Diodoros Zonas. II. 82. xviii.

Über dein schlummerndes Haupt verbreit' ich den kühligen Meersand,
Und bedecke mit Staub, Armer, dein starres Gebein.
Keine Mutter am Grab beklaget dich, Thränenvergiefsend;
Ach sie ahndet noch nicht, dafs du im Meere verblichst.
Denn dich empfing ein ödes Gestad; unwirthliche Ufer
Nahmen, o Armer, dich auf an dem ägeischen Meer.
Nimm das kleine Geschenk des umhüllenden Sandes, o Fremdling,
Und die Thränen zugleich, deinem Verhängnifs geweint.

XC.

GRAB DES LOTSEN.

Antiphilos. II. 180. XLI.

Glaukos, ein sichrer Pilot, am thasischen Ufer genähret,
Führte die Schiffe des Meers durch die nessäische Furth,
Sonder Irrthum und Fehl. Denn nimmer mit irrender Rechte,
Selbst in Schlummer versenkt, lenkt er das Ruder des Schiffs.
Als er vom Alter gebeugt, entkräftet von Arbeit, dem Tod sich
Rüstete, blieb er auch da seiner Pinasse getreu.
Da verbrannten mit ihm die Schiffergenossen das Fahrzeug,
Und auf eigenem Kahn fuhr er zum Aïs hinab.

XCI.

GRAB DES PFERDES

Anyte. I. 200. xv.

Damis weihte diefs ragende Grab dem nuthigen Streitrofs,
Welchem im wilden Gefecht Ares lurchbohrte die Brust.
Schwarz und kochend entströmte da Blut der tödtlichen Wunde,
Und das purpurne Nafs netzte dei durstigen Staub.

XCII.

DER JAGDHUND.

Simonides. I. 138. LXV.

Erde bedeckt dein bleichend Gebein, o muthiger Lykas,
Dennoch erbebet das Wild jetzo dem Todten im Grab.
Deine Tugenden sah der Pelion und des Kithairon
Einsam ragende Höhn, schaute des Ossa Gebirg.

XCIII.

DIE GRILLE

Aristodikos. II. 260. 11.

Nicht mehr schaut dich das Aug des Helios, liebliche Grille,
Wenn du in Alkis Gemach süfse Gesänge beginnst.
Denn schon flogst du hinab auf Klymenos thauige Wiesen,
Und in Persephonens Reich schwirrst du auf Blumen umher.

XCIV.

Leonidas von Tarent. I. 237. LXV.

Dünkt es auch klein dir zu seyn, o Wanderer, raget der Marmor
Auch nur wenig hervor über das niedrige Grab,
Dennoch rühme diefs Werk Philainions, welche der Grille
Liedertönenden Mund sorglichen Sinnes genährt,
Zwanzig Monden hindurch; sie erfreute des lauten Gesangs sich,
Denn ihr lockte mein Lied freundlich den Schlummer herbey.
Auch im Tode noch ehrte sie mich, und setzte diefs kleine
Denkmal meines Gesangs über der Schlummernden Grab.

XCV.

Mnasalkas. I. 192. 5.

Also schweigest du nun? die schwirrenden Fittiche rasten?
Und es tönet dein Lied nicht mehr den Furchen entlang?
Nicht mehr freust du mein Herz in schattiger Bäume Bedeckung
Mit dem süſsen Gesang, der von den Flügeln dir rauscht.

XCVI.

Archias. II. 99. xxix.

Vormals thronetest du im säuselnden Wipfel der Fichte,
Oder die Pinie barg hoch dich im grünen Gezweig.
Schönbeflügeltem Leib entlocktest du helle Gesänge,
Und es schwirrte dein Lied süſser als Lautengetön.
Nun ach! stiegst du hinab in Aïdes schattige Wohnung,
Von Ameisen besiegt, die dich erhaschten am Weg.
Zürne nicht, daſs du erlagst; so brachten dem König der Lieder,
Melesigenes, einst Fischer mit Räthseln den Tod.

XCVII.

DER HAUSHAHN.

Anyte. I. 199. xi.

Der du den kommenden Tag mit klatschenden Schwingen verkündigst,
Nicht mehr ruft dein Geschrey, Wächter des Hofes, mich auf;
Denn ein Räuber beschlich dich im Schlaf und drückete heimlich
Seiner frevelnden Hand tödtenden Nagel dir ein.

XCVIII.

DER DELPHIN.

Archias. II. 100. xxx.

Nicht mehr, stürmend durch schäumende Fluth des brausenden Pontos,
Delphin, schreckst du hinfort wimmelnde Fische des Meers;
Nicht mehr tanzest du nun zum fröhlichen Liede der Flöte,
Oder schleuderst den Schaum scherzend hinauf in das Schiff.
Gleich dem schroffen Geklipp von Malea warf dich die Welle
An das dürre Gestad aus der empöreten Fluth.
Also trägst du hinfort, o Sprudelnder, Nerëus Töchter
Auf dem Rücken nicht mehr über der Tethys Gebiet.

XCIX.

DER HAASE

Meleager. I. 34. cxx.

Mich, den langbeohrten, den flüchtigen Haasen entführte
Eine raubende Hand klein von der säugenden Brust.
Dann ernährete mich am pflegenden Busen die zarte
Phanion; sorglichen Sinnes zog sie mit Blumen mich auf.
Da vermifst' ich nicht mehr die Nährerin; endlich entrifs mir
Übermäfsige Kost plötzlich die Freuden des Lichts.
Nah beym Lager begrub mich Phanion, und es erscheint ihr
Oft in Träumen mein Bild auf dem benachbarten Grab.

ANMERKUNGEN.

Sechstes Buch.

I. *Cinnober*, eigentlich Fukus, eine Schminke, die aus einem Moose, (Lichen roccella) verfertigt wurde.

IV. *Honig und Wachs.* Beydes gehörte zu den kosmetischen Mitteln des Alterthums. Nachdem Ovid in seinem Gedichte über die Kosmetik die verschiedenen Ingredienzien zu einer Seife genannt hat, mit der, wenn der Schlaf

die zierlichen Glieder entfesselt,
Du der strahlenden Haut glänzende Schönheit verleihst.

nennt er auch den Honig:

Diefs vereinest du leicht und streichest es
leichter der Haut auf,
Wenn du aus gelblichem Wachs attischen Honig ihm fügst.

Medic. Fac. V. 81. f.

Des Wachses erwähnt er in der Kunst zu lieben, (III. B. 199. V.) wo er die mannichfaltigen Mittel, der Schönheit aufzuhelfen, Erwähnung thut:

Glanz der Haut zu verleihn, versteht ihr
mit Wachs sie zu glätten;
Die nicht wirkliches Blut röthet, erröthet durch Kunst.

Falsche *Locken* und eingesetzte *Zähne* waren etwas sehr gemeines. Beydes verbindet Martial (XII. 23.):

Deine Zähne, dein Haar, o Lälia, hast du
gekaufet.
Aber wie steht's mit dem Aug, Lälia? —
Kauft man auch das?

VIII. *Mich üben.* Unter den mannichfaltigen Gegenständen des Wetteifers in Griechen-land war auch die Stärke der Stimme, für welche den Herolden ein Preis zu Olympia ausgesetzt war. Es ist wahrscheinlich, dafs diese, so gut wie andre Athleten, Übungen anstellten. Warum sie diese des Nachts vornahmen, kann man leicht erklären, wenn man bedenkt, dafs es ihnen darauf ankommen mufste, die Wirkung ihrer Stimme, wenn sie ungestört erschallte, kennen zu lernen; noch leichter, warum sie dazu das freye Feld wählten.

XI. *Eurystheus*, der Sohn des Sthenelos, ein Enkel des Perseus, bekam durch Junos List die Herrschaft über seinen Stamm, und legte dem Herkules, als Werkzeug der feindseligen Göttin, die bekannten Arbeiten auf. Unter diesen war bekanntlich auch die Reise in die Unterwelt, um dort den Kerberos zu entführen.

XIII. *Amulete* hing man gegen die Einwirkungen feindseliger Dämonen an. Gegen die unglückliche Erscheinung der Arztes Hermogenes aber hatten sie dem armen Diophantos nichts geholfen. Auf eine ähnliche Weise scherzt Martialis (VI. 53.).

Gestern noch war er im Bade mit uns, und speiste zu Abend
Heiter und wohl; und heut früh fand man Andragoras todt.
Fragst du, Faustinus, was ihn der Erde so plötzlich entrafft hat?
Träumend hat er den Arzt Hermokratander gesehn.

XIV. *Isis* und ihr Sohn *Harpokrates* werden zu den Heilbringenden, die Gesundheit schützenden Göttern gerechnet; zürnend strafen sie mit Krankheit und vornämlich durch Beraubung der Augen. So läfst Juvenal von ihr den meineidigen Räuber sagen:

Isis möge mich dann nach ihrem Gefallen behandeln;
Mag sie die Augen mir auch berühren mit zürnendem Sistrum,
Wenn ich nur, sey es auch blind, die verleugnete Summe behalte.

Sat. XIII. V. 93.

XV. Der Unterricht in der *Grammatik*, die, verbunden mit der Rhetorik, alles in sich begriff, was wir unter Schulwissenschaften verstehn, fing bey den Griechen gemeiniglich mit der Lektüre des Homer an, welchen der Lehrer vorlas und erklärte. Daher die Anfangsworte der Iliade, gleichsam der Refrain der Grammatiker, bisweilen zur Bezeichnung dieser Wissenschaft selbst dienen. S. N. XIX. S. 16.

XIX. *Denn du erfüllest das Land.* Der Verfasser spielt auf eine bekannte Stelle in dem Eingange der Phainomena des *Aratos* an:

es erfüllt Zeus jegliche Wege,
Jegliche Märkte des Menschengeschlechts,
er erfüllet den Pontos,
Und die Häfen des Meers.

XXI. *Mit Othryades.* S. die Anmerk. zum II. B. X. Die Grofsthaten der alten Zeiten waren einer der gemeinsten Tummelplätze der Redner und Sophisten geworden. Daher legt Lukianos in einer Schrift, welche die Kunst lehrt, in wenigen Tagen ein vollendeter Redner zu werden, seinem Rhetor folgende Vorschrift in den Mund: „Wenn du zu Athen von einem Ehebrecher sprichst, so erzähle, was bey den Indern und in Ekbatana geschah. Vor allem aber erwähne Marathon und den Kynegeiros, denn ohne diese kann es nicht gehn; immer laſs Schiffe den Athos befahren, Truppen den Hellespont betreten, die Sonne mit den Pfeilen der Perser bedecken, den Xerxes entfliehn, den Leonidas Staunen erregen, die Inschrift des Othryades lesen, und die Nahmen von Salamis und Artemisium und Plataia oft und gedrängt erschallen. Über einen Redner, bey dem solcher Unterricht gefruchtet hatte, scherzt Martialis (VI. 19.):

Keinen Meuchelmord, Gift und Todtschlag, sondern
Nur drey Ziegen betrifft, o Freund, die Klage.
Diese, sag' ich, entwandte mir der Nachbar;
Und es lieget uns ob, dieſs zu erhärten.
Du erzählest des Mithridates Kriege,
Cannä, Marius, Mucius und Sulla,
Laut, mit schallender Stimm' und groſsem Gesten.
Jetzo, Posthumus, sprich von meinen Ziegen.

XXIX. *Die hesperischen Gärten* sind hier wahrscheinlich die Gärten des Kaysers, den die Schmeichlersprache jener Zeiten Jupiter nannte. Die *Apfel von strahlendem Golde,* welche Meniskos entwendet hatte, waren, nach Herrn Lenzens Muthmaſsung, wirkliche goldne Äpfel, die eine Bildsäule des Herkules in jenen Gärten in der Hand haben mochte.

XXXVIII. *Hullest dich in Socken.* πιλοφορεῖν τ' οἶδας statt ὁπλοφορεῖν. Weiche Fuſssocken trugen nur die Kranken und Weichlinge. Was hier von der Pflege des Podagra gesagt wird, sagt Martialis (XII. 17.), ähnlich scherzend, von dem langwierigen Fieber eines reichen Römers:

Immer klagst du und stöhnst und wunderst dich, daſs nach so vielen
Tagen das Fieber dich nicht, reicher Lentinus, verläſst.
Mit dir badet es sich, wird mit dir in Sänften getragen,
Schmauſset Makrelen bey dir, Champignons, Austern und Wild.

Oft berauschet es sich in Setinerwein, oft
in Falerner,
Und mit Eis erfrischt trinket es Cäcuber nur.
Ruht dann sanft umflossen von Rosengedüft und Amomos,
Und auf purpurnem Bett wiegt es in Flaumen sich ein.
Da nun das Fieber bey dir so bequem und köstlich gepflegt wird,
Meinst du, Lentinus, es soll lieber zum Demea ziehn?

Siebentes Buch.

I. *Sohn der Nymphen.* Den Nymphengebornen nennt ihn auch Telestes beym Athenäos XIV. S. 616. F. Den Nahmen seiner Mutter erwähnt das Alterthum nicht; als seinen Vater nennt man den Olympos oder Hyagnis. Er fand die Flöten, welche Athene weggeworfen hatte, und setzte sie der Cither Apollens gleich. Die Geschichte des Wettstreits und seines unglücklichen Erfolgs ist bekannt. Hier wird der letztere durch die *unzerbrechlichen Fesseln* angedeutet. Die gewöhnliche Vorstellung des ungeschickten, aber dreisten Künstlers, die man mit dem Nahmen des Marsyas zu verbinden pflegt, findet sich in diesem Epigramme nicht; die Flöte hätte sich wohl mit der Leyer messen können; aber Marsyas unterlag der höhern Natur seines Gegners, und bewiefs durch sein Unglück, dafs Menschen nicht mit Göttern streiten sollen.

II. *Also hänget dein Leib.* Die Phrygier erzählten, Apollo habe als Sieger dem Marsyas die Haut abziehen lassen, ja, sie wurde in einer phrygischen Stadt Keläinä gezeigt. Herodotos VII. 26. Nach Xenophon hing sie daselbst in der Höhle, aus welcher die Quellen des Flusses Marsyas hervorströmten, (Anabas. I. 2, 8.) nach Agathias (IV. B. S. 128.) an einem Baume, ein Spiel der Winde. Über die *Satyr*gestalt des Marsyas s. Böttiger im Att. Museum. I. B. II. Heft. S. 354.

V. Phalerus, der Sohn des *Alkon*, eines Atheniensers, einer der Begleiter des Jason auf der Reise nach Kolchis, trug auf seinem Schilde die Geschichte seiner wunderbaren Rettung

stürzend vom ledigen Baumstamm
Schlingt mit flammenden Rücken die Schlange sich dreymal und viermal
Um den Knaben; von fern spannt bebend der Vater die Sehne.

Valerius Flakkus. I. 398.

Banger Sorge befreyt. *παυσάμενος δὲ φόβοιο*, nach Wakefields Verbesserung, statt *φόνοιο*.

VI. Die Geschichte der Verwandlung des *Tiresias* wird von andern anders erzählt. Die wiederholte Berührung von Schlangen, die sich auf einem Scheideweg paarten, machte den Jüngling zum Weibe, das Weib wiederum zum Mann. — *Mitra* und *Chlamys* als unterscheidende Zeichen beyder Geschlechter. Jenes ist die weibliche Kopfbinde, dieses ein kurzer Mantel, den man im Kriege und bey militärischen Verrichtungen trug. — *Chalkis*, nach Bruncks Lesart, statt *χαλκός*, mufs, wenn sie richtig ist, für den Nahmen eines Mädchens genommen werden.

VII. Die Geschichte der *Polyxena* ist aus Euripides Hekuba bekannt. Als die Griechen die Ufer von Troja verliefsen, erschien der Schatten Achills auf seinem Grabe und forderte einen Antheil der Beute. Kalchas bestimmte ihm die Polyxena, welche Neoptolemos auf dem Grabhügel seines Vaters opferte. — *Des Kisseus Tochter.* Hekuba.

VIII. *Hermiona*, eine Stadt in Argolis, berühmt durch einen Tempel der Ceres

Chthonia, in welchem jährlich ein Fest mit feyerlichen Aufzügen begangen wurde. Einen Theil derselben machten Rinder aus, die man bis an den Tempel gebunden trieb, und dann entfesselt hinein liefs, um von einigen bejahrten Priesterinnen geschlachtet zu werden. Man erzählt, dafs hier die unbändigsten Rinder ohne Widerstand zum Altare folgten. Pausanias II. 35. Aelian. Gesch. der Thiere XI. 4.

X. *Die Göttinnen.* Demeter und Persephone.

XII. *Den Göttern*, den Dioskuren oder den samothrakischen Kabiren. S. zum IV. B. LXXVII S. 277.

XV. *Dike.* Die Göttin der Gerechtigkeit

XVI. *Phoibos — Artemis*, beyde werden hier in Beziehung auf die Geschichte der Niobe erwähnt. — *Den Kreisenden*, ἡ μὲν θηλυτέρων ὠδῖνας ἔλυσε. statt ἡ μὲν ἔλυσεν ἐμῶν ὠδῖνα μολοῦσα. Artemis stand als Eileithyia den Tochtern bey; Phoibos wendete als Gott der Arzneykunde von den Sohnen Krankheit ab.

XIX. Zum Andenken der aktischen Schlacht weihte August dem in jener Gegend verehrten

Apoll (S. zum IV B. LXI. S. 262.) Schiffe mancherley Art von der Beute des Siegs. Es war gewöhnlich, die *Rostra* der Galeeren als Tropäen aufzustellen. S. Dio Cassius LI. S. 632. und die Ausleger z. Strabo B. VII. S. 500 A. welcher erzählt, daſs diese Tropäen Augusts vom Feuer verzehrt worden.

XX. Sich durch Netze, mit denen man sich umspannte, gegen den Stachel der Mücken zu schützen, war ein alter Gebrauch der Ägypter, den das Bedürfniſs sie lehrte. In ältern Zeiten verrichteten die gewöhnlichsten Fischnetze diesen Dienst, mit denen man nur des Nachts das Lager umzog. Herodot. II. S. 146. Späterhin brauchte man besondre zarte Gewebe, die zu jeder Tageszeit aufgespannt wurden. Mit Unwillen erblickte Horaz selbst unter den Geräthschaften der Soldaten solche Mückennetze (Conopea) Epod. IX. 11.

Und ach! — Die Nachwelt wird es leugnen! — Roms Soldat
Trägt, unterthan des Weibs Gebot,
Die Waffen und des Walls Gestöck', und duldet es
Verschnittner Sklaven Knecht zu seyn!

Und zwischen Kriegesfahnen schaut die
Sonn', o Schmach!
Ein weibisch Mückennetz gespannt!

Und auch Properz sieht mit innrer Empörung, dafs des Kanopus Buhlerin es wagt

— Die römische Tuba mit klapperndem
Sistrum zu schrecken?
Und mit den Rudern des Schelgs unsern
Liburnen zu drohn?
Aufzustecken tarpejischem Felsen ihr häfsliches Flohnetz.

III. El. IX. 41. Knebels Übers.

XXII. Simonides sagte diese Verse, als bey einem Gastmahle in glühender Hitze des Sommers die Gäste den Wein mit Schnee vermischten. — *verscharrt.* ἐθάφθη, nach Porsons Verbesserung statt ἐκάμφθη.

XXIV. Vor der Erfindung der *Wassermühle*, welche dieses Epigramm preist, deren Epoche aber nicht genau bekannt ist, bediente man sich der Handmühlen, die auch durch jene nicht aufser Gebrauch gesetzt wurden.

Unser Epigramm gehört, nach der Vatik. Handschrift, dem sidonischen Antipater, welcher um das J. der St. 658. geblüht hat.

XXIX. *Pandions Tochter*, die zur Schwalbe gewordne Prokne.

XXXII. *Wie der Thetis Sohn.* Wie Pyrrhos, welcher auch Neoptolemos heifst, den zürnenden Schatten seines Vaters Achilleus durch das Blut der Polyxena versöhnte. S. zu Nr. VII. S. 39.

XXXIV. Der Meer - *Polyp* gehört unter die Mollusken, oder nackten Würmer mit Gliedern. Er ist mit acht Armen gerüstet, mit denen er seine Beute ergreift, und auf denen er sich fortbewegt. Die Alten erzählen wunderbare Geschichten von seiner Gröfse und Raubsucht. S. Aelian. Gesch. der Thiere. XIII. 7. Plinius Naturgesch. IX. 48. — *Noch glich er dem Fels an Farbe nicht.* Man glaubte, der Polyp nähme die Farbe der Steine an, an die er sich ansaugt, um ungesehn seiner Beute nachzustreben. Daher giebt Theognis (V. 215. ff.) und viele nach ihm, für den Umgang mit Freunden den Rath, sich leicht beweglich und dem Polypen gleich, jedem anzuschmiegen:

Kyrnos, kehre nach jeglichem Freund die wandelnde Sitte,
Und wie jedes Natur, also bequeme dich ihm;
Eigne des Polypus Wesen dir an, der immer dem Felsen,
Den er zum Sitze sich wählt, ähnlich an Farbe erscheint.

XXXV. *Der flüchtige Hase.* πτωκὶ ταχυσκάρθμῳ statt παχυσχοίνῳ.

XXXVI. *Sey mir, o Kayser, gegrüſst.* Man lese lieber, um die Wiederholung desselben Wortes zu vermeiden:

Sey mir, Gebieter, gegrüſst.

oder:

Göttlicher, sey mir gegrüſst.

wenn δαίμονι die richtige Lesart ist, die ich aber lieber mit δέσποτα vertauschen möchte. — *Dem Sohn Kalliopens*, dem Orpheus.

XXXVII. *Zu begieſsen dein Haupt.* Beym Opfer des Bakchos, welchem der Bock, als ein dem Weinstock schädliches Thier, geopfert wird. Nachdem Ovid die Bestrafung des Schweines erzählt hat, setzt er mit Rücksicht auf unser Epigramm hinzu:

o hätte dich solcher
Straf' Exempel, o Bock, Reben zu schonen gelehrt!
Als du mit gierigem Zahn die Ranken benagtest am Weinstock,
Sah's wohl einer und sprach, lüftend den bittern Verdruſs:
Nag' ihn nur immer, o Bock! doch wird er des Weines nicht mangeln,
Wenn am Altare du stehst, dir zu begieſsen das Haupt.
Also geschah's; zum Ersatz empfängst du den Frevler, o Bakchos,
Und des Feindes Gehörn wird mit dem Weine benetzt.

Ovids Fasten I. V. 355. ff.

XL. *Des Hippios*, des Poseidons, des Schöpfers der Pferde,

dem die Erde das erste
Brausende Rofs hinströmt', erschüttert vom mächtigen Dreyzack.

Virgils Landb. I. 12. Voss. Übers.

XLIII. *Denn von Thrakien.* Wegen des thrakischen Tereus, des Urhebers ihres Unglücks.

XLIV. *Leicht ward jetzo das Wild.* Ähnliches erzählt Virgil als Folge eines heftigen Schneegestöbers:

es stehn umhäuft vom Gestöber
Grofsbeleibte Stier', und die drängende Rudel der Hirsche
Staunt der befremdenden Last, da kaum ihr Zackengeweih ragt.
Auch kein angetriebener Hund, kein schwebendes Jagdnetz
Scheucht das Wild, noch der Schreck der purpurfarbenen Federn,
Sondern, weil es umsonst mit der Brust den umschanzenden Schneeberg

Stöfst, haun jene mit mordendem Stahl, und
in kläglichem Angstschrey
Blutet es hin, bis jauchzend die fröhliche
Schaar es zurückträgt.

Landbau III. 369. Voss. Übers.

XLVI. *Darum haben, o Zeus*, vielleicht *o Pan*, nach Schneiders Vermuthung.

XLVII. *Prokne, die du den Knaben erwürgt.* Prokne ermordete, um Philomelens Mifshandlungen an Tereus, ihrem Gemahl, zu rächen, ihren Sohn Itylos, und setzte ihn seinem Vater bey der Mahlzeit vor. Dieser verlangt nach dem Sohne und Philomele, jetzt dem Tereus nach seiner Frevelthat zum erstenmal wieder erscheinend, wirft ihm das blutige Haupt des Itylos vor.

L. *Der Schiffenden Kunst.* ἔργα γὰρ εἰρεσίης δεδιδάγμεθα statt εἰρήνης.

LII. *Ehrend die Werke des Thiers.* Aus Achtung gegen seine ihm vordem geleisteten Dienste und sein nützliches Geschäft, das bey mehrern Völkern die Ermordung eines Pflugstiers zum Verbrechen machte.

LIV. *Aietos*, der Aar, Nahme eines Rennpferdes, die schon im Alterthum mit bedeutenden Nahmen belegt zu werden pflegten. — *Heiliger Bänder.* Mit Bändern und Blumen umwand und warf man die Sieger; auch den Rossen und Maulthieren, mit denen sie den Sieg gewonnen, ward diese Ehre zu Theil. — *Knechtische Banden.* An die Königin von Lydien, Omphale, verkauft. S. z. IV. B. XLIX. *Den Olympos.* Als Herkules, auf der Reise nach den hesperischen Äpfeln, die Last des Himmels dem Atlas abnahm.

LVI. *Der arkadische Kranz.* in den olympischen Spielen, in denen der Sieger mit dem Zweige von Ölbäumen gekränzt wurde, welche an dem arkadischen Flusse Alpheus wuchsen. — *nisyritische Mühlstein.* Von Nisyros, einer der sporadischen Inseln, wegen der guten Mühlsteine, die sie lieferte, berühmt.

LIX. *Mit frevelnder Ruthe.* Mit der Leimruthe. S. zum IV. B. XXXV.

Achtes Buch.

I. S. 96. *Der Menschen Erwerb.* im Gegensatze des Reichthums, welcher von den Göttern kommt. Dieser fällt dem Menschen leicht zu und verweilet bey ihm; jener, durch frevelhafte Thaten erkauft, ist nur ein erzwungner Besitz und geht schnell verloren, wenn die Strafe der Götter den Frevler faſst. — *Plötzlich erhebt sich.* Wie sich ein Sturm schnell erhebt und die Gestalt des Himmels und der Erde verändert, so erscheint auch die Strafe der Götter unerwartet, und wandelt den Schein des Glücks in Verderben um. — S. 98. *Also denket der Mensch* Vor diesem Verse scheint eine Lücke zu seyn, welche die Ausgaben nicht bemerken; eine andere Lücke des Sinnes ist weiter unten S. 101. bemerkt worden. — S. 102. *Die Ate.* Die Urheberin verderblichen Übermuths und überhaupt thörichter, Unglück bringender Gedanken im Menschen. Dann auch die Urheberin jeder Art des Bösen und der Strafen, die auf unbesonnene Handlungen folgen.

X. *Der chiïsche Mann.* Homeros. Der folgende Vers ist aus der berühmten Rede des Glaukos im sechsten Gesange der Ilias V. 145.

Tydeus muthiger Sohn, was fragst du nach meinem Geschlechte?
Gleich wie Blätter im Walde, so sind die Geschlechte der Menschen;
Blätter verweht zur Erde der Wind nun, andere treibt dann
Wieder der knospende Wald, wann neu auflebet der Frühling:
So der Menschen Geschlecht, diefs wächst und jenes verschwindet.

Voss. Übers.

XII. Diese Verse standen, wie die griechischen Geschichtschreiber erzählen, in assyrischer Sprache auf Sardanapalos Grab bey

Ninive; eine andre Inschrift verwandten Inhalts befand sich zu Anchiale, einer Stadt in Kilikien, die von Sardanapalos erbaut war. Die Nachahmung des Choirilos parodirte der Stoiker Chrysippos auf folgende Weise:

Nimmer vergifs, dafs du stirbst, und erfreue dich weiser Gespräche,
Nährend den Geist; was hast du Gewinn der reichlichen Speisen?
Vieles afs ich und freute mich viel und schlecht bin ich dennoch.
Das nur ist mein, was ich dacht' und lernete, oder mit diesem
Gutes empfing; den andern Genufs verliefs ich hienieden.

XVII. *Chrysipp* und *Kleanth*. Beyde Stoiker, hier als Repräsentanten einer strengen und ernsten Weisheit genannt.

XVIII. *Heimischer Promalos*. Eine Art von Tamarisken. *Die Weide*. Die Karier hatten einem Orakel zu Folge alle Arten von Kränzen verbannt, und nur für den gewöhnlichen Gebrauch die Sahlweide, den Lorbeer für die

Priesterinnen der Hera ausgenommen. *Dieses samischen Land's Königin.* Juno war die Schutzgöttin von Samos und wurde hier in einem der gröfsten und ältesten Tempel des Alterthums verehrt.

XIX. *Des Komos Muthwill*, wenn nach geendigtem Mahle der trunkene Schwarm der Gäste mit Kränzen und Fackeln in den Strafsen umherschwärmt, und die Schwellen der Hetären mit Musik besucht und mit Kränzen schmückt.

XX. *Die Kelter statt des Fasses.* ἀντὶ πίθου mit der Vatikanischen Handschrift, statt ἄγχι πίθος. — *Söhne Kanastra's.* Kanastra, ein Vorgebirg auf den Gränzen von Makedonien und Thrakien; in diese Gegenden setzte die alte Fabel ein Geschlecht von Erdensöhnen, die auch hier von den Göttern bekämpft wurden.

XXI. *Kratinos*, ein Dichter der alten Komödie, berühmt wegen seiner Liebe für den Wein. Mit Rücksicht auf den Ausspruch, welchen Nikainetos hier anführt, sagt Horaz (I. Epist. XIX. 1. 2.)

Glaubst du, gelehrter Mäcen, dem Worte des alten Kratinos,
Freuen sich keine Gedichte für lang des Lebens und Beyfalls,
Die von Wassertrinkern geschrieben sind.

S. hierzu Wielands Anmerk.

XXII. *O stoischer Schwan*, entweder in Beziehung auf seine Beredsamkeit oder auf sein Alter. Greise werden bisweilen Schwäne genannt. — *Zenon*, der Stifter der stoischen Schule. — *Kleanthes*, s. Nr. XVII.

XXX. *Hippolytos*, der Sohn des Theseus und der Amazone, ein Feind der Weiber, und darum von Kyprien gehaſst. Seine Verachtung der Göttin der Liebe brachte ihm den Tod.

XXXI. *Ein treffliches Roſs*. Nach Kratinos Ausspruch. S. Nr. XXI.

XXXIII. *Dazu leihen mir andre den Fuſs*. Nach der Lesart der Vatikanischen Handschrift: πολλοὶ γάρ μ' αἴρουσιν. — *Den Thiasos*, die fröhlichen Gastmähler der Trinker.

XXXVI. *Darum bindet noch jetzt.* τοὔνεκα νῦν Νύμφαις Βάκχος φίλος. statt σὺν N.

XXXIX. *O König.* Bakchos, wie aus Virgils Gedichte vom Landbau erhellt:

Hieher, Vater Lenäus! erfüllt von deinem Geschenk ist
Alles umher; dir prangt vom traubichten Herbst in Weinlaub
Blühend die Flur, dir schäumt in vollen Kufen die Lese:
Hieher, Vater Lenäus! wohlan, und die nackenden Schenkel
Färbe mit mir, des Kothurnes entblöfst, in gekeltertem Moste!

II. B. 3. V. Voss. Übers.

den gelobeten Bock. S. VII. B. Nr. XXXVI.

XL. *Iakchos*, der Nahme, welchen Bakchos vorzüglich in den Mysterien führt. *heifse Najaden.* Man reichte bey den Gastmählern der Alten heifses, ungemischtes Wasser herum, dessen Genufs für eine vorzügliche Erquickung gehalten wurde.

XLI. *Sagte Homeros.* Im VIII. B. der Iliade sagt Diomedes zum Nestor:

Wahrlich, o Greis, hart drängen dich jüngere Männer im Angriff!
Deine Kraft ist gelöst, und mühsames Alter beschwert dich.

V. 102. Voss. Übers.

LIII. *Das Leben des Hirsches, das Leben der Krähe.* Von beyden Arten von Thieren glaubte man, daſs sie zu einem sehr hohen Alter gelangten. Dieſs hatte Hesiodos (beym Plutarch. II. Th. 415. C.) zuerst gesagt, welcher der Krähe ein neunfaches Menschenalter, den Hirschen ein vierfaches Krähenalter beylegte. In Beziehung auf diesen Ausspruch klagte Theophrast sterbend die Ungerechtigkeit der Natur an, die den Hirschen und Krähen ein langes Leben verliehen habe, das ihnen zu nichts diene; während sie es den Menschen, für die es von so groſser Wichtigkeit sey, so kurz zugemessen habe. Cicero Tuskul. Gespr. III. 28. Diese Klagen hatte Pedo Albinovanus vor Augen in seiner Elegie auf den Tod des Mäcenas (V. 113.)

Also kehret dem grünenden Baum das
Alter der Blüthe;
Aber dem Sterblichen kehrt nimmer
die Jugend zurück?
Zähes Leben verlieh die Natur den schüchternen
Hirschen,
Denen das hohe Geweih raget an
trotziger Stirn;
Auch die Krähe durchlebt, erzählet man,
Reihen von Jahren;
Warum wurde denn uns enge das
Leben beschränkt?

LVIII. *Neokles Sprössling.* Epikuros. Seneka führt aus den Schriften dieses Weisen den hier gerühmten Satz an, und begleitet ihn (Briefe XVI. 6.) mit seinem Commentar. „So betrachte ich auch den Ausspruch Epikurs: Wenn du der Natur gemäfs lebst, so bist du niemals arm; lebst du dem Wahne nach, niemals reich. Die Natur begehrt wenig, der Wahn unendlich viel. Es werde alles auf dich einen gehäuft, was viele Reiche besessen haben; das Glück gebe dir mehr, als irgend ein Privatmann besessen hat; es decke dich mit Gold; es kleide dich in Purpur; es erhebe dich auf den Gipfel der Üppigkeit, daſs du die Erde unter Marmor versteckst, und Schätze nicht bloſs besitzest, sondern mit deinen Füſsen trittst; es gebe dir Bildsäulen und Gemählde und alles, was jegliche Kunst des Luxus erfand; alles dieſs wird dich nur mehr zu begehren lehren. Die Wünsche der Natur sind beschränkt; diejenigen aber, welche aus falschem Wahne entspringen, haben kein Ziel."

Neuntes Buch.

I. Auf der Burg von Megara erblickte man einen Altar, auf welchem Alkathoos, der Erbauer derselben, geopfert hatte, ehe er den Grund der Mauern legte. Neben demselben zeigte man den wunderbaren Stein, von welchem hier die Rede ist. Wenn man ihn, sagt Pausanias B. I. 42. mit einem Kiesel wirft, so tönt er wie eine angeschlagene Cither. Ovid scheint dieses Wunder auf die ganzen Mauern von Megara auszudehnen:

Hoch erhob sich ein Thurm, den tönenden Mauern gefüget,
Wo, so meldet der Ruf, die goldene Leyer

Latona's

Sprößling niedergelegt; und noch wohnet
der Ton in den Steinen.
Oftmals stieg zu den Höhen hinauf die
Tochter des Nisus;
Oftmals warf sie mit Kies die hallenden
Steine der Mauer.

Verwandl. VIII. 14.

III. *Goldnes Mykenä*, ein gewöhnliches Beywort dieser Stadt beym Homer. Sie war von Perseus erbaut. — *Ihr Sitze der Göttlichen.* ἡρώων κείνων ἕδος statt κλέος. — *Die Burg von Pergamos.* Alt-Troja ist nie wieder aufgebaut worden; aber an seiner Statt erhob sich näher am Meer eine neue Stadt, die den Nahmen Ilium führte, und, um dieses Nahmens willen, gleichsam als das Stammhaus der Julischen Familie, von Cäsar, August und einigen andern Kaysern mit ansehnlichen Geschenken und Freyheiten ausgestattet ward. Die Geschichte von Neu-Ilium erzählt am vollständigsten D'Ansse de Villoison in Lechevaliers Reise nach Troas, bearbeitet v. Lenz. S. 80. ff.

VI. *Harmonia*, die Tochter des Ares und Aphroditens, die Gemahlin des Kadmos. Sie begleitete ihren Gemahl in sein Exil zu den Illyriern, wo sie beide in Drachen verwandelt wurden. *Oidipus*, welcher unwissend seinen Vater Lajos erschlug und Jokasten, seine Mutter, heyrathete. *Antigone* begleitete ihren geblendeten Vater, als er Theben verliefs, und scheute den Tod nicht, um den Leichnam ihres Bruders Polýnikes gegen das Verbot des Tyrannen von Theben zu begraben. *Das Brüderpaar*, Eteokles und Polynikes, deren jeder von der Hand des andern fiel. *Ino*, die Tochter des Kadmos, stürzte sich, von ihrem rasenden Gemahl Athamas verfolgt, in das Meer und ward zur Göttin. *Die Mauer*. Die Steine versammelten sich, von Amphions Liedern herbeygerufen, und bildeten sich selbst zur Mauer; als aber Alexander Theben eingenommen hatte, berief er den Flötenspieler Ismenias, und zerstörte die Mauern unter dem Klange seiner Flöte.

VII. *Das prunkende Mahl des Kariers*. Des Mausolus. *Artemis Tempel* zu Ephesos.

X. *Den olenischen Rauch.* Olenos eine Stadt in Arkadien, eine Theilnehmerin an dem achäischen Bunde, durch welchen der Tyrann von Sparta Nabis besiegt, die Mauern der Stadt zerstört und die Gesetze Lykurgs aufgehoben wurden.

XI. *Dikaiarcheia*, Puteoli an der Küste von Kampanien; am See Avernus, den Agrippa zu einem grofsen Hafen umschuf, und Portus Julius nannte. — *Träge rastet die Fluth.* ἕστασε νωϑρὸν ὕδωρ statt νέρϑεν. *Den Ozean*, nach der Lesart der vatikanischen Handschrift: ἦν δ' ἀλ' ἀεὶ πλώειν statt ἦν δ' αἰεὶ πλώειν.

XV. *Leiander*, ein Jüngling aus Abydos, erblickte zu Sestos die Priesterin der Aphrodite, *Hero*, an einem Feste der Göttin und gewann ihre Liebe. Der Hellespont trennte die beiden Städte; Leiander durchschwamm ihn des Nachts, seine Geliebte zu besuchen, und kehrte am Morgen zurück. Als er einstmals bey stürmischer See diese Reise wagte, verlosch die Fackel, mit welcher ihm Hero leuchtete, und er ertrank. Als Hero am Morgen den Leichnam ihres Geliebten am Fufse des Thurmes, den sie bewohnte, liegen sah, stürzte sie sich von der Höhe herab und starb neben ihm.

XVI. *Delos* schwamm noch unstät auf dem Meere umher, als Latona eine Freystatt suchte, wo sie gebähren könnte; alle Länder wiesen sie zurück, nur Delos lud sie ein, und hier gebahr sie den Phoibos und die Artemis. Von dieser Zeit an wurzelte das Eyland in der Tiefe des Meers. Die Feste, welche hier dem Apoll gefeyert wurden, und die Orakel, welche er ertheilte, zogen die andächtigen Griechen hierher, und der Zusammenflufs der Menschen reitzte den Handelsgeist. So ward Delos blühend und reich. Nach der Zerstörung von Korinthos wählten sie mehrere Kaufleute zu ihrem Aufenthalte, und sie war gegen siebenzig Jahre der besuchteste Handelsplatz auf dem ägeischen Meer. In dem Mithridatischen Kriege wurde sie furchtbaren Plünderungen ausgesetzt und ihr ehemaliger Glanz scheint nach jener Epoche fast erloschen zu seyn. Unter August wurde sie, nebst mehrern Inseln jener Gegend, durch ein heftiges Erdbeben verwüstet und dann von ihren Einwohnern verlassen. — *Saturnia*, welche der Erde verboten hatte, Latonen aufzunehmen.

XVIII. *Siphnos*, eine der kykladischen, *Pholegandros*, eine der sporadischen Inseln.

XIX. *Tenos*, eine der Kykladen. Als auf der Reise der Argonauten Herkules, den Hylas suchend, von dem Schiffe abgekommen war, und die Argo ohne ihn abseegelte, drang Telamon, als man den Helden vermifste, auf die Rückkehr, und sein Verlangen würde erfüllt worden seyn, wenn sich nicht die Söhne des Boreas, Zetes und Kalaïs, widersetzt hätten:

— Traun, den Unglücklichen ward von den Händen Herakles
Schrecklicher Lohn, dieweil sie ihn wieder zu suchen verhindert;
Als sie zurück von dem Kampf des gefallenen Pelias kehrten,
Schlug sie des Mächtigen Faust auf dem meerumflossenen Tenos,

Deckte dann Erde darauf und stellete doppelte Säulen
Über das Grab.

Apollonios. I. 1303.

über den Ister und die Rhipäen, in dem Lande der Hyperboreer, von wo aus Opfer und Gaben nach Delos gesendet wurden.

XXXVII *Aiolos*. Ein Vers Homers. Odyss. X. 2. — *Nicht zu wehren der Gluth*. Die Fufsböden der warmen Bäder wurden durch Röhren, die unter denselben weggingen, erhitzt.

XLII. *Zärtlicher Liebe Geschwätz*. τοὺς Παφίης ὀάρους statt ἑτάρους.

XLIII. *Tauben und Grillen bewohnt*. οἰκία φαττῶν statt φωτῶν.

XLIV. *Wer kränzte*. Man bekränzte sich bey Trinkfesten.

XLV. *Der Strafe Lykurgs*. Lykurgos, ein Sohn des Dryas, König der Thrakier, widersetzte sich der Einführung des Bakchos-Dienstes, verjagte die Mänaden, und schreckte den Gott, der sich in den Schoofs der Thetis rettete. Die Götter bestraften ihn durch Blindheit und frühzeitigen Tod. So Homer:

Nimmer, fürwahr, begehr' ich mit Himmelsmächten zu kämpfen.
Nicht des Dryas Erzeugter einmal, der starke Lykurgos,
Lebete lang', als gegen des Himmels Mächt' er gestrebet:
Welcher vordem Dionysos, des Rasenden, Ammen verfolgend
Scheucht' auf dem heiligen Berge Nyseïon; alle zugleich nun
Warfen die laubigen Stäbe hinweg, da der Mörder Lykurgos
Wild mit dem Stachel sie schlug; auch floh Dionysos und tauchte
Unter die Woge des Meers und Thetis nahm in den Schoofs ihn,
Welcher erbebt angstvoll vor der drohenden Stimme des Mannes.
Jenem zürnten darauf die ruhig waltenden Götter

Und ihn blendete Zeus, der Donnerer; auch nicht lange
Lebt' er annoch, denn verhaſst war er allen unsterblichen Göttern.

Ilias. VI. 129 — 140.

Andre erzählen, daſs er von Wahnsinn geblendet, seinen Sohn getödet und sich selbst verstümmelt habe, indem er die Weinstöcke auszurotten meinte.

Zehntes Buch.

I. *Daphnis erblaſste.* Über Pans Liebe zum Daphnis s. zum fünften Buche Nr. XV.

II. *Des Kinyras Sohn*, dem Adonis *Schmerzenbelastet*, ἔχοντι δύας statt der Brunckischen Lesart ἐλαυνομένην, wofür die Vatikanische Handschrift ἑλῶν ὀδύνης liest.

VI. *O Ptolemaios.* Man weiſs nicht, welcher Ptolemaios hier verstanden werde. Reiske rieth, aber ohne überzeugende Gründe, auf einen Sohn des Ptolemaios Epiphanes.

VII. *Lieblicher Duft.* So wie auf den Gräbern Dornen und Disteln einen verhaſsten

Todten verkündigen, (s. Nr. 45. 46.), so wünscht man Blumen auf dem Todtenhügel geliebter und geehrter Menschen spriefsen zu sehn. Auch von ihrer Asche wähnte man, dafs sie liebliche Düfte verbreite. Daher wünschen oft die Grabsteine dem Verstorbnen einen ewigen, seine Asche umgebenden Lenz, und der fromme Aberglaube hat diesen Wunsch zuweilen bey den Gräbern der Heiligen erfüllt gesehen.

VIII. Nach der Versichrung des Diogenes von Laerte (III. S. 182.) stand diese Inschrift auf dem Grabstein des syrakusanischen Dion, welchen sein Patriotismus, seine Tapferkeit und seine Verbindung mit Plato, dem vorgeblichen Urheber dieser Inschrift, unsterblich gemacht hat. Das Gedicht spielt auf den frühzeitigen gewaltsamen Tod an, den Dion von den Händen des Kallippos erduldete.

IX. *Den Fackellauf nur, für, ein kurzes Leben.* Bey dem Fackellaufe, der Lampadodromia, welcher bey den Panathenäen geübt wurde, durcheilte man nur einen kleinen Raum. Das Stadium war in der Akademie, und begann bey dem Altare des Prometheus, auf welchem ein Jüngling eine Fackel anzündete, der sie einem weiter hin stehenden brennend übergeben muſste, von dem sie wiederum einem entfernteren übergeben wurde. Diejenigen, bey denen sie erlosch, wurden von der Concurrenz ausgeschlossen. Wahrscheinlich muſste man alle Stationen mit brennender Fackel bis zum Ziele durchlaufen haben, um auf den Preis Anspruch machen zu können. — *Nur den Frommen allein.* τέρμα γὰρ εὐσεβίῃ statt εἴς με βίου.

XV. Die erste und vierte Zeile dieses Epigramms besteht aus doppelten Reihen, einer daktylischen von vier Füſsen, an welche sich drey Trochäen anschlieſsen. Die dritte und siebente Zeile sind gewöhnliche Hexameter; die übrigen sechsfüſsige Jamben, welche, wie dieſs öfter geschieht, die Stelle der Pentameter einnehmen.

XVI. *Agesilas*, der die Völker versammelt; ein Beynahme des Pluton.

XXI. *Meide den wilden Orkan.* χειμερίην δὲ ζάλην ὑπαλεύεο statt ζωήν.

XXV. *Zu zahlen die Schuld*; weil das Leben dem Menschen nur auf einige Zeit geliehen ist, zugleich mit Anspielung auf das irdische Geschäft des Kinesias, welcher empfangenes Geld redlich zurückzahlte.

XXXVI. *Herzlich weinet mir nach*. κλαῦσαί με τὰ μέτρια statt μέγα μέτρια, wofür Brunck μάλα μέτρια hat.

XXXVII. *Dein gedenkend*. μνήμονες mit Casaubonus statt μνήμην.

XLIII. Um dieses und die folgenden Epigramme ganz zu verstehn, muſs man den Timon des Lukianos, eines seiner witzigsten Gespräche, lesen, in welchem man über die frühere Geschichte und die Ursache der Krankheit dieses berühmten Misanthropen belehrt wird.

XLVIII. *Hippias*, der Sohn des Peisistratos, Tyrann von Athen, dessen Gunst der keïsche Simonides genoſs. Seine Tochter Archedike war dem Tyrannen von Lampsakos, Aiantides, vermählt.

XLIX. Das Sylbenmaſs der ersten und dritten Zeile ist wie Nr. XV. Die kürzern Verse sind eilfsylbige jambische. — *Periander*, der Sohn des Kypselos, Tyrann von Korinth, gleich berühmt wegen seiner Weisheit als seiner Thorheit, seiner Tugenden und Laster. Er wird von einigen unter die sieben Weisen gesetzt.

LI. *Weiber dorischen Bluts.* Aretemias war aus Knidos, wie das vorhergehende Epigramm sagt. Diese Gegend war von Doriern bewohnt.

LII. *Akrokorinthos*, die Burg von Korinth steht hier für die Stadt selbst. Als diese unter der Anführung des Mummius von den Römern erobert wurde, entzogen sich mehrere Einwohner den Gewaltthätigkeiten der Sieger durch Selbstmord.

LVI. *Die bunten Symbole*: τὰ δὲ ποικίλα σάμαϑ' ὁρῶντι Ὠμοτάταν *B.* statt τοι κατὰ τὰ μεϑ' ὁρῶντι Ὄμματα, welches die verderbte Lesart der Handschrift ist.

LIX. *Holder Sirenen Gestalt.* Bilder der Sirenen, als gesangreicher Göttinnen, deuteten auf dem Grabe der Dichter und Redner Süfsigkeit und Anmuth an. So waren die Gräber des Sophokles und Isokrates mit Sirenen geschmückt. Aufserdem scheinen sie auch, so wie hier, Symbol der Klage gewesen zu seyn. Auf dem Grabe einer Jungfrau, deren Tod ein Epigramm der Erinna (Anal. I. S. 58. 11.) feyert, standen Sirenen, wie auf dem Grabe unsrer Kleo. Als Pluton die Proserpina, deren Gespielinnen sie gewesen waren, entführt hatte, erfüllten sie alles mit ihrem Klaggeschrey, und wurden defshalb in Vögel verwandelt, wie ein Mythograph erzählt, aus welchem Burmann zur Lat. Anthol. I Th. 113. S. ein Fragment anführt. Beym Euripides ruft Helena (V. 166) in dem von ihr benannten Trauerspiele, als sie den vermeinten Tod ihres Gemahls beklagen will, die Sirenen zu Hülfe:

Ihr beflügelten Jungfraun,
O Sirenen, der Erde
Töchter, eilet mit libyschen
Lotosflöten oder Syringen zu
Meiner schmerzlichen Klag' herbey.

LXII. *Den Geliebten Alcids*, Hylas, der Sohn des Theiodamas, Herkules Begleiter auf dem Zuge der Argonauten nach Kolchis. In Bithynien zogen ihn, als er Wasser schöpfte, liebende Nymphen in ihre Quelle hinab.

LXIII. *Philainis*, eine Samierin, welcher man eine sehr unehrbare Schrift von Künsten der Buhlerey beylegte. Sie wird, trotz der Betheuerung, welche ihr Aischrion hier in den Mund legt, öfters als die Verfasserin jenes Werks, zugleich mit einer gewissen Elephantine, einer Schriftstellerin in demselben Fache, genannt.

LXV. *Ephyra*, der alte Nahme von Korinth, wo der Schauplatz des Lebens der berühmten Laïs gewesen war. Die Korinthier errichteten ihr ein Denkmal im Kranion, auf welchem eine Löwin, die einen Widder zerriſs, die Raubsucht der Verstorbenen andeuten sollte.

LXVI. *Der Pirene Krystall*, eine Quelle bey Korinth, an welcher Bellerophon den Pegasus gefunden haben soll. Man rühmte die Kälte und Reinheit ihres Wassers.

LXVII. *In Thessaliens Flur.* Der Nahme Lais ist mehreren berühmten Hetären gemein gewesen. Die ältere war die oben erwähnte, welche zu Korinth starb, die jüngere hatte ein Denkmal in Thessalien. Die Geschichte ihres Todes erzählt Plutarchos (II. S. 767. E.): „Ihr habt ohne Zweifel von der Laïs, jener berühmten und vielgeliebten Hetäre gehört, wie sie ganz Hellas mit Verlangen entzündete, ja, wie zwey Meere um sie gestritten haben. Als aber die Liebe zum Hippolochos, dem Thessalier, ihr Gemüth ergriff, verliefs sie das

Von den grünlichen Wellen bespülte Akro-
korinthos,

entfloh heimlich der Schaar ihrer übrigen Liebhaber und lebte ehrbar mit ihm. Aber dort in Thessalien lockten sie die Weiber, aus Neid und Eifersucht über ihre Schönheit, in den Tempel der Aphrodite, steinigten und verstümmelten sie. Daher wird, wie es scheint, dieser Tempel auch noch jetzt der Tempel der morderischen Aphrodite genannt." Andre erzählen, Laïs sey von vielen Thessaliern geliebt worden; dieses habe die Eifersucht der Weiber erregt, und sie hätten ein Fest der Aphrodite benutzt, bey welchem keine Männer gegenwärtig zu seyn pflegten. Nach ihrer Ermordung brach eine Pest in Thessalien aus, welche nicht eher endete, bis man der Venus, zur Versöhnung, einen Tempel erbaute.

LXIX. *Kündet die Gans an.* Gänse wurden im Alterthume, wegen ihrer Wachsamkeit, zur Beschützung des Hauses gehalten. — *Den Dienst, den sie Athenen geweiht*, der Athene Ergane, als fleifsige Weberin.

LXXVII. *Amphipolis* an dem Ufer des Strymon, in welchem Biton umgekommen war. — *Torone* am Toronäischen Meerbusen, auf der südlichen Küste von Chalkidike.

LXXVIII. *Bitten des Vaters*, des Dädalus, dem hier Ikarus ertrank.

XC. *Die nessäische Furth.* Die Meerenge zwischen Thasos und Thrakien, so genannt von dem thrakischen Flusse Nessos oder

Nestos, dessen Mündung gegenüber die Insel Thasos liegt. — *Nimmer mit irrender Rechte.* οὐδ' ὅτ' ἔκνωσσε statt ἠδ' ὅτ' oder οὔποτ' ἔκνωσσε. — *Da verbrannten.* ἔκαυσαν statt ἔκλεισαν, wofür die Vatikanische Handschrift ἔκλυσαν liest.

XCII. *Pelion* und *Ossa* Gebirge in Thessalien; *Kithairon* in Böotien.

XCIII. *Klymenos*, Pluton.

XCIV. *Der Grille genährt.* θρέψ' ὑπνιδίῳ χρησομένην κατάγῳ statt θέτ' ἐφ' ὑπνιδίῳ χηραμένη κατάγῳ.

XCVI. *Fischer mit Räthseln.* S. zum Ersten Buche Nr. XIII. S. 365.

Nahmen-Verzeichniſs

der

Dichter dieser Sammlung.

Verbesserungen.

Seite 85. 16. lies ihm statt ihn
- 119. 5. - III. st. II.
- 159. Die letzte Zeile muſs eben so weit als die vorhergehende herausgerückt seyn.
- 181. letzte Z. die Kühnen noch nicht. st. die Kühnen nicht.
- 184. 13. - Höhn st. Höhe
- 225. 19 - entsteigt, st. entsteigt;

FSC
www.fsc.org
MIX
Papier | Fördert gute Waldnutzung
FSC® C083411

Kolibri 360 GmbH
Ferdinand-Jühlke-Straße 7
99095 Erfurt, Deutschland
produktsicherheit@kolibri360.de

Preface for the English Edition

Time flies.

I will be 60 years old next month. In Japan, the age of 60 is called *kanreki*, a custom to celebrate longevity. It may be some kind of fate that I am preparing this textbook at such a time.

I started learning about neonatal EEG 32 years ago, at the age of 28, 4 years after graduating from medical school. I was posted to Anjo Kosei Hospital, where Dr. Fumio Hayakawa taught me how to read neonatal EEG. I don't think I was ever a good student, but I found the insights into perinatal brain disorders that could be gained from neonatal EEG to be very interesting. At the time, periventricular leukomalacia (PVL) in preterm infants was a topic in neonatology. When EEG was recorded early after birth in preterm infants who later developed PVL, the EEG was always abnormal. The only straightforward explanation is that PVL had occurred before birth. However, no such insight existed anywhere in Japan or abroad at the time. The insights provided by neonatal EEG are valuable, but only a few are still aware of them. As described in the main text, the greatest advantage of neonatal EEG is its ability to assess brain function in real time. We hope that this advantage will be more widely applied in both clinical practice and research.

The impetus for publishing the first Japanese edition of this text was the attempt to develop guidelines for neonatal seizure, a project undertaken by a research group funded by the Ministry of Health, Labour and Welfare in Japan. I happened to have moved to Tokyo just before the work was to begin and was only a research collaborator. However, I was very surprised to find that none of the members tasked with drafting the guidelines was familiar with neonatal EEG. As you know, ictal EEG is essential for the diagnosis of neonatal seizures, but no one knew such a crucial fact. Coincidentally, around that time, amplitude-integrated EEG was being introduced in Japan, and the transition to digital EEG was underway. I realized that I had no choice but to take this opportunity to publish a textbook on neonatal EEG. Despite some minor obstacles, the first Japanese edition was successfully published in 2008.

In my opinion, our EEG interpretation methods are more sophisticated than those used abroad. There is no interpretation method around the world that clearly demonstrates a 2-week difference in the brain maturation of newborns. The idea of focusing on the time from the onset of brain insult, i.e., acute and recovery phase abnormalities, is also quite unique. However, it can be said that our interpretation method still remains only local. The true value of our method will only be determined once it is globally evaluated in various ways. The publication of this English edition will bring our interpretation method to the attention of clinicians and researchers abroad. How will our methods be evaluated? I am half-excited and half-anxious. We would like to invite international readers to feel free to read this textbook and offer their opinions and criticisms.

Once again, it is quite surprising that our interpretation method was established by just two great pioneers, Professor Emeritus Kazuyoshi Watanabe and Dr. Fumio Hayakawa. As mentioned in the afterword to the first edition, the prototype of this textbook was almost complete as early as 1992. This fact is truly an incredible achievement. It is difficult to put into words how helpful their work has been in deepening our understanding of perinatal brain injury. It is nothing short of miraculous that so much great wisdom was produced in a single hospital in a rural area of Japan. I would like to express our deepest gratitude to Professor Emeritus Kazuyoshi Watanabe and Dr. Fumio Hayakawa.

The publication of this English edition would not have been possible without the significant contribution of Dr. Hiroyuki Kidokoro. Dr. Kidokoro deserves great credit for his significant contribution. As I mentioned above, I am getting old. Now I am too old to develop our knowledge of neonatal EEG. Nowadays, advanced research is being conducted on brain function in newborns. I believe that the information in this book can serve as basic knowledge to support such advanced research. From now on, I look forward to the activities of the younger generation, including Dr. Kidokoro.

I wish the young people good luck.

Finally, I would like to thank my wife and son for their support. I am very sorry that I have been so busy with work that I have not had time to take care of my family. I am very grateful that my wife supported me without reproach. I would also like to thank my wife for raising our son successfully. My son is now an adult and starting his own life. I wish him all the best for the future.

Nagakute, Aichi, Japan Akihisa Okumura
August, 2024

Preface for the English Edition

Neonatal neurology has undergone remarkable advancements over the past three decades. The application of MRI to neonates has revolutionized our ability to evaluate brain injuries from the earliest stages of life, providing detailed insights into both structural and functional alterations in the newborn brain. In parallel, therapeutic hypothermia has become the standard treatment for neonatal hypoxic-ischemic encephalopathy, offering neuroprotection for affected neonates. Furthermore, the widespread adoption of whole-exome and whole-genome sequencing has enabled the early diagnosis of genetic disorders. With the implementation of mass screening for spinal muscular atrophy, gene therapy can now be initiated in the neonatal period, offering new hope for affected infants.

The history of neonatal EEG, however, stretches much further back. Long before I began my career as a physician, pioneering doctors and researchers in the 1970s—most notably Dr. Watanabe K—conducted extensive studies on neonatal EEG. They meticulously examined the EEG patterns associated with brain injury and maturation in both term and preterm infants and explored the relationship between EEG findings and sleep states. By the early 2000s, the foundation of neonatal EEG has already been firmly established.

In the last 30 years, advancements in neonatal EEG have been made as well. Advances have moved beyond visual interpretation toward the integration of sophisticated mathematical analysis, greatly enhancing the precision of EEG assessments. Additionally, amplitude-integrated EEG has become widely used worldwide, allowing neonatologists to monitor brain activity and detect seizures at the bedside. More recently, the integration of artificial intelligence into EEG analysis promises to bring even greater advancements to clinical practice.

It is important to recognize that these cutting-edge techniques are built upon the foundational knowledge of basic neonatal EEG interpretation. This book, *The Neonatal EEG: Atlas and Interpretation*, is based on the second edition of the Japanese-language book, *The Neonatal EEG for Everyone*, which was originally written for healthcare professionals in Japan. Its aim is to make neonatal EEG interpretation accessible to all practitioners working in NICUs. Unlike traditional academic texts, this book is designed to guide readers through the interpretation of normal preterm and term EEGs at 2-week intervals, helping them to recognize both acute- and chronic-stage abnormalities.

For this English edition, several updates have been made. Notably, Chap. 17, which focuses on neonatal seizures, has been comprehensively revised, and Chap. 10 now includes twice as many artifact examples—16 in total—to provide greater clarity on this challenging topic. We have prioritized simplifying complex concepts, emphasizing the use of real EEG samples to support comprehension. While references have been deliberately kept to a minimum, we have maximized practical content to enhance clarity and applicability.

We hope that this textbook will serve as a valuable resource for practitioners worldwide who wish to learn about neonatal EEG, empowering them to deepen their understanding of neonatal EEG and apply this knowledge in clinical practice.

Nagoya, Aichi, Japan Hiroyuki Kidokoro

Preface

On the Publication of *The Neonatal EEG for Everyone*, second edition.

More than 10 years have passed since the first edition of *The Neonatal EEG for Everyone* had been published by Shindan To Chiryo Sha Inc. in 2008. In May 2019, His Majesty the Emperor abdicated the throne and the era has changed from the Heisei era to Reiwa era. It seems to be a good time to renew the contents of *The Neonatal EEG for Everyone*.

At the time of its publication, *The Neonatal EEG for Everyone* was probably the only text on interpretation of neonatal EEG in the world. Even now, with the advent of the Reiwa era, as far as I know, there seems to be no global textbook that can compare with *The Neonatal EEG for Everyone*. The publication of *The Neonatal EEG for Everyone* was around the time when amplitude-integrated EEG became widespread and its usefulness was recognized in Europe and the United States. It can be said that Western countries first realized at that time that diagnosing neonatal seizures without EEG during seizures was impossible. However, such a fact had been already quite common to us. Since then, there has been growing recognition of the importance of neonatal EEG in Europe and the United States, but I believe that there were few interpreters of neonatal EEGs, in the West at a comparable level to ours.

The pace of medical progress increases year by year, and findings that we thought were up to date until recently lose their freshness quickly. iPS cells became known to the world around the time of the publication of *The Neonatal EEG for Everyone*, and now clinical applications of iPS cells have already begun. iPS cells have been used in various research and are no longer a novel technique. Does this mean that is the skill of interpreting neonatal EEG outdated and useless? At least, I feel that the viewpoints provided by neonatal EEG are still important for the advance of neonatal medicine.

This book, *The Neonatal EEG for Everyone*, second edition, is a revision of the former publication *The Neonatal EEG for Everyone* after almost 10 years. By its nature, the fundamental content of this book has not changed. However, the contents of the previous edition have been brushed up and descriptions of neonatal seizures and amplitude-integrated EEG have been added. This book has been crafted to enable readers to interpret neonatal EEGs comprehensively. I encourage you to use this book as your guide when interpreting neonatal EEGs.

This is English translation of the Japanese edition.

Nagakute, Aichi, Japan Akihisa Okumura
May 2019

The original version of the book has been revised. A correction to this book can be found at https://doi.org/10.1007/978-981-96-0726-6_24

Postscript

In the fall of my second year after graduating from medical school, I witnessed senior pediatricians enthusiastically discussing the findings of neonatal EEGs in the pediatric department office. I was eager to join the discussion and begged to learn, but I was not allowed to do so, as I had just started my pediatric residency. A year later, I finally began receiving the neonatal EEG instruction that I had longed for. The text at that time was a handwritten document authored by Dr. Fumio Hayakawa, which later formed the basis of the first edition of *The Neonatal EEG for Everyone*, second edition. During this time, Dr. Toru Kato provided me with thorough feedback, using a red pen to critique my reading reports. My interest in neonatal EEGs continued to grow, and in my third year after graduation, I visited many hospitals to read and study neonatal EEGs. I would go to the NICU at the university late at night, carry the electroencephalograph myself, attach the electrodes, and sit in front of the incubator for an hour before midnight.

Some people question the ambiguity of neonatal EEG interpretation. However, just as anyone can tell the difference between a Vincent Van Gogh and a Marc Chagall painting (even if it is difficult to explain in words), I believe that the disorganized pattern in periventricular leukomalacia (PVL) can be detected. If this leads to early diagnosis and treatment of PVL, I am eager to detect it. Experience is indispensable, as it is said that "EEG interpretation stands alone only after reading a thousand cases." However, language is essential for efficient communication and common understanding among many people. *Neonatal EEG for Everyone* is a unique textbook that conceptualizes and verbalizes the somewhat pictorial features of neonatal EEG interpretation in a way that is easy to understand and familiar to beginners.

When I was asked to edit a new edition of the book, I was honestly delighted. But what was even more gratifying was seeing that the authors had created new and exceptional manuscripts and selected better EEG samples. It is a mixed feeling of surprise, admiration, and gratitude that comes with age. I would also like to thank Mr. Kawaguchi and Mrs. Baba of Shindan To Chiryo Sha Inc. for their suggestions, advice, and pacing. Finally, I want to express my deepest gratitude to Dr. Kazuyoshi Watanabe for reviewing and advising on the final manuscript. His knowledge and experience in neonatal EEGs are far beyond my own. For nearly 20 years, I have been blessed with the opportunity to continuously receive new knowledge about neonatal EEGs from Dr. Watanabe, Dr. Okumura, and many other professors, without ever losing interest. I hope I can do the same for the readers of this book.

In front of the painting "All Children become great Watanabrains" in the Pediatric Neurology Lab at Nagoya University.

This is English translation of the Japanese edition.

Nagoya, Aichi, Japan Hiroyuki Kidokoro
May 2019

About This Book

Features

- The book is written in an easy-to-understand manner, using minimal technical terms, making it suitable for beginners who have never read adult or pediatric EEG recordings.
- The EEG samples are displayed as large as possible to approximate the actual EEG.
- The exceptional columns written by Drs. Kazuyoshi Watanabe and Fumio Hayakawa are a must-read.
- This book includes many samples of neonatal EEG results and challenge questions as electronic supplementary materials. These resources allow readers to engage with neonatal EEGs as if they are encountering actual EEGs. The "Challenge Questions" section is useful for learning how to interpret EEG results.

List of Basic Terms

- **Slow wave**
  A wave with a frequency of <4 Hz, mostly synonymous with delta wave.
- **Theta wave**
  A wave with a frequency between 4 and 8 Hz.
- **Alpha wave**
  A wave with a frequency between 8 and 13 Hz.
- **Fast wave**
  A wave with a frequency of ≥13 Hz, mostly synonymous with beta wave.
- **Transients**
  Transients refer to EEG components that appear sporadically. This term, typically used to describe elements of physiological background activity, generally is not applied to pathological components.
- **Sharp wave and Spike**
  In general, sharp EEG components with a frequency of <12 Hz are called "sharp waves," whereas sharp EEG components with a frequency of ≥12 Hz are called "spikes"; however, this distinction is not always strict. In assessments of neonatal EEG, both sharp waves and spikes are not

necessarily pathological; they are often physiological, similar to the transients mentioned above.

- **Postmenstrual weeks**
  The postmenstrual weeks are calculated by adding the number of weeks in gestation to the number of weeks after birth, assuming that the expected date of birth is 40 weeks and 0 days (equivalent to 40 weeks and 0 days postmenstrual age). Strictly speaking, the postconceptional weeks differ from the postmenstrual weeks by approximately 2 weeks.

Placement of EEG Electrodes

The following abbreviations are used: Fp, frontal pole; C, central; T, temporal; and O, occipital region. Odd numbers indicate the left hemisphere, even numbers indicate the right hemisphere, and z indicates the midline. Therefore, for example, C3 represents the electrode in the left central region. For more details, please refer to "Chap. 21: How to Record Neonatal EEGs."

How to Identify the Location of the Appearance of EEG Components?

An EEG depicts a negative shift of electric potential in the upward direction because changes in neuronal excitability are related to depolarization, which causes a negative shift in extracellular electric potential. As will be described later, neonatal EEG is interpreted primarily via bipolar derivation. For example, as shown in Fig. 1a, negative waves from C3 are depicted with their

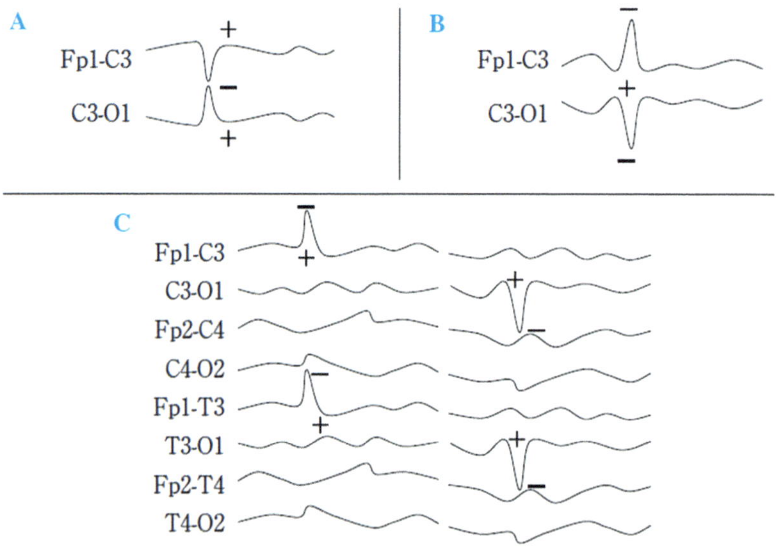

Fig. 1 Direction of EEG potentials. (**a**) Negative waves from C3. The peaks face each other. (**b**) Positive waves from C3. The peaks are symmetrically oriented in opposite directions. (**c**) Negative waves from Fp1 point upward, whereas negative waves from O1 point downward

peaks facing each other. Conversely, positive waves from C3 exhibit peaks that are symmetrically oriented in opposite directions, as shown in Fig. 1b. As shown in Fig. 1c, a negative wave from Fp1 points upward, whereas a negative wave from O1 points downward.

Contents

Part III Abnormal Findings in EEG in Neonates

Part IV EEG in Neonatal Seizures

Part V Amplitude-integrated EEG

Part VI Application of EEG in Neonates

Contributors

Tatsuya Fukasawa Department of Pediatrics, Anjo Kosei Hospital, Anjo, Japan

Fumio Hayakawa Department of Pediatrics, Okazaki City Hospital, Okazaki, Japan

Toru Kato Department of Pediatrics, Okazaki City Hospital, Okazaki, Japan

Hiroyuki Kidokoro Department of Pediatrics, Nagoya University Graduate School of Medicine, Nagoya, Aichi, Japan

Tetsuo Kubota Department of Pediatrics, Anjo Kosei Hospital, Anjo, Japan

Koichi Maruyama Department of Pediatric Neurology, Aichi Developmental Disability Center Central Hospital, Kasugai, Japan

Akihisa Okumura Department of Pediatrics, Aichi Medical University, Nagakute, Aichi, Japan

Anna Shiraki Department of Pediatrics, Nagoya University Graduate School of Medicine, Nagoya, Aichi, Japan

Yuichiro Sugiyama Department of Pediatrics, Japanese Red Cross Aichi Medical Center Nagoya Daiichi Hospital, Nagoya, Japan

Takeshi Suzuki Department of Pediatrics, Okazaki City Hospital, Okazaki, Japan

Kazuyoshi Watanabe Department of Pediatrics, Nagoya University Graduate School of Medicine, Nagoya, Aichi, Japan

Hiroyuki Yamamoto Department of Pediatrics, Nagoya University Graduate School of Medicine, Nagoya, Aichi, Japan

List of Figures

Part I

Overview

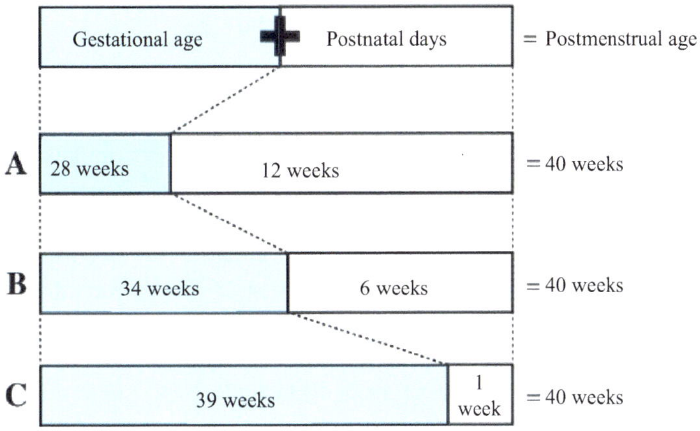

Fig. 2.3 EEG maturation and postmenstrual age

2 Sleep EEG Activity Reflects Brain Maturation

The CNS of a fetus or preterm infant undergoes remarkable maturation during the period from 22 weeks postmenstrual age (PMA), near the limit of viability, to 40 weeks PMA, which is the expected date of birth. During this period, the rate of brain maturation is assumed to be similar between intrauterine and extrauterine environments. In this textbook, the term "postmenstrual age (PMA)" is used to represent the sum of "gestational age + postnatal days." PMA is calculated based on the expected date of birth, which corresponds to 40 weeks and 0 days of PMA. Because the expected date of birth is calculated from the last menstrual period, there usually is a discrepancy between PMA and biological age as defined from the time of conception. When EEGs of preterm infants are repeatedly recorded, the findings rapidly change with increasing PMA (Fig. 2.3). EEG findings are presumed to reflect brain maturation at the time of EEG recording. We can distinguish 2–4-week differences in the characteristics of EEG physiological activities in each sleep stage. When assessing neonatal EEGs, it is important to understand the physiological EEG pattern for each PMA and to interpret EEG findings from the combined perspective of sleep stage and PMA.

3 Acute Insult and Recovery Time Can be Evaluated within a Short Timeframe

Acute brain injuries, such as hypoxic-ischemic encephalopathy, often occur in neonates. EEG activities show alterations reflecting the suppression of brain function during acute brain injuries, which recover after the insult has been alleviated, indicating the restoration of brain function. EEG abnormalities may recover over months to years in older children with acute brain injuries, whereas EEGs in neonates show suppression and recovery week by week (Fig. 2.4).

When interpreting neonatal EEGs, it is important to determine the time elapsed from injury onset. EEG findings must be interpreted according to the stage (acute, recovery, or chronic) after injury onset.

Column: When I Began Neonatal EEG Research

I began neonatal EEG research around 1967. At that time, I frequently encountered neonatal seizures, had many opportunities to record EEGs, and became aware of the importance of understanding normal EEG findings for accurate interpretation.

During the 1960s, as knowledge about the sleep–wake cycle accumulated, it became apparent that neonatal EEG findings also varied with the sleep–wake cycle; thus, simple acquisition of EEGs during wakefulness and sleep was insufficient. Consequently, my colleagues and I conducted polygraphic EEG recordings for approximately 3 h, personally attaching electrodes and observing the conditions of newborn infants. We found that the behaviors and various physiological parameters of newborns, including EEG findings, fluctuated according to their sleep–wake cycle. This type of experience cannot be gained solely through the interpretation of EEGs recorded by technicians; I recommend that individuals interpreting neonatal EEGs directly observe the newborn for at least one sleep cycle. Even when reading an EEG recorded by a technician, the direct observation experience will provide a better understanding of the conditions under which the recording was made.

My colleagues and I have conducted polygraphic recordings of newborns at various gestational ages every 2 weeks since birth. We have been amazed by the rapid brain development during the second half of the fetal period, evident in the obvious development of EEGs with each recording. Standard EEG recordings after infancy are made only until sleep stage II or early stage III are reached; in newborns, recordings should include quiet sleep (QS, which is susceptible to abnormalities) and active sleep (AS, which is necessary to determine maturity). However, reaching the QS stage often requires several tens of minutes.

In EEG laboratories, the examination time typically is scheduled in advance. However, for efficient neonatal EEG assessment, it is preferable to align the recording session with the newborn's schedule; attach electrodes, feed the baby, and begin recording as the baby falls asleep. Around the time when alternating current eliminators were introduced in EEG recorders, EEG-like waveforms were occasionally recorded even when the scalp was not sufficiently cleaned before electrodes were applied. Eventually, I found that EEGs had not been recorded in an appropriate manner; this phenomenon is sometimes called "wet cloth EEG," where such waveforms can be recorded even when electrodes are placed in a bucket of water. To prevent this issue, the scalp should be wiped thoroughly and electrode paste should be applied properly.

(Kazuyoshi Watanabe)

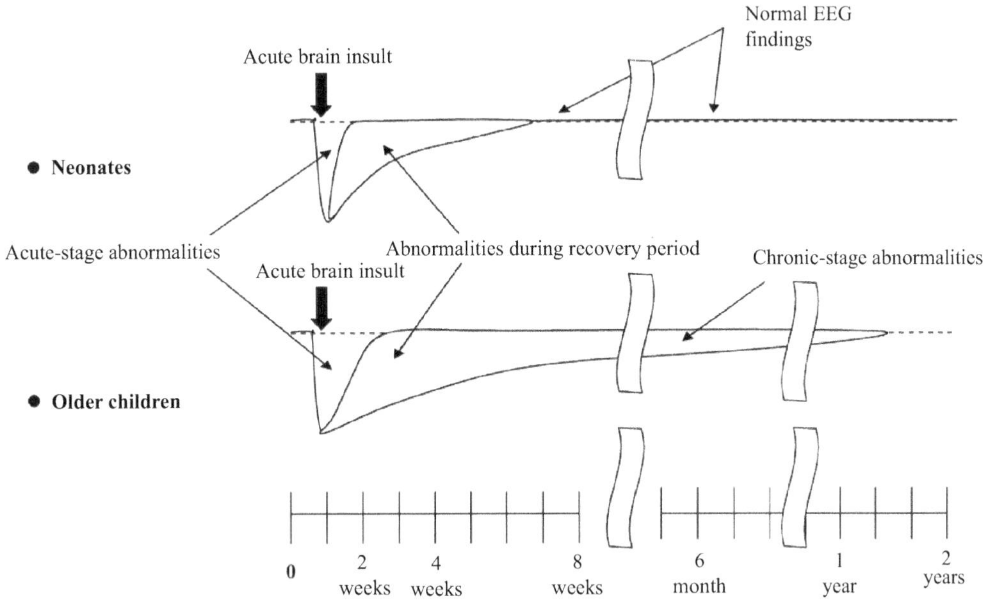

Fig. 2.4 Changes of EEG findings following acute brain insult

determine sleep stage. However, in more immature infants, the correlation between these parameters is weaker; indeterminate sleep (IS) is more dominant in younger infants, comprising approximately 70% of sleep in infants at 30 weeks postmenstrual age (PMA). In contrast, active sleep (AS) and quite sleep (QS) each comprise ~15%. Thereafter, AS increases until 35–36 weeks PMA, then decreases, reaching approximately 50% at 40 weeks PMA. QS increases after 36 weeks PMA and is ~35% at 40 weeks PMA. The amount of IS steadily decreases to 15% by 40 weeks PMA. Regarding sleep continuity, no clear sleep cycles are observed at 30 weeks PMA or younger, whereas relatively clear cycles of AS and QS appear around 32 weeks PMA. Despite this, IS continues to occur between these sleep stages, making the sleep state unstable. Biphasic cycles of AS and QS become relatively stable after 36 weeks PMA; stable sleep cycles are established at 40 weeks PMA.

In neonates, AS first appears when falling asleep from wakefulness, which is known as sleep-onset REM. In term infants, EEGs typically show a mixed pattern. Then, transition through IS into QS occurs. EEGs show a high-voltage slow wave pattern, followed by a tracé alternant. Ater tracé alternant, EEGs subsequently exhibit a low-voltage irregular pattern in AS; this pattern corresponds to true REM sleep in older children and adults.

Traditionally, the sleep cycle in newborn infants was expected to be 40–50 min because sleep-onset REM was considered. However, if the sleep cycle is defined as the time from the end of tracé alternant/tracé discontinu and the next end of them, it remains constant from 32 to 43 weeks PMA at approximately 90 min (87.2 ± 21.5), nearly identical to REM–non-REM cycles in adults. It is fascinating that biological rest–activity cycles are intrinsic and consistent from the onset of rhythm generation.

References

Hakamada S, Watanabe K, Hara K, Miyazaki. Development of the motor behavior during sleep in newborn infants. Brain and Development. 1981;3(4):345–50.

Parmelee AH Jr, Schulte FJ, Akiyama Y, Wenner WH, Schultz MA, Stern E. Maturation of EEG activity during sleep in premature infants. Electroencephalogr Clin Neurophysiol. 1968;24(4):319–29.

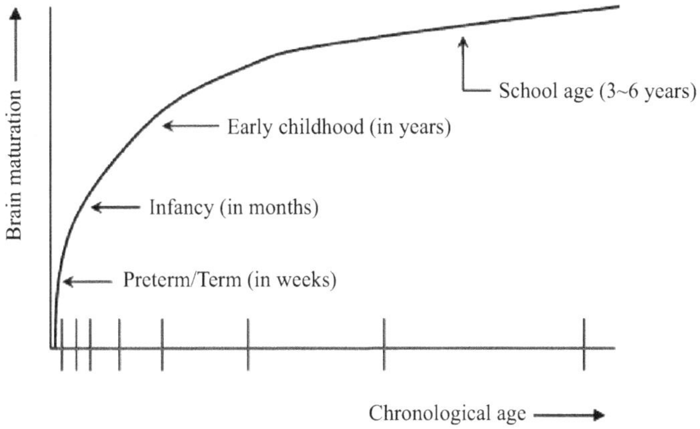

Fig. 4.2 Differences in the rate of brain maturation with age

to 4-week intervals. The rate of brain maturation is considered to be similar, regardless of whether a preterm infant is in utero or in the extrauterine environment. Assessment of EEG maturation is based on PMA, calculated as the gestational age plus the number of postnatal days.

The principles of EEG maturation up to 40 weeks PMA include increasing continuity as PMA increases, a decrease in slow wave size as PMA increases, and the presence of PMA-specific physiological transients. Accordingly, the maturation of EEG activities is based on two main principles: increased continuity of EEG activity and a decrease in the sizes of slow waves that represent major components of background EEG activities. Furthermore, the presence of PMA-specific physiological transients can help to determine EEG maturation. These principles will be explained in the following sections.

2.1 Principle of EEG Maturation 1: Continuity Increases with Maturation

A characteristic finding on neonatal EEGs is the presence of an alternating pattern during QS consisting of tracé alternant (TA) and tracé discontinu (TD). In extremely preterm infants, TD constitutes a large proportion of the EEG; the proportions of low-voltage irregular (LVI) and high-voltage slow (HVS) patterns increase with increasing PMA (Fig. 4.3). By 40 weeks PMA, the proportion of TA decreases to 20–30% (Fig. 4.4). These changes are suspected to reflect maturation of the central nervous system from 24 to 40 weeks PMA, and the proportion of continuous patterns in an EEG recording is useful for assessing brain maturation. Figure 4.5 illustrates a compressed EEG during AS. Conversely, the proportion of continuous patterns decreases when brain functions are suppressed. The continuity of an abnormal EEG may differ from the corresponding PMA-specific pattern.

Another indicator of increasing continuity with brain maturation is the interburst interval (IBI) in TA and TD. TA and TD consist of high- and low-voltage parts. The high-voltage part, also known as "burst," lasts for several seconds regardless of PMA. However, the IBI, which represents the duration of the low-voltage part between the high-voltage parts (i.e., bursts), can last 30–60 s in extremely preterm infants; it shortens to <10 s by 40 weeks PMA (Fig. 4.6). An IBI assessment is useful for estimating brain maturation (Fig. 4.7). Figure 4.8 shows a compressed EEG. An IBI lasts for >40 s at 28 weeks PMA, but it shortens to <10 s by 40 weeks PMA. The IBI duration increases when brain function is suppressed. It is important to consider that IBI-based estimations of brain maturation may be difficult in abnormal EEGs.

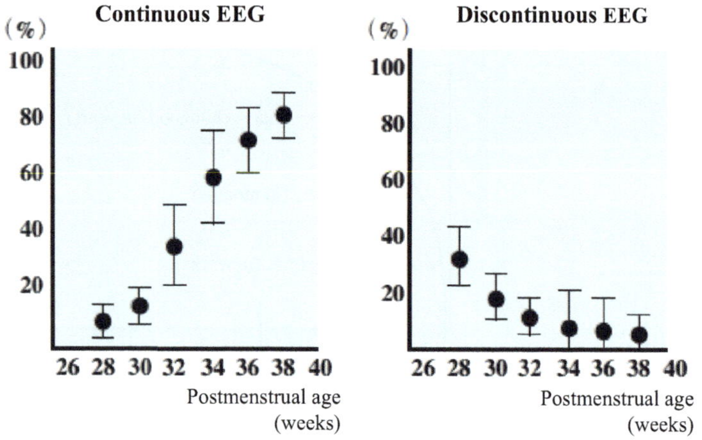

Fig. 4.3 Increase in the continuous pattern with brain maturation. Increased continuity of EEG activity is initially observed as an increase in the proportion of continuous patterns. The proportion of continuous patterns increases with increasing PMA, whereas discontinuous patterns gradually decrease with increasing PMA and are not observed after 40 weeks PMA

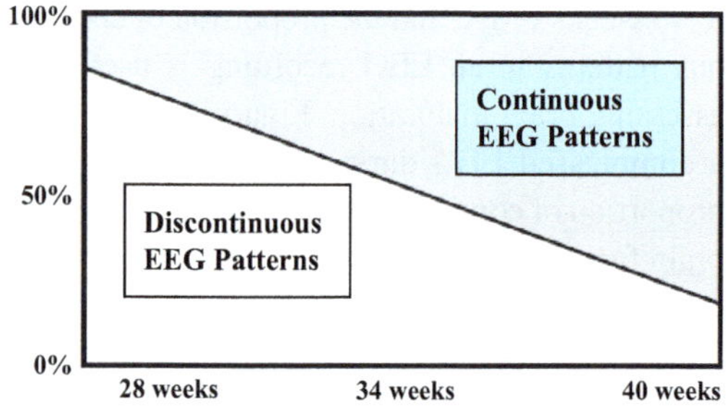

Fig. 4.4 Principle of EEG maturation 1: increased continuity. In neonatal EEGs, the proportion of continuous EEG patterns increases with brain maturation

2.2 Principle of EEG Maturation 2: A Less Mature Brain Produces Larger and More Monotonous Slow Waves

A neonatal EEG is characterized by the abundance of slow waves. During QS, the slow waves in the HVS pattern and high-voltage parts of the TA exhibit slower frequency, higher voltage, and more monotonous features compared with those aspects in older infants. These differences are more pronounced in preterm infants (Fig. 4.9). At 40 weeks PMA, the slow waves are polymorphous; their voltage is 100 μV and their frequencies are 2.5–3 Hz. Before 36 weeks PMA, slow waves are monotonous; their voltage and frequency are around 200 μV and 1 Hz at 32 weeks PMA, whereas they are approximately 300 μV and < 1 Hz at 28 weeks PMA. This change may reflect the development of cerebral projections; many cortical neurons initially respond to immature cerebral projections with monotonous signals, and smaller numbers of cortical neurons respond to well-differentiated complex cortical projections. Delta waves are monotonous and exhibit slow frequency with minimal mutual interference up to 36 weeks PMA. However, delta waves become polymorphous and mutual interference increases both temporally and spatially during the term period.

Note that the voltages and frequencies of delta waves are not constant, even in an EEG at a specific PMA. It is common to observe delta waves of various voltages and frequencies within a single EEG (Fig. 4.10). When interpreting an actual neonatal EEG, the voltages and frequencies of delta waves that are most predominant in an EEG should be considered. Empirically, the mean voltages and frequencies of slow waves are generally consistent at a particular PMA. It is important to understand PMA-specific voltages and frequencies when assessing EEG maturation.

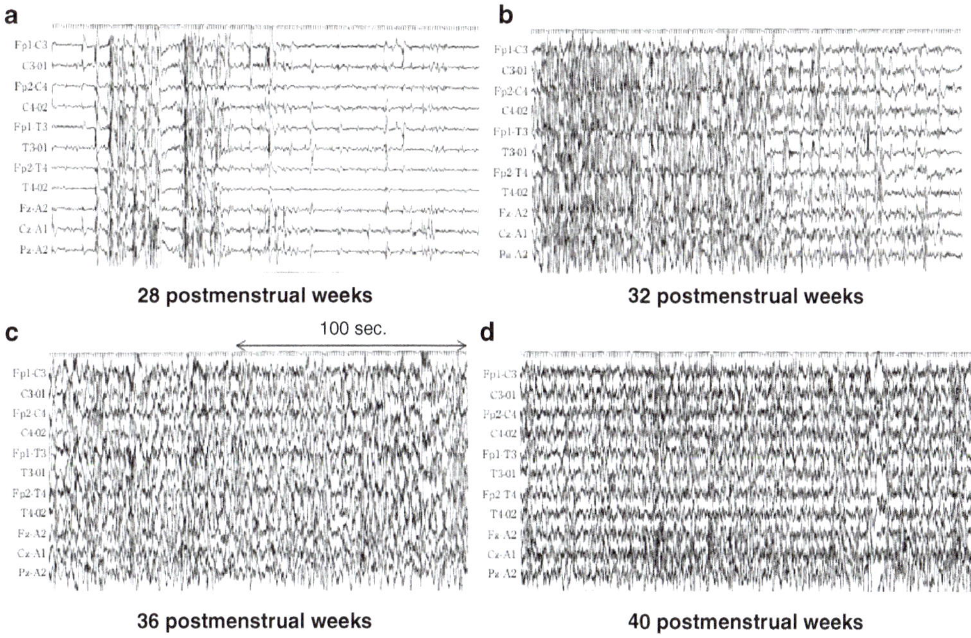

Fig. 4.5 Increased continuous pattern in compressed EEG. (**a**) At 28 weeks PMA, continuous patterns are observed during only a small proportion of active sleep (AS). (**b**) At 32 weeks PMA, continuous patterns are observed in more than half of AS, with higher-voltage activities. (**c**) Continuity increases at 36 weeks PMA in AS. (**d**) Voltage decreases at 40 weeks PMA in AS. The maturation process can be assessed to some extent simply by examining the compressed EEG

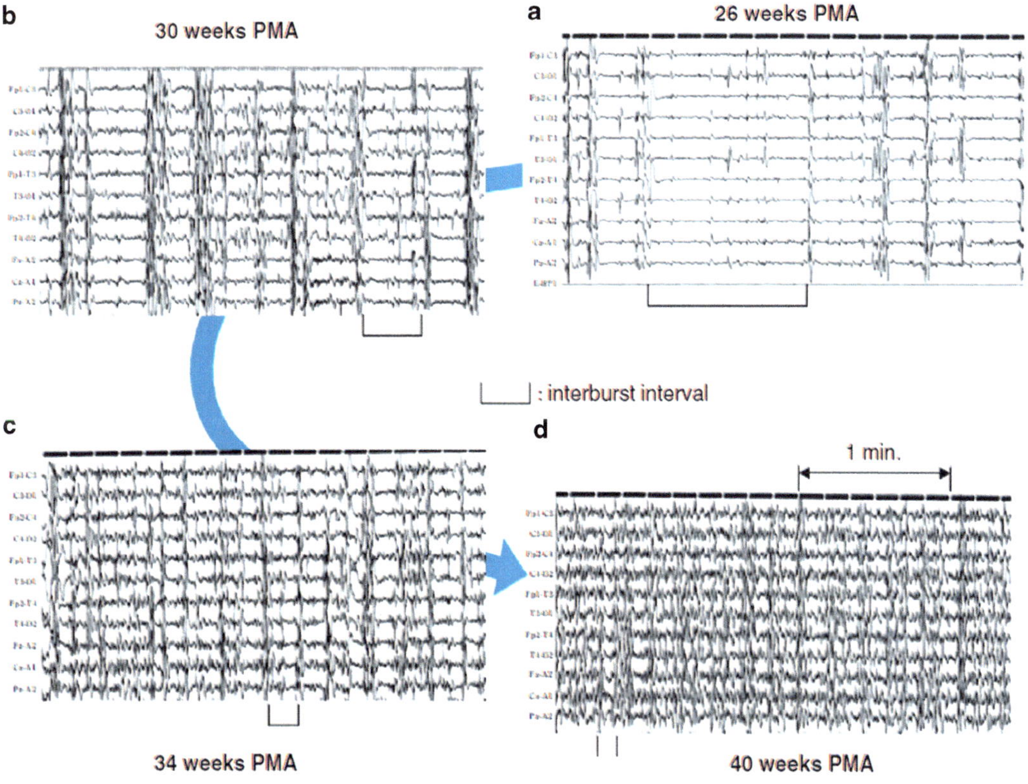

Fig. 4.6 Principles of EEG maturation 1: shortening the interburst interval. In neonatal EEGs, the interburst interval shortens with brain maturation. (**a**) 26 weeks PMA. (**b**) 30 weeks PMA. (**c**) 34 weeks PMA. (**d**) 40 weeks PMA

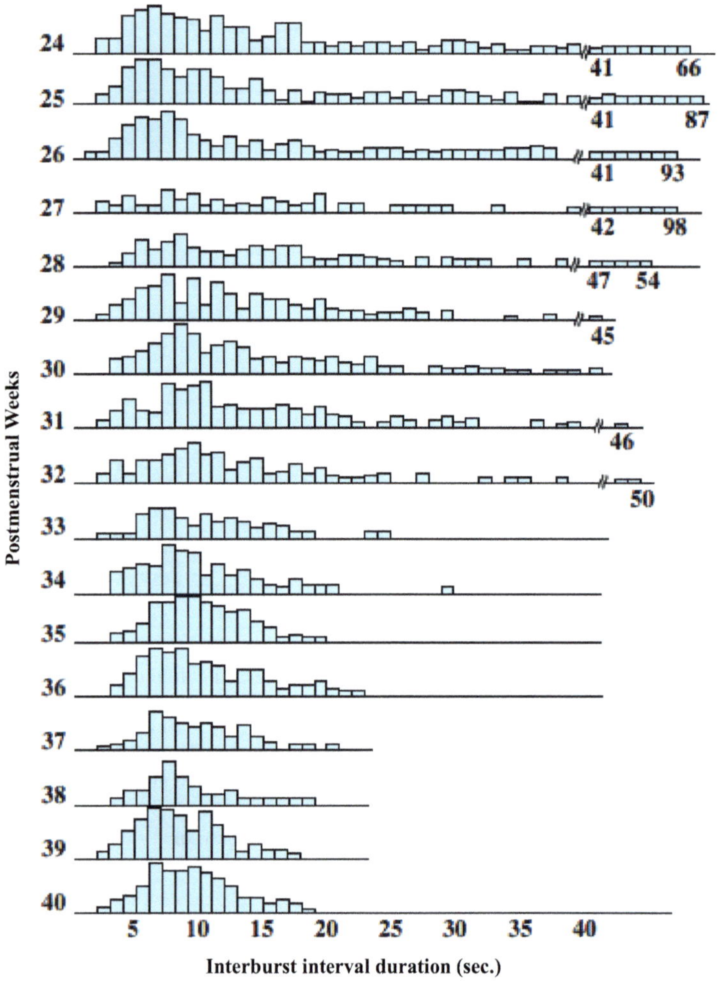

Fig. 4.7 Postmenstrual age and interburst interval

2.3 Principle of EEG Maturation 3: Characteristic Transients Appear According to PMA

In neonatal EEGs, physiological transients are observed according to PMA; for example, physiological spiky components resemble the vertex sharp waves and sleep spindles in EEGs of older children and adults. Because transients have characteristic locations and morphologies, it is possible to estimate brain maturation by focusing on these transients. When the features of physiological transients are understood, such features can be used to estimate the PMA, even when slow wave continuity and size are reduced by pathological conditions. Some transients can be misidentified as the paroxysmal discharges observed in older children with epilepsy. It is important to avoid misinterpreting physiological transients as pathological discharges.

Physiological transients in neonates are outlined below, with some examples. Table 4.2 summarizes developmental changes in physiological transients that are observed in neonatal EEGs.

2.3.1 Physiological Transients in Preterm Infants

Typical transients during the preterm period include frontal sharp bursts, occipital sharp bursts, high-amplitude theta, rhythmic temporal theta, and brush/delta brush (Fig. 4.11). In extremely preterm infants up to 26 weeks PMA, the most characteristic transients are frontal and occipital sharp bursts. In such infants, high-

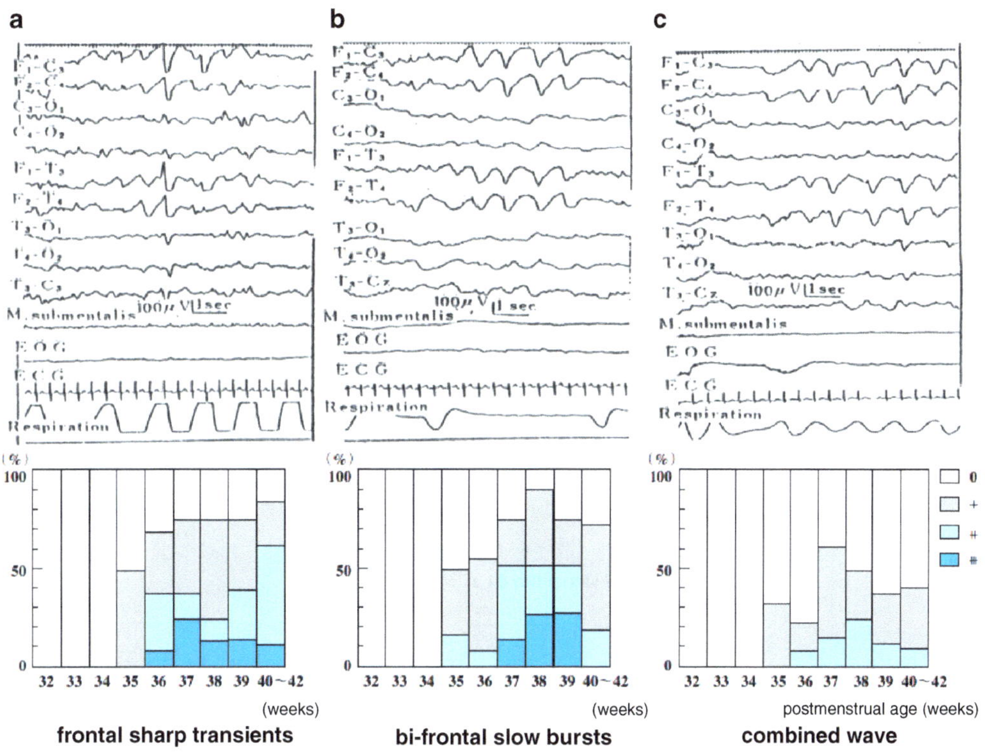

Fig. 4.13 Incidences of frontal sharp transients (**a**), bi-frontal slow bursts (**b**), and their composite waves (**c**). These transients do not appear until 34 weeks PMA; they become increasingly frequent between 36 and 40 weeks PMA. However, these transients are absent in 20–30% of healthy-term infants. An EEG should not be considered abnormal solely on the basis of the absence of these transients

Occipital sharp bursts appear during 22–26 weeks PMA (blue arrows). They appear most frequently at 25–26 weeks PMA and decrease at 28–30 weeks PMA. Frontal and occipital sharp bursts often become prominent at 25–26 weeks PMA. During this period, fast wave components are rare in background EEG activities. These waveforms suggest that the EEG was recorded at a very immature stage of brain development (Fig. 4.17).

These unique transients are specific to 28 weeks PMA (blue arrow). At this stage, a group of sharp waves with extremely high amplitude often appears at the beginning of the slow wave. These transients may sometimes be evident at 26–30 weeks PMA. However, the frequent appearance of high-amplitude theta is a strong indicator of 28 weeks PMA (Fig. 4.18).

At 30 weeks PMA, temporal transients exhibit lower voltage (100–200 μV) and tend to form a rhythmic cluster of a few bursts, each lasting approximately 1 s (blue arrow). These transients are highly age-specific and usually become rare by 32 weeks PMA. The presence of rhythmic temporal theta transients indicates that the infant is around 30 weeks PMA (Fig. 4.19).

Transients observed in extremely preterm infants at 22–26 weeks PMA include both frontal and occipital sharp bursts. Brushes are spindle-like fast waves evident throughout the preterm period, including 22–26 weeks PMA. After 28 weeks PMA, rhythmic temporal theta transients become more prominent, and the occurrence of brush increases. However, until 26 weeks PMA, the characteristic feature is a combination of high-voltage and low-frequency slow waves (> 300–400 μV, < 1 Hz), along with frontal and occipital sharp bursts (Fig. 4.20).

Brushes are the most well-known features in EEGs of preterm infants (blue arrows). These

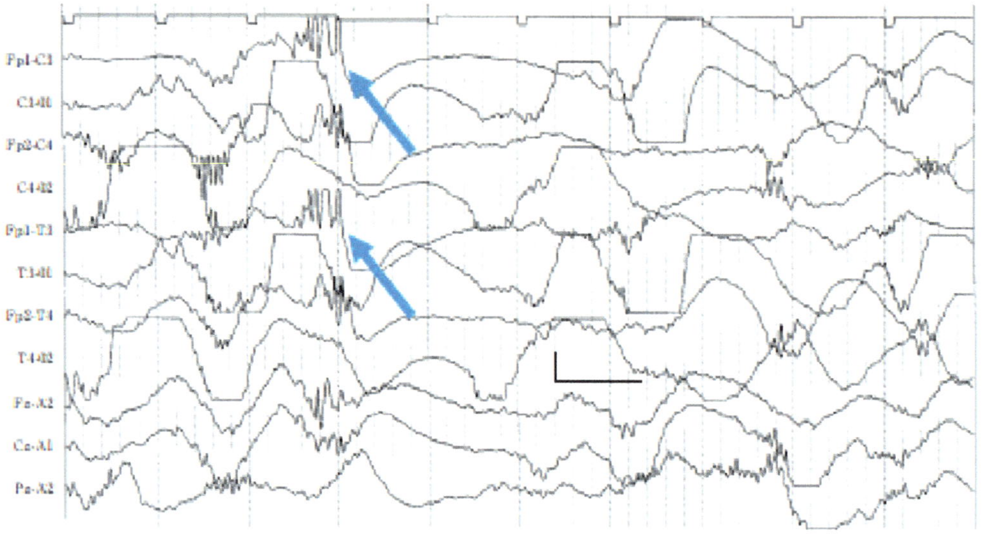

frontal sharp bursts at 26 weeks PMA

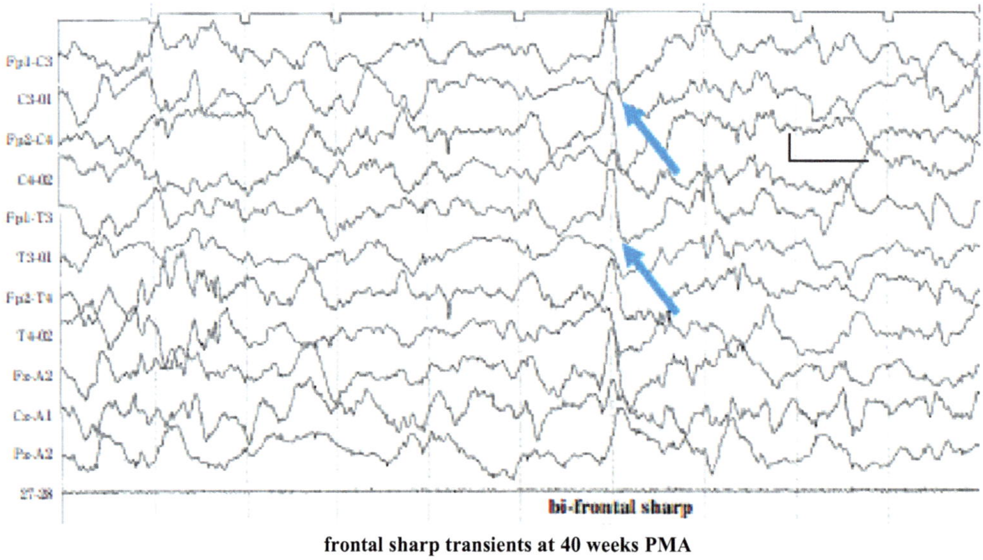

frontal sharp transients at 40 weeks PMA

Fig. 4.14 Transients from frontal regions: immature and mature. Physiological transients from frontal regions are frequently observed in the extremely preterm and term periods. In contrast, during 30–34 weeks PMA, transients from frontal regions are rarely observed. The waveforms of transients clearly differ between "frontal sharp bursts" at 26 weeks PMA and "frontal sharp transients" at term

features are often superimposed on the ascending slope of delta waves. In this context, they are regarded as delta brushes. Brushes are less frequent at 24–26 weeks PMA but increase beginning at 28 weeks PMA; they become most frequent at 32–34 weeks PMA. At 36–38 weeks PMA, they appear only during quiet sleep and are rarely observed after 40 weeks PMA (Fig. 4.21).

Frontal sharp transients are highly characteristic of term infants. Biphasic sharp waves (blue arrows) appear in frontal regions either bilaterally or unilaterally. At 38–40 weeks PMA, the presence of these waves indicates the transition from a low-voltage irregular pattern to a mixed pattern. Such waves often appear during quiet sleep and sometimes during the high-voltage part of the

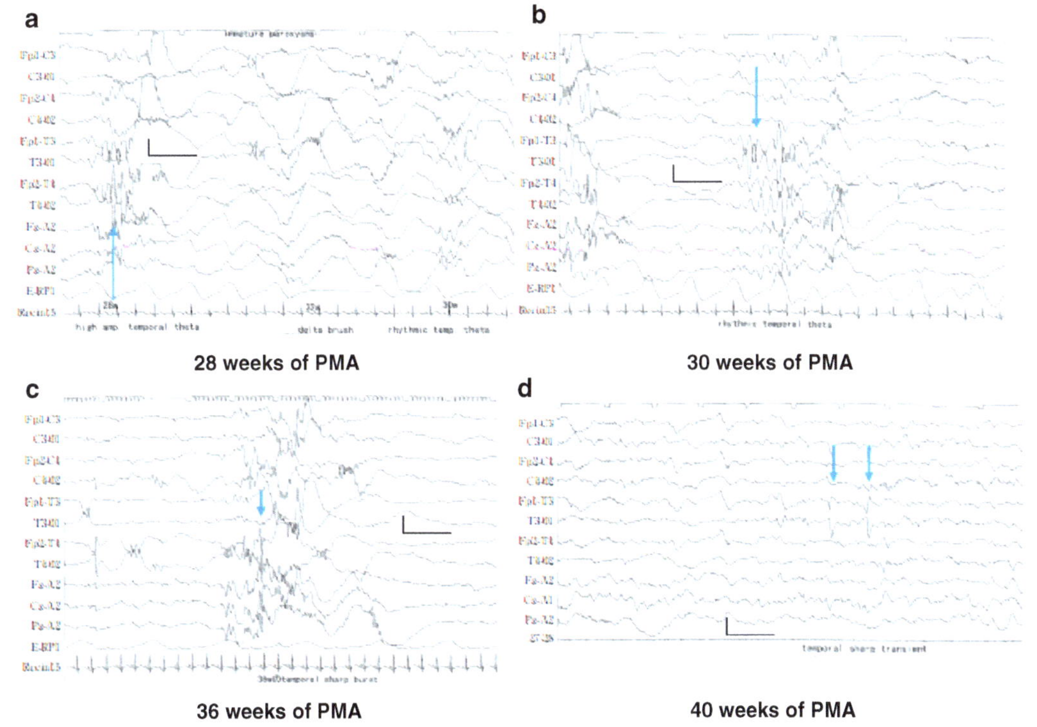

Fig. 4.15 EEG maturation and temporal transients (**a**, 28 weeks of PMA; **b**, 30 weeks of PMA; **c**, 36 weeks of PMA; and **d**, 40 weeks of PMA). Many characteristic transients from temporal regions are observed as the brain matures from the preterm period to the term period. Because the morphological features of temporal transients are closely related to PMA, they are useful indicators for determining EEG maturation. It is important to understand the morphologies of these transients in relation to PMA

tracé alternant pattern. The presence of these waves is indicative of a term infant (Fig. 4.22).

Bi-frontal slow burst is one of the transients, representative of the term period. Serial bowl-shaped slow waves of 1.5–2 Hz appear for 2–3 s in the bilateral frontal regions (blue arrows). At 38–40 weeks PMA, the presence of this transient indicates the transition from a low-voltage irregular pattern to a mixed pattern. Additionally, Fz rhythmic alpha, indicated by the black line, is sometimes present, suggesting that frontal sharp transients and bi-frontal slow bursts reflect brain maturation corresponding to the near-term and term periods (Fig. 4.23).

Fz/Cz theta/alpha bursts (blue arrows) are sharp-wave bursts emerging from the frontal or central midline. These characteristic transients rarely spread to Fp1, Fp2, C3, or C4; they almost exclusively appear on the midline. They are often observed during QS and are much less frequent than frontal sharp transients or bi-frontal slow bursts. Fz/Cz theta/alpha bursts should not be misinterpreted as ictal discharges (Fig. 4.24).

Fz/Cz rhythmic alpha (black lines) is a low-amplitude rhythmic activity that appears in the midline of the frontal and central regions after 36 weeks PMA. This waveform is an 8 Hz alpha without exception lasting for 1–3 s. Although it is usually observed during QS, it is less frequent than Fz/Cz theta/alpha bursts (see, Fig. 4.24). Even at 40 weeks PMA, it is present in fewer than 10% of infants. This type of wave may selectively appear in the low-voltage part of the tracé alternant, and it is important to avoid misinterpreting such a wave as an ictal discharge (Fig. 4.25).

At 32–34 weeks PMA, a few sharp/theta components are observed, whereas slow waves and brushes are abundant. At 36 weeks PMA, a notable change is evident, particularly in the tracé alternant (TA) patterns in QS. The appearance of background EEG activity implies poor organization due to sharp-wave transients and brushes.

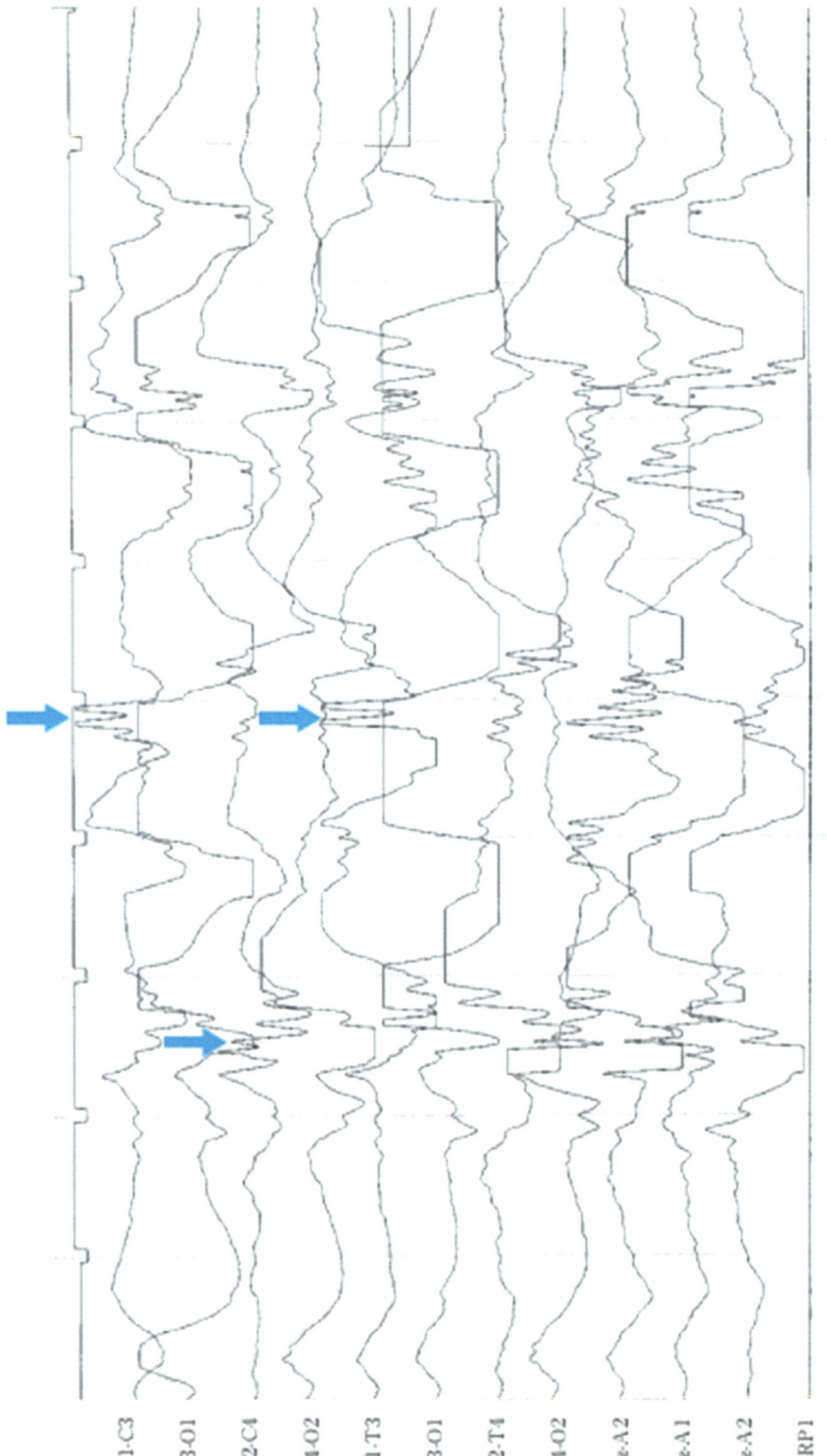

Fig. 4.16 Frontal sharp bursts (22–26 weeks PMA)

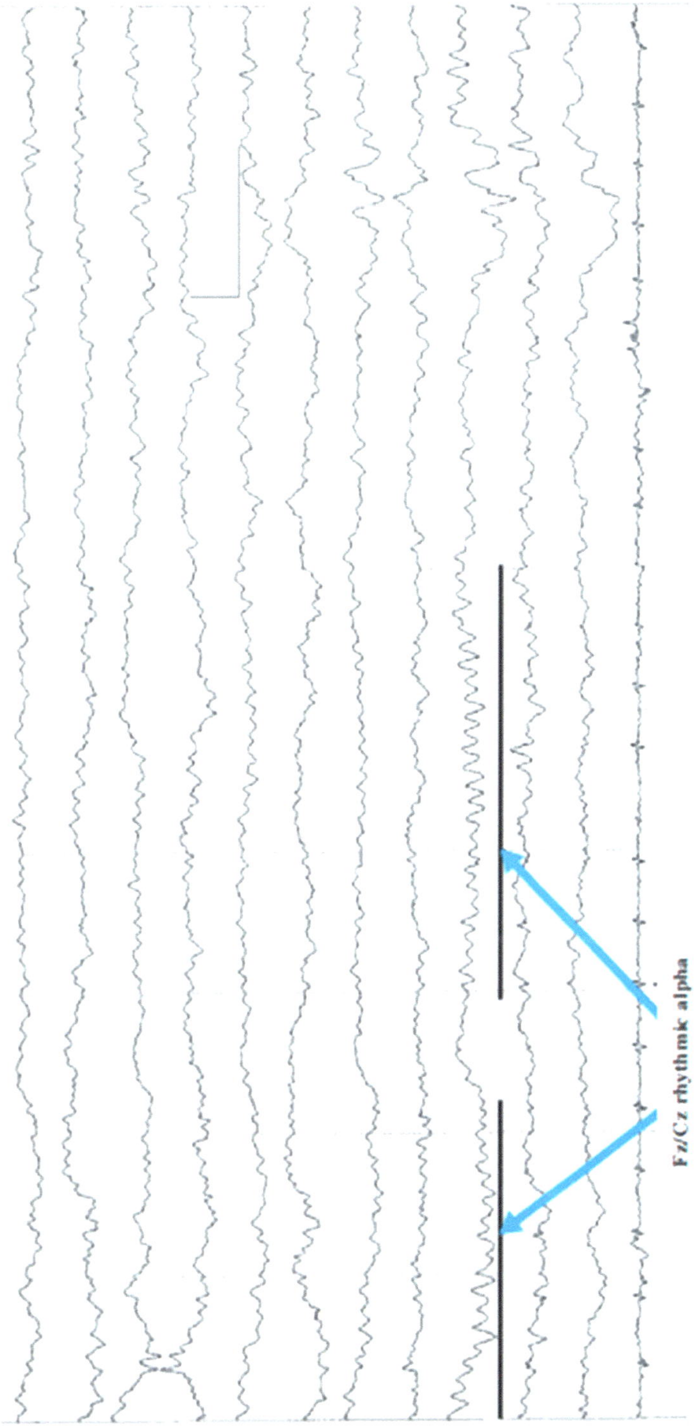

Fig. 4.25 Fz/Cz rhythmic alpha

Sharp waves, which are very spiky (blue arrows), are observed in temporal regions and are regarded as "temporal sharp transients." A typical sharp wave is indicated by the blue arrow on the left; it is evident as a biphasic wave with phase reversal in the right temporal area (Fig. 4.26).

Temporal sharp transients are very spiky at 36 weeks PMA, but their waveforms change into relatively dull biphasic sharp waves at 40 weeks PMA (blue arrows). These transients are typically observed in term infants, along with frontal sharp transients and frontal slow bursts. They are usually observed in patterns 403 and 405 (Fig. 4.27).

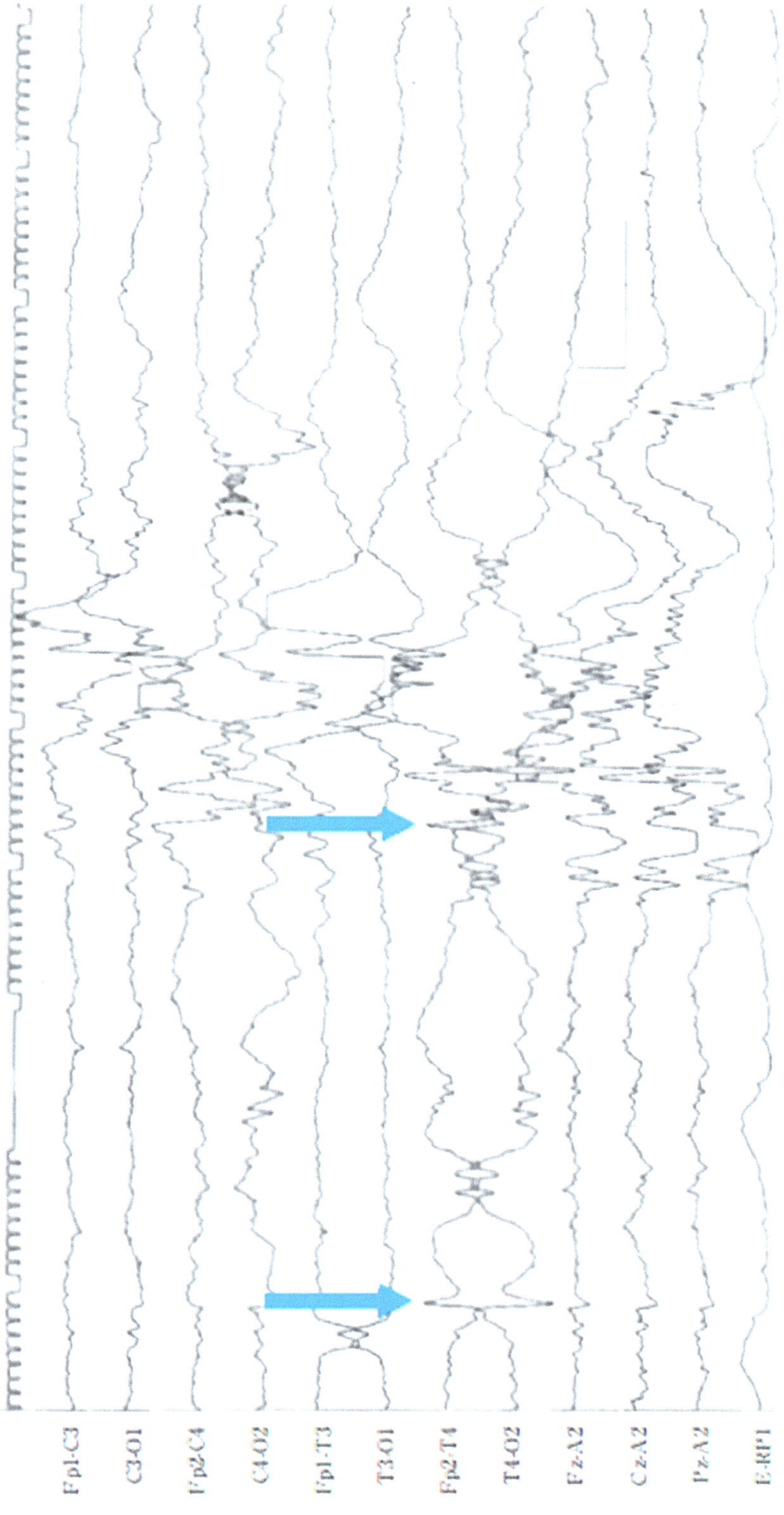

Fig. 4.26 Temporal sharp transients (36 weeks PMA)

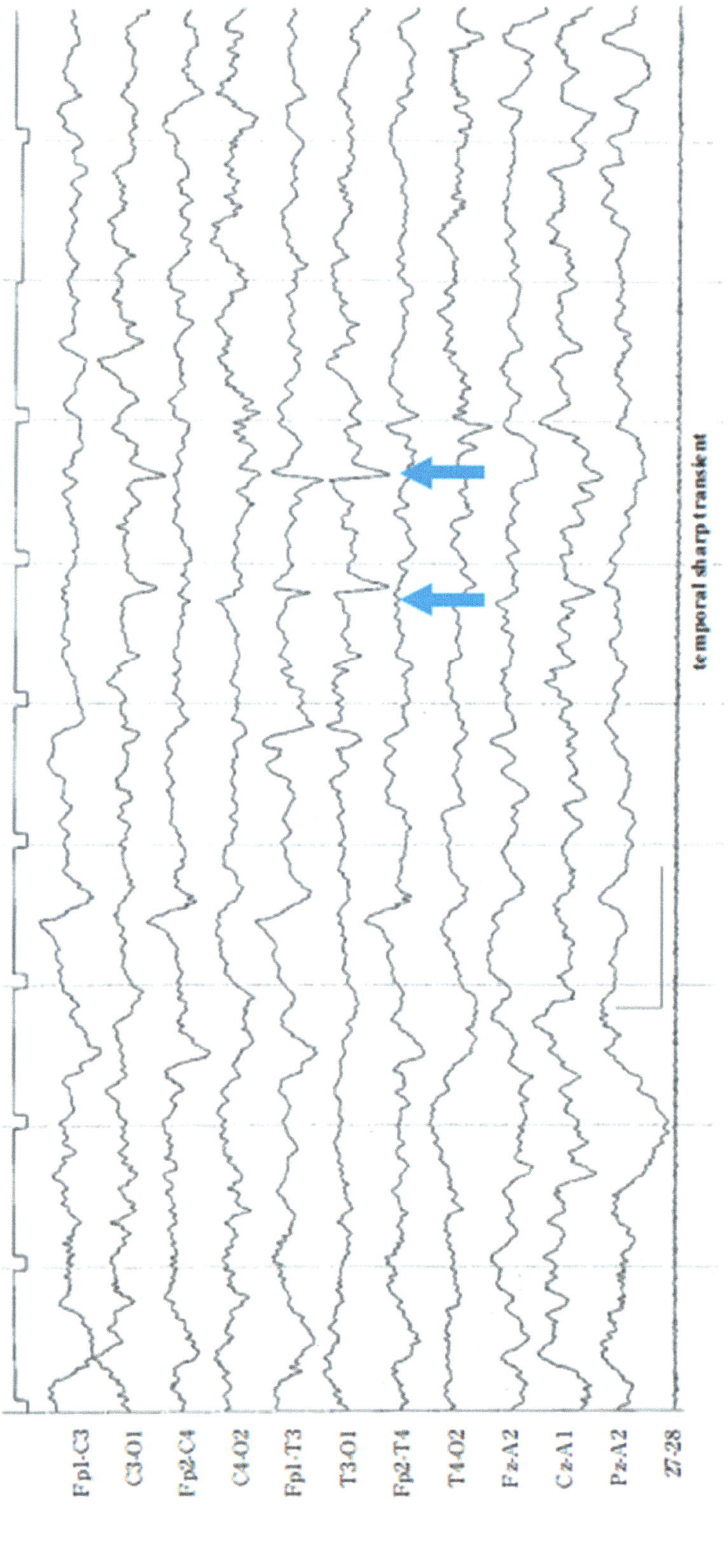

Fig. 4.27 Temporal sharp transients (40 weeks PMA)

Reference

Watanabe K, Iwase K. Spindle-like fast rhythms in the EEGs of low-birth weight infants. Dev Med Child Neurol. 1972;14(3):373–81.

Developmental Changes in EEG Patterns: Development of Tracé Alternant/Tracé Discontinu

5

Toru Kato and Fumio Hayakawa

In this chapter, we will illustrate the developmental changes in individual EEG patterns at different postmenstrual ages (PMA), starting with EEG code number "7."

Code "7" encompasses alternating tracing (known as tracé alternant, TA) in term infants and discontinuous tracing (known as tracé discontinu, TD) in preterm infants. The key distinction between TA and TD lies in the presence or absence of activity in the low-voltage parts; TA exhibits some activity in the low-voltage part, whereas TD is characterized by a flat or near-flat low-voltage part. Physiologically, TD is defined as up to 36 weeks PMA, while TA is typically observed at 38 weeks PMA or later. TA/TD at any PMA represents the EEG pattern during quiet sleep (QS), considered to occur during the deepest sleep in newborn infants. This pattern is physiologically unique to the neonatal period and is characteristic of neonates.

*See Chap. 3.

Key Points for EEG Interpretation 1: Understanding the Big Picture and Next Getting to the Detail Oriented
(Hiroyuki Kidokoro)
Estimating the maturity of the brain of a preterm infant every 2 weeks using EEG is a particularly intriguing aspect of neonatal EEG interpretation. Four key items—frequency and amplitude of delta waves, the duration of interburst intervals in tracé alternant (TA)/tracé discontinu (TD), frequency of brushes, and age-specific transients—are outlined in Table 4.2. It is recommended for beginners to go through the following processes in assessing neonatal EEG:

1. Assess whether the EEG segment under review exhibits a continuous or discontinuous pattern.
2. If the pattern is continuous, examine the recording for relatively large delta waves, evaluating their frequency and amplitude. This step helps to roughly narrow down the estimated postmenstrual age (PMA).
3. Further refine the estimated PMA by assessing the incidence of brushes and the presence or absence of age-specific transients.

(continued)

T. Kato (✉) · F. Hayakawa
Department of Pediatrics, Okazaki City Hospital, Okazaki, Japan
e-mail: torukato@sun-inet.or.jp

A. Okumura, H. Kidokoro (eds.), *Neonatal EEG: Atlas and Interpretation*, https://doi.org/10.1007/978-981-96-0726-6_5

4. If the pattern is discontinuous, evaluate the interburst intervals in TA/TD. Note any activity in the low-voltage part of TA/TD, as its presence suggests an age of 38 weeks PMA or older. Then, estimate the PMA by evaluating the burst (high-voltage) part as in steps (2) and (3).
5. Combine findings from both continuous and discontinuous patterns to finally estimate the PMA.

Key Points for EEG Interpretation 2: Delta Wave Morphology

(Hiroyuki Kidokoro)

Preterm infants born before 34 weeks postmenstrual age often exhibit a characteristic "slide-shaped" high voltage delta wave, as illustrated in Fig. 5.1a. In this pattern, the ascending slope rises quickly, while the descending slope declines gently. In contrast, the delta wave at 34 weeks or later is "Fujiyama-shaped" characterized by symmetrical ascending and descending slopes (Fig. 5.1b). As discussed in the overview chapters, the delta wave is larger and more monotonous in the immature stages. These morphological features, along with frequency and voltage, can be helpful in assessing the delta wave to estimate the EEG age.

In pattern 267, the duration of the low-voltage part at 26 weeks PMA ranges from 20 to 80 s, while the high-voltage part lasts from 3 to 8 s and remains almost unchanged until 40 weeks. The low-voltage part is flat or nearly flat, but theta and delta components sometimes appear as isolated waves. On the other hand, the high-voltage part is dominated by delta components with high voltages above 300 μV and extremely slow frequency (<1 Hz), mixed with high-amplitude transients, such as "frontal sharp bursts" and "occipital sharp bursts." The interhemispheric synchronization of the high-voltage part of the wave is already well preserved from this period. Only frontal and occipital sharp bursts appear as fast wave components (Fig. 5.2).

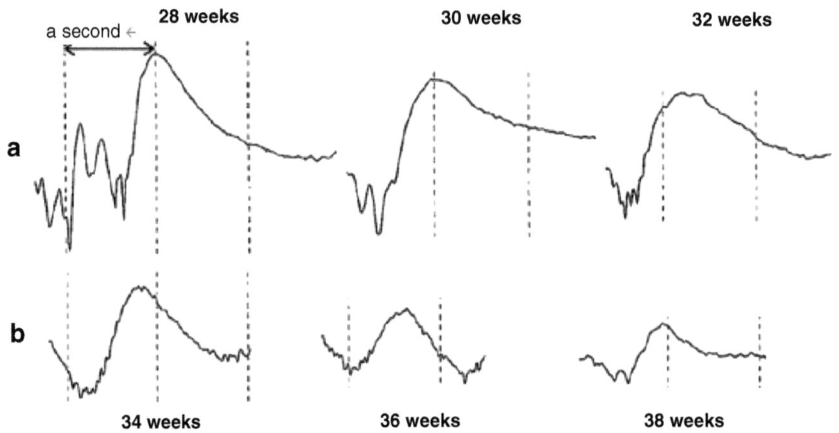

Fig. 5.1 Morphological change of delta wave. **a** shows the delta wave in which the ascending slope rises quickly, and the descending slope declines gently. **b** shows the delta wave characterized by symmetrical ascending and descending slopes

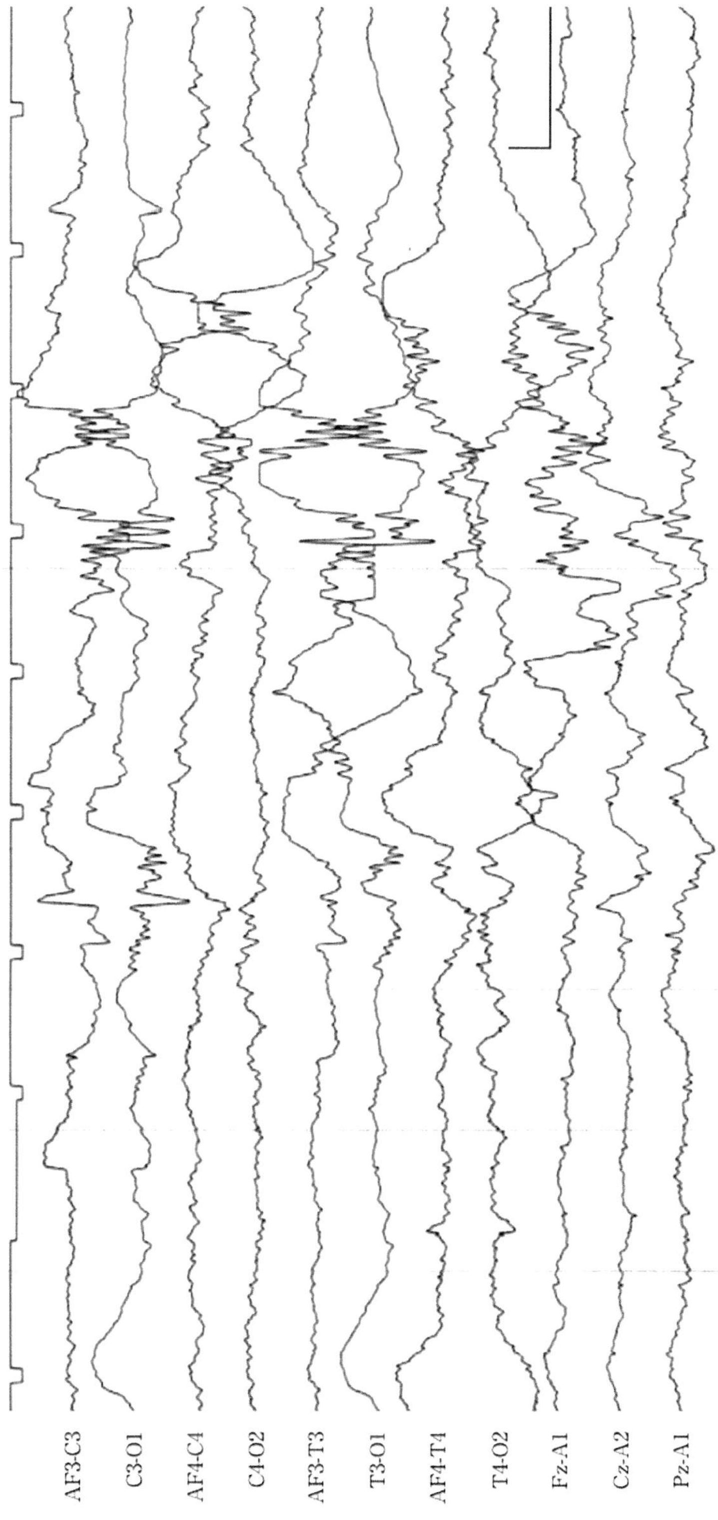

Fig. 5.5 Discontinuous pattern at 32 weeks PMA (327)

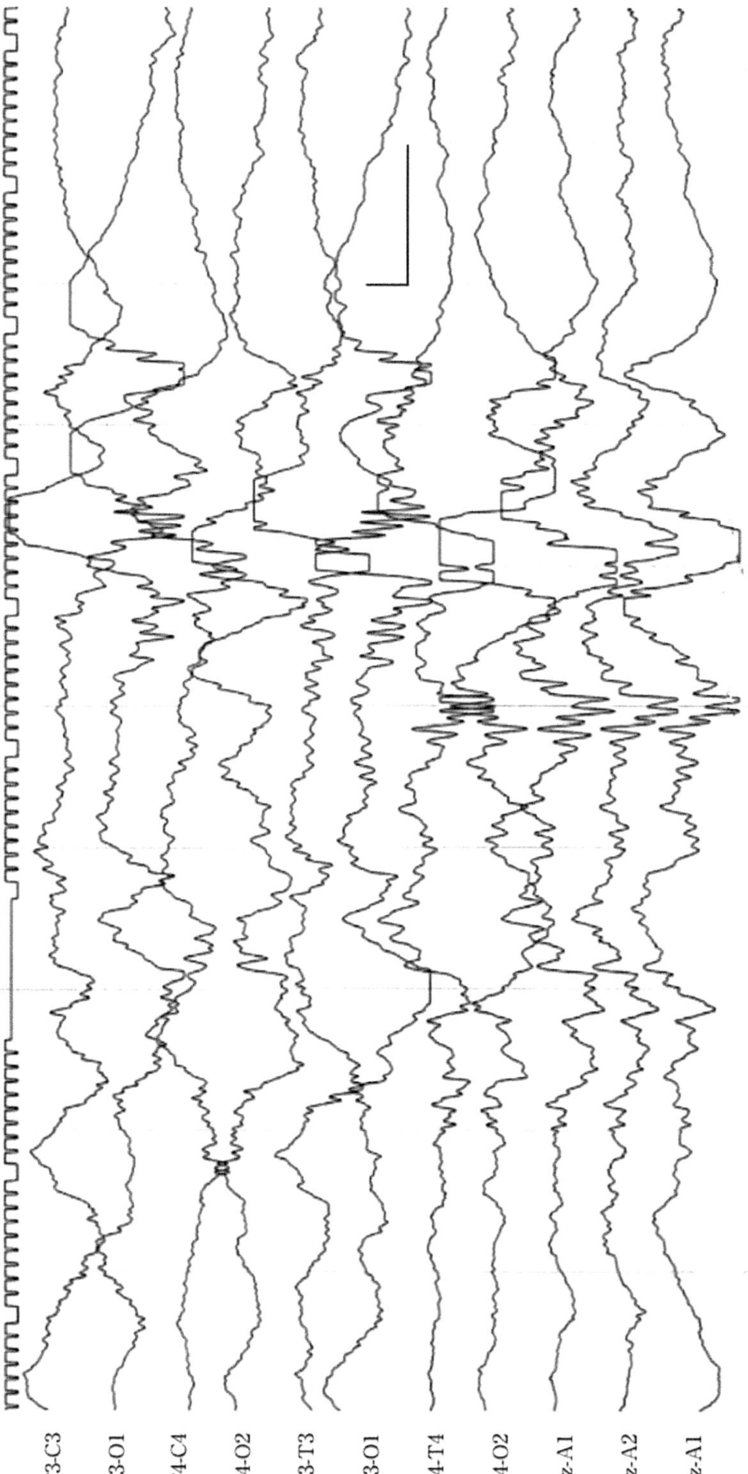

Fig. 5.6 Discontinuous pattern at 34 weeks PMA (347)

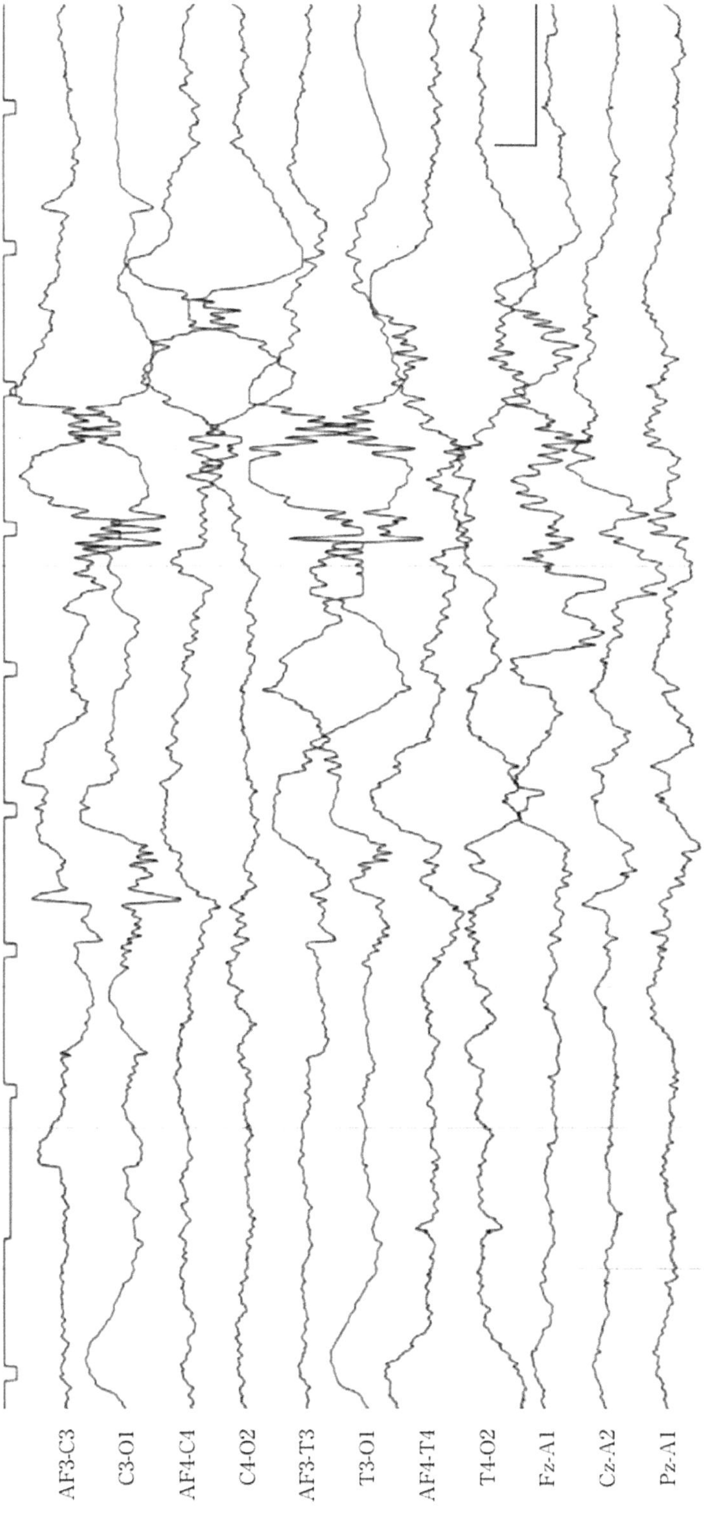

Fig. 5.7 Discontinuous pattern at 36 weeks PMA (367)

polymorphism in delta waves, although this is not as pronounced as in pattern 407 (Fig. 5.9). This pattern incorporates elements of both patterns 367 and 407 and can be considered a transitional phase between the two (Fig. 5.8).

In pattern 407, the duration of the low-voltage part is even shorter, ranging from 5 to 10 s, while the high-voltage part lasts mainly from 5–8 s. Even in the low-voltage part, flat tracings are rare, and some low-voltage activity is always present except during post-startle activity. The high-voltage part is predominantly characterized by delta waves with an amplitude of 80–120 μV and a frequency of 2–3 Hz. These waves show few monotonous repetitions, interfere with each other temporally and spatially, and create polymorphism. This is the typical pattern, termed TA. The amplitude of the low-voltage part decreases in the latter half of TA, making the alternation more distinct (Fig. 5.9).

In pattern 427, the duration of the low-voltage part is shorter, ranging from 4 to 8 s, while the high-voltage part lasts between 5 and 8 s. The low-voltage part shows sufficient activity and is rarely flat, although it may become flat following a startle. In the high-voltage part, delta waves with amplitude of 80–150 μV and frequencies of 2–3 Hz are predominant, exhibiting abundant polymorphism. In addition, the theta waves are rounder and have a higher amplitude compared to those at 40 weeks PMA. The tracé alternant pattern is somewhat less distinct than at 40 weeks PMA because the activities of the low-voltage part are increased (Fig. 5.10).

In pattern 447, the duration of the low-voltage part is even shorter, lasting only 3–5 s, and its distinction from the high-voltage part becomes less clear due to increased activity. The high-voltage part lasts 5–8 s, but the slow wave seems to be larger than in pattern 407 (Fig. 5.9). The high-voltage part is predominantly characterized by delta waves with amplitude of 60–150 μV and frequencies of 2–3 Hz. There is little monotonous repetition of similar waves, as each wave interacts with others temporally and spatially, creating polymorphism. Following this period, TA is no longer observed with transition to the HVS pattern, which is seen in deep sleep in early infancy (Fig. 5.11).

6 Developmental Changes in EEG Patterns: Development of High-Voltage Slow Wave Pattern

Toru Kato and Fumio Hayakawa

Next, we discuss the developmental changes in the high-voltage slow wave (HVS) pattern at different postmenstrual ages (PMA). As outlined above, in term infants, the HVS pattern appears in quiet sleep (QS) and is categorized as the "5" pattern in the EEG code. However, during the preterm period, continuous HVS appears in active sleep (AS), which is labeled the "3" pattern in the EEG code. The EEG observed during deep sleep after infancy can be considered a developmental form of the HVS pattern (i.e., "5") seen in term infants. The components of the HVS pattern are essentially the same as those of the burst part of the "7" pattern.

(See Chap. 3)

In pattern 263, generally, the duration of high-voltage slow wave pattern is short, lasting only 20–30 s. However, if this pattern is observed frequently, it can indicate no suppression of brain activity. The main components are extremely high-amplitude delta waves of 300 μV or more at a very low frequency (<1 Hz), accompanied by high-amplitude transients that appear from areas of frontal and occipital named "frontal sharp bursts" and "occipital sharp bursts," respectively. On the other hand, high-amplitude theta and brushes are rarely seen. Observation of this pattern suggests a very immature stage of development (Fig. 6.1).

In pattern 283, the slow waves are characterized by a high amplitude exceeding 300 μV and a frequency of less than 1 Hz, mixed with delta waves of about 300 μV and 1 Hz. Both frontal sharp bursts and occipital sharp bursts are present; however, this pattern is distinguished by the high-amplitude theta waves originating from the temporal region. Pattern 283 has a significantly longer duration than pattern 263 (Fig. 6.1). Generally, a switch between continuous and discontinuous patterns occurring within a short timeframe indicates immaturity in sleep organization (Fig. 6.2).

In pattern 303, the EEG activity is primarily composed of 300 μV, 1 Hz delta waves. At around this PMA, there is a mixture of delta waves of various frequencies, with fewer frontal sharp bursts or occipital sharp bursts. A rhythmic temporal theta, characteristic of 30 weeks PMA, is generally observed. This temporal theta typically persists for about 1 s. In contrast to high-amplitude theta, the rhythmic temporal theta is bilateral, rhythmic, round-shaped, and has an amplitude of less than 100 μV. In general, the former pattern suggests an age of 28 weeks PMA, while the latter indicates 30 weeks PMA. In addition, fast wave components, particularly brushes, are more commonly observed throughout (Fig. 6.3).

T. Kato (✉) · F. Hayakawa
Department of Pediatrics, Okazaki City Hospital, Okazaki, Japan
e-mail: torukato@sun-inet.or.jp

A. Okumura, H. Kidokoro (eds.), *Neonatal EEG: Atlas and Interpretation*, https://doi.org/10.1007/978-981-96-0726-6_6

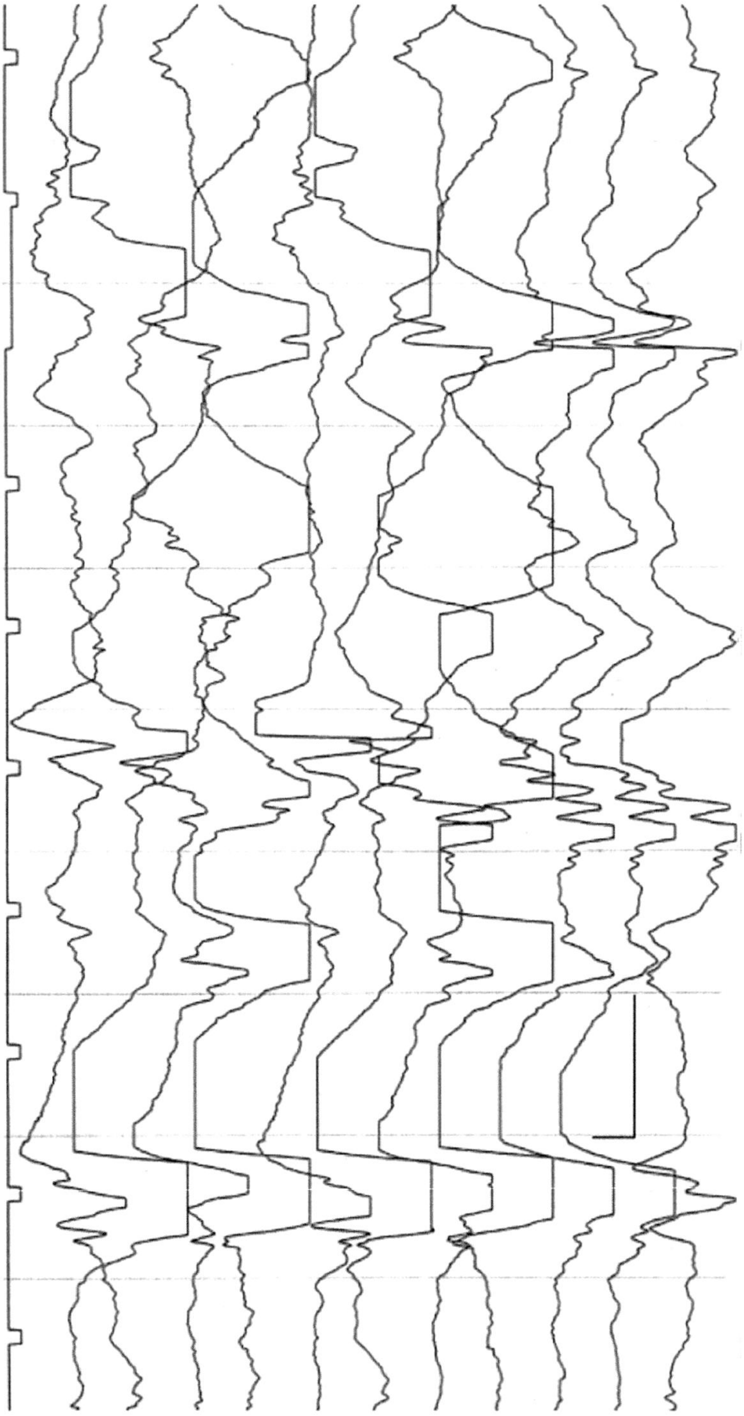

Fig. 6.1 High-voltage slow wave pattern at 26 weeks PMA (263)

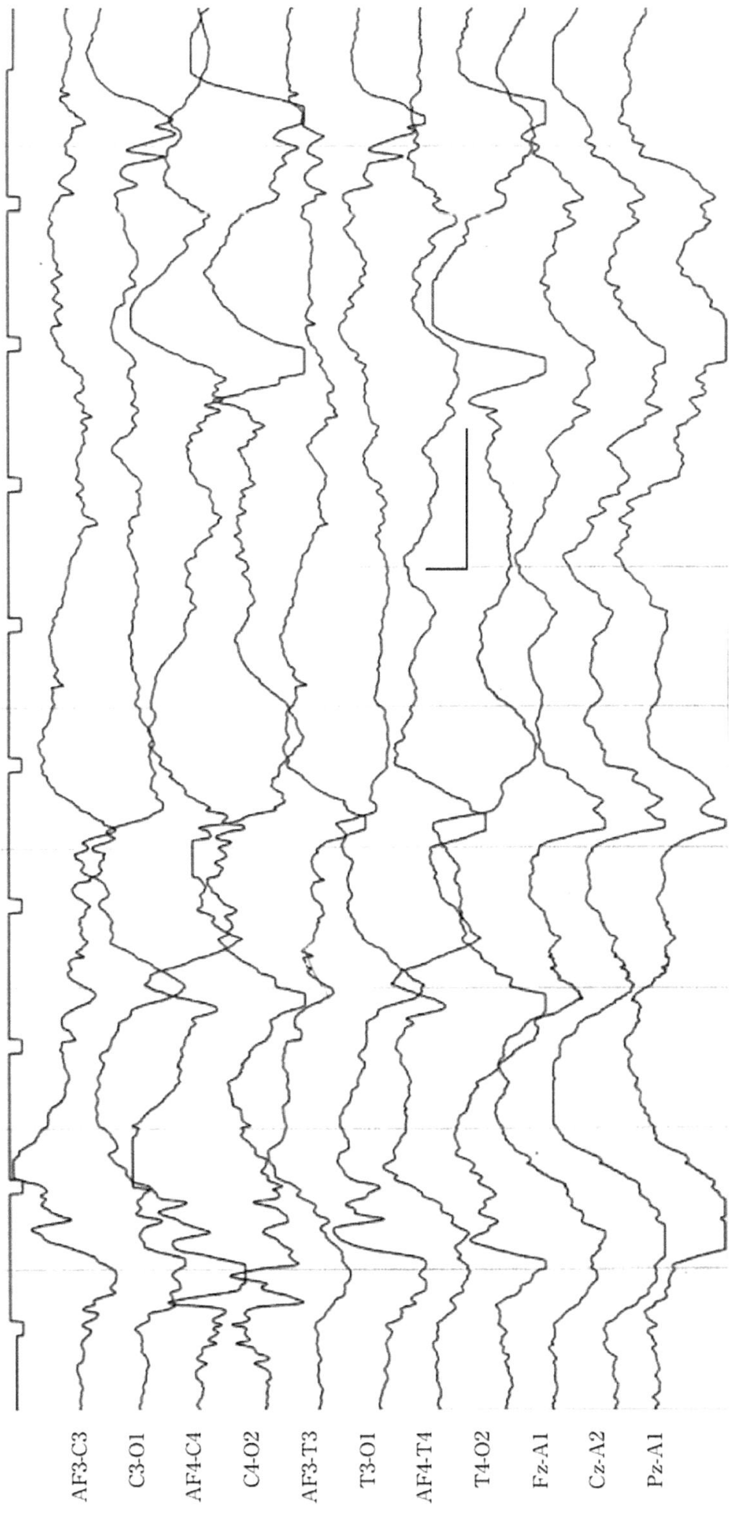

Fig. 6.2 High-voltage slow wave pattern at 28 weeks PMA (283)

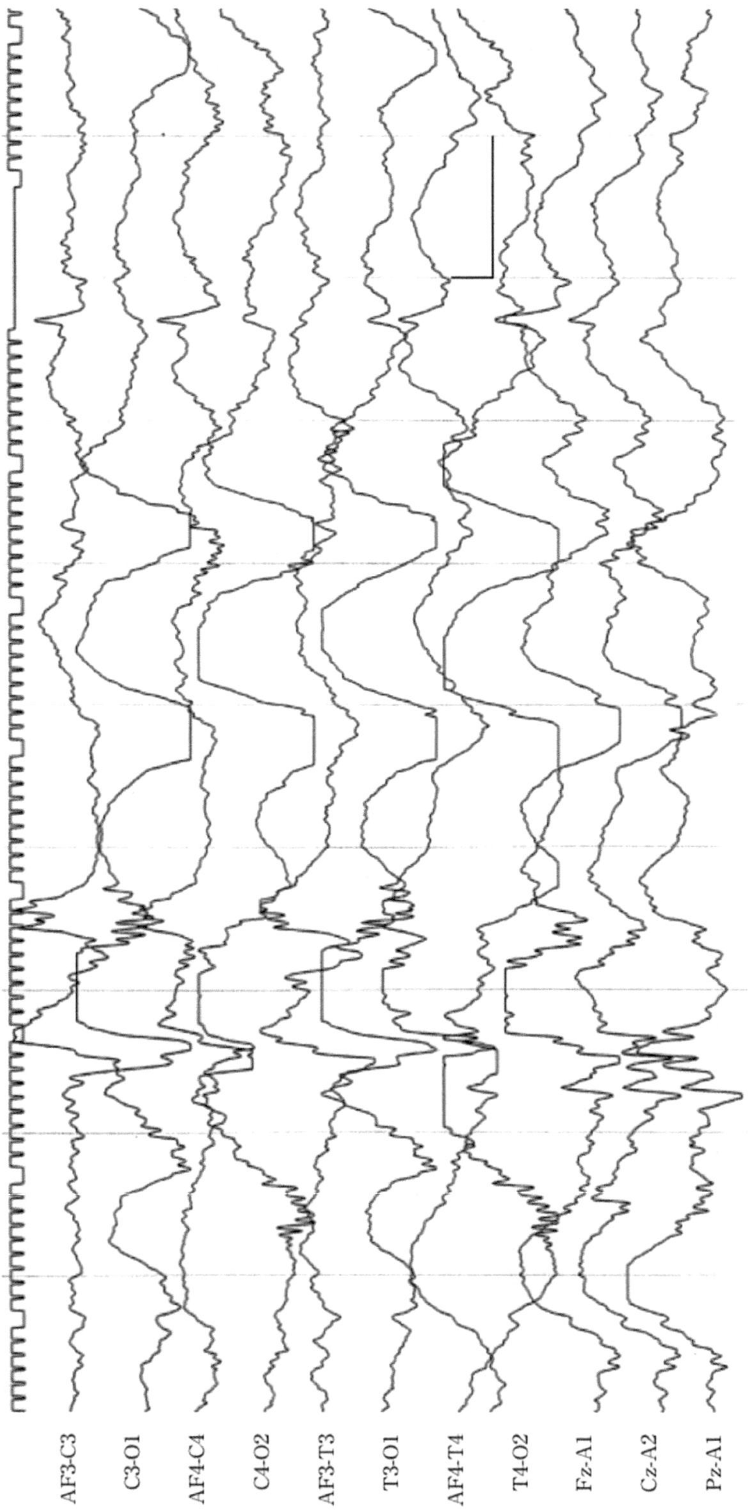

Fig. 6.3 High-voltage slow wave pattern at 30 weeks PMA (303)

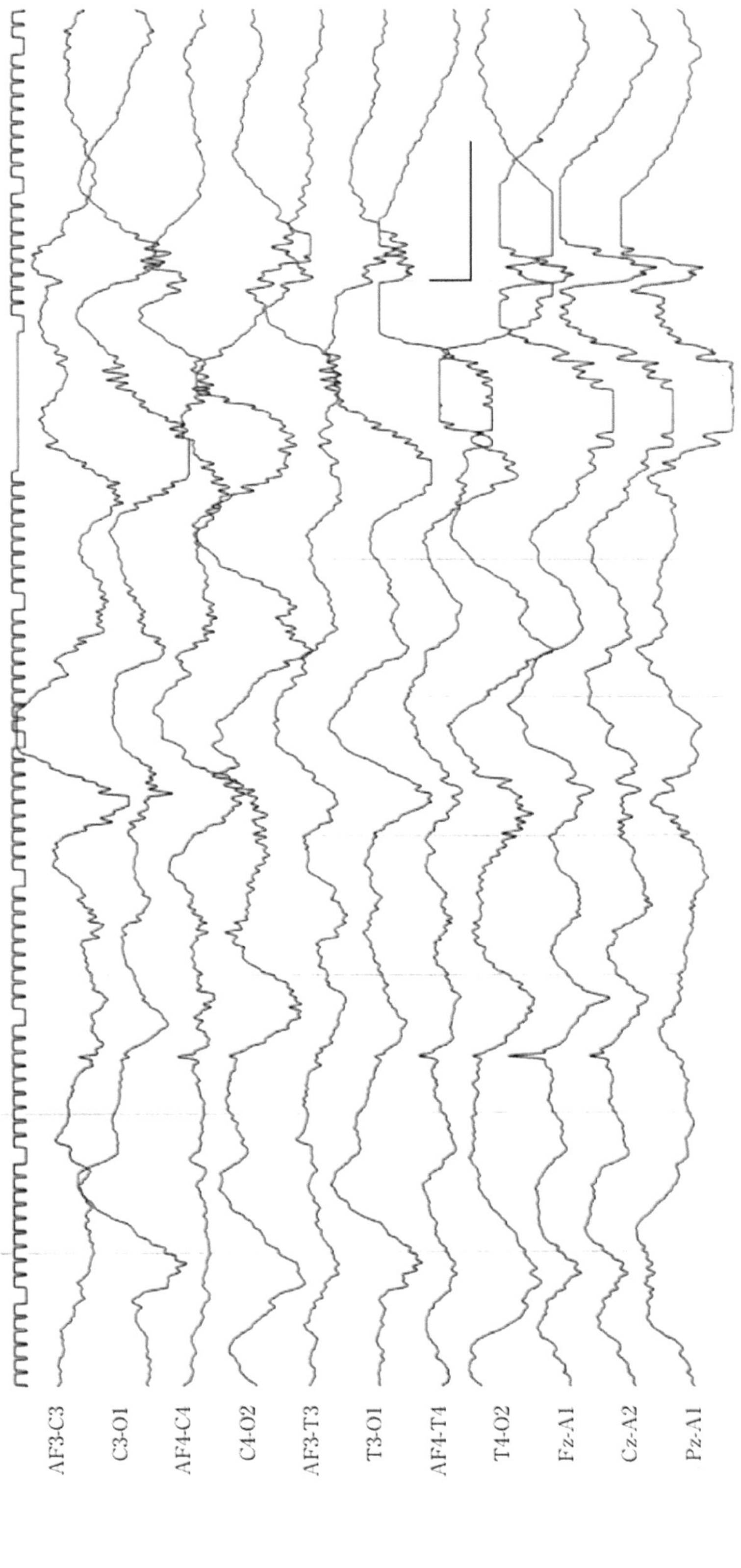

Fig. 6.5 High-voltage slow wave pattern at 34 weeks PMA (343)

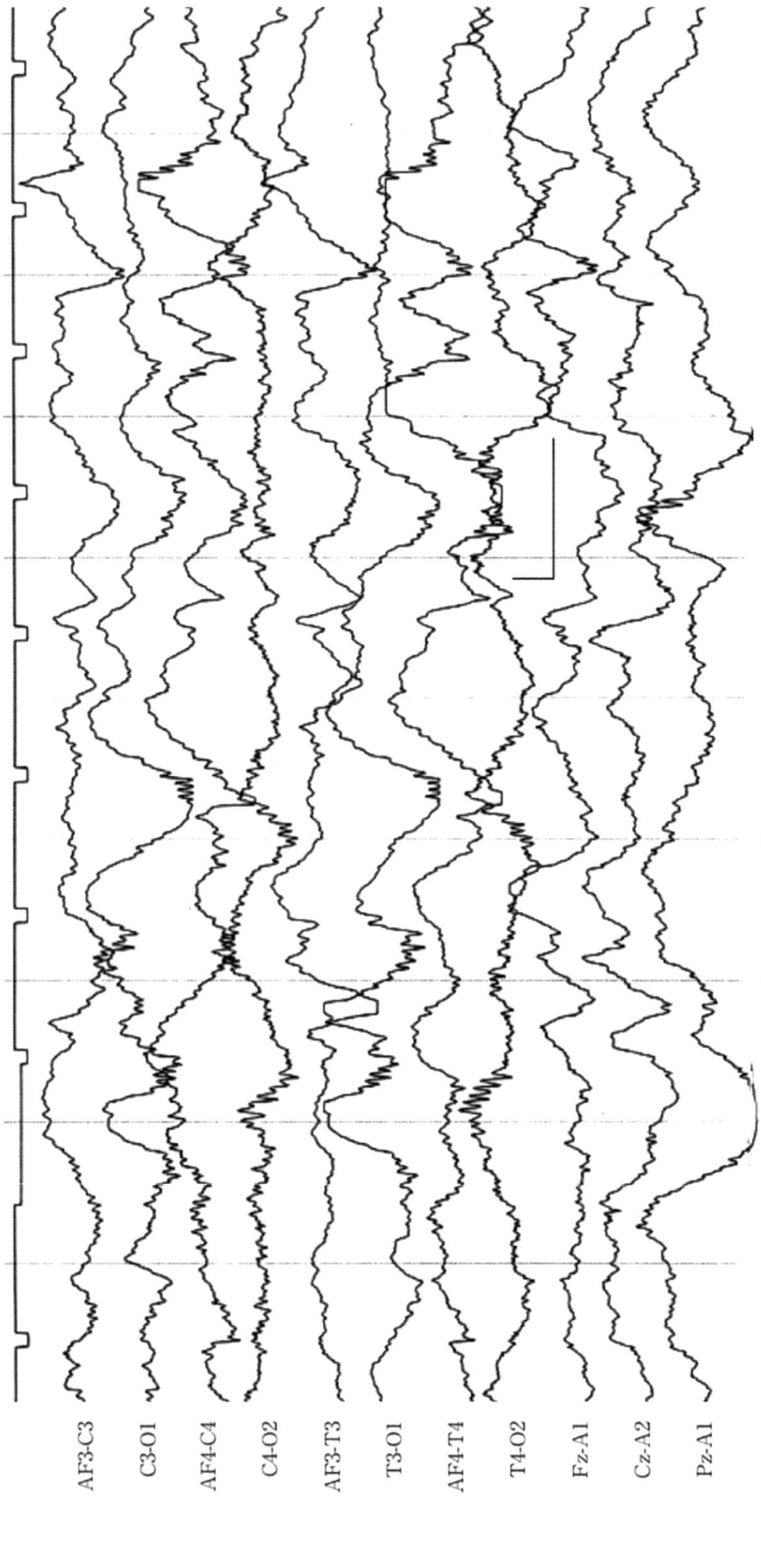

Fig. 6.6 High-voltage slow wave pattern at 36 weeks PMA (363)

7 Developmental Changes in EEG Patterns: Development of Low-Voltage Irregular Patterns

Toru Kato and Fumio Hayakawa

This chapter is focused on the developmental changes in the low-voltage irregular (LVI) pattern at different postmenstrual ages. LVI (coded as the "2" pattern) is the most common and typical pattern seen during active sleep (AS). This pattern can be recorded easily but provides limited information due to its minimal EEG activity and low voltage.

*See Chap. 3.

This pattern is almost flat at 26 weeks PMA, with only intermittent slow waves and sharp waves. Frontal sharp bursts and occipital sharp bursts may appear independently. However, most commonly, single slow waves appear in a localized manner. It is important to interpret the prominent flatness of the baseline as a characteristic of physiological LVI, rather than as suppressed activity (Fig. 7.1).

Pattern 282 is almost flat, with only intermittent slow waves and sharp waves, but there is more inserted activity than in pattern 262 (Fig. 7.1). Frontal sharp bursts and occasional sharp bursts may appear independently. However, single slow waves are more commonly localized or preceded by "high amplitude theta." Although the flatness of the baseline is pronounced, its duration is shorter, compared with pattern 262 (Fig. 7.2).

T. Kato (✉) · F. Hayakawa
Department of Pediatrics, Okazaki City Hospital, Okazaki, Japan
e-mail: torukato@sun-inet.or.jp

Pattern 302 is characterized by baseline low voltage and irregular activity, with intermittent slow waves and sharp waves. The inserted activities are increased, compared to pattern 282 (Fig. 7.2). Slow waves with high amplitude theta are infrequent, and rhythmic temporal theta may be present. In addition, brushes are present and the baseline is rarely flat (Fig. 7.3).

Pattern 322 is characterized by intermittent slow waves and sharp waves appearing on a baseline of low voltage and irregular activity. Compared with pattern 302 (Fig. 7.3), there is an increase in superimposed or inserted EEG activity. Rhythmic temporal theta is less common in this pattern, while delta brushes are more frequent and the baseline is rarely flat. Similar to other patterns observed at 32 postmenstrual weeks, pattern 322 is marked by a reduced presence of sharp waves and theta waves, contributing to an overall impression of relative calmness. Brushes are frequent, and a series of low-voltage slow waves may appear from the occipital areas (Fig. 7.4).

Pattern 342 is characterized by a baseline of low voltage and irregular activity with intermittent slow and sharp waves. Rhythmic temporal theta is absent in this pattern, and brushes are frequently observed, while sharp waves and theta waves are rare, giving the pattern a relatively calm appearance. In addition, low-voltage slow waves may continuously appear from the occipital region (Fig. 7.5).

A. Okumura, H. Kidokoro (eds.), *Neonatal EEG: Atlas and Interpretation*,
https://doi.org/10.1007/978-981-96-0726-6_7

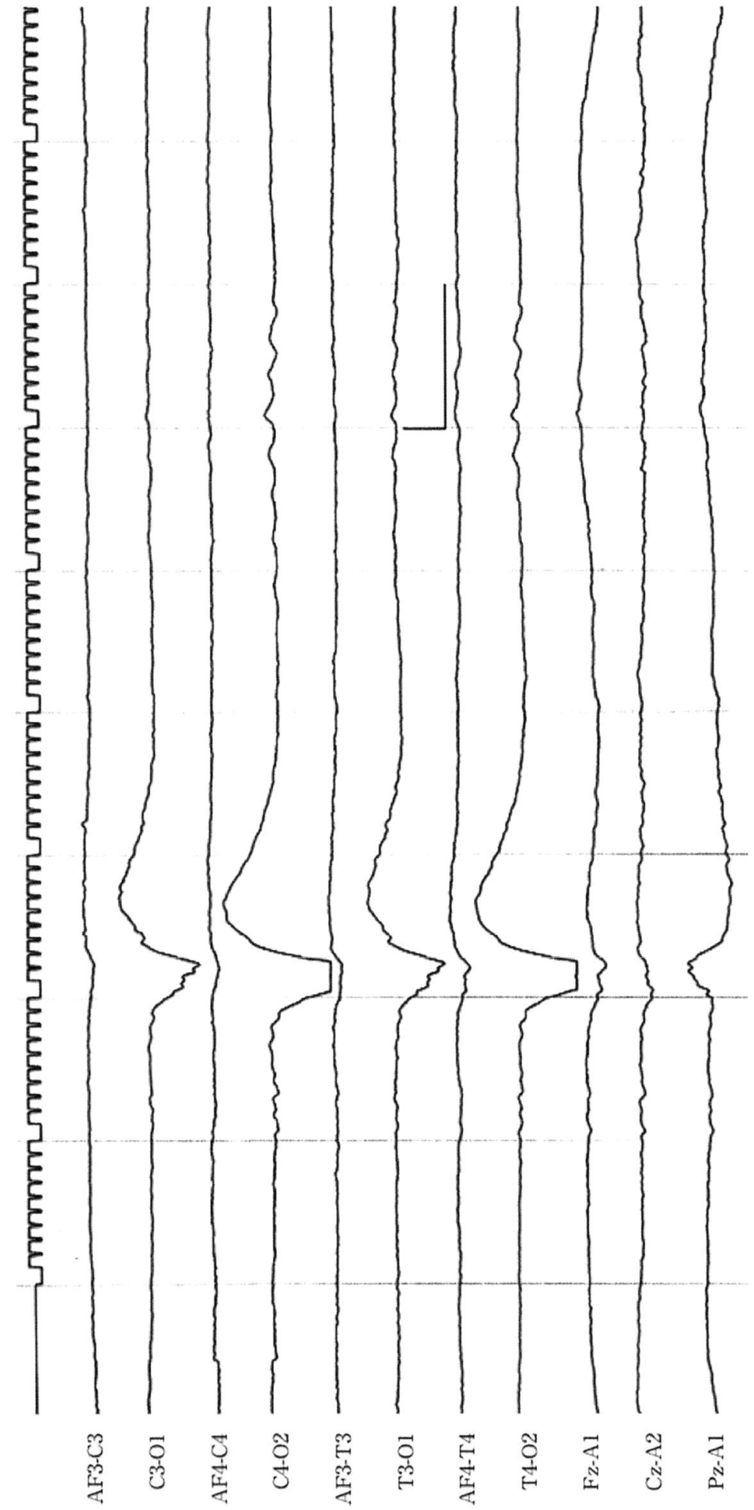

Fig. 7.1 Low-voltage irregular (LVI) pattern at 26 weeks PMA (262)

Pattern 362 is characterized by a baseline of low voltage and irregular activity, with intermittent slow waves and sharp waves. The low voltage and irregular activity in this pattern are almost continuous. Flat portions are only exceptionally observed. Brushes are frequently observed, and "temporal sharp bursts" also appear. In this pattern, brushes are characterized by their high voltage, sharp, and irregular nature (Fig. 7.6).

Pattern 382 exhibits low voltage and irregular activity. The baseline can be traced showing the low voltage and irregular activity to be continuous, with a few residual brushes, but lacking long, irregular brushes. Temporal sharp bursts are infrequent in this pattern. The frequency of the semi-rhythmic low-amplitude waveforms superimposed on the baseline is fast, mostly ranging between 8 and 14 Hz. In addition, the superimposition of immature fast waves, prominent across the entire area, is a notable characteristic of this pattern (Fig. 7.7).

Pattern 402 is characterized by continuous low voltage and irregular activity. No brushes are observed in this pattern. The frequency of semi-rhythmic theta activities superimposed on the baseline is between 5 and 7 Hz, which is slower than in pattern 382 (Fig. 7.7), and the superimposed fast waves are less prominent. This pattern is less common in the first AS period after falling asleep, but more common in the AS after the TA of QS. This pattern is believed to correspond to REM sleep in older children (Fig. 7.8).

In pattern 422, the low voltage and irregular activity are completely continuous, with no brushes present. The frequency of the semi-rhythmic low-amplitude theta waves superimposed on the baseline ranges between 4 and 6 Hz, which is slower than in pattern 402 (Fig. 7.8). No superimposed fast waves are observed. The theta waves also become slightly more rounded and slower (Fig. 7.9).

In pattern 442, the low voltage and irregular activity are completely continuous, with no brushes. The frequency of the semirhythmic low-voltage theta wave, superimposed on the baseline, ranges between 3 and 4 Hz, which is even slower than in pattern 402 (Fig. 7.8). No superimposed fast waves are observed. There are almost no fast wave components, giving a calm impression (Fig. 7.10).

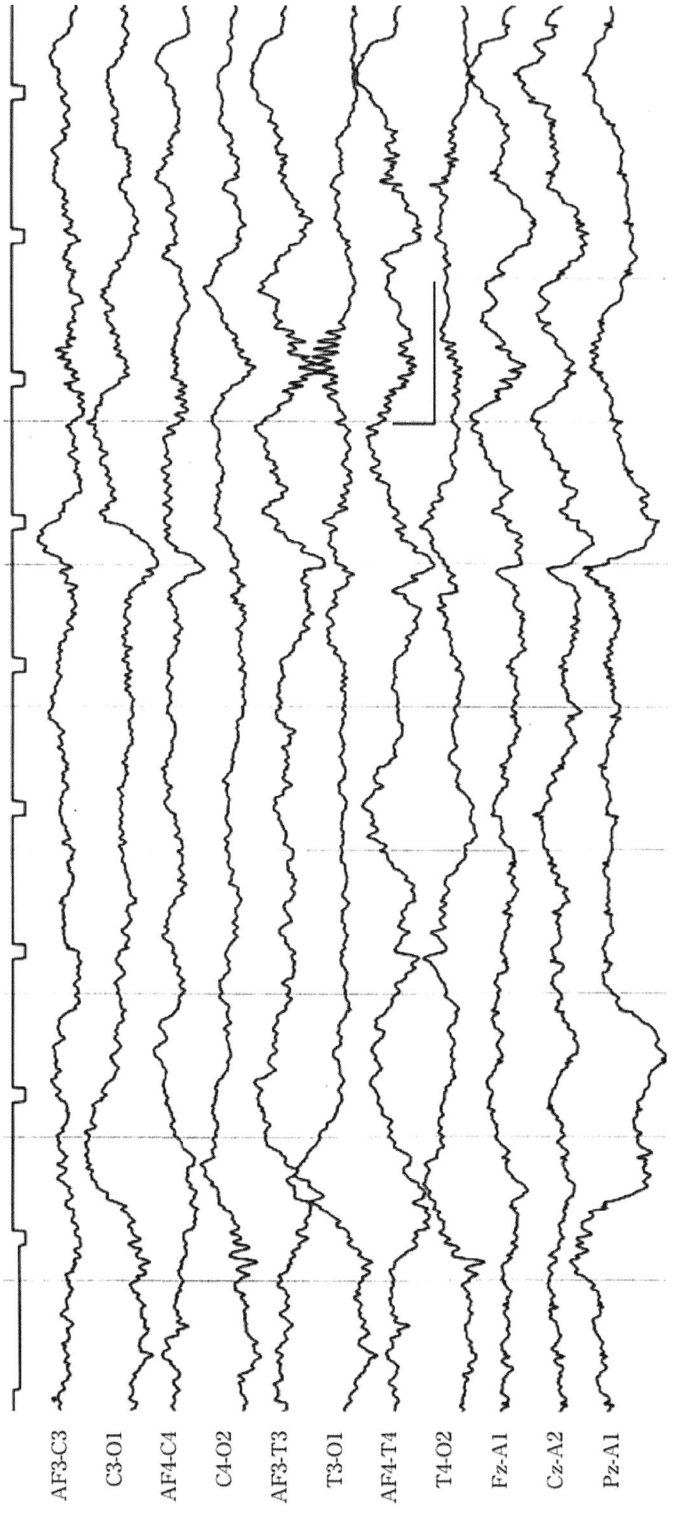

Fig. 7.6 Low-voltage irregular (LVI) pattern at 36 weeks PMA (362)

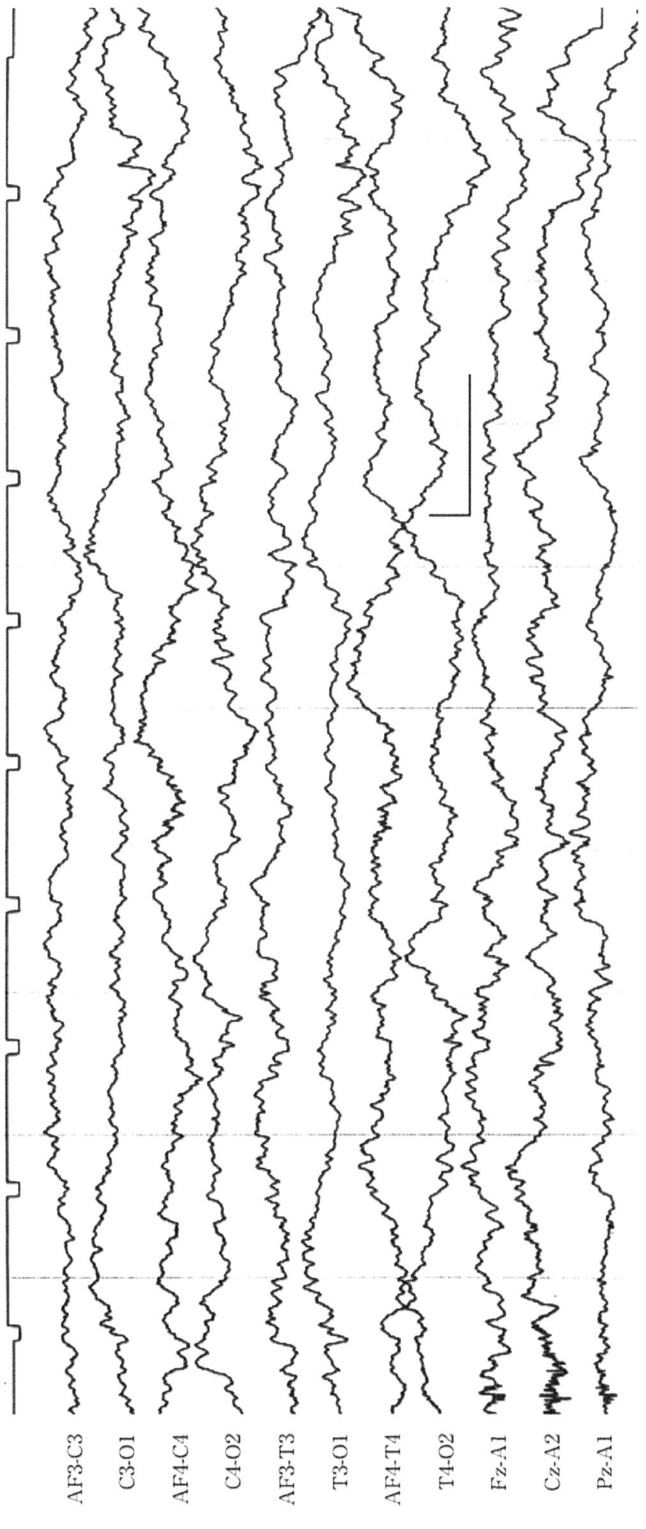

Fig. 7.7 Low-voltage irregular (LVI) pattern at 38 weeks PMA (382)

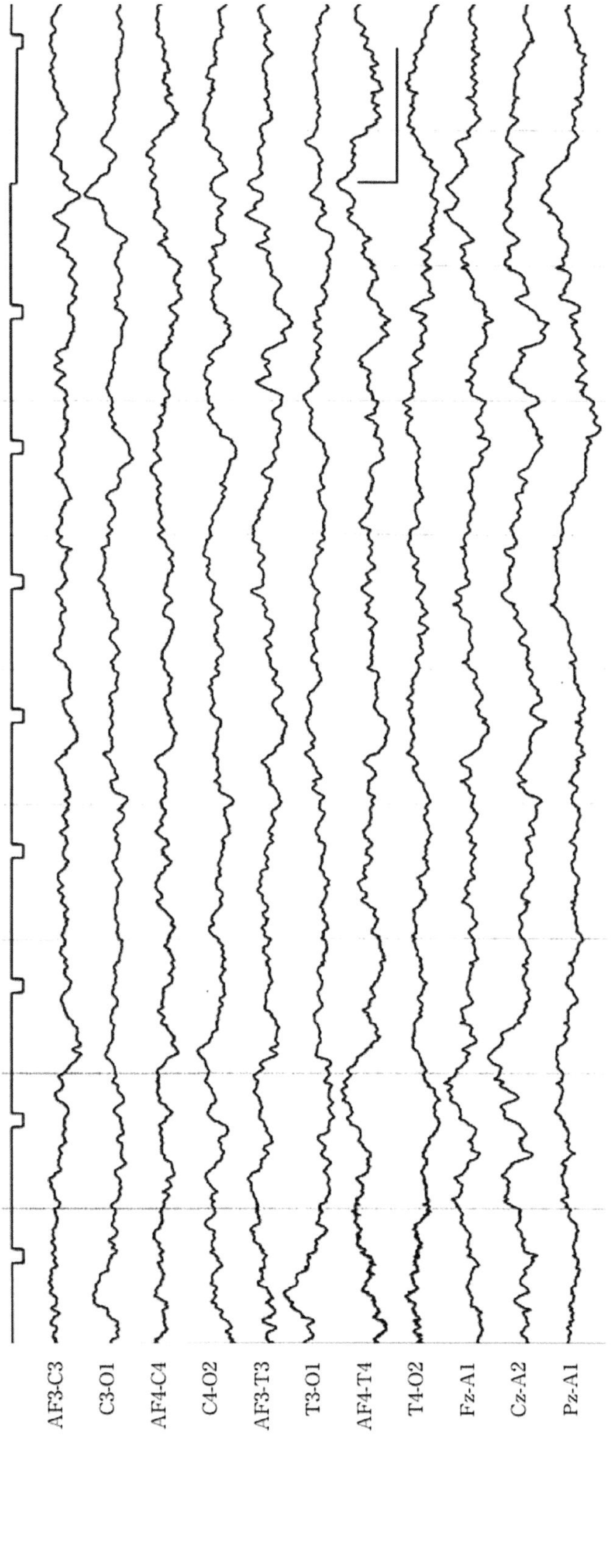

Fig. 7.8 Low-voltage irregular (LVI) pattern at 40 weeks PMA (402)

8 Developmental Changes in EEG Patterns: Development of the Mixed Pattern and Differences from the High-Voltage Slow Wave Pattern

Toru Kato and Fumio Hayakawa

The mixed (M) pattern is a pattern of active sleep and corresponds to code "3".

Generally, pattern M presents as a low-voltage irregular (LVI) pattern with intermittent insertions of waveforms observed in a high-voltage slow wave (HVS) pattern. The distinction between M pattern "3" and HVS pattern "5" at term is extremely important for learning EEG interpretation and represents one of the initial challenges. The most significant difference between "3" and "5" is whether the baseline is traceable; specifically, pattern "3" allows for baseline tracing, while pattern "5" does not (Fig. 8.1). To clarify this difference, patterns "3" and "5" are presented side by side for the same postmenstrual age (PMA) in this chapter. On the other hand, for preterm infants, M and HVS are not differentiated, and both are categorized under code "3."

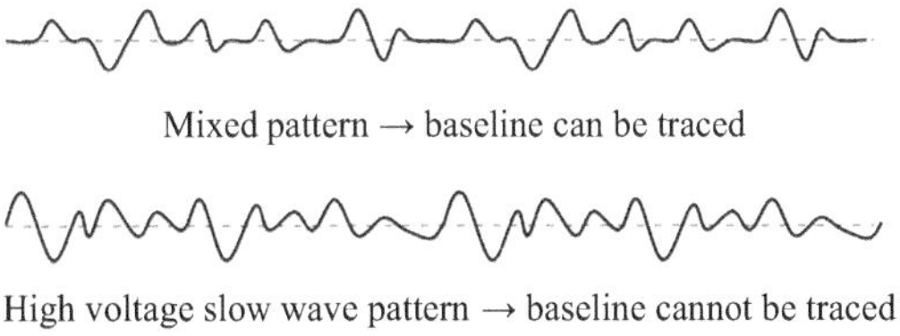

Fig. 8.1 Differences between mixed patterns and high-voltage slow wave patterns. In the mixed pattern, as shown in the upper figure, the EEG (solid line) is not completely continuous but is interrupted by short pauses. Therefore, the baseline can be traced as indicated by the dashed line. In contrast, in the high-voltage slow wave pattern, shown in the lower figure, the EEG (solid line) appears continuously without pauses. As a result, the baseline cannot be traced as in the upper figure. The dashed line in this case does not represent the baseline but simply traces the midpoint of the EEG

*See Chap. 3.

Pattern 383 consists mainly of a series of low-voltage irregular (LVI) activities, and "2" with intermittent slow waves and sharp waves. Delta brushes, frontal slow bursts, frontal sharp transients, temporal sharp transients, etc., appear in the low voltage and irregular activity that can be traced back to the baseline. Brushes are still observed, and the abundance of fast waves superimposed on the whole EEG is also characteristic of this pattern (Fig. 8.2).

In pattern 385, the activity is dominated by delta waves of 100–150 μV and 2–2.5 Hz. Monotonous slow waves are predominant, and polymorphism of delta waves is recognized, but not to the same extent as in 405. The main difference between 383 (Fig. 8.2) and 385 is that the baseline can be traced in the former, while it cannot in the latter due to the continuous nature of EEG activity (Fig. 8.3).

T. Kato (✉) · F. Hayakawa
Department of Pediatrics, Okazaki City Hospital, Okazaki, Japan
e-mail: torukato@sun-inet.or.jp

A. Okumura, H. Kidokoro (eds.), *Neonatal EEG: Atlas and Interpretation*,
https://doi.org/10.1007/978-981-96-0726-6_8

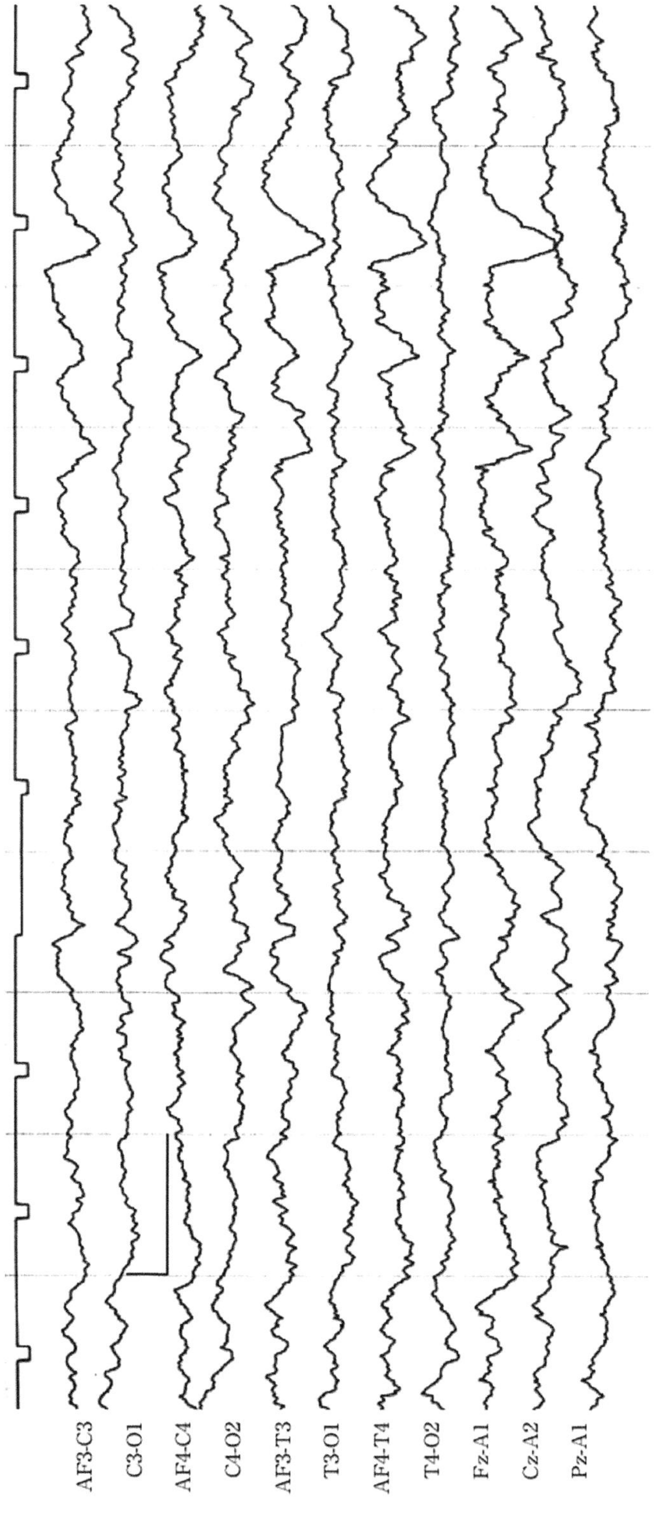

Fig. 8.2 Mixed pattern at 38 weeks PMA (383)

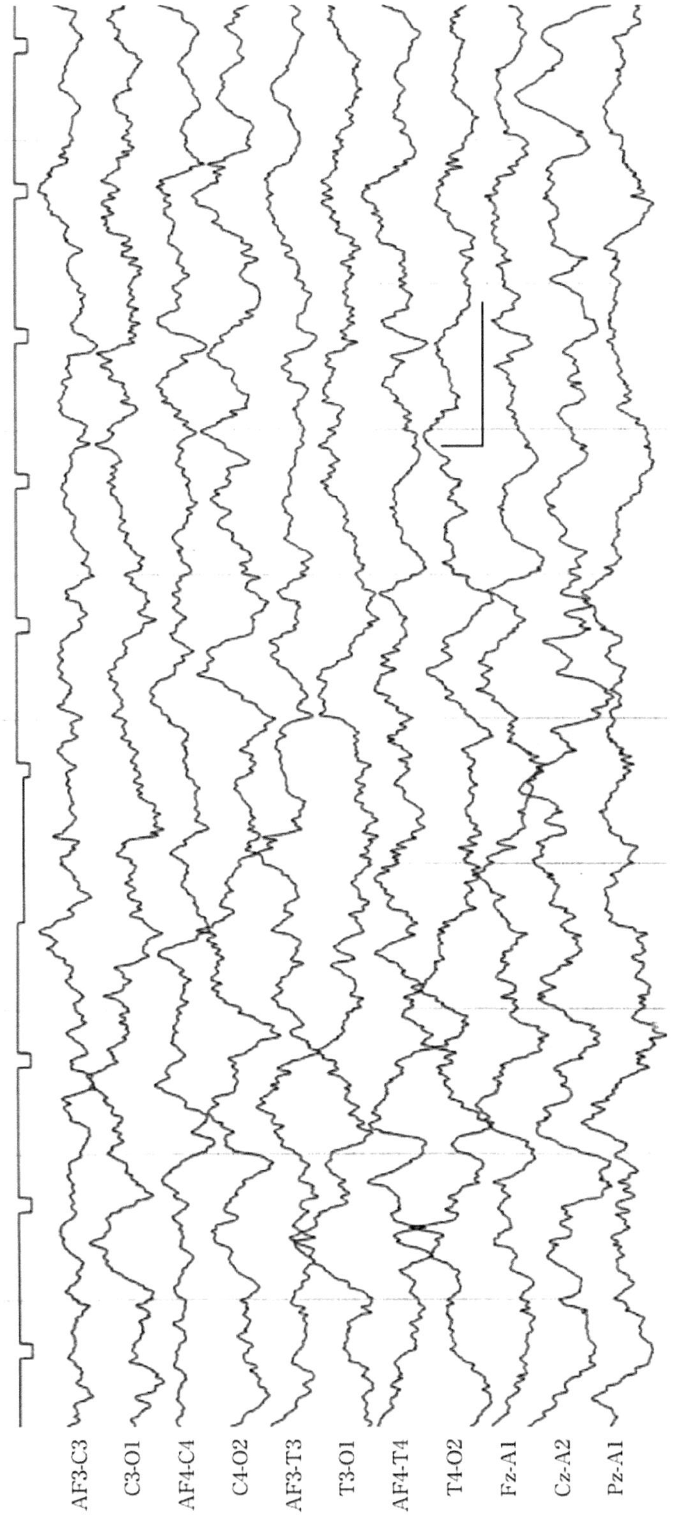

Fig. 8.3 High-voltage slow wave (HVS) pattern at 38 weeks PMA (385)

Pattern 403 (Fig. 8.4) is characterized by superimposed transients, such as frontal slow bursts, frontal sharp transients, and temporal sharp transients, on pattern 402 (Fig. 7.8). This pattern appears at the beginning of sleep onset. During this period, midline transients, such as Fz/Cz theta/alpha bursts, often appear. The intermittent slow waves gradually evolve into a continuous pattern, resulting in a transition to pattern 405 of quiet sleep (Fig. 8.5).

In pattern 405, the predominant EEG activity consists of delta waves, ranging from 80 to 120 μV at a frequency of 2–3 Hz. These delta waves show a distinct polymorphism, with only a few repetitions of the same waveform. The main difference between pattern 403 (Fig. 8.4) and pattern 405 is that the baseline can be traced in the former while it cannot in the latter, due to the continuous nature of EEG activity (Fig. 8.5).

The pattern 423 (Fig. 8.6) is based on pattern 422 with the addition of polymorphic delta waves and transients, such as frontal slow bursts, and frontal sharp transients. The frequency of these transients is decreased, compared to 40 weeks PMA. Midline transients are also decreased. The intermittent slow waves gradually become continuous, and the pattern shifts to 425 of quiet sleep (Fig. 8.7).

In pattern 425, delta waves tend to have higher voltage (80–120 μV), slower frequency (2–2.5 Hz), and more rounded morphologies, compared to those at 40 weeks PMA. Polymorphism is further increased, and monotonous slow waves become rare. The main difference between pattern 423 (Fig. 8.6) and pattern 425 is that the baseline can be traced in the former, while it cannot in the latter, due to the continuous nature of the EEG activity (Fig. 8.7).

Pattern 443 (Fig. 8.8) is based on pattern 442 (Fig. 7.10) with the insertion of polymorphic slow waves, and transients such as frontal slow bursts and frontal sharp transients become rare. The intermittent slow waves gradually transition to a more continuous pattern, resulting in a shift to pattern 425 of quiet sleep (Fig. 8.7).

In pattern 445, both alpha and theta components are further diminished, leading to a predominance of slow wave activity in the overall background. This activity is dominated by delta waves, with voltages ranging from 60 to 150 μV and frequencies of 2–3 Hz. Each wave interacts with others in a complex temporal and spatial manner, exhibiting abundant polymorphism, akin to that observed in an infant during slow wave sleep. The main difference between pattern 443 (Fig. 8.8) and pattern 445 is that the baseline can be traced in the former while it cannot in the latter, due to the continuous nature of EEG activity (Fig. 8.9).

Fig. 8.8 Mixed (M) pattern at 44 weeks PMA (443)

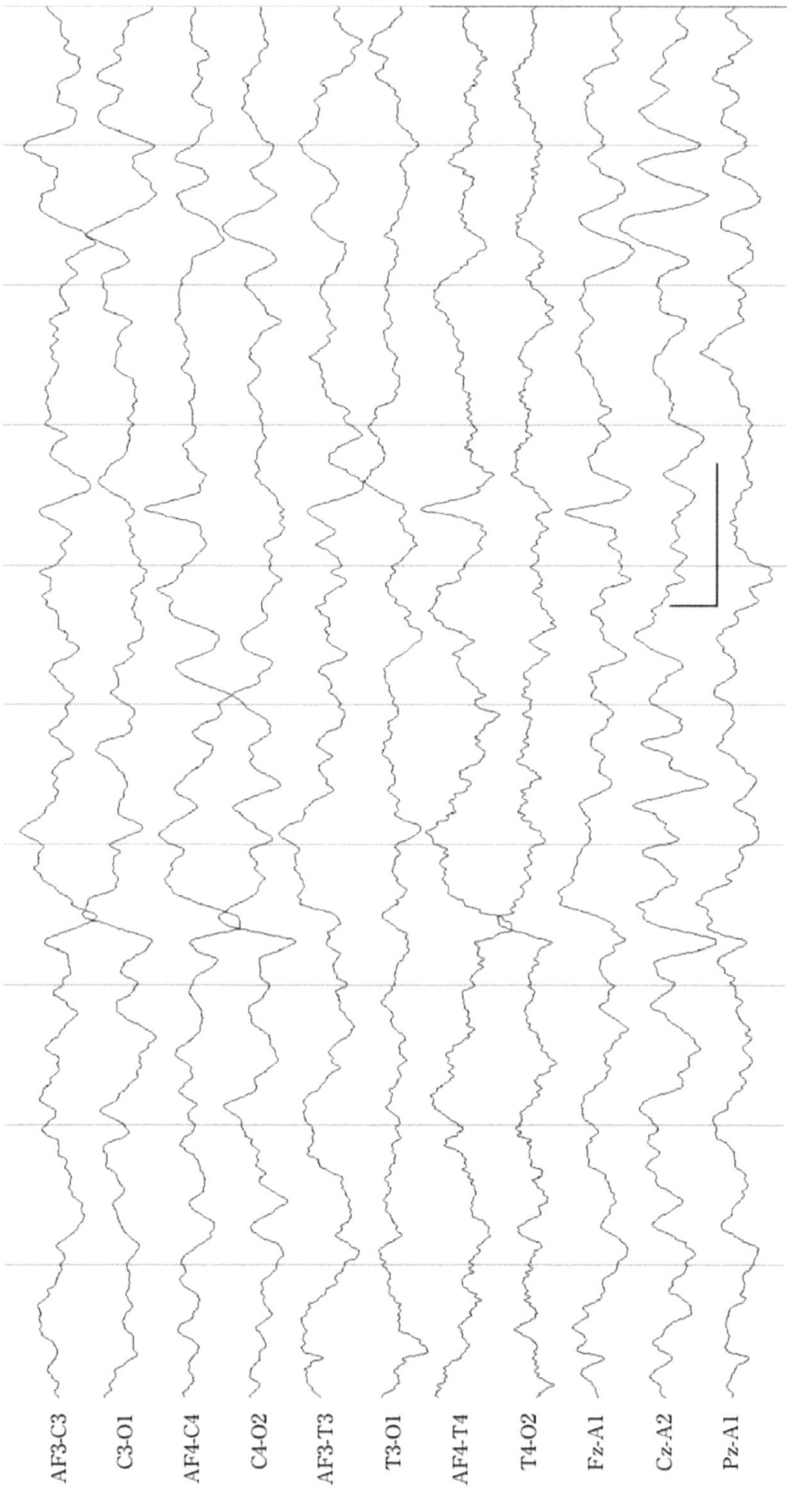

Fig. 8.9 High-voltage slow wave (HVS) pattern at 44 weeks PMA (445)

Column: Development of Slow Wave Sleep

(Kazuyoshi Watanabe)

From around 36 weeks postmenstrual age (PMA), a high-voltage slow wave pattern ("5") emerges alongside the alternating EEG in quiet sleep (QS), gradually increasing in prevalence. By 44–46 weeks PMA, this pattern replaces the alternating EEG, thus becoming the characteristic EEG of QS.

There are two distinct types of slow waves observed in slow-wave sleep. The slow oscillation (<1 Hz) is specific to cortical neuronal activity, requiring cortico-cortical coupling for synchronization across large cortical areas. These synchronized slow oscillations projected through cortico-thalamic tracts to the thalamus, are coordinated with delta (1–4 Hz) oscillations within the thalamus. These in turn project back to the cortex, forming slow waves in the scalp EEG. This cortico-cortical coupling is essential for the occurrence of slow wave sleep, which is observed in birds and mammals with well-developed cortico-cortical connections but absent in reptiles.

Neonates exhibit two distinct types of slow waves, each with unique characteristics. The delta brush, a monotonous and constant morphology, ultrahigh amplitude, and ultralow frequency (0.3–1 Hz), differs in polarity from the slow wave of slow wave sleep. It is present in both active (REM) and quiet (non-REM) sleep, suggesting a subplate origin. In contrast, the slow waves of slow wave sleep are polymorphic high-voltage slow waves (1.5–3 Hz), which are seen only in non-REM sleep (stages 3 and 4). High-voltage slow waves in QS appear after 36 weeks PMA, increasing as cortico-cortical connections develop and the cortex begins to respond synchronously to stimuli from the thalamus. However, the duration of these high-voltage slow waves remains brief, and they are unable to maintain synchronization in deep sleep, leading to the insertion of a low-amplitude portion within the high-voltage slow waves as PMA progresses, resulting in a shift to tracé alternant (TA). Notably, the transition from high-voltage slow wave pattern (HVS) to TA is gradual, with the low amplitude portion interspersing within the high amplitude EEG segments. In addition, after 32 weeks, EEG can differentiate between active sleep (AS) and QS, with the EEG of AS becoming continuous. However, high-voltage slow waves, especially the delta brush, continue to be evident. After 34 weeks, the amplitude in AS begins to decrease, and by 40 weeks, the EEG of AS after QS becomes a low-voltage irregular EEG, indicative of a mature desynchronized EEG. This may be due to the more rapid development of desynchronization mechanisms (pons-thalamus), compared to synchronization mechanisms (thalamus-cortex).

9 Developmental Changes in EEG Patterns: EEG in Extremely Preterm Infants

Toru Kato, Fumio Hayakawa, and Akihisa Okumura

We have limited experience with EEG in extremely premature infants at 22–24 weeks postmenstrual age (PMA). Strictly speaking, it is difficult to define EEG findings obtained during this period as "normal" because extreme premature birth itself is not a physiological event. Based on our experience, we describe EEG findings in these extremely preterm infants that we assume to be physiological.

Note that in general EEGs of healthy infants showing normal ultrasound examinations and having uneventful clinical course and normal neurodevelopmental outcome have been considered physiological.

The physiological EEG findings in preterm infants at 22 weeks PMA remain unclear. We mentioned above that the voltages of slow waves become larger and their frequencies become slower with a degree of prematurity. It is unclear whether this phenomenon also occurs in more premature infants than in 24–26 PMA infants. Determination of normal findings is a universal issue in the interpretation of EEG in preterm infants. It is important to recognize that there is no established definition of "normal" EEG findings in the extremely preterm period. The very high-voltage slow waves and frontal sharp waves shown in the figure are characteristic of extremely preterm infants. Even if the estimated EEG age can only be identified as less than 26 weeks PMA, it can be considered an extremely immature but "active" EEG (Fig. 9.1).

It is interesting that the voltages of slow waves are larger and their frequencies are slower at 22 weeks PMA compared with 24–26 weeks PMA. We can observe very high-voltage slow waves with amplitudes exceeding 400 μV and frequencies less than 1 Hz, as shown in the figure. The presence of large slow waves may indicate a large number of neurons responding to thalamocortical radiation related to a less organized projection system. Sharp bursts from the frontal region (blue arrow) can be observed from this period (Fig. 9.2).

As shown in this figure (Fig. 9.3), similar to Fig. 9.2, a very high-voltage slow wave exceeding 400 μV and with a frequency less than 1 Hz was observed. The closed blue arrows highlight the slow decay after a very high-voltage slow wave. Such phenomena are seen only rarely, particularly after at least 32 weeks PMA. This finding may reflect the functional immaturity of the central nervous system. In this figure, occipital

T. Kato (✉) · F. Hayakawa
Department of Pediatrics, Okazaki City Hospital, Okazaki, Japan
e-mail: torukato@sun-inet.or.jp

A. Okumura
Department of Pediatrics, Aichi Medical University, Nagakute, Aichi, Japan
e-mail: okumura.akihisa.479@mail.aichi-med-u.ac.jp

A. Okumura, H. Kidokoro (eds.), *Neonatal EEG: Atlas and Interpretation*, https://doi.org/10.1007/978-981-96-0726-6_9

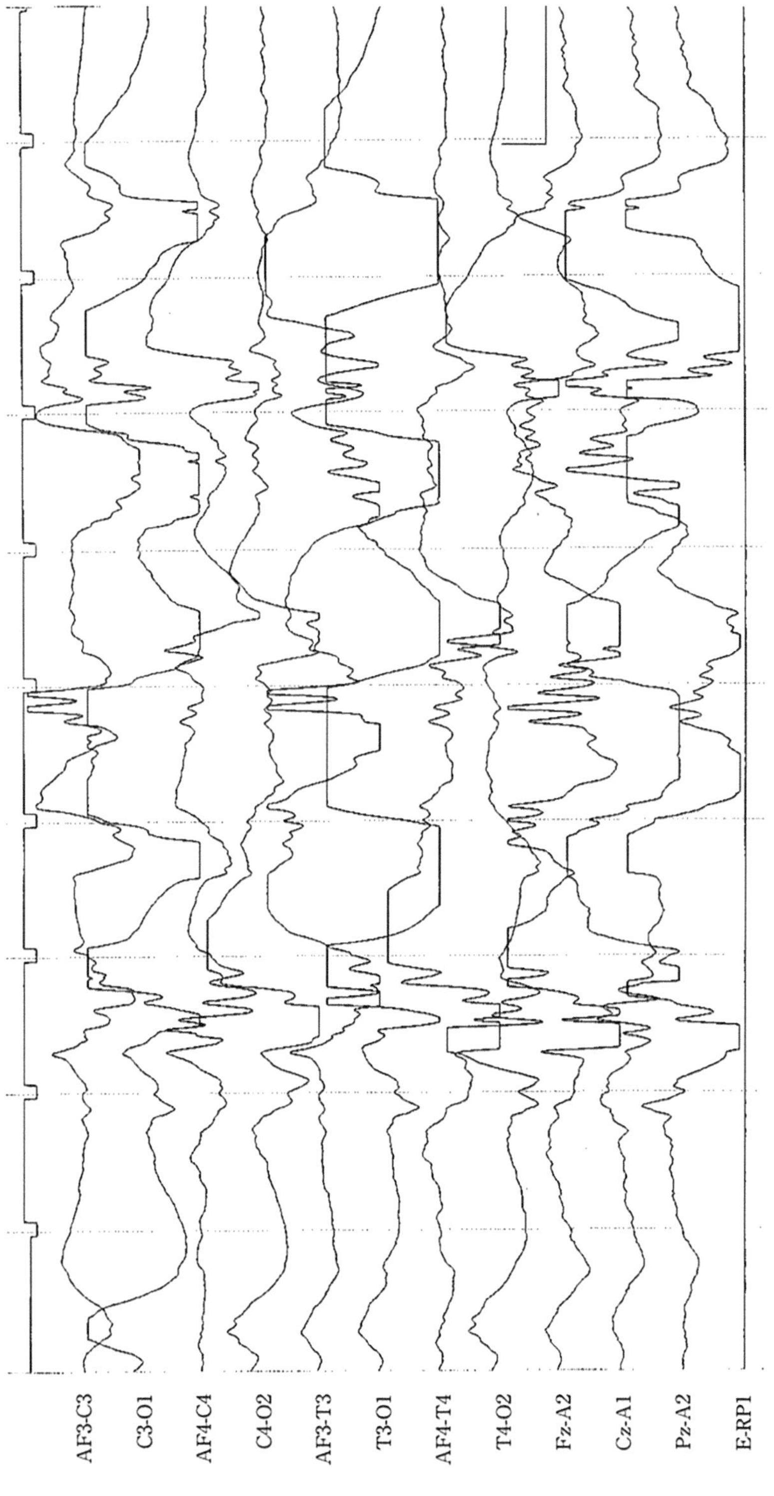

Fig. 9.1 High-voltage slow wave pattern at 22 weeks PMA (1)

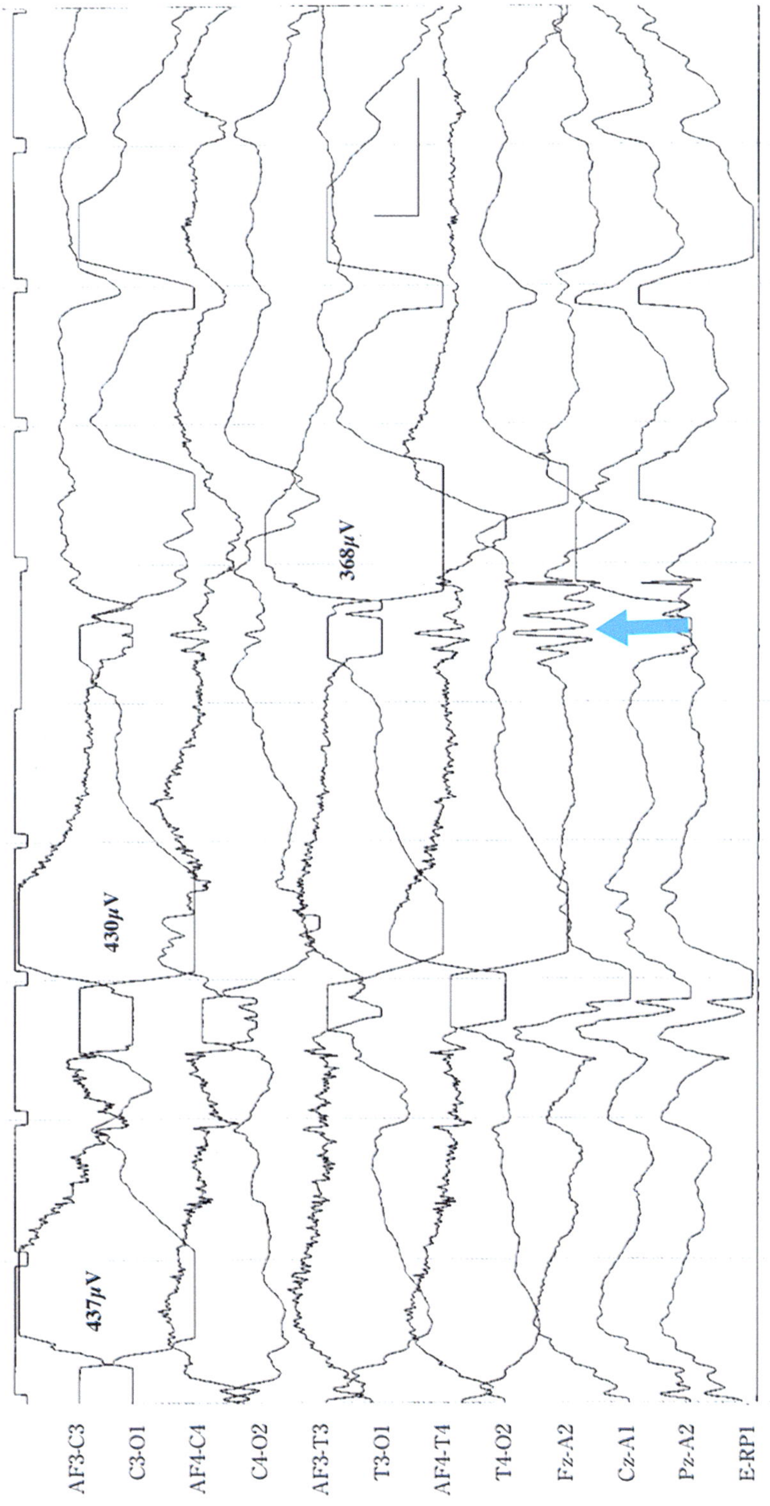

Fig. 9.2 High-voltage slow wave pattern at 22 weeks PMA (2)

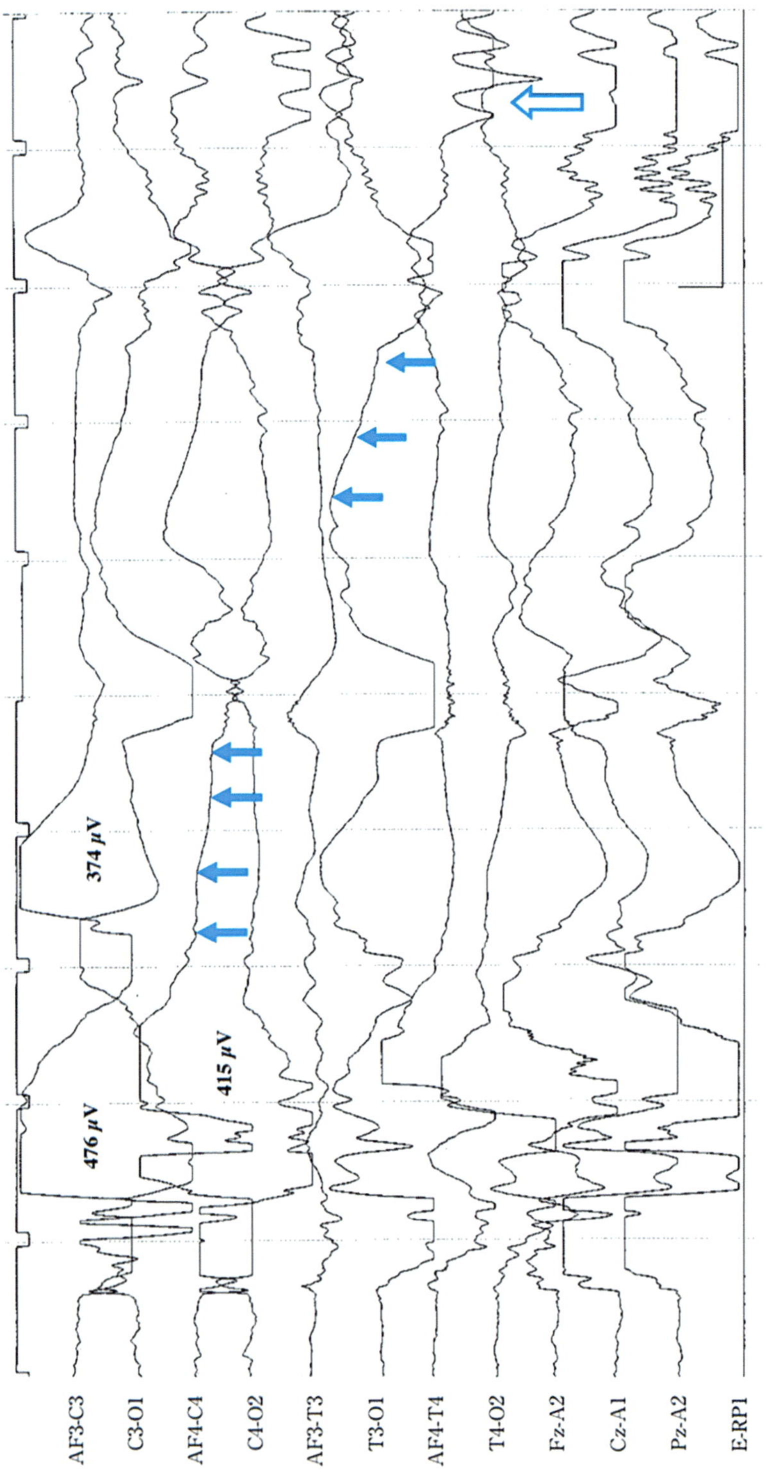

Fig. 9.3 High-voltage slow wave pattern at 22 weeks PMA (3)

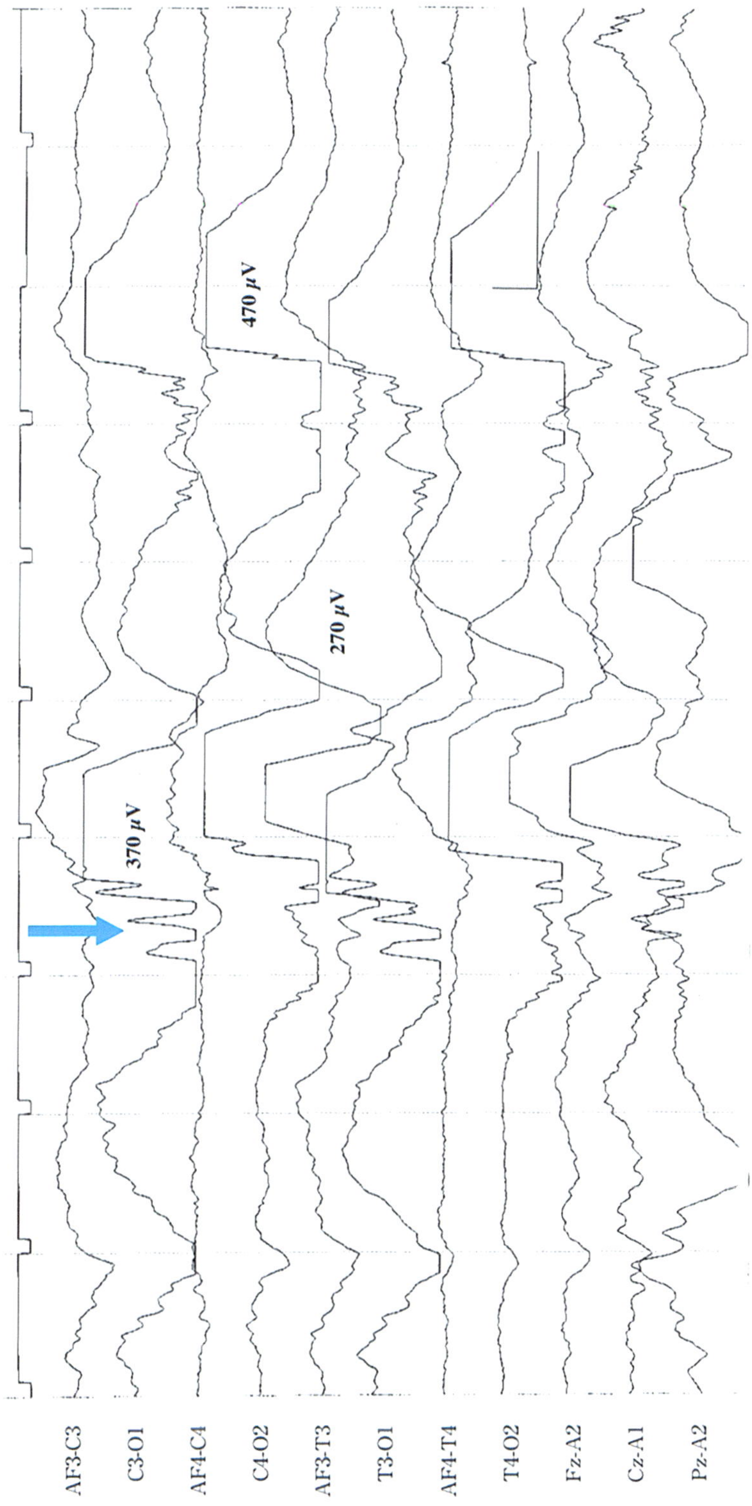

Fig. 9.7 High-voltage slow wave pattern at 24 weeks PMA (2)

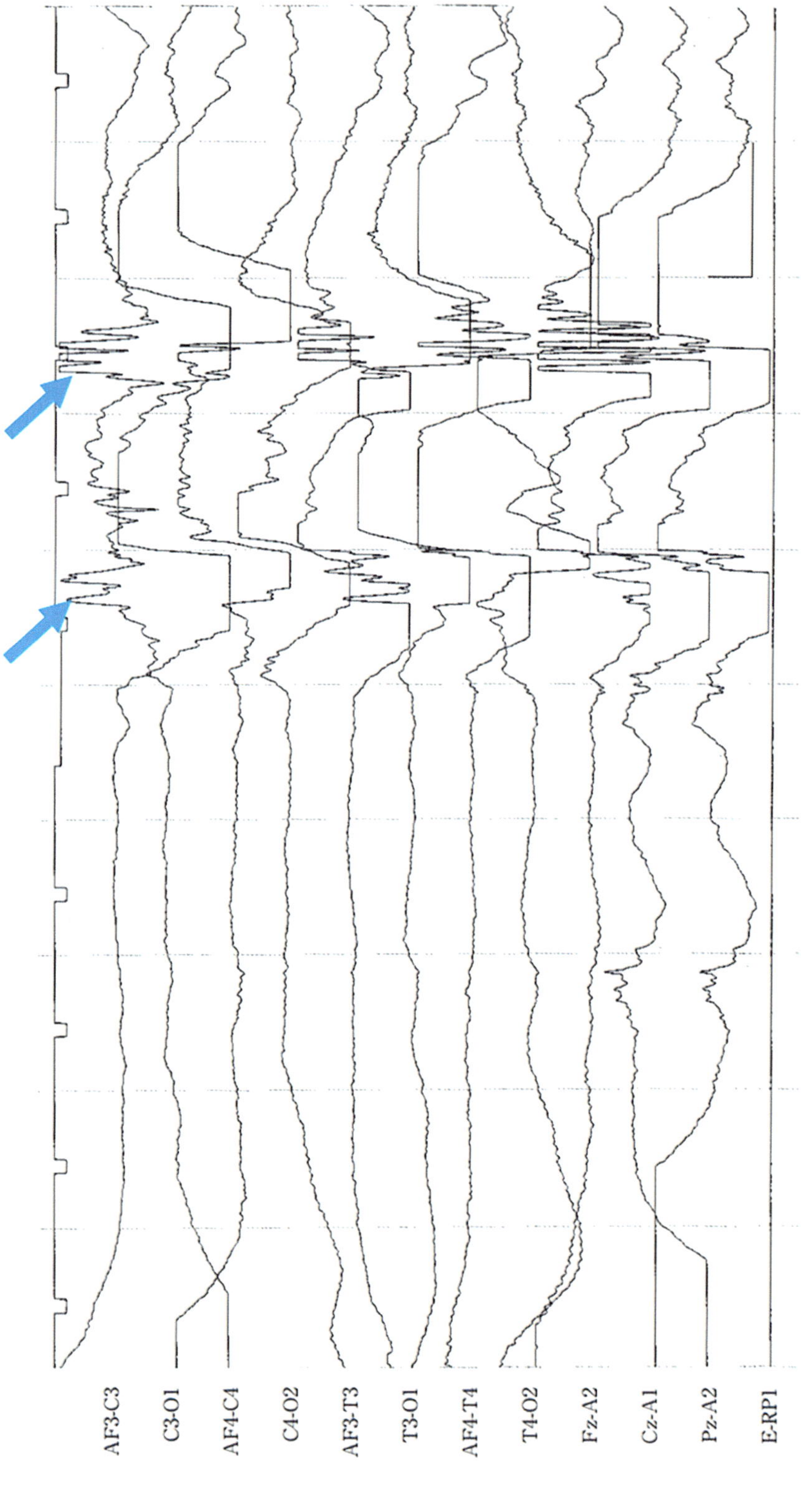

Fig. 9.8 Tracé discontinu at 24 weeks PMA

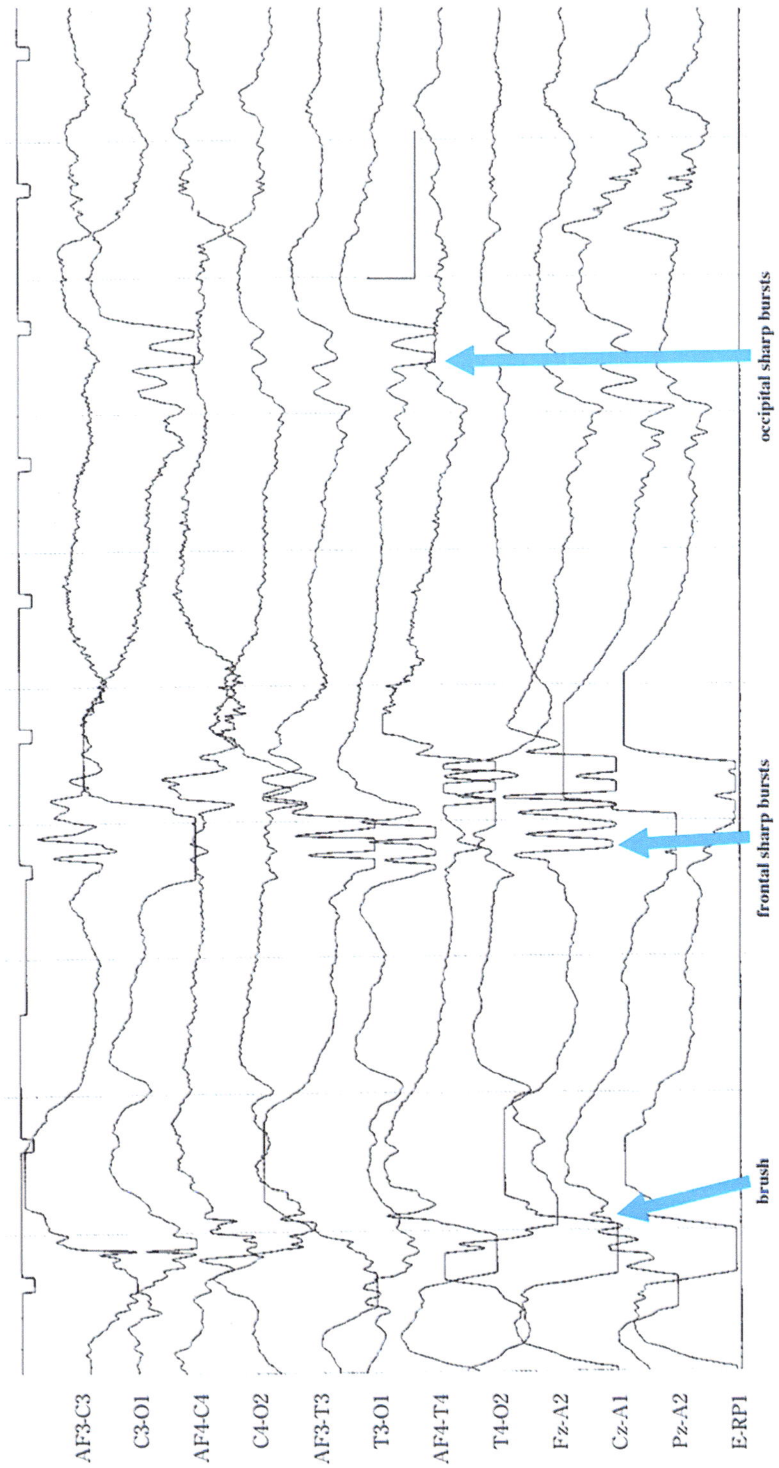

Fig. 9.9 Transients during the extremely preterm period

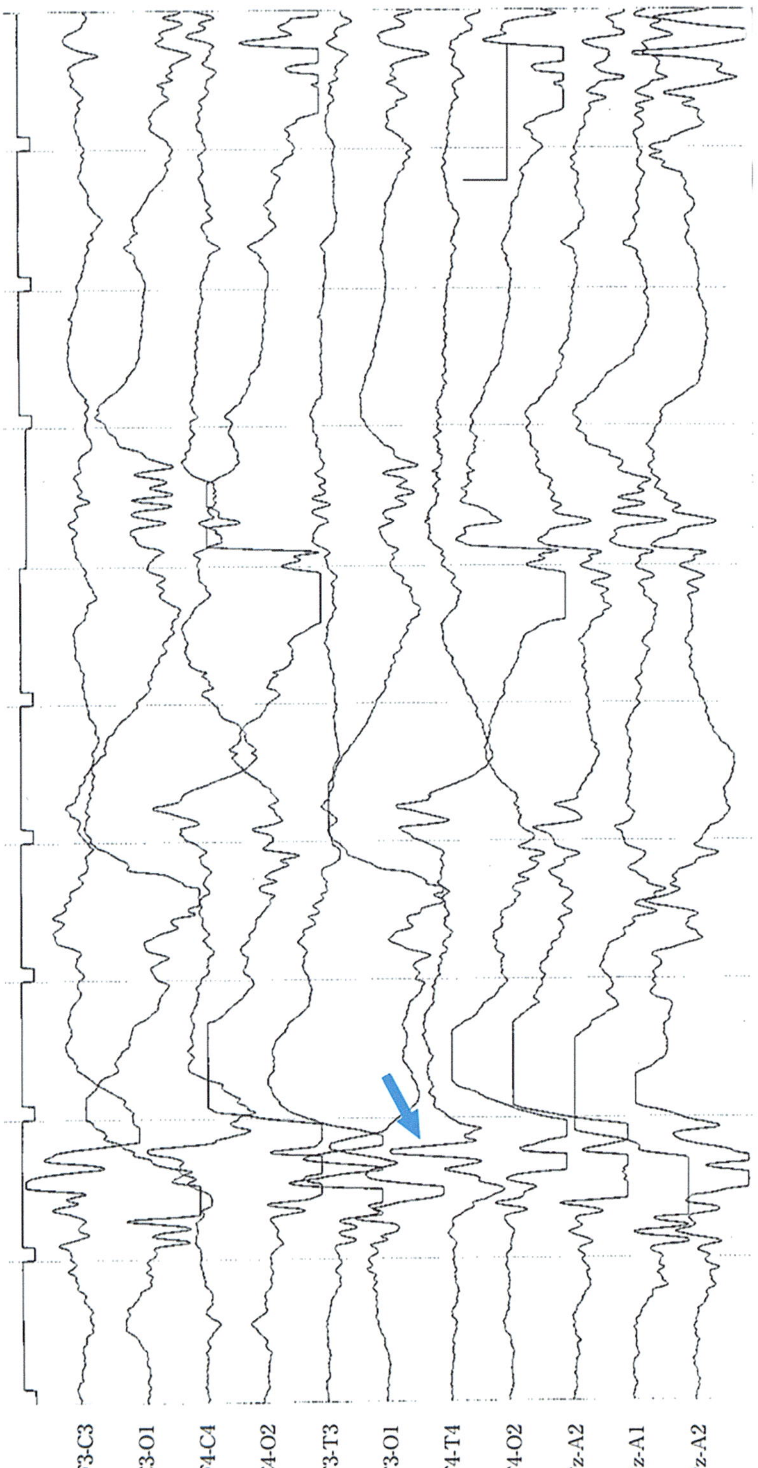

Fig. 9.10 High-voltage slow wave pattern at 26 weeks PMA (263)

Fig. 10.2 Artifacts due to respirator HFOV

The underlined parts (T3 and T4) of the EEG are artifacts caused by staff walking around the incubator. It is important to recognize that moving around an infant's incubator can introduce EEG artifacts (Fig. 10.3).

The underlined part at AF4 is an artifact caused by the infant sucking a pacifier during the EEG recording. Movement, especially of the head and face, can introduce artifacts (Fig. 10.4).

Beyond the rhythmic slow wave-like artifacts shown previously (Fig. 10.4), spike-like artifacts also appear, predominantly in the right mid-temporal area (T4) (Fig. 10.5).

These are artifacts recorded when the feeding tube touched the AF3 EEG lead. Nonphysiological rectangular waveforms are observed (arrows) (Fig. 10.6).

Neonatal EEG basically evaluates recordings during sleep. When the infant cries or makes accompanying body movements, fast-frequency spike-like waveforms can be seen, as shown in the figure. When there are accompanying body movements, these are superimposed on high-amplitude slow waves at all electrodes. In such cases, it is difficult to assess the background EEG activity (Fig. 10.7).

The underlined section shows the electromyogram of the left hemisphere following body movement of an infant using a directional positive airway pressure respiratory device (Fig. 10.8).

In addition to artifacts arising from body movements and electromyograms, alternating current (AC) artifacts are common in neonatal EEGs. The figure shows rhythmic fast waves at C4, which are more pronounced with unstable electrode induction. Phototherapy can also introduce AC artifacts (Fig. 10.9).

Bradycardia is noted (A); the incubator door is opened by staff (B); and the infant is stimulated (C). Simultaneous video EEG recording confirms these as artifacts (Fig. 10.10).

High-voltage, long-duration slow waves are observed (arrows). These artifacts result from changes in the potential of sweat glands. Unlike movement-related artifacts, these artifacts do not contain electromyographic activity (Fig. 10.11).

Rhythmic slow waves in the left mid-temporal area (T3) coincide with the ECG cycle, indicating a pulse wave artifact. It is important to distinguish this from seizure activity. Pulse wave artifacts lack the evolutional changes typical of neonatal seizures (Fig. 10.12).

A low-amplitude spike-like artifact at the right occipital area (O2) corresponds to the ECG R wave, identifying it as an ECG artifact (Fig. 10.13).

Artifacts at arrows **1** and **2** on the frontal poles (Fp1 and Fp2) result from opening and tightly closing the eyes, respectively. It is vital to distinguish these from the abnormal sharp or mechanical brush of disorganized patterns (Fig. 10.14).

Both frontal poles (Fp1and Fp2, arrow) show artifacts arising from an infant's swift eyeball movement, distinct from rapid eye movement. It is crucial to differentiate this from the delta brush (Fig. 10.15).

Slow waves (arrows) are recognized as dominant in the left occipital region (O1). Respiratory movement includes both natural breathing and hiccup-related movement. Be sure not to misinterpret this as neonatal seizures (Fig. 10.16).

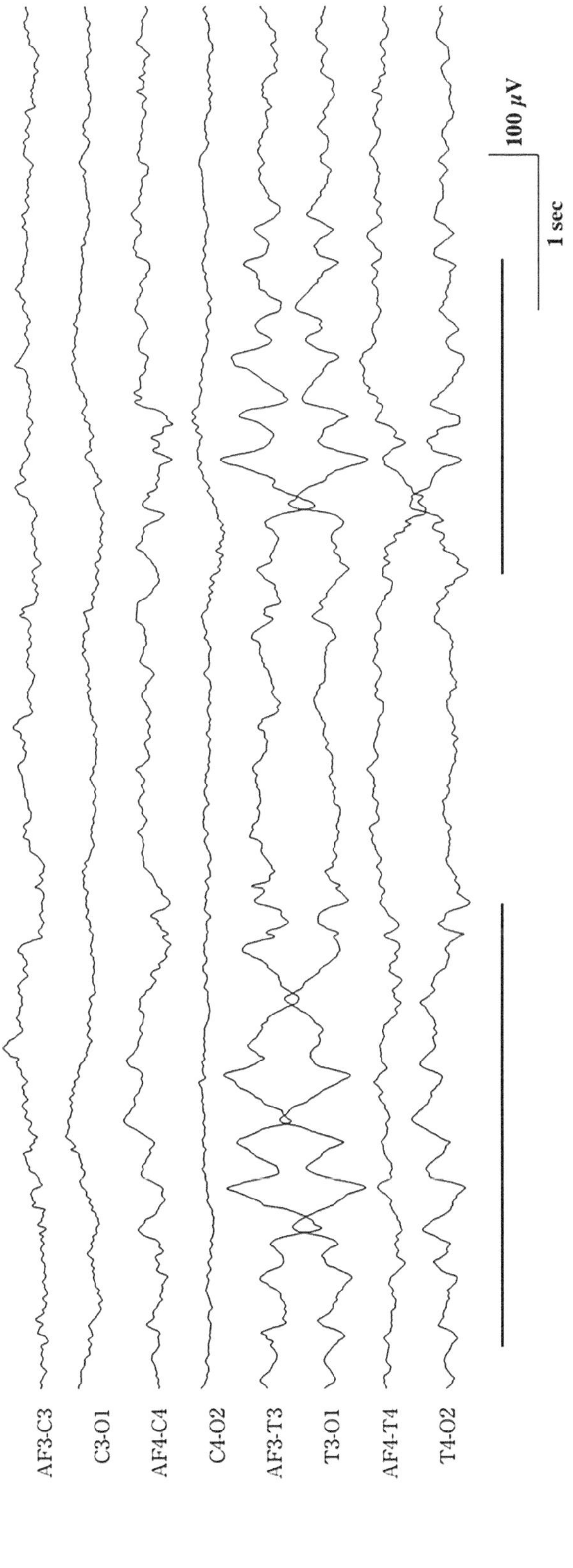

Fig. 10.3 Movement of NICU staff

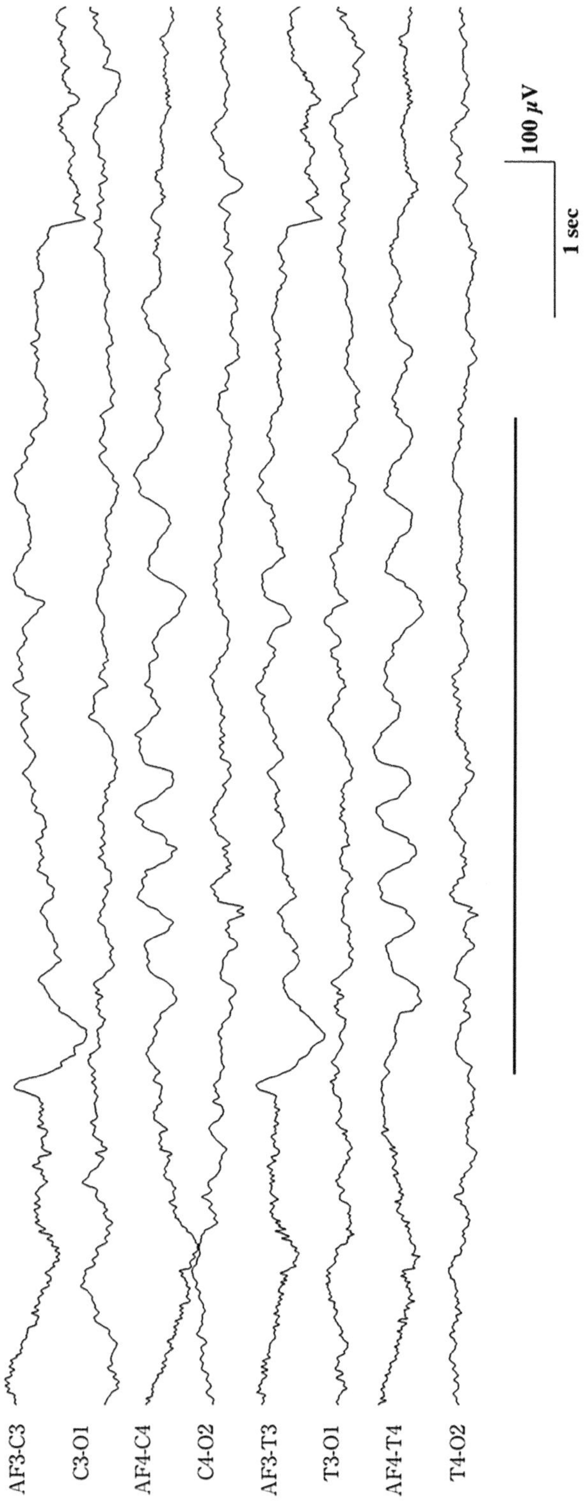

Fig. 10.4 Pacifier sucking (1)

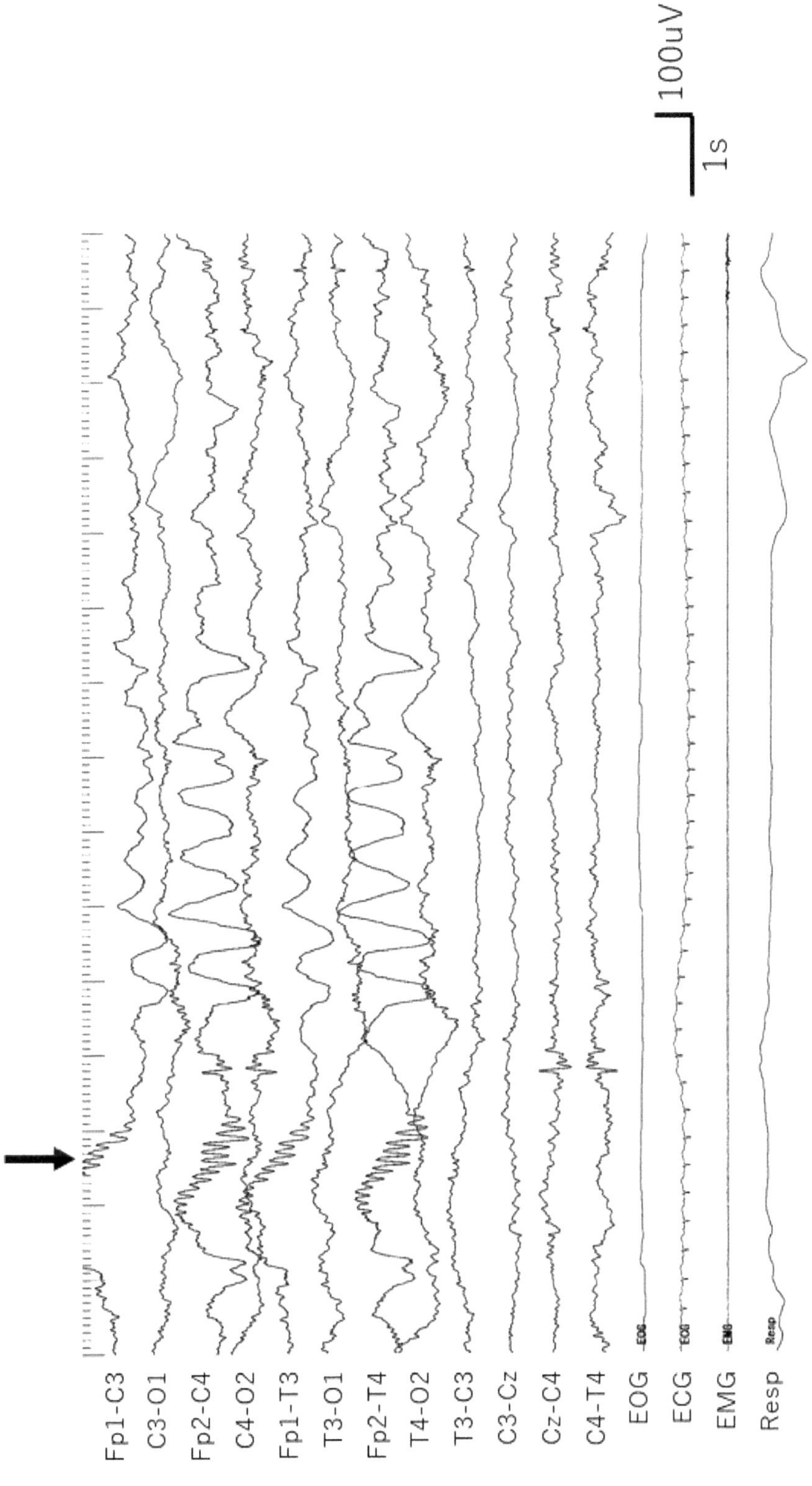

Fig. 10.15 Nystagmus artifact

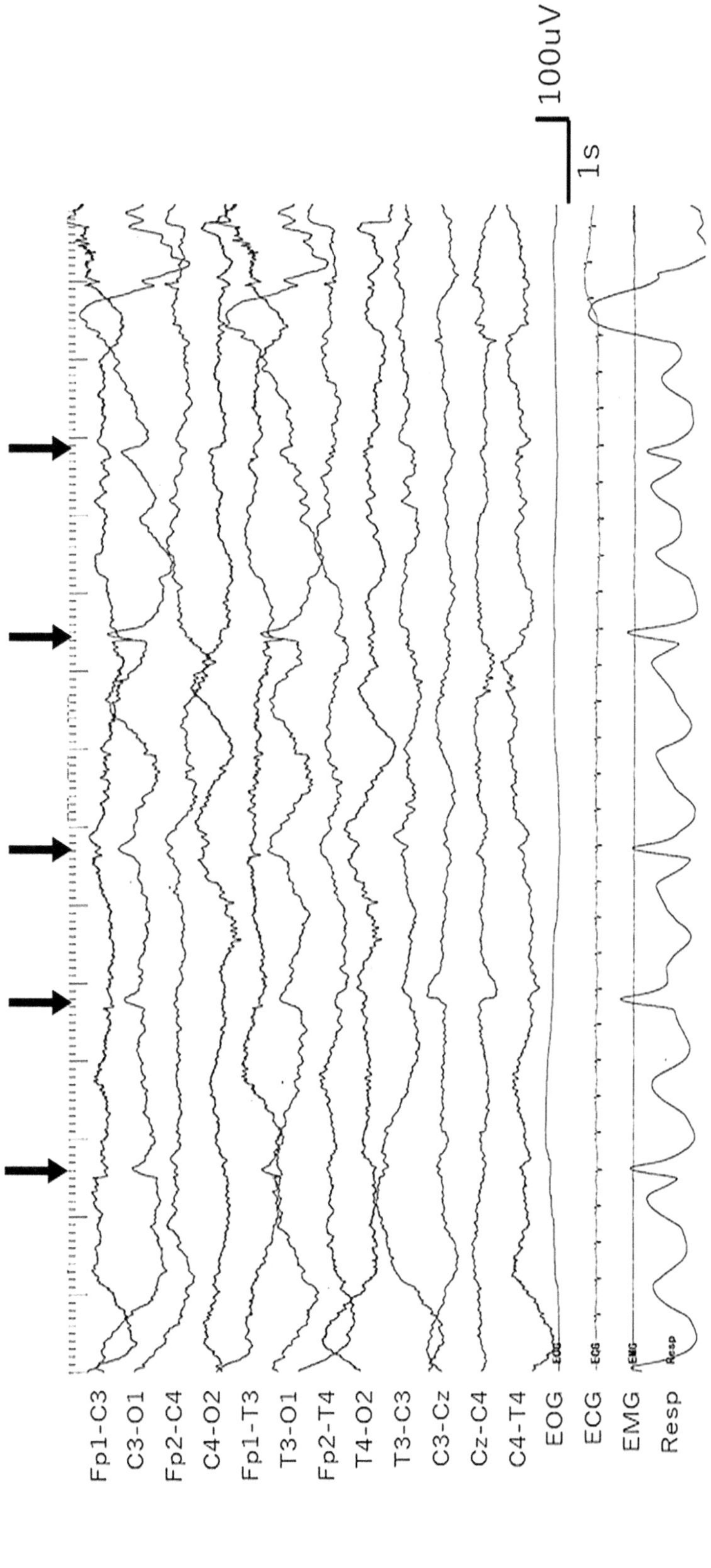

Fig. 10.16 Hiccup artifact

12 Acute-Stage Abnormalities

Tatsuya Fukasawa, Koichi Maruyama, and Fumio Hayakawa

1 Suppressed EEG Activity in Term Infants

In normal-term infants, four EEG patterns are periodically observed, depending on the sleep state: low-voltage irregular (LVI) pattern, mixed (M) pattern, high-voltage slow wave (HVS) pattern, and tracé alternant (TA) pattern. When an acute brain injury occurs, such as hypoxic-ischemic stress, EEG activity is suppressed in accordance with the degree of brain damage. In such cases, physiological periodic changes in EEG patterns are impaired, and the relationship between the EEG patterns and the sleep state is disturbed (Watanabe et al. 1980).

Suppressed EEG activity in term infants can be classified as follows, with a schematic diagram presented in Fig. 12.1 (Watanabe et al. 1980).

T. Fukasawa (✉)
Department of Pediatrics, Anjo Kosei Hospital, Anjo, Japan
e-mail: fukasawa@kosei.anjo.aichi.jp

K. Maruyama
Department of Pediatric Neurology, Aichi Developmental Disability Center Central Hospital, Kasugai, Japan
e-mail: maruyama@aichi-colony.jp

F. Hayakawa
Department of Pediatrics, Okazaki City Hospital, Okazaki, Japan

1. **Grade I: Minimal Depression**
   A flattening in the low-voltage part of the TA pattern, called the tracé discontinu (TD) pattern, is observed. The TD pattern is observed in place of the TA pattern during quiet sleep (QS), while the HVS pattern is preserved or only mildly decreased. The LVI and M patterns are observed during active sleep (AS). The relationship between the sleep cycle and EEG patterns is preserved.
2. **Grade II: Mild Depression**
   The HVS pattern disappears, and the LVI, M, and TD patterns are predominant. In the TD pattern, the interburst intervals (IBIs) are normal, and the waveforms of the bursts are physiological. The relationship between the sleep cycle and EEG patterns is somewhat disturbed, characterized by a decrease in the M pattern and the appearance of the TD pattern during AS along with the appearance of the LVI pattern during QS.
3. **Grade III: Moderate Depression**
   The M pattern disappears, and the LVI and TD patterns are predominant. The IBI in the TD pattern is prolonged, and the waveform of the burst part is often nonphysiological. Although the distinction between AS and QS is clear, the periodicity is lost. The relationship between sleep stages and EEG patterns is also disrupted, with the TD pattern sometimes observed in AS and the LVI pattern sometimes observed in QS.

A. Okumura, H. Kidokoro (eds.), *Neonatal EEG: Atlas and Interpretation*,
https://doi.org/10.1007/978-981-96-0726-6_12

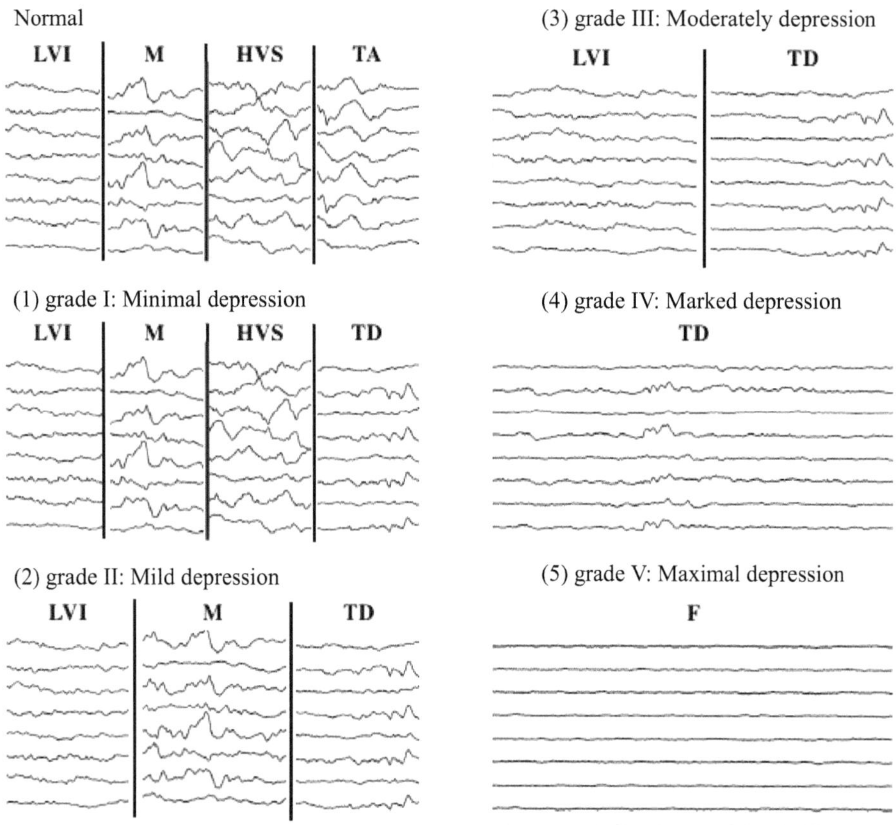

Fig. 12.1 Suppressed EEG activity in full-term infants (Watanabe's classification). LVI: low-voltage irregular pattern, M: mixed pattern, HVS: high voltage slow wave pattern, TD: tracé discontinue pattern, F: flat tracing, TA: tracé alternant pattern

4. **Grade IV: Marked Depression**
   The sleep cycle disappears, leaving only discontinuous EEG patterns. The IBI is markedly prolonged, the burst parts are shortened, and the waveform becomes nonphysiological. This corresponds to the so-called "burst suppression pattern."
5. **Grade V: Maximal Depression**
   Only a flat tracing is shown, even after prolonged recording.

Figure 12.2 illustrates the change in the continuity of EEG activity using compressed EEG. Stronger suppression of EEG activity is associated with more discontinuous activity. With further suppression, even discontinuous activity ceases to be observed.

Suppression of EEG activity is observed in the acute phase of hypoxic-ischemic encephalopathy as well as in cases of intracranial hemorrhage, hypoglycemia, central nervous system infection, and postictal changes.

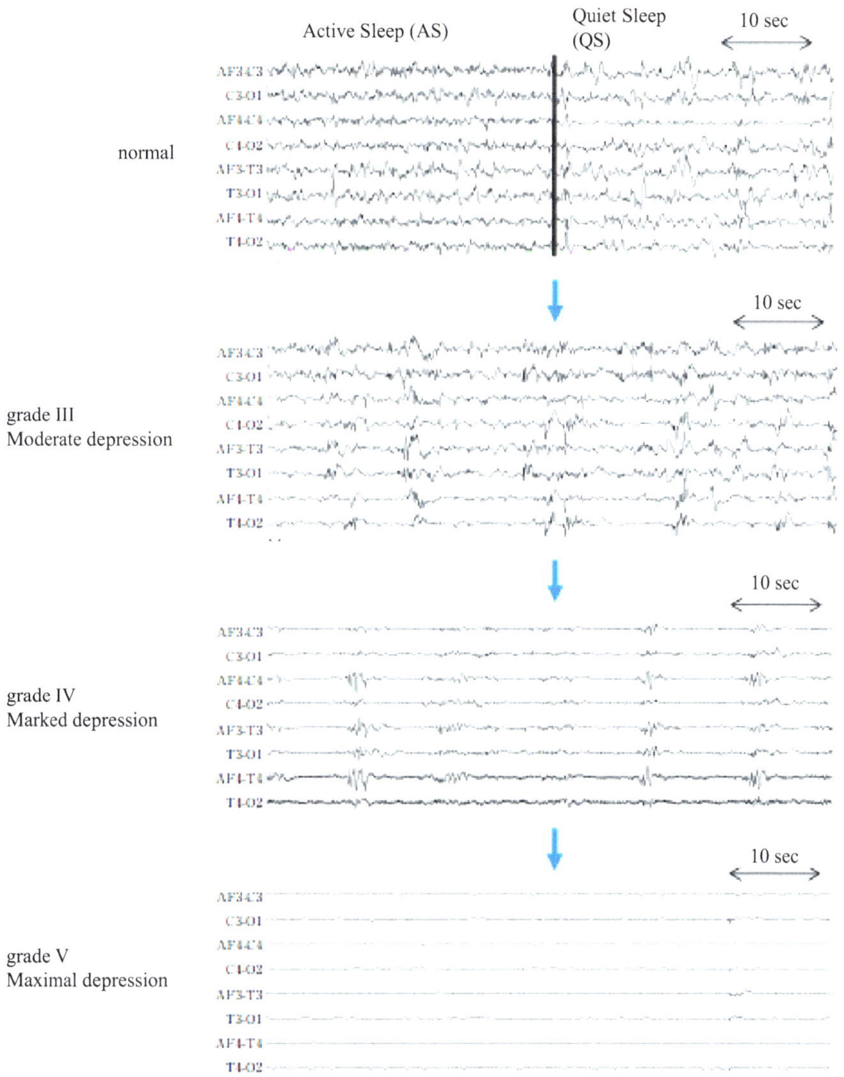

Fig. 12.2 Suppressed EEG activity (decreased continuity) in term infants

2 Changes in Suppressed EEG Findings over Time

Suppressed EEG activity due to acute insult recovers over time, as shown in Fig. 12.3 (Takeuchi and Watanabe 1989). Most infants with severely suppressed EEG activity within the first week of life recover to a normal state or exhibit only mild depression by 2 weeks of age or later. However, those with the highest level of suppressed EEG activity may continue to exhibit severe depression even after 2 weeks. Therefore, when assessing the prognosis of asphyxiated neonates using EEG, it is essential to record the EEG activity as early as possible to evaluate the degree of depression. If the EEG still shows depression after 2 weeks, the possibility of severe depression immediately after birth must be considered, even if the current degree of EEG depression is mild.

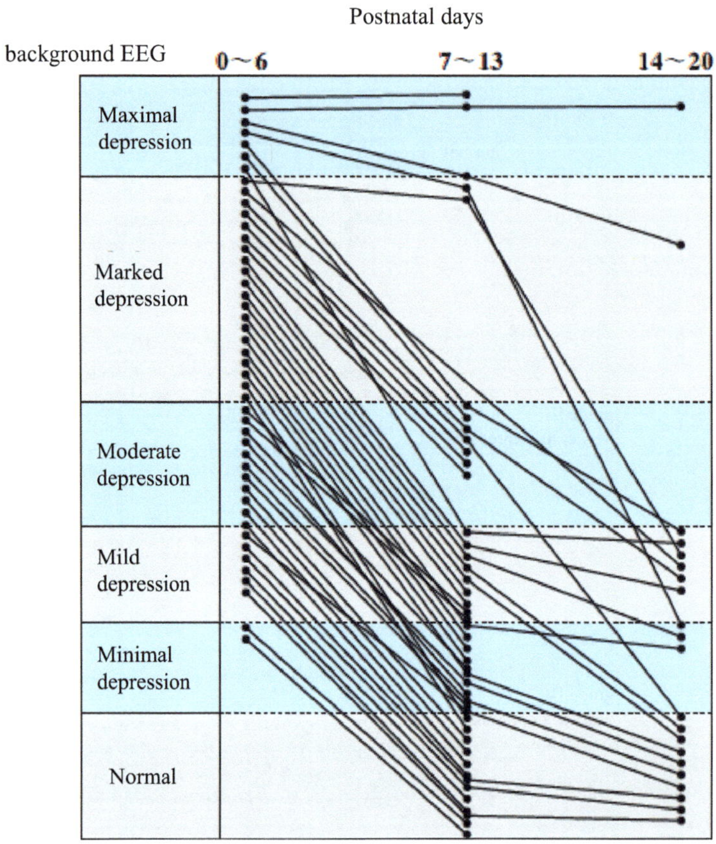

Fig. 12.3 Chronological changes in suppressed EEG findings of term infants

3 Relationship to Outcome

In cases of neonatal asphyxia, there is a significant correlation between suppressed EEG findings within the first week of life and the clinical outcome (Table 12.1) (Takeuchi and Watanabe 1989). The outcome tends to be favorable for minimal or mild depression but unfavorable for marked or maximal depression. The outcome for moderate depression is not consistent; as mentioned earlier, however, more prolonged depression is associated with more severe brain injury. Therefore, it is important to assess and record the degree of EEG depression over time.

Table 12.1 Suppressed EEG activity and outcomes in term neonates with HIE

Postnatal days	Degree of depression in background EEG activity					
	Normal	Minimal	Mild	Moderate	Marked	Maximal
0	—	—	—	?	■	■
1	—	—	○	?	■	■
2	—	—	○	?	■	■
3	—	○	○	?	■	■
4	—	○	○	?	■	■
5	—	○	?	●	■	■
6	○	○	?	●	■	■
7	○	○	?	■	■	■
8	○	?	?	■	■	■
9	○	?	?	■	■	■
10	○	?	●	■	■	■
11	○	?	●	■	■	■
12	○	?	■	■	■	■
13	○	?	■	■	■	■
14	○	?	■	■	■	■
15	?	?	■	■	■	■
16	?	?	■	■	■	■
17	?	?	■	■	■	■
18	?	?	■	■	■	■
19	?	●	■	■	■	■
20	?	●	■	■	■	■
21	?	●	■	■	■	■

—: All cases developed normally
○: Most cases showed normal development
?: No definite prognosis can be made
●: Most cases resulted in neurological handicap or death during the neonatal period
■: All cases resulted in neurological handicap or death during the neonatal period

4 Hypothermia and Suppressed EEG Activity

In recent years, therapeutic hypothermia has become the standard treatment for hypoxic-ischemic encephalopathy in neonates. Many reports have shown that neonates treated with hypothermia generally have better outcomes than those not treated with hypothermia, even among those with similar degrees of EEG depression (Hamelin et al. 2011). Additionally, in severely affected neonates, a more pronounced decrease in the continuity of EEG activity occurs after recovery from hypothermia, suggesting further progression of brain damage during the recovery phase (Birca et al. 2016). Medications, such as benzodiazepines, phenobarbital, and morphine, commonly used during hypothermia, tend to reduce the amplitude of background activity and decrease continuity (Walsh et al. 2011). These factors should be considered when interpreting EEG results before, during, and after hypothermia treatment.

5 Suppressed EEG Activity in Preterm Infants

Changes in background EEG activity due to acute insult are also observed in preterm infants (Watanabe et al. 1999). To evaluate mild depression, one should note the decrease in the fast wave component and amplitude in addition to the decrease in continuity (Fig. 12.4).

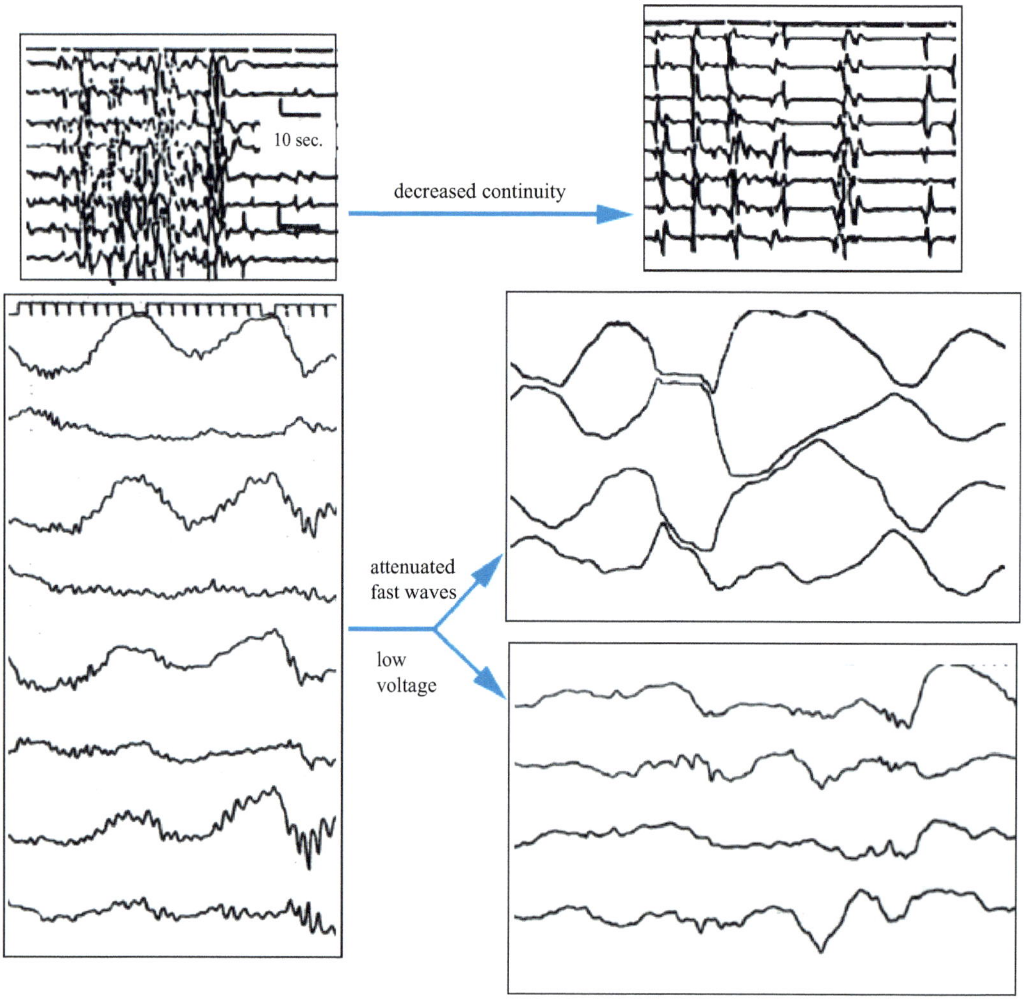

Fig. 12.4 Findings of suppressed EEG activity in preterm infants. To evaluate a slight decrease in activity, the clinician should note the decrease in the fast wave component and amplitude as well as the decrease in continuity

Table 12.3 Benchmark for voltage reduction

Mildly low voltage
Maximum voltage of delta wave
PMA <30 weeks: <200 μV
PMA >30 weeks: <150 μV
Severely low voltage
Maximum voltage of delta wave: 20–50 μV
Flat EEG
Maximum voltage of delta wave: <20 μV

Table 12.4 Classification of suppressed EEG activity in preterm infants

Grade I: Minimal depression
Prolonged IBI, diminished fast wave components
Grade II: Mild depression
Mildly low voltage
Grade III: Moderate depression
Decreased continuity pattern
Grade IV: Severe depression
Loss of continuous pattern, loss of fast wave component, severely low voltage
Grade V: Maximal depression
Flat EEG

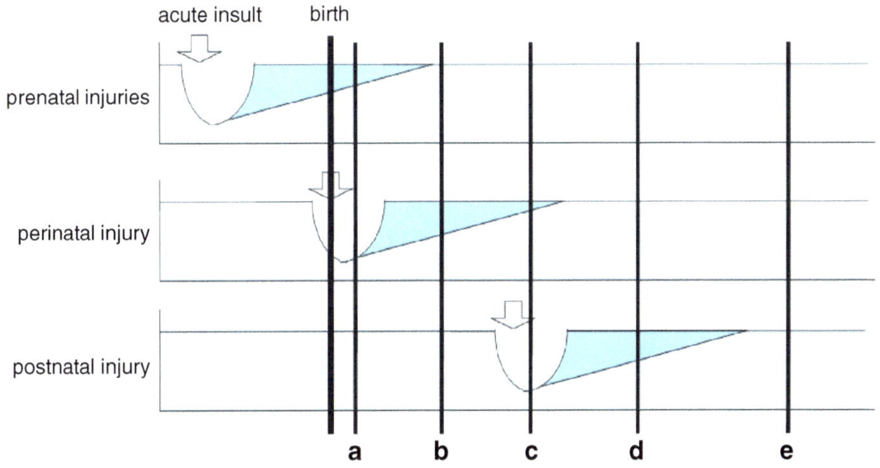

Fig. 12.9 Timing of onset of acute insult and timing of EEG recording. In cases of prenatal injury, (A) an EEG recorded immediately after birth may show CSAs, but (C–E) an EEG recorded later may not show these abnormalities. In cases of perinatal injury, (A) an EEG recorded immediately after birth shows only ASAs, but (B) an EEG recorded slightly later shows CSAs, making it difficult to distinguish perinatal from prenatal injury. In cases of postnatal injury, it is impossible to confirm that the injury is postnatal unless (A) a normal EEG in the early postnatal period is documented. (C) If the EEG is recorded immediately after brain insult, ASAs can be confirmed and the time of injury estimated. (B–E) However, abnormalities may not be identified at other times

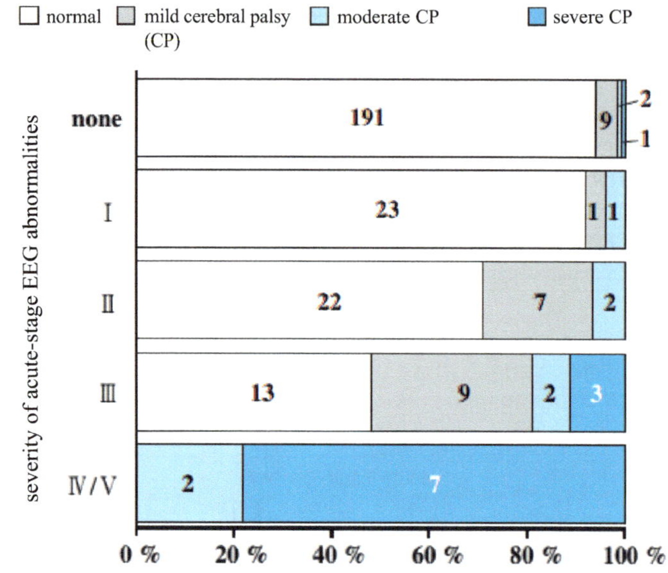

Fig. 12.10 Severest depression in EEG activity within first week after birth and later cerebral palsy

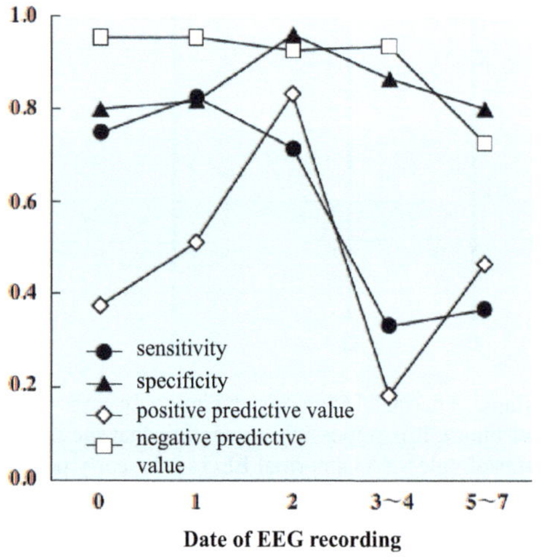

Fig. 12.11 Diagnostic significance of EEG and date of recording

5.3.4 Sedative Medications and Suppressed EEG Activity

Sedatives are commonly used in preterm infants for general management and pain relief. However, because these medications can lead to suppressed EEG activity in preterm infants, their use should be considered when evaluating EEGs. In our experience, 16 (52%) of 31 EEG recordings obtained while infants were under the effects of sedatives such as midazolam, pentobarbital, or morphine showed suppressed activity. Furthermore, patients who showed suppressed EEG activity also exhibited significantly worse outcomes, even when sedated (Hayashi-Kurahashi et al. 2012).

Rhythmic theta waves of 7–8 Hz are clearly identified, showing few brushes and slow waves. Additionally, a high voltage slow wave (HVS) pattern is recognized; therefore, the EEG maturation can be judged to be equivalent to that of a 40-week EEG. Notably, although the low-voltage part of the alternating pattern (TA) should show sustained activity, it is almost flat in this sample. This indicates that the TA pattern changed to a TD pattern. These findings indicate minimal depression in full-term infants (Fig. 12.12).

The low-voltage irregular (LVI) pattern and mixed (M) pattern, both continuous patterns, show rhythmic theta waves at 7–8 Hz; however, the slow wave continuity of the M pattern is rather poor. In the LVI pattern, theta waves are also reduced, and there is an increased presence of near-flat parts. Throughout the recordings, the HVS pattern cannot be observed, and only the TD pattern is observed during quiet sleep. The amplitude and duration of TD bursts are also slightly decreased. These findings indicate mild depression in a full-term infant (Fig. 12.13).

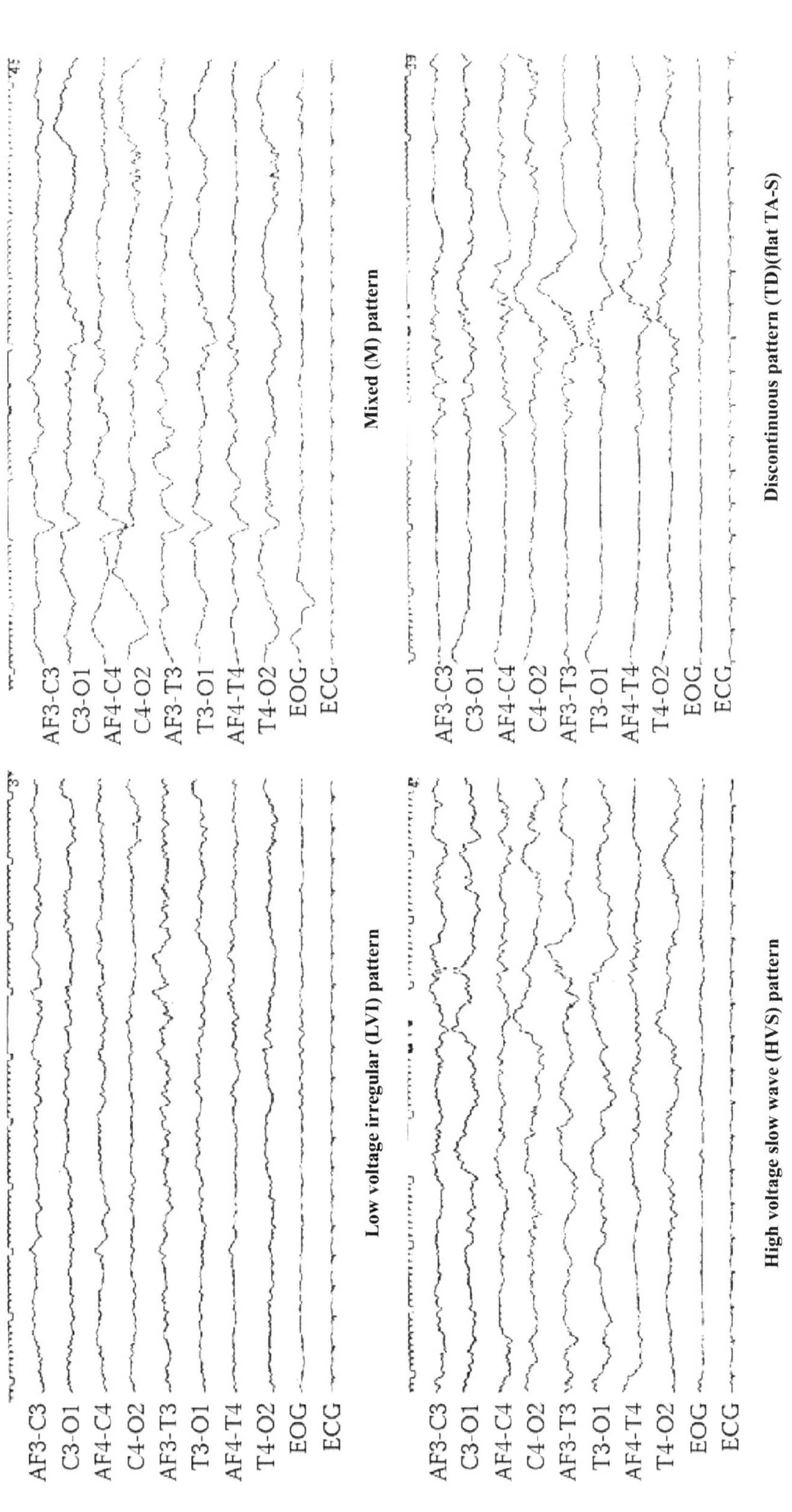

Fig. 12.12 Minimal depression (Grade I) in full-term infants

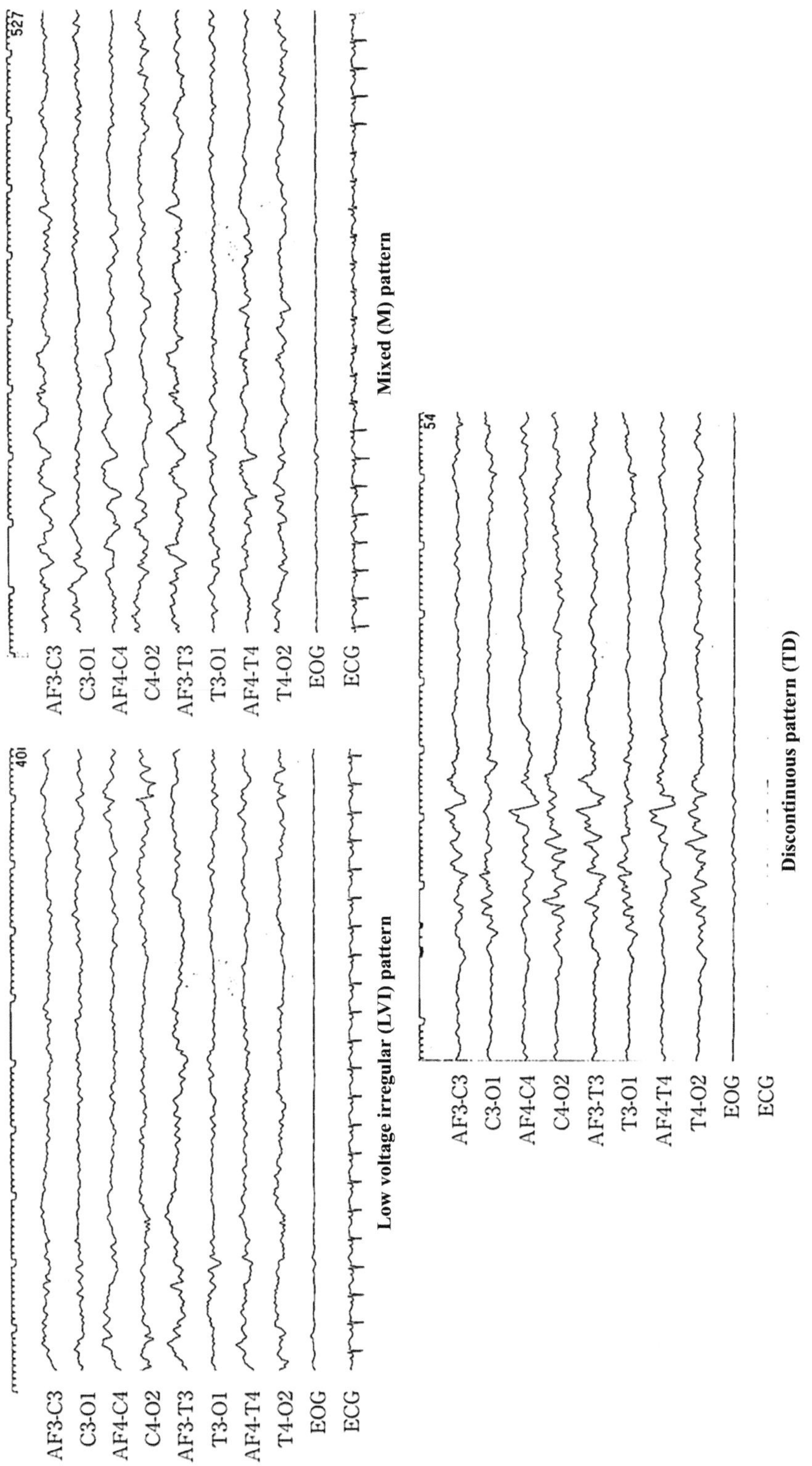

Fig. 12.13 Mild depression (Grade II) in full-term infants

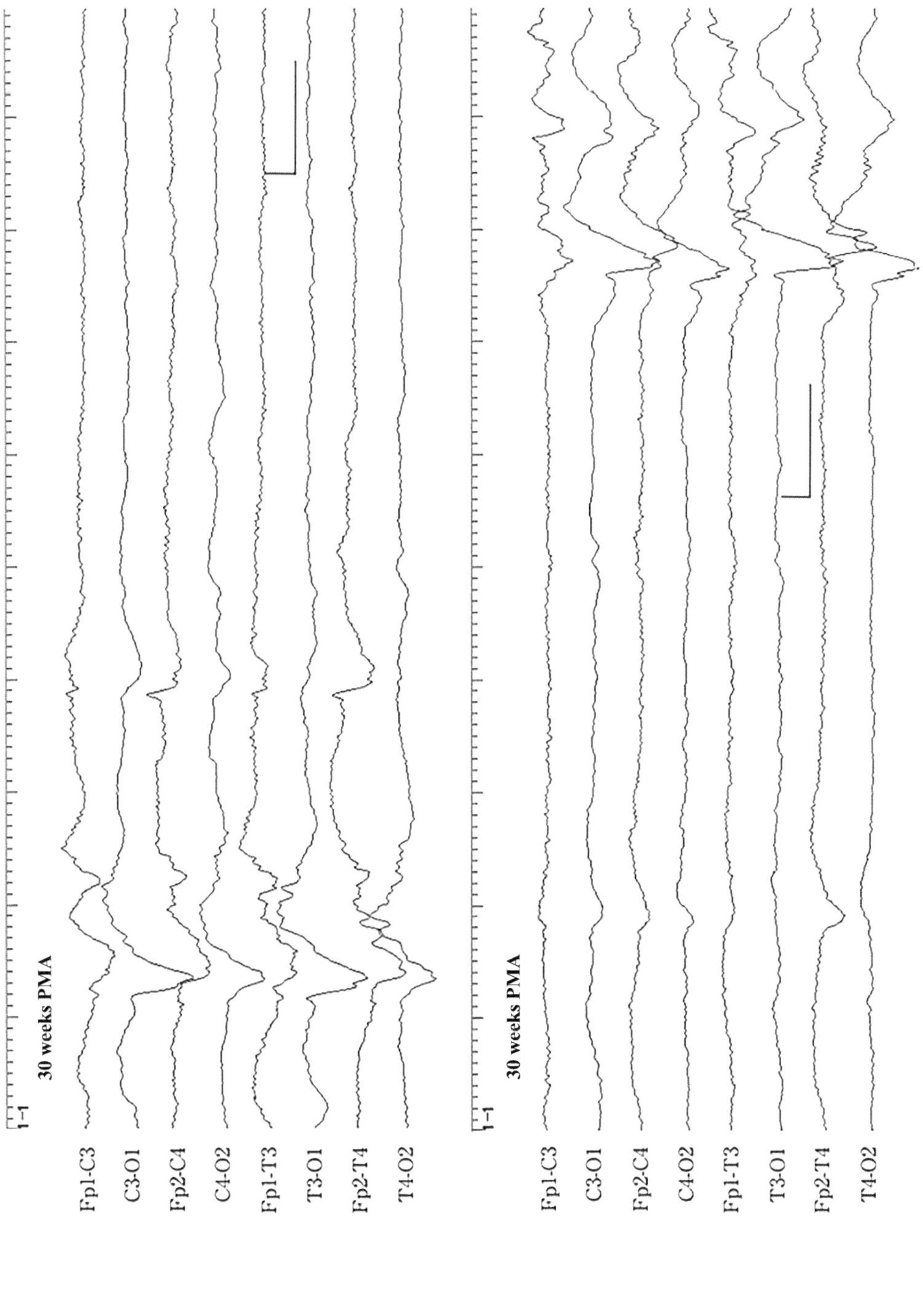

Fig. 12.19 Moderate depression (Grade III) in preterm infants

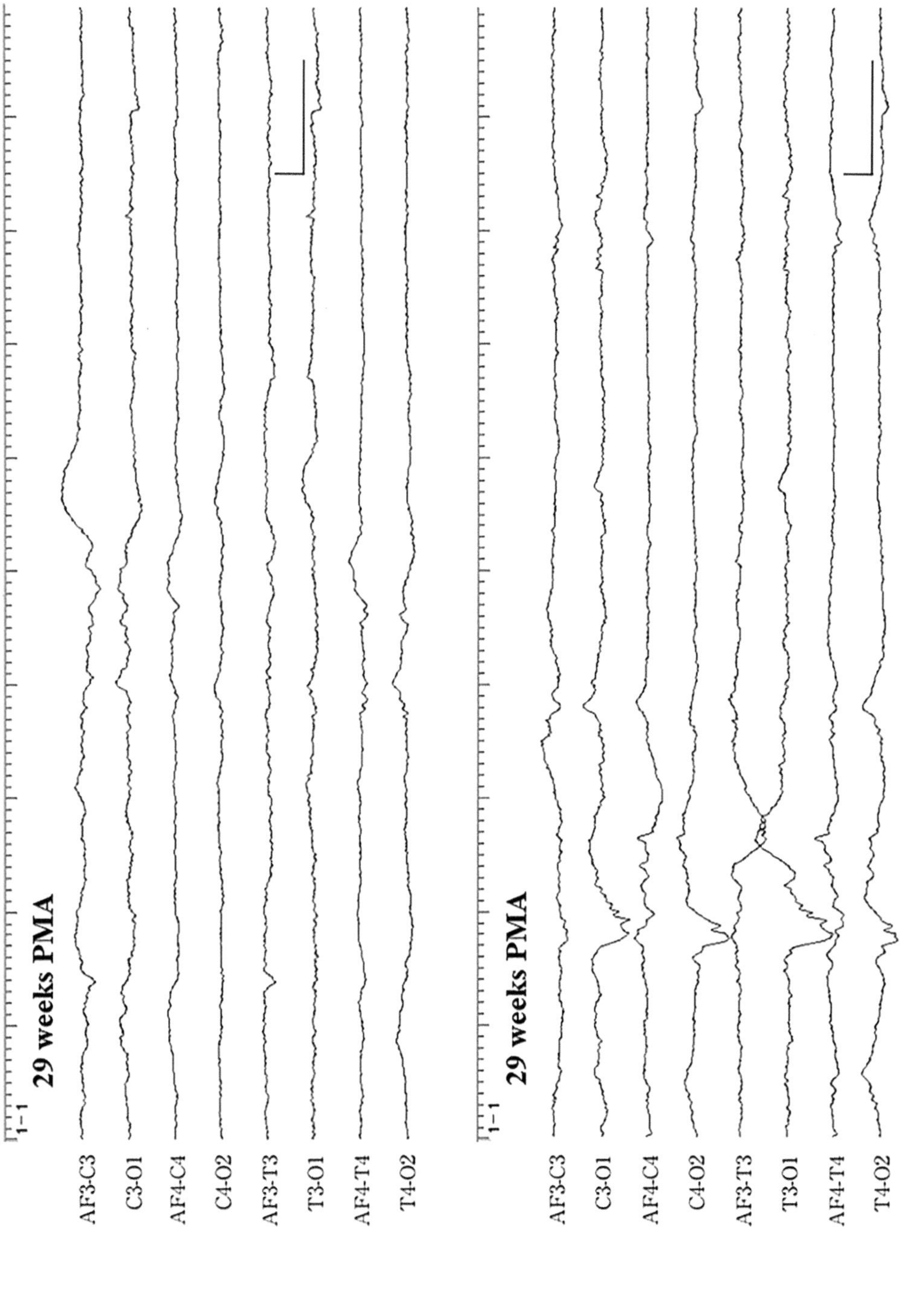

Fig. 12.20 Severe depression (Grade IV) in preterm infants

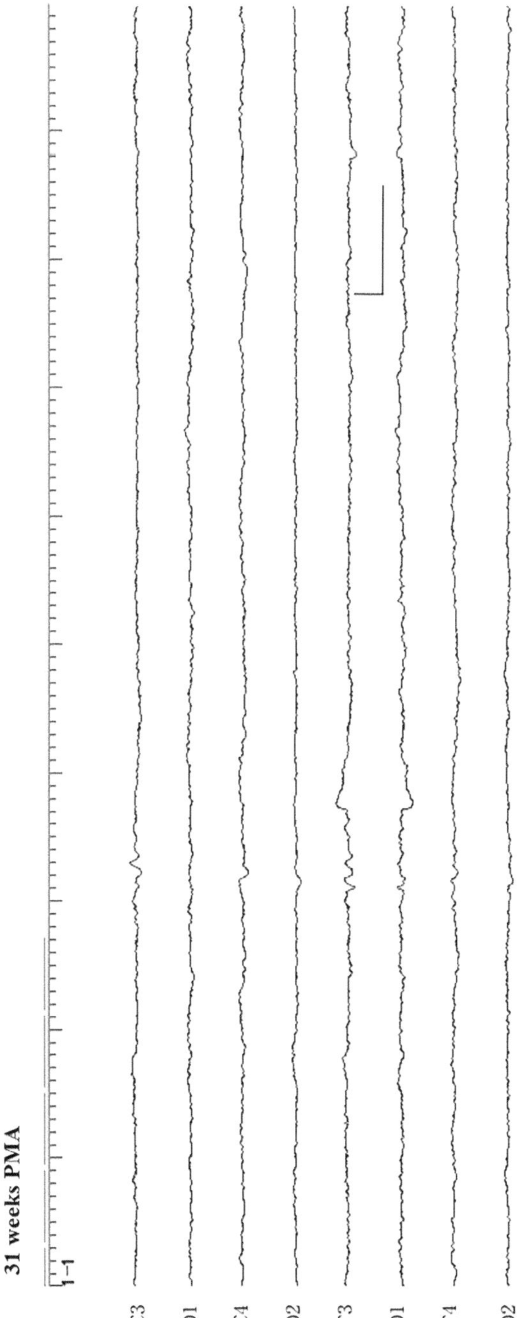

Fig. 12.21 Maximal depression (Grade V) in preterm infants

References

Birca A, Lortie A, Birca V, Decarie JC, Veilleux A, Gallagher A, Dehaes M, Lodygensky GA, Carmant L. Rewarming affects EEG background in term newborns with hypoxic-ischemic encephalopathy undergoing therapeutic hypothermia. Clin Neurophysiol. 2016;127(4):2087–94.

Hamelin S, Delnard N, Cneude F, Debillon T, Vercueil L. Influence of hypothermia on the prognostic value of early EEG in full-term neonates with hypoxic ischemic encephalopathy. Neurophysiol Clin. 2011;41(1):19–27.

Hayashi-Kurahashi N, Kidokoro H, Kubota T, Maruyama K, Kato Y, Kato T, Natsume J, Hayakawa F, Watanabe K, Okumura A. EEG for predicting early neurodevelopment in preterm infants: an observational cohort study. Pediatrics. 2012;130(4):e891–7.

Maruyama K, Okumura A, Hayakawa F, Kato T, Kuno K, Watanabe K. Prognostic value of EEG depression in preterm infants for later development of cerebral palsy. Neuropediatrics. 2002;33(3):133–7.

Takeuchi T, Watanabe K. The EEG evolution and neurological prognosis of neonates with perinatal hypoxia. Brain Dev. 1989;11(2):115–20.

Walsh BH, Murray DM, Boylan GB. The use of conventional EEG for the assessment of hypoxic ischaemic encephalopathy in the newborn: a review. Clin Neurophysiol. 2011;122(7):1284–94.

Watanabe K, Miyazaki S, Hara K, Hakamada S. Behavioral state cycles, background EEGs and prognosis of newborns with perinatal hypoxia. Electroencephalogr Clin Neurophysiol. 1980;49(5–6):618–25.

Watanabe K, et al. Neonatal EEG: a powerful tool in the assessment of brain damage in preterm infants. Brain Dev. 1999;21:361–72.

Chronic-Stage Abnormalities 13

Tatsuya Fukasawa, Koichi Maruyama,
and Fumio Hayakawa

1 Abnormal EEG Findings in the Chronic Stage

Abnormal EEG findings in the chronic stage can be categorized into three patterns: the disorganized pattern, dysmature pattern, and dysmorphic pattern.

The disorganized pattern is characterized by distorted physiological EEG components, especially deformed delta waves, and the appearance of abnormal sharp waves and abnormal brushes (Hayakawa et al. 1997a). This pattern often reflects deep white matter injury, such as periventricular hemorrhagic infarction and periventricular leukomalacia, and it is predictive of the future development of spastic paraparesis.

The dysmature pattern is an immature EEG pattern indicative of delayed brain maturation (Hayakawa et al. 1997b). This delay may be a result of suboptimal prenatal conditions or postnatal malnutrition. This pattern may also be associated with future intellectual disability.

The dysmorphic pattern is characterized by the appearance of abnormal nonphysiological EEG patterns. This pattern is suggestive of a brain malformation, such as a congenital malformation.

In preterm infants, there is a significant relationship between chronic-stage EEG abnormalities (CSAs) and neurological outcomes, as shown in Fig. 13.1 (Watanabe et al. 1999). Notably, 88% of infants without CSAs had normal outcomes. By contrast, all infants with severely disorganized patterns and 47% with mildly disorganized patterns developed cerebral palsy. Conversely, only 11% of infants with dysmature patterns developed cerebral palsy, but 67% experienced mental developmental issues, including borderline intellectual development and intellectual disabilities. Essentially, the disorganized pattern is a critical indicator of the cerebral palsy risk, whereas the dysmature pattern predominantly signals a risk of intellectual disabilities (Okumura et al. 2002).

With respect to pattern emergence, the disorganized pattern typically manifests between 4 and 13 days of age in infants with periventricular leukomalacia and is rare after 2 months (Kidokoro et al. 2009). The dysmature pattern, due to conditions such as malnutrition, persists even after EEG maturation ceases. However, the dysmorphic pattern can be seen regardless of the time of examination.

T. Fukasawa (✉)
Department of Pediatrics, Anjo Kosei Hospital, Anjo, Japan
e-mail: fukasawa@kosei.anjo.aichi.jp

K. Maruyama
Department of Pediatric Neurology, Aichi Developmental Disability Center Central Hospital, Kasugai, Japan
e-mail: maruyama@aichi-colony.jp

F. Hayakawa
Department of Pediatrics, Okazaki City Hospital, Okazaki, Japan

A. Okumura, H. Kidokoro (eds.), *Neonatal EEG: Atlas and Interpretation*,
https://doi.org/10.1007/978-981-96-0726-6_13

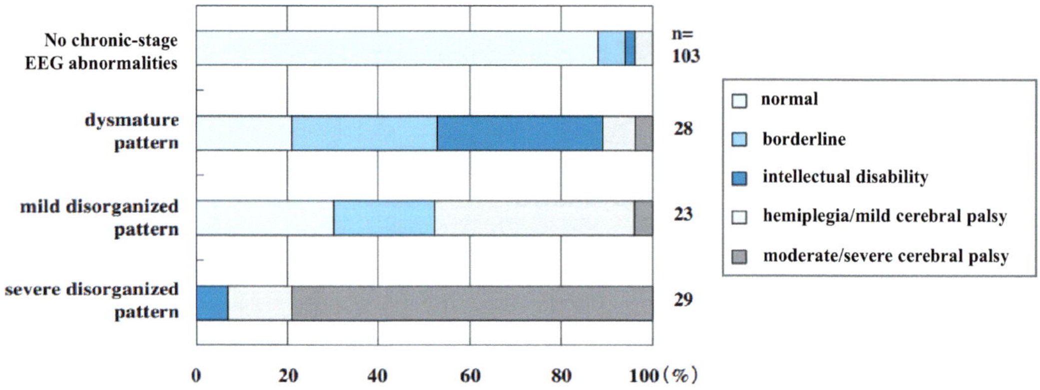

Fig. 13.1 Relationship between different types of chronic-stage abnormalities and neurological outcomes (Watanabe et al. 1999)

References

Hayakawa F, Okumura A, Kato T, Kuno K, Watanabe K. Disorganized patterns: chronic-stage EEG abnormality of the late neonatal period following severely depressed EEG activities in early preterm infants. Neuropediatrics. 1997a;28(5):272–5.

Hayakawa F, Okumura A, Kato T, Kuno K, Watanabe K. Dysmature EEG pattern in EEGs of preterm infants with cognitive impairment: maturation arrest caused by prolonged mild CNS depression. Brain Dev. 1997b;19(2):122–5.

Kidokoro H, Okumura A, Hayakawa F, Kato T, Maruyama K, Kubota T, Suzuki M, Natsume J, Watanabe K, Kojima S. Chronologic changes in neonatal EEG findings in periventricular leukomalacia. Pediatrics. 2009;124(3):e468–75.

Okumura A, Hayakawa F, Kato T, Kuno K, Watanabe K. Developmental outcome and types of chronic-stage EEG abnormalities in preterm infants. Dev Med Child Neurol. 2002;44(11):729–34.

Watanabe K, Hayakawa F, Okumura A. Neonatal EEG: a powerful tool in the assessment of brain damage in preterm infants. Brain Dev. 1999;21(6):361–72.

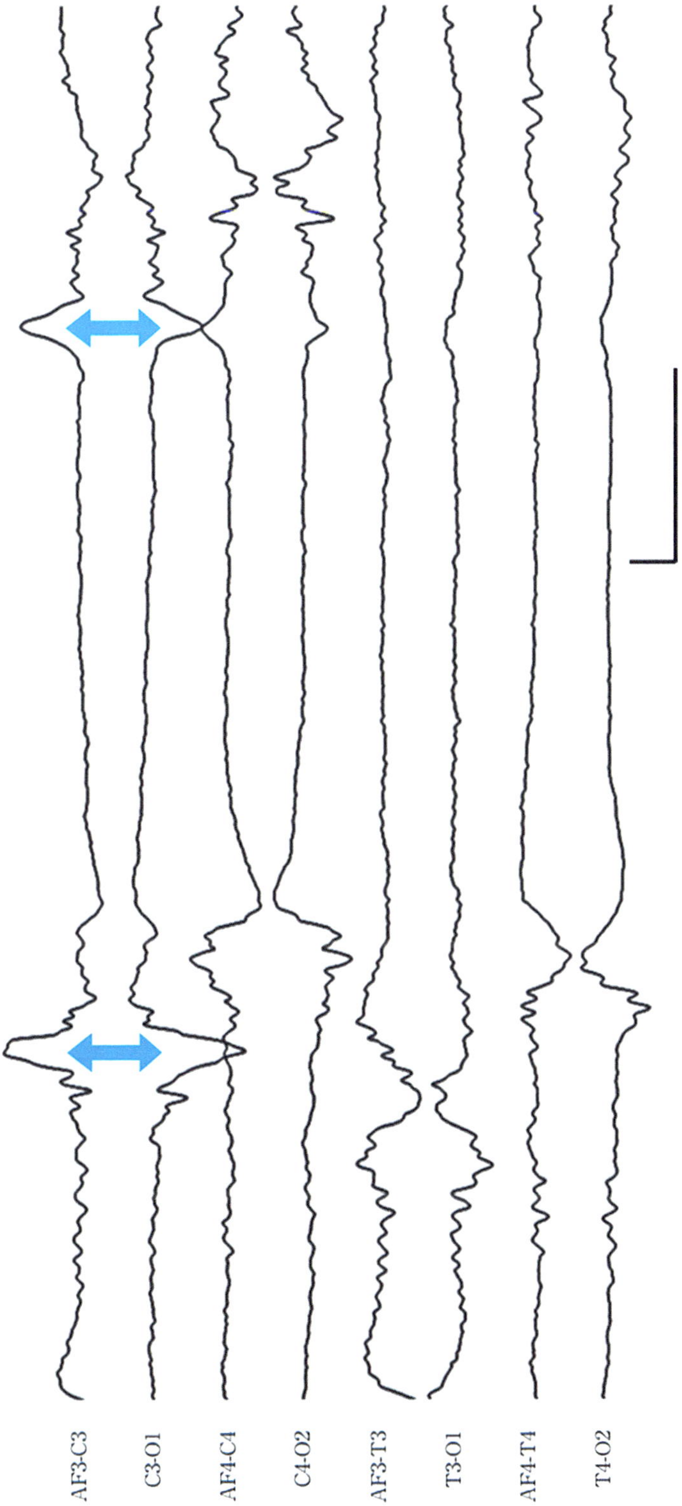

Fig. 14.4 Positive rolandic sharp wave (2)

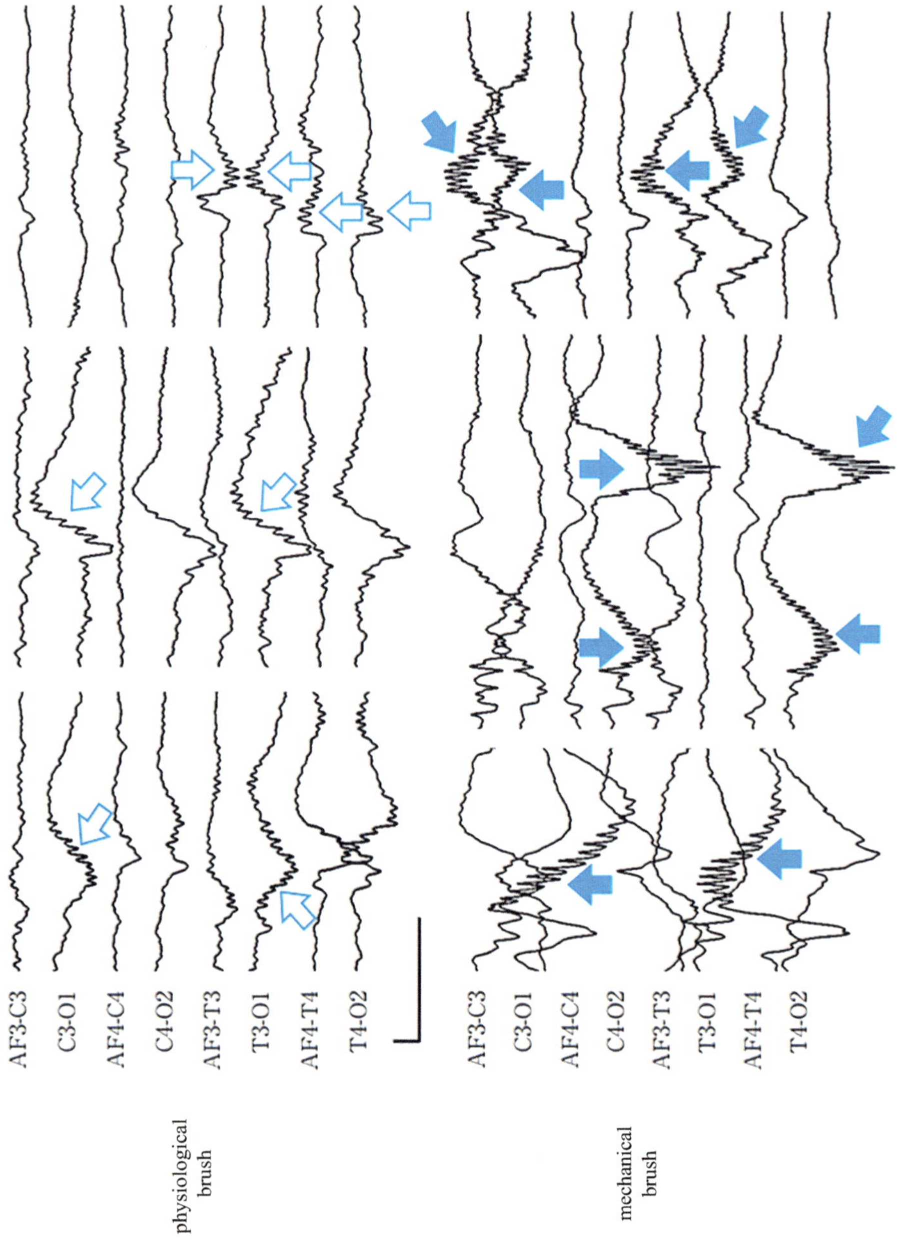

Fig. 14.5 Mechanical brush

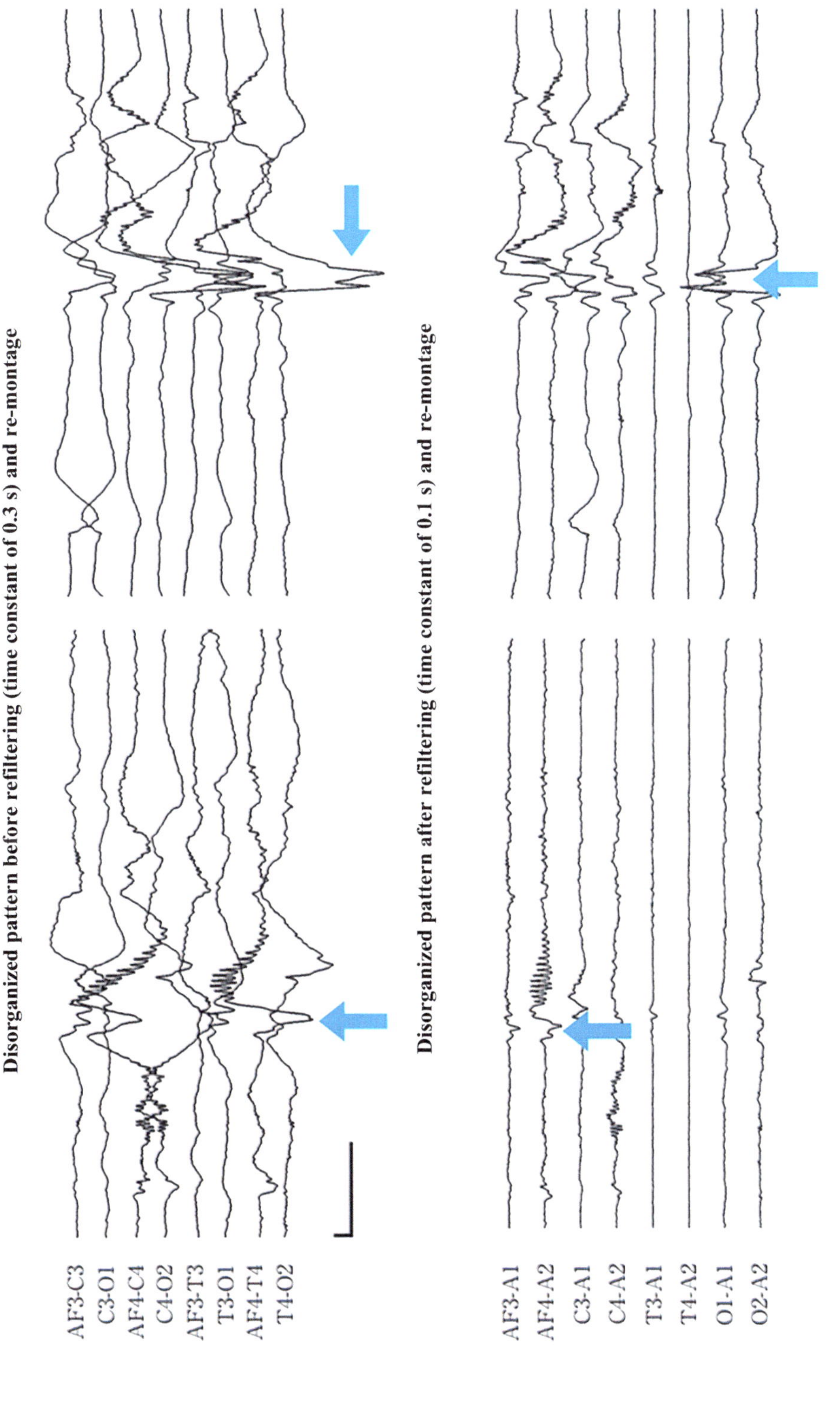

Fig. 14.6 Disorganized pattern seen in refiltered EEG

6 Positive Rolandic Sharp Wave Seen in Refiltered EEG

The positive rolandic sharp wave (PRS) is a waveform that reflects deep white matter damage in preterm infants, and its characteristic morphology makes it relatively easy to recognize. The PRS can be recognized more clearly by re-montaging to the reference derivation method, setting the time constant at 0.1 s, and filtering out slow waves (blue arrows). Because the PRS often appears in depressed EEG activities as acute stage abnormalities, it can be easily identified. However, once the background activity has recovered, the PRS may become obscured and difficult to identify. In such cases, re-montaging and refiltering can be very effective (Fig. 14.7).

7 Disorganized Pattern at 32 Weeks PMA

This figure illustrates a disorganized EEG pattern with a high-amplitude slow wave pattern (323) at 32 weeks PMA. No acute-stage abnormalities are observed; instead, mechanical (abnormal) brushes (white arrows) are present. These brushes are sharp, exhibit well-aligned rise-and-falls and have a form reminiscent of cogwheels. In the occipital region, mechanical brushes are often observed on the ascending slope of a positive slow wave (Fig. 14.8).

8 Disorganized Pattern at 30 Weeks PMA (1)

This high-voltage slow wave pattern (303) shows a disorganized pattern at 30 weeks PMA, a typical finding in preterm infants with periventricular leukomalacia. The blue arrows indicate occipital abnormal sharp waves from the right occipital region. The insertion of these waves leads to a peculiar deformation in the normally bowl-shaped slow waves. The white arrows indicate brushes with sharp tips, which can be considered mechanical brushes. The occipital abnormal sharp waves are often preceded by a small upward spike component (black triangles) immediately before a large downward sharp wave. This is a key insight into interpreting the disorganized pattern (Fig. 14.9).

9 Disorganized Pattern at 30 Weeks PMA (2)

The EEG corresponds to a high-amplitude slow wave pattern (303) at 30 weeks PMA, illustrating a typical disorganized pattern. This includes occipital abnormal sharp waves (blue arrows), frontal abnormal sharp waves (black arrow), and mechanical brushes (white arrow). Occipital abnormal sharp waves are often preceded by a small upward spike component (black triangles) immediately before a large downward sharp wave, which serves as a clue for their assessment. These deformations are thought to be caused by a disruption in the deep white matter (Fig. 14.10).

10 Disorganized Pattern at 28 Weeks PMA (1)

This EEG illustrates a discontinuous pattern at 28 weeks PMA (287), showing a disorganized pattern. Negative occipital abnormal sharp waves (blue arrows) and sharply deformed mechanical brushes (white arrows) are seen in the right occipital region. The black triangles indicate the spike component immediately before the occipital abnormal sharp waves (Fig. 14.11).

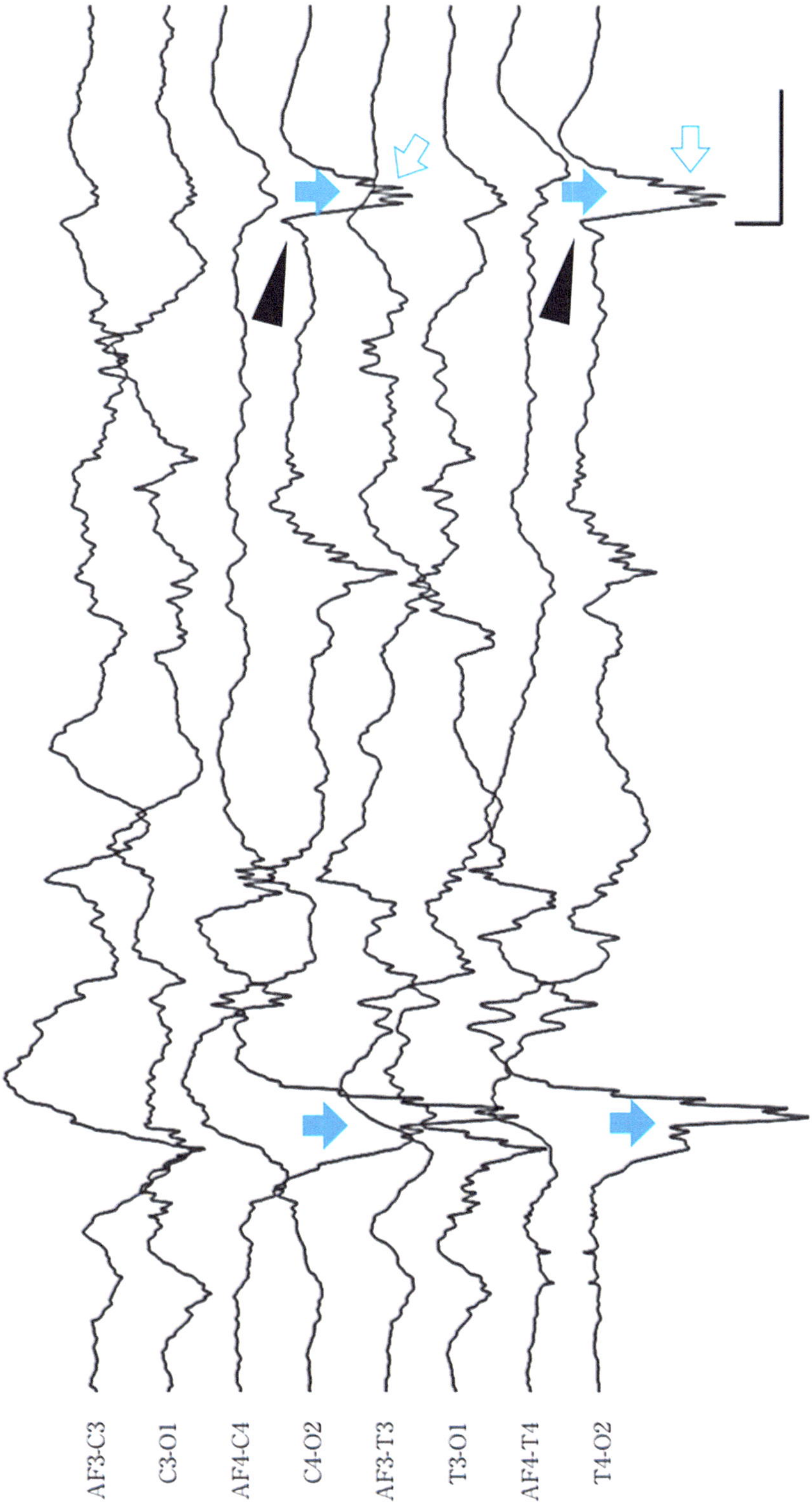

Fig. 14.9 Disorganized pattern at 30 weeks PMA (1)

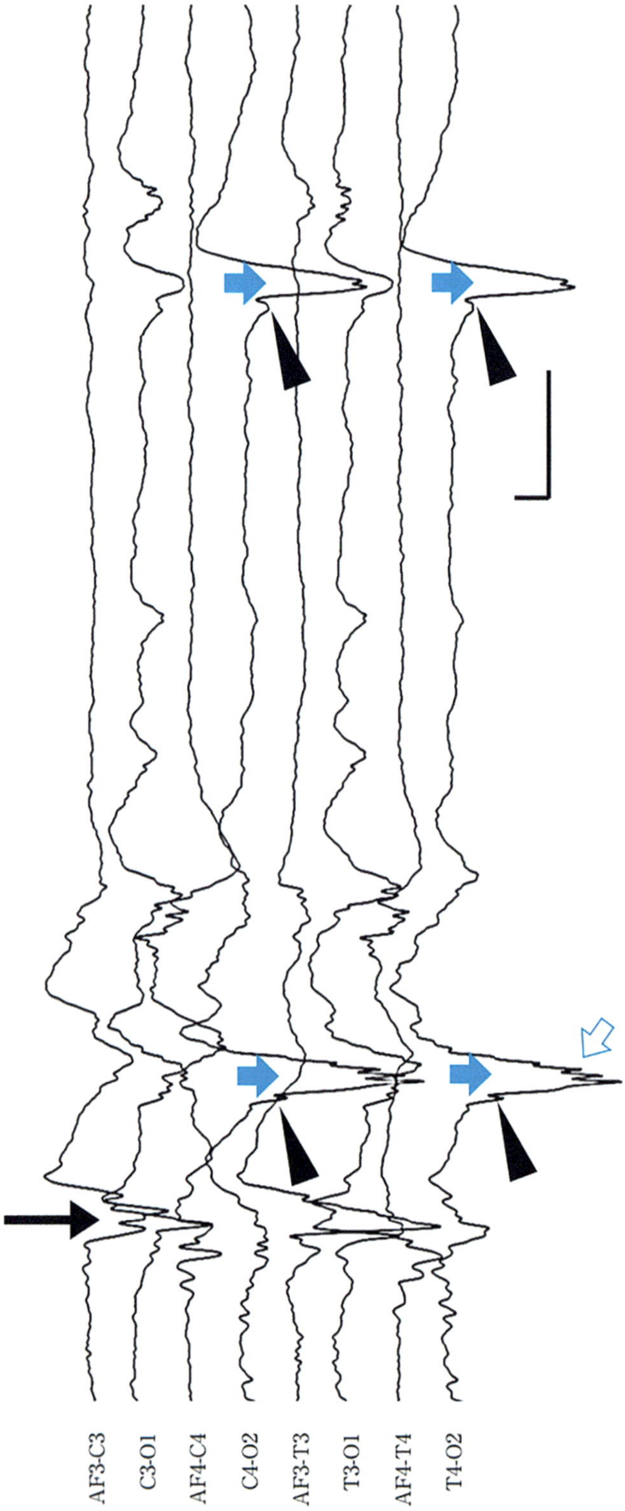

Fig. 14.10 Disorganized pattern at 30 weeks PMA (2)

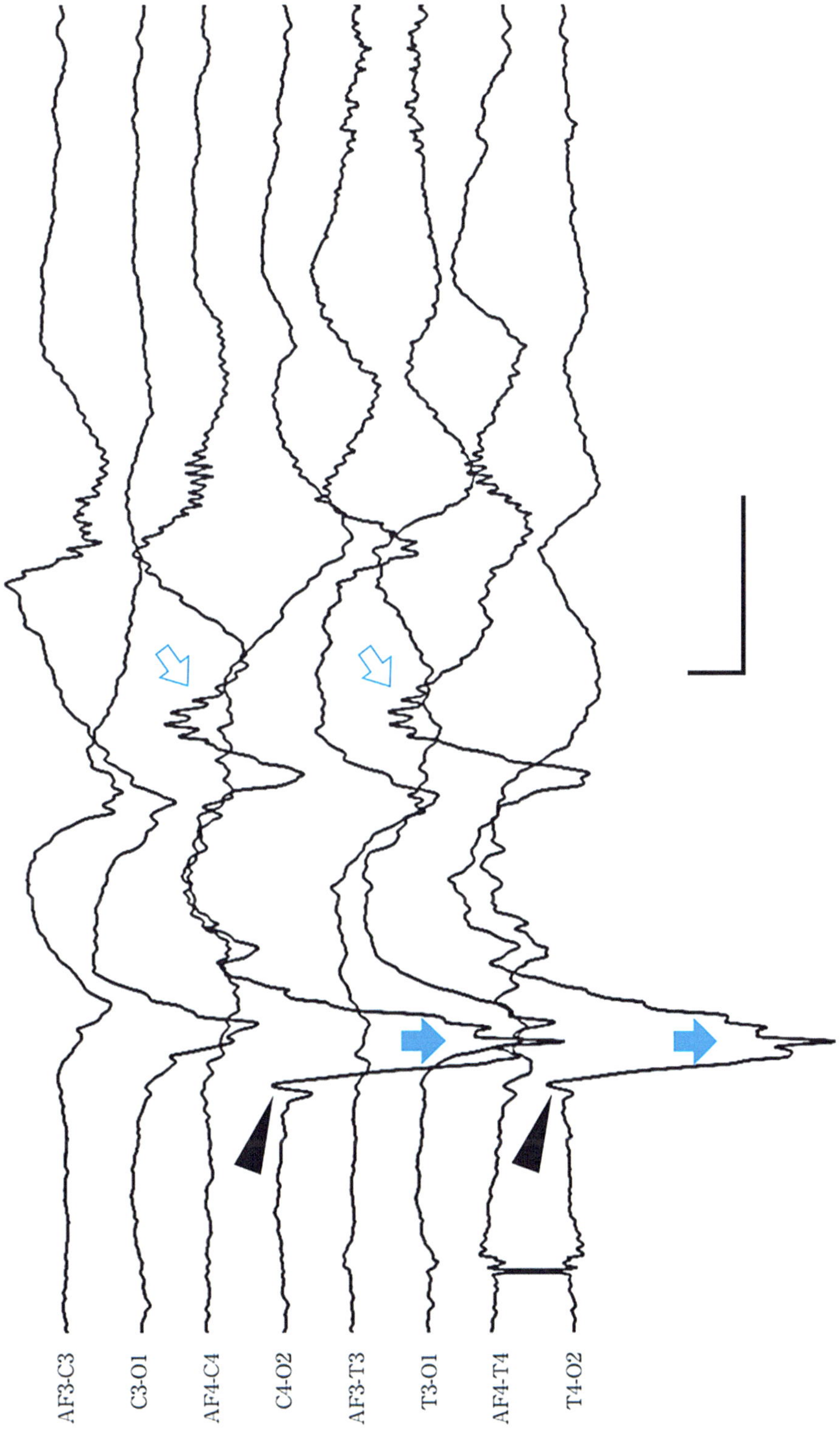

Fig. 14.11 Disorganized pattern at 28 weeks PMA (1)

11 Disorganized Pattern at 28 Weeks PMA (2)

This EEG displays a discontinuous pattern at 28 weeks PMA (287), which is indicative of a disorganized pattern. The right occipital region shows negative occipital abnormal sharp waves (blue arrow) and sharply deformed mechanical brushes (white arrows). Spiky components (black triangles) are visible just prior to these occipital abnormal sharp waves. Additionally, the base of the occipital abnormal sharp waves (blue arrow) in this figure appears deformed, as if it contains upward sharp waves (black arrow). Therefore, these abnormal sharp waves are not always simple sharp waveforms; their morphology is occasionally complicated (Fig. 14.12).

12 Disorganized Pattern at 40 Weeks PMA

This EEG corresponds to the 40-week alternating pattern (407) (Fig. 5.9). The overall impression is that it contains abundant fast-wave activities, which differ from physiological brushes. These fast waves are irregular and include spiky components, making them difficult to classify as physiological waveforms. If the abundance of fast-wave activities were interpreted as dysmaturity, it would contradict the characteristics of a dysmature pattern in which the low-amplitude portion of pattern 407 is neither prolonged nor reduced in amplitude. The slow waves are similar to physiological waves in terms of polymorphism and size, but they are individually deformed. At 40 weeks PMA, it is difficult to distinguish the disorganized pattern from the dysmorphic pattern. Preterm infants who previously showed a more typical disorganized pattern often show this type of pattern at 40 weeks PMA (Fig. 14.13).

Fig. 14.12 Disorganized pattern at 28 weeks PMA (2)

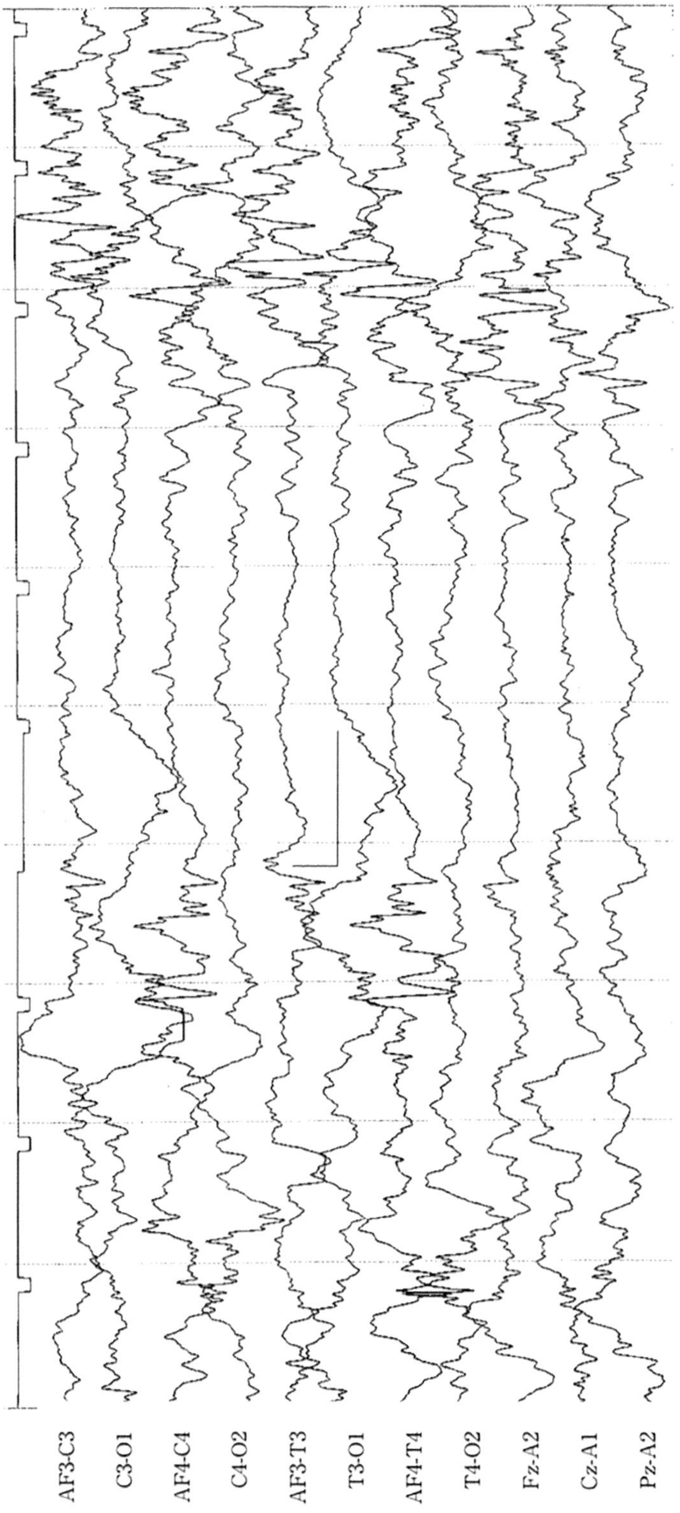

Fig. 14.13 Disorganized pattern at 40 weeks PMA

References

Hayakawa F, Okumura A, Kato T, Kuno K, Watanabe K. Disorganized patterns: chronic-stage EEG abnormality of the late neonatal period following severely depressed EEG activities in early preterm infants. Neuropediatrics. 1997;28(5):272–5.

Okumura A, Hayakawa F, Kato T, Kuno K, Watanabe K. Positive rolandic sharp waves in preterm infants with periventricular leukomalacia: their relation to background electroencephalographic abnormalities. Neuropediatrics. 1999;30(6):278–82.

Okumura A, Hayakawa F, Kato T, Maruyama K, Kubota T, Suzuki M, Kidokoro H, Kuno K, Watanabe K. Abnormal sharp transients on electroencephalograms in preterm infants with periventricular leukomalacia. J Pediatr. 2003;143(1):26–30.

Sofue A, Okumura A, Hayakawa F, Watanabe K. Sharp waves in preterm infants with periventricular leukomalacia. Pediatr Neurol. 2003;29(3):214–7.

15 Dysmature Pattern

Tatsuya Fukasawa, Toru Kato,
and Fumio Hayakawa

A dysmature pattern is defined as the persistence of immature EEG pattern. The waveform itself is physiological or close to it, yet there is an insertion of an immature pattern that is not appropriate for the PMA. In other words, a dysmature pattern is identified when the EEG pattern does not correspond with the PMA of an infant, with a more immature PMA pattern predominating.

The main findings of a dysmature pattern are as follows.

1. Persistence of immature high-voltage slow waves (delta waves)
2. Persistence of immature transients
3. Immature continuity
4. Prolongation of the IBI in the TA pattern
5. Mismatch of maturational parameter between AS and QS

The most important observation is that the physiological EEG maturation, during which slow waves become smaller as the PMA matures, is seen insufficiently, resulting in the persistence of immature delta waves.

A delay of approximately 2 weeks is called a mild dysmature pattern. Such 2-week delays rarely affect clinical outcomes once EEG maturation recovers by 40 weeks PMA. However, a delay of 3 weeks or more raises concerns about future intellectual development (Hayakawa et al. 1997; Okumura et al. 2002). One cause of delay in EEG maturation is undernutrition in extremely premature infants (Hayakawa et al. 2003).

1 Dysmature Pattern at 40 Weeks PMA (1)

This EEG illustrates a mixed pattern at 40 weeks PMA. Bifrontal slow bursts (white arrows), which are transients seen in term infants, are observed. However, immature slow waves of 200–250 μV at 1 Hz (blue arrows) are also present, a characteristic usually observed at 34 weeks PMA. The presence of fundamentally immature activity is characteristic of a dysmature pattern. A dysmature pattern is defined by a discrepancy of 2 or more weeks between the chronological age and the EEG-estimated age (Fig. 15.1).

2 Dysmature Pattern at 40 Weeks PMA (2)

This sample displays an HVS pattern in the same patient at 40 weeks PMA as shown in Fig. 15.1. Brushes are rarely observed, and slow waves of 100 μV at 1.5–2.0 Hz are predominant. However, monotonous slow waves of 200–250 μV at 1 Hz, typically seen at 32–34 weeks PMA (blue arrows), are also present. Therefore, the presence of fundamentally immature activity is characteristic of a dysmature pattern (Fig. 15.2).

T. Fukasawa (✉)
Department of Pediatrics, Anjo Kosei Hospital, Anjo, Japan
e-mail: fukasawa@kosei.anjo.aichi.jp

T. Kato · F. Hayakawa
Department of Pediatrics, Okazaki City Hospital, Okazaki, Japan
e-mail: torukato@sun-inet.or.jp

A. Okumura, H. Kidokoro (eds.), *Neonatal EEG: Atlas and Interpretation*,
https://doi.org/10.1007/978-981-96-0726-6_15

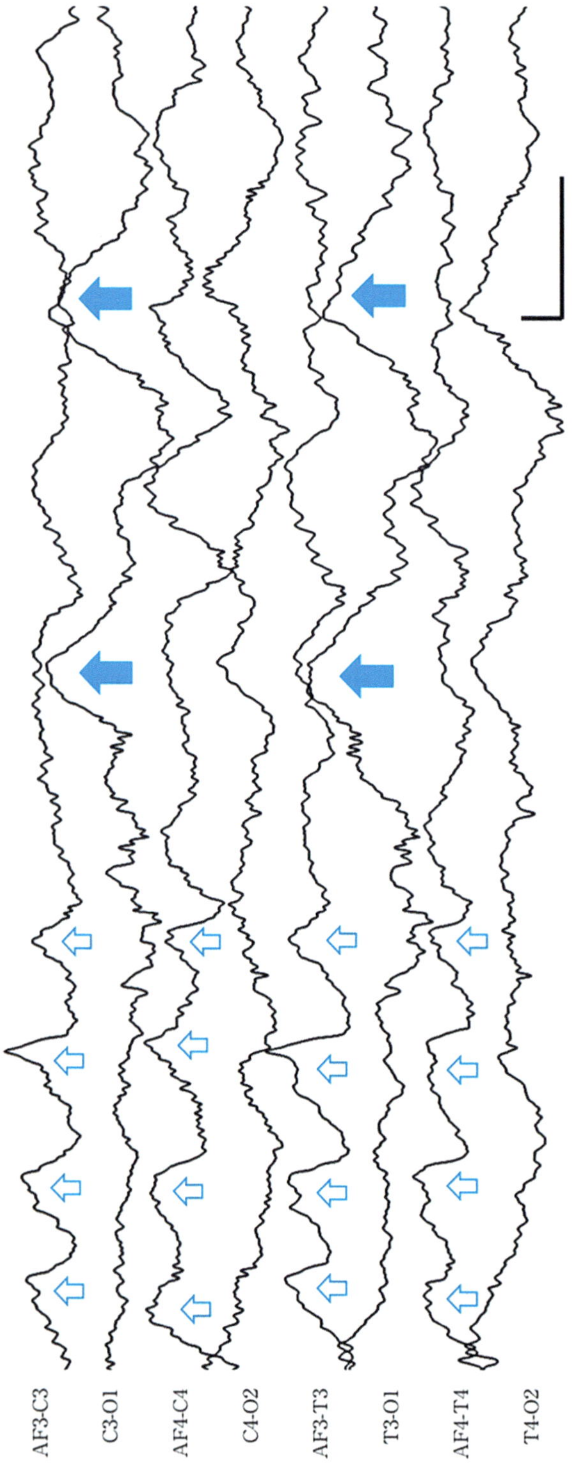

Fig. 15.1 Dysmature pattern at 40 weeks PMA (1)

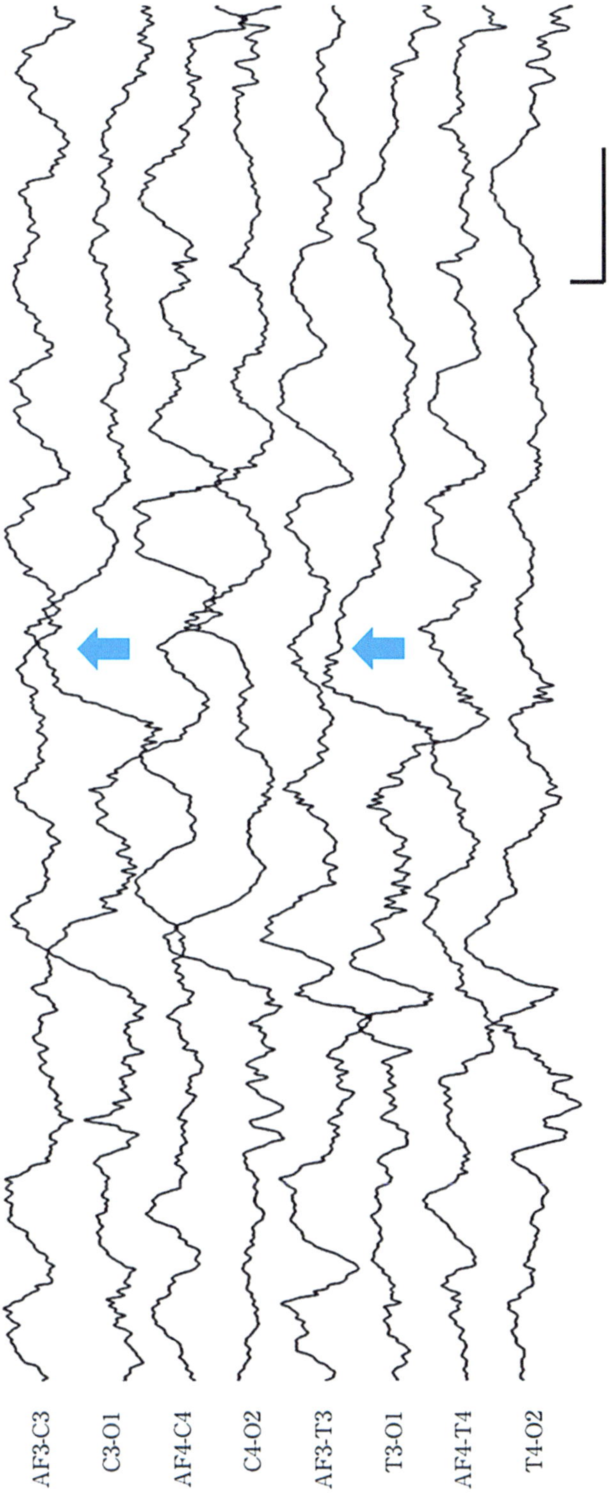

Fig. 15.2 Dysmature pattern at 40 weeks PMA (2)

3 Dysmature Pattern at 40 Weeks PMA (3)

This sample illustrate a TA pattern in the same patient at 40 weeks PMA as shown in Figs. 15.1 and 15.2. The high-amplitude portion is characterized by monotonous slow waves, equivalent to those seen at 32–34 weeks, which would correspond to EEG codes 327 or 347. However, the low-amplitude portion is not flat and exhibits low-amplitude activity, which does not conform to those codes. This elemental delay in maturation is indicative of a typical dysmature pattern (Fig. 15.3).

4 Dysmature Pattern at 34 Weeks PMA

This EEG corresponds to the high voltage slow wave pattern (343) at 34 weeks PMA. The background activity includes brushes that are typical for 34 weeks. However, slow waves of 300–350 μV at 0.5 Hz (blue arrows), which are usually seen at 28 weeks PMA, are also present. The presence of such elementally immature activity is a hallmark of the dysmature pattern (Fig. 15.4).

5 EEG Maturation Delay and Dysmature Pattern

This figure shows the evolution of the temporal EEG findings from a preterm infant who underwent repeated examinations from 28 to 40 weeks PMA.

(a) A record from 28 weeks PMA. The findings are equivalent to those expected for this PMA.
(b) A record from 32 weeks PMA. The high-voltage slow waves were still large, equivalent to what is typically seen at 28 weeks PMA. The patient was unable to receive enteral feeding because of gastrointestinal complication for 4 weeks (28–32 weeks PMA), resulting in significant weight gain failure. This suggests that little brain maturation occurred during this period.
(c) A record from 36 weeks PMA. The slow waves were large (200–250 μV, 1 Hz), and brushes were abundant, equivalent to the patterns observed at 30–32 weeks. These findings are indicative of a severe dysmature pattern.
(d) A record from 40 weeks PMA. Frontal slow bursts are present; however, the slow waves are large, equivalent to those seen at 36 weeks. This is also considered a severe dysmature pattern.

Thus, when EEGs are monitored from the early postnatal period, it is common to observe a pattern where EEG maturation stops at a certain point, resulting in a dysmature pattern persisting into the late neonatal period. Such a dysmature pattern in neonates raises concerns about potential future intellectual disabilities (Fig. 15.5).

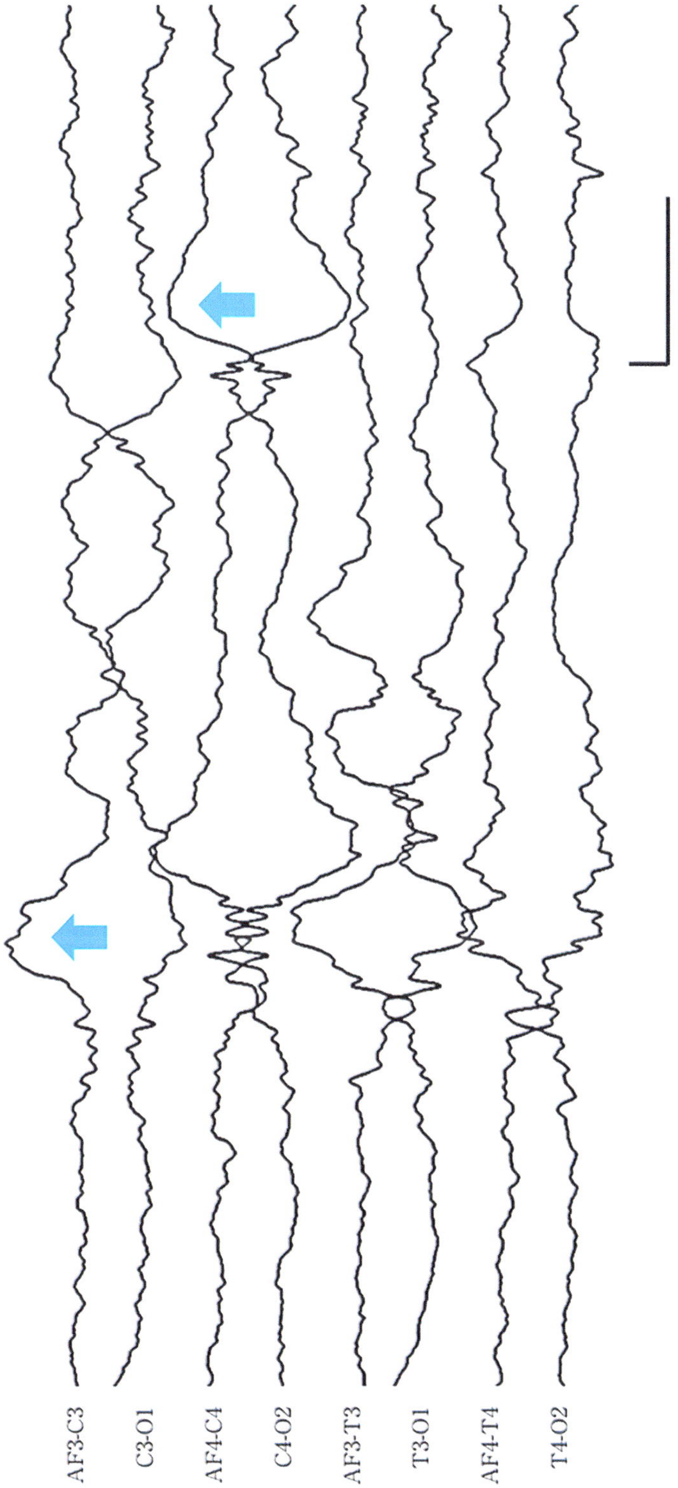

Fig. 15.3 Dysmature pattern at 40 weeks PMA (3)

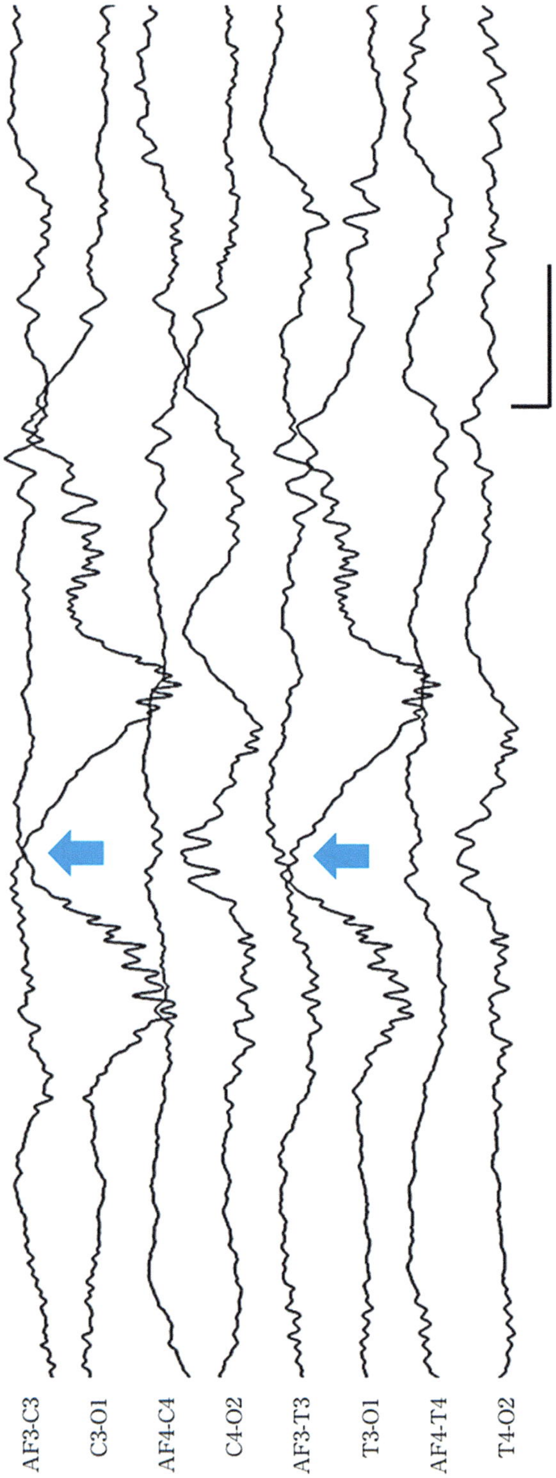

Fig. 15.4. Dysmature pattern at 34 weeks PMA

Dysmorphic Pattern

16

Tatsuya Fukasawa, Toru Kato,
and Fumio Hayakawa

Dysmorphic patterns are defined by the appearance of abnormal patterns that are not seen physiologically. Disorganized patterns are characterized by a deformation of background EEG activity, and dysmature patterns are characterized by delayed maturation of the EEG.

Specifically, a dysmorphic pattern is identified when (1) an abnormal waveform appears, which is not seen physiologically at any postmenstrual age (PMA); (2) determining the PMA becomes difficult because of the lack of physiological waveforms; or (3) there is a decrease in activity without a clinical scenario that typically suppresses EEG activity.

1 Dysmorphic Pattern (1)

This figure illustrates the low-voltage irregular pattern at 40 weeks PMA. The rhythmic theta bursts (under bars) appearing from the left and right occipital regions are transients not observed physiologically at any PMA. When such nonphysiological abnormal activities are detected, it is necessary to confirm the presence of a sleep cycle (whether AS and QS appear alternately), determine the postmenstrual weeks by physiological waveforms, and perform a detailed examination for the presence of other nonphysiological waveforms. If there is a problem in brain formation, the appearance of abnormal waveforms (reflecting functional and/or structural abnormalities) would not be surprising and are interpreted as a dysmorphic pattern (Fig. 16.1).

T. Fukasawa (✉)
Department of Pediatrics, Anjo Kosei Hospital, Anjo, Japan
e-mail: fukasawa@kosei.anjo.aichi.jp

T. Kato · F. Hayakawa
Department of Pediatrics, Okazaki City Hospital, Okazaki, Japan
e-mail: torukato@sun-inet.or.jp

A. Okumura, H. Kidokoro (eds.), *Neonatal EEG: Atlas and Interpretation*,
https://doi.org/10.1007/978-981-96-0726-6_16

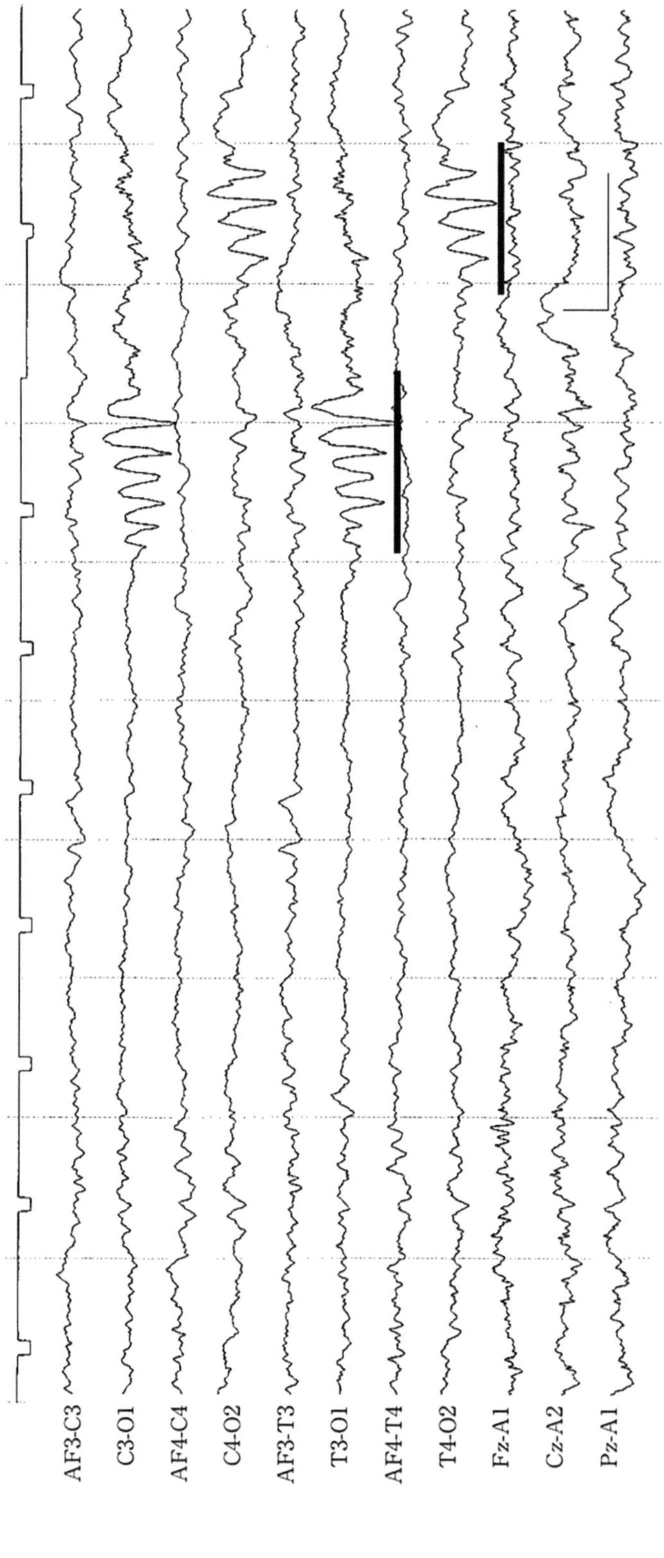

Fig. 16.1 Dysmorphic pattern (1)

2 Dysmorphic Pattern (2)

The EEG activity exhibits neither a low-voltage irregular pattern nor a high-voltage slow wave pattern but, rather, persistent activity of intermediate amplitude. The most notable activities are the fast wave bursts in the left occipital region (white arrow) and right occipital region (blue arrow). These bursts are irregular and lack the rhythm typical of brushes; they can best be described as a "superimposition of abnormal fast wave components." Based on these observations, a dysmorphic pattern is diagnosed because of the lack of physiological EEG activity and the presence of nonphysiological waveforms (Fig. 16.2).

3 Dysmorphic Pattern (3)

This EEG is from an infant with trisomy 13. The only notable activity is indicated by the blue arrow, set against a background of low amplitude and poor activity. At first glance, the activity appears to be a single sharp wave with a brush; however, both the sharp wave and the brush differ from physiological patterns. This indicates a dysmorphic pattern in addition to a high degree of EEG suppression. Unfortunately, it is impossible to determine from the EEG pattern alone whether the reduced EEG activity is due to brain dysfunction caused by a congenital disorder or an acute abnormality secondary to an insult such as asphyxia. The only way to determine this is by assessing the infant's general condition. In addition, because scalp edema may cause a low-amplitude EEG, it is necessary to check the scalp condition (Fig. 16.3).

4 Dysmorphic Pattern (4)

This EEG sample is from a 40-week-old infant. An abundance of irregular sharp, slow, and fast waves is observed, but these waveforms are not compatible with any specific PMA. Interhemispheric asynchrony is prominent. These observations indicate a dysmorphic pattern (Fig. 16.4).

5 Dysmorphic Pattern (5)

An abundance of irregular fast and slow waves that are not compatible to any specific PMA is observed. These findings indicate a dysmorphic pattern (Fig. 16.5).

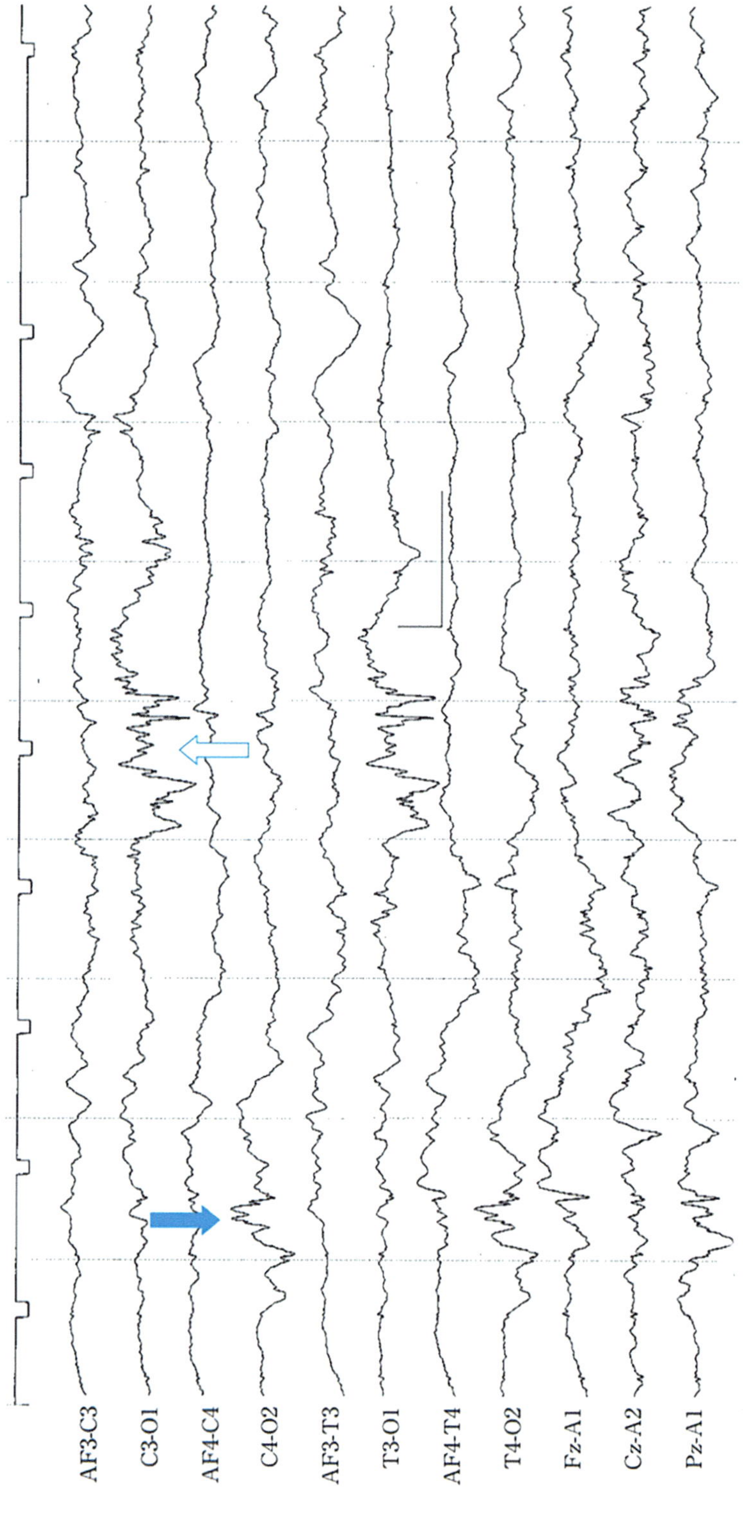

Fig. 16.2 Dysmorphic pattern (2)

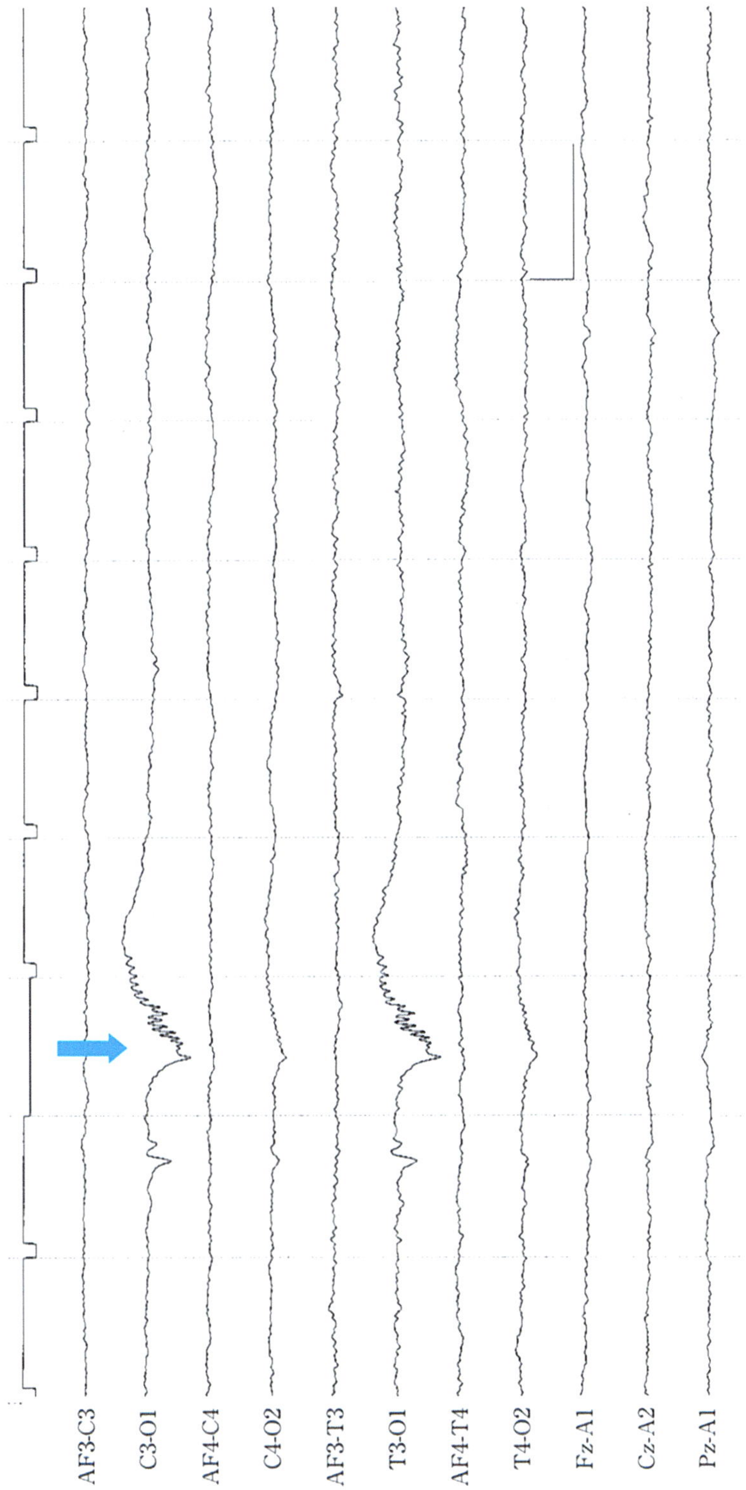

Fig. 16.3 Dysmorphic pattern (3)

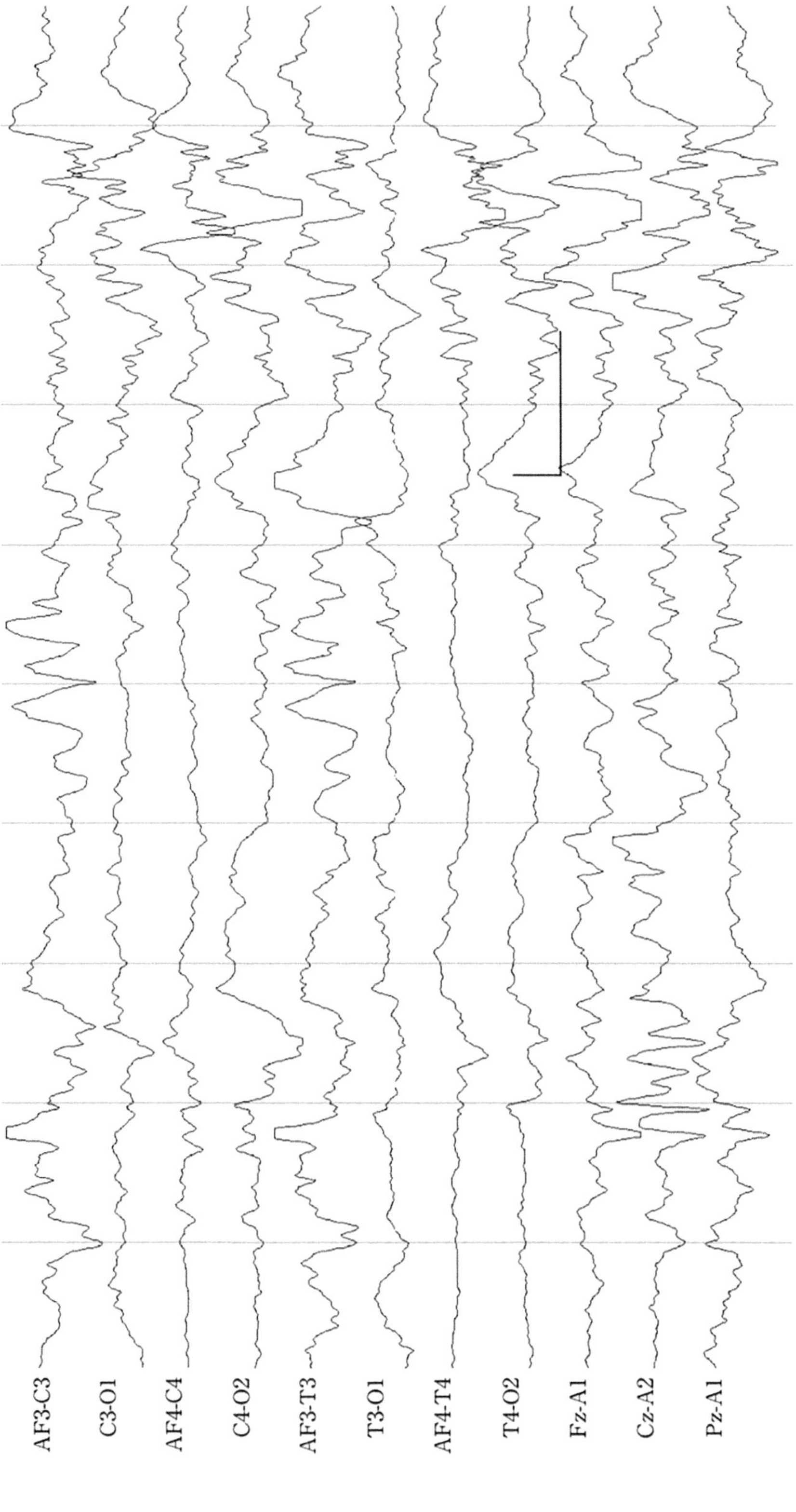

Fig. 16.4 Dysmorphic pattern (4)

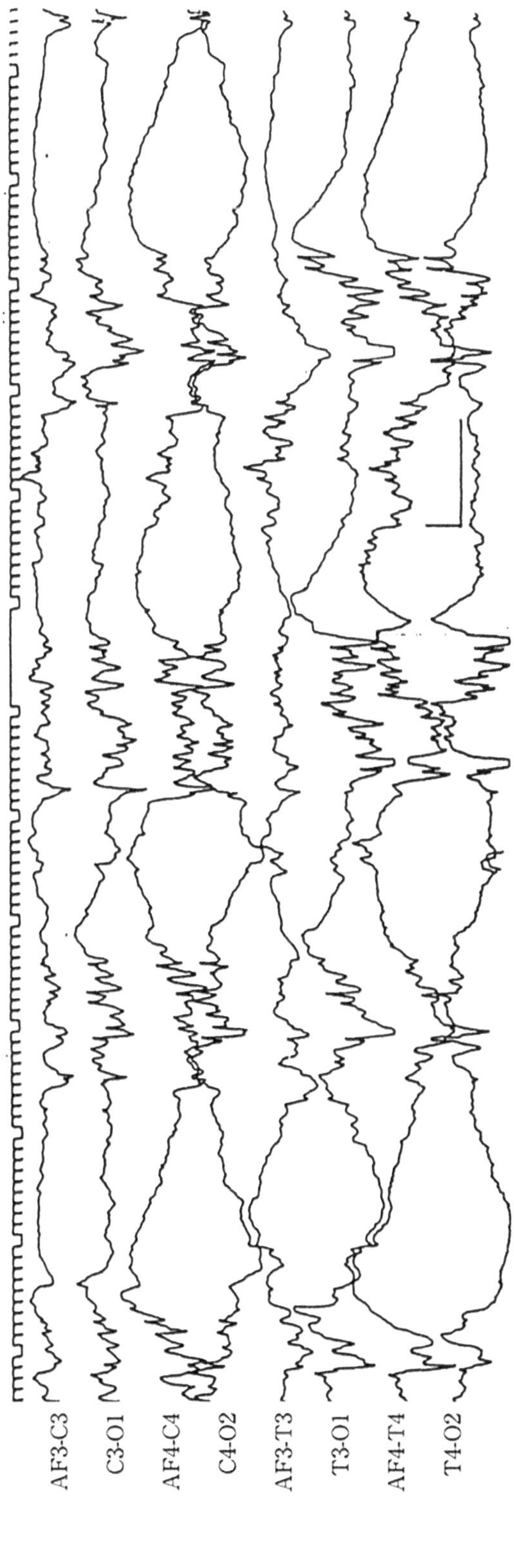

Fig. 16.5 Dysmorphic pattern (5)

Part IV

EEG in Neonatal Seizures

Neonatal Seizures

17

Akihisa Okumura, Koichi Maruyama,
Hiroyuki Yamamoto, and Fumio Hayakawa

1 Introduction

Neonatal seizures are important indications of CNS involvement in the newborn. Therefore, appropriate diagnosis and treatment are crucial. As outlined below, EEG plays a decisive role in diagnosing neonatal seizures and determining the efficacy of treatment. In infants with neonatal seizures, ictal EEGs are important. As therapeutic hypothermia becomes more widely adopted, the importance of EEG monitoring in neonates has become increasingly recognized. Ictal EEG is now commonly performed, and its interpretation requires a knowledge set that differs from that needed for interictal EEG evaluation.

A. Okumura
Department of Pediatrics, Aichi Medical University, Nagakute, Aichi, Japan
e-mail: okumura.akihisa.479@mail.aichi-med-u.ac.jp

K. Maruyama
Department of Pediatric Neurology, Aichi Developmental Disability Center Central Hospital, Kasugai, Japan

H. Yamamoto
Department of Pediatrics, Nagoya University Graduate School of Medicine, Nagoya, Japan

F. Hayakawa
Department of Pediatrics, Okazaki City Hospital, Okazaki, Japan

2 Specificity of Neonatal Seizures

The principal feature of neonatal seizures is electroclinical dissociation, i.e., a discrepancy between the clinical manifestations and the ictal EEG findings (Weiner et al. 1991). Traditionally, diagnosis of neonatal seizures has been based on clinical observations. However, several studies have demonstrated that clinical observations alone exhibit clear limitations when used to diagnose neonatal seizures. Subclinical seizures, which lack apparent clinical symptoms but nonetheless exhibit ictal EEG changes, are frequent in neonates. One report investigated the capacity of NICU staff to recognize seizures diagnosed via ictal EEG (Murray et al. 2008). Of 526 seizures exhibiting ictal EEG changes on simultaneous video-EEG recordings, only 179 (34%) had clinical symptoms recognizable on the videos. Thus, the vast majority of seizures were subclinical. The NICU staff reported 177 clinical events as seizures, but 134 (76%) of these events were misinterpreted because no EEG changes were apparent during them; 67 of these (38%) were reported in infants who lacked any seizures on EEG. Only 48 seizures were accurately identified by the NICU staff, accounting for just 9% of the total. These results clearly demonstrate that the diagnosis of neonatal seizures based on clinical observations alone is inaccurate. Notably, neonatal seizures that are clinically diagnosed often do not exhibit EEG changes during the

A. Okumura, H. Kidokoro (eds.), *Neonatal EEG: Atlas and Interpretation*,
https://doi.org/10.1007/978-981-96-0726-6_17

clinical events, indicating that they are not attributable to excessive neuronal activity in the brain. Typical examples of such events include locomotive limb movements described as pedaling or crawling; these are often misinterpreted as subtle seizures. Thus, ictal EEG recordings are essential to ensure accurate diagnosis of neonatal seizures. Although conventional multichannel EEG is optimal, amplitude-integrated EEG (aEEG), which will be described below, can also be useful.

3 Etiologies of Neonatal Seizures

Table 17.1 lists the underlying causes of neonatal seizures. These can be categorized into three groups, acute symptomatic, remote symptomatic, and self-limited, based on the status of active brain lesions. Most neonatal seizures are acute symptomatic seizures, commonly triggered by hypoxic-ischemic encephalopathy (HIE) including neonatal asphyxia. Among HIE cases, infants with parasagittal lesions or arterial infarctions may lack neurological symptoms related to HIE, rendering imaging diagnosis crucial. Congenital metabolic disorders are less common but must be diagnosed early and receive specific treatment.

Remote symptomatic neonatal seizures are often considered to reflect neonatal-onset epilepsy. These include various brain malformations, chromosomal abnormalities, congenital malformation syndromes, and in utero infections such as TORCH syndrome. Destructive lesions that develop in utero also fall into this category. The imaging findings are informative in infants with developmental brain malformations. When no brain malformation is evident, genetic testing is useful; both genetic variants and chromosomal abnormalities are common.

Any family history of self-limited neonatal seizures should be noted. A history of seizures in the neonatal period or in early infancy may indicate self-limited neonatal epilepsy.

The International League Against Epilepsy (ILAE) has published a new classification scheme for neonatal seizures (Pressler et al. 2021). The various etiologies of neonatal seizures are shown in Fig. 17.1. It is important to recognize overlaps between the etiologies. For example, a neonate with bacterial meningitis might experience hypoxic-ischemic stress during the acute phase of illness. If a neonate exhibits seizures, determination of the precise etiology thereof can be challenging.

4 Symptoms of Neonatal Seizures

Neonatal seizures are more difficult to identify than seizures in older children and adults. Although motor symptoms such as convulsions may be clinically detectable, seizures with prominent motor symptoms are relatively rare. Autonomic symptoms are important for detecting neonatal seizures. The most common autonomic symptoms include tachycardia or bradycardia, fluctuations in blood pressure, cyanosis, and decreased oxygen saturation. The so-called

Table 17.1 Underlying diseases in infants with neonatal seizures

	Common	Less common
Acute symptomatic	• Hypoxic-ischemic encephalopathy • Acute metabolic disorders • Hypoglycemia—electrolyte abnormalities, etc. • Infectious diseases • Sepsis—meningitis, etc. • Cerebrovascular disorders, head trauma • Intracranial hemorrhage, infarction, etc.	• Inborn errors of metabolism • Drugs/toxins • Congenital malignancy
Remote symptomatic	• Brain malformation	• Chromosomal abnormality • Genetic disorders • Congenital malformation syndrome
Self-limited	• Self-limited (familial) neonatal epilepsy	

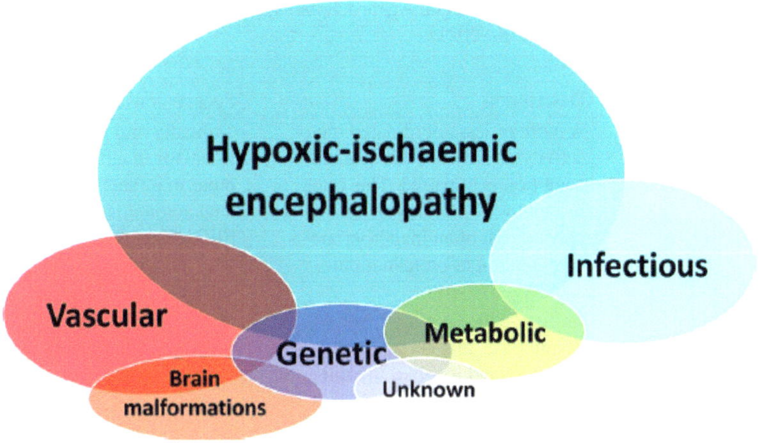

Fig. 17.1 The etiologies of neonatal seizures

apneic seizures are characterized by decreased oxygen saturation and tachycardia (autonomic symptoms) rather than breathing cessation. On the other hand, generalized hypertonia and alternating movements, such as pedaling, are extremely rare in neonates with seizures of cortical origin. Most are not associated with abnormal ictal EEG findings and should not be regarded as neonatal seizures. Alternating movements probably reflect releases of the lower central nervous system attributable to severe suppression of cortical function.

5 Classification of Neonatal Seizures

Any objective discussion of neonatal seizures requires well-defined terminology. A well-organized and easily comprehensible classification of seizure types is essential. No ideal classification of seizure types has yet been established. The Task Force on Neonatal Seizures of the ILAE recently published a new classification system (Pressler et al. 2021), which is expected to become the standard classification in the future.

Table 17.2 presents the ILAE classification of neonatal seizures (Pressler et al. 2021). The ILAE classification aligns with the classifications of epilepsy and epileptic seizures previously published by the ILAE (Fisher et al. 2017). Neonatal seizures are now categorized into four types: motor, non-motor, sequential, and electrographic-only seizures. Motor seizures are further subdivided into automatisms, clonic seizures, epileptic spasms, myoclonic seizures, and tonic seizures. Non-motor seizures are classified as autonomic or behavioral arrest. The latter may be negative motor seizures, which are difficult to distinguish from positive motor seizures. The ILAE stresses the frequent occurrence of electrographic-only seizures in neonates.

The ILAE classification is epoch-making; it considers all neonatal seizures to be of focal onset. The newborn brain lacks the neural circuits and networks required for the induction of generalized seizures in older children and adults. This supports the idea that all neonatal seizures are necessarily of focal onset. The ILAE classification is unique in that it determines the seizure type based on the predominant symptom during a seizure. In contrast to epileptic seizures, the classification of which focuses on symptoms at seizure onset, neonatal seizure classification emphasizes the etiology rather than the focus of the seizure. Thus, the ILAE has proposed that the seizure type should be determined based on the symptoms rather than the focus of the seizure. For example, a seizure associated with focal tonic posturing and ocular myoclonus would be classified as tonic if the former symptom was predomi-

Table 17.2 The International League Against Epilepsy (ILAE) classification of neonatal seizures. Reproduced with permission from Pressler et al. (2021)

Type	Description	Special considerations	Clinical context of seizure type
Automatisms	A more or less coordinated motor activity usually occurring when cognition is impaired. This often resembles a voluntary movement and may consist of an inappropriate continuation of preictal motor activity	Typically oral in neonates. Behavior in term and preterm infants may mimic ictal automatisms, thus EEG/aEEG mandatory	Seen in HIE and preterm infants. Often part of sequential seizures
Clonic	Jerking, either symmetric or asymmetric, that is regularly repetitive and involves the same muscle groups	Seizure type, which is more reliably diagnosed clinically	Typical seizure type in neonatal stroke or cerebral hemorrhage. May be seen in HIE
Epileptic spasms	A sudden flexion, extension, or mixed extension–flexion of predominantly proximal and truncal muscles that is usually more sustained than a myoclonic movement but not as sustained as a tonic seizure. Limited forms may occur: Grimacing, head nodding, or subtle eye movements	Brief in neonates, thus may be difficult to differentiate from myoclonic seizures without EMG channel. May occur in clusters	Rare. May be seen in inborn errors of metabolism or early-infantile DEE
Myoclonic	A sudden, brief (<100 ms) involuntary single or multiple contraction(s) of muscles(s) or muscle groups of variable topography (axial, proximal limb, distal)	Clinically difficult to differentiate from non-epileptic myoclonus, requires EEG, ideally with EMG channels	Typical seizure type in inborn errors of metabolism and preterm infants. May also be seen in early-infantile DEE
Tonic	A sustained increase in muscle contraction lasting a few seconds to minutes	Focal, unilateral or bilateral asymmetric. Generalized tonic posturing not of epileptic origin	Typical seizure type early-infantile DEE and genetic neonatal epilepsies
Autonomic	A distinct alteration of autonomic nervous system function involving cardiovascular, pupillary, gastrointestinal, sudomotor, vasomotor, and thermoregulatory functions	May involve respiration (apnea). EEG/aEEG mandatory	Rare in isolation. Seen in intraventricular hemorrhage as well as temporal or occipital lobe lesions. Also described in early-infantile DEE
Behavioral arrest	Arrest (pause) of activities, freezing, immobilization, as in behavior arrest seizure	EEG/aEEG mandatory	Rare as an isolated seizure type. More commonly seen as part of sequential seizure
Sequential seizure	This term is used in the instruction manual for the ILAE 2017 operational classification of seizure types for events with a sequence of signs, symptoms, and EEG changes at different times [6]	No predominant feature can be determined, instead the seizure presents with a variety of clinical signs. Several features typically occur in a sequence, often with changing lateralization within or between seizures	Often seen in genetic epilepsies such as self-limited neonatal epilepsy or KCNQ2 encephalopathy

(continued)

Table 17.2 (continued)

Type	Description	Special considerations	Clinical context of seizure type
Electrographic-only seizure	Subclinical, without clinical manifestation	EEG/aEEG mandatory	Often seen in preterm infants, HIE (particularly in those with basal ganglia/thalamus injury), critically ill and neonates undergoing cardiac surgery
Unclassified seizure type	Due to inadequate information or unusual clinical features with inability to place in other categories	EEG/aEEG mandatory	

nant. If a seizure is long-lasting, the symptoms may change over time, rendering it challenging to determine the predominant symptom. The term "sequential seizure" is used to describe such cases.

The basic concept of the proposed classification seems appropriate, but several questions remain. One issue is potential variability among different observers determining the predominant symptoms during seizures. The ILAE has sought to deal with this, but further tests in various settings are required to confirm reproducibility. Significant interobserver variability in terms of classifying seizure types could undermine the reliability of the ILAE classification. The "sequential seizure" concept is well-accepted, but temporal changes in seizure symptoms are common not only in neonates with seizures but also in older children and adults with seizures of cortical origin. If neonatal seizures persist for a long time, it is quite likely that the symptoms will change, suggesting that many seizures may thus be classified as sequential; further study is required.

6 The Diagnostic Framework for Neonatal Seizures

The diagnostic framework for neonatal seizures suggested by the ILAE is shown in Fig. 17.2. Initially, when neonatal seizures are suspected, an ictal EEG recording with simultaneous video-EEG recording or aEEG is required. Events that do not exhibit ictal EEG correlates are not neonatal seizures; they are non-seizure episodes. Only events associated with ictal EEG changes are neonatal seizures. EEG-confirmed neonatal seizures are classified based on the clinical symptoms. Events lacking such symptoms are classified as electrographic-only seizures (conventionally, "subclinical seizures"). When clinical symptoms are apparent, the seizure types are classified using the criteria listed in Table 17.2.

7 EEG Features of Neonatal Seizures

As previously mentioned, ictal EEG recording is essential for diagnosing neonatal seizures. If it is unclear whether ictal EEG correlates are present or absent, objective diagnosis of neonatal seizures is impossible. Table 17.3 lists the characteristics of ictal changes apparent on neonatal EEG. Neonatal seizures are series of paroxysmal discharges with a clear beginning and end; they are distinct from the background EEG activities. The ictal EEG changes may be described as:

1. Rhythmic
2. Repetitive
3. Stereotyped

The ictal EEG changes of neonatal seizures usually last for ≥10 s. As neonatal EEGs may exhibit rhythmic discharges and artifacts unrelated to seizures, it is important to define a minimal duration of EEG changes. Although the

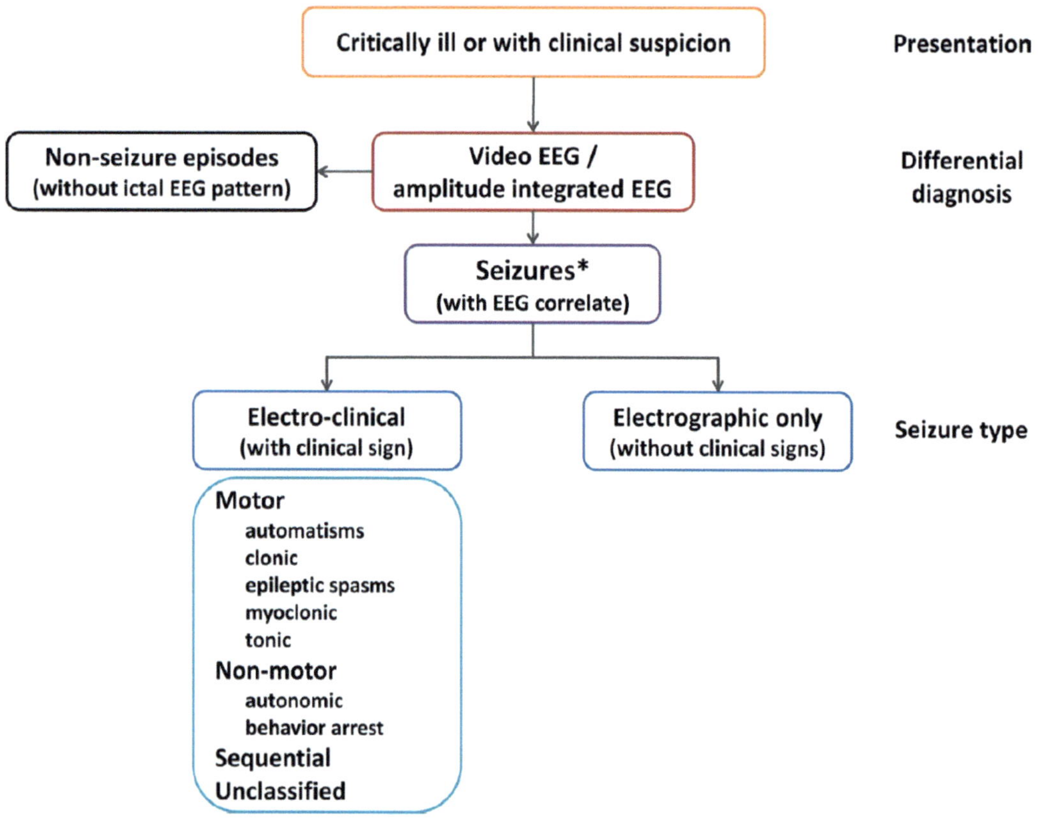

Fig. 17.2 The diagnostic framework for neonatal seizures

Table 17.3 Ictal EEG changes during neonatal seizures

The EEG exhibits the following features
• The ictal EEG patterns clearly differ from the EEG background; the beginning and end are distinct
• Rhythmic, repetitive, and stereotyped dischargers are apparent
• These findings generally persist for at least 10 s
• Evolutional changes are observed within a single seizure. The waveforms, voltages, frequencies, and sites of paroxysmal discharge change within a seizure
• The paroxysmal discharges are often alpha, theta, or delta waves; they are rarely spikes or sharp waves

"10-second rule" is not based on solid evidence, it is generally accepted worldwide. On the other hand, the durations of myoclonic seizures and epileptic spasms are <10 s, and the ictal EEG findings are neither rhythmic nor repetitive. It is essential to clarify the duration of ictal EEG changes according to the seizure type. However, the currently available information is insufficient.

During most neonatal seizures, paroxysmal discharges usually evolve within the course of the seizures ("evolution"). Although paroxysmal discharges are stereotyped, the waveforms, voltages, frequencies, and sites of paroxysmal discharge may change within a single seizure. "Evolution" is important when distinguishing epileptic seizures from artifacts. The paroxysmal discharges of neonatal seizures are rarely sharp waves or spikes. Most paroxysmal discharges are alpha, theta, or delta waves, and they are not spiky.

8 Etiologies of Neonatal Seizures and Background EEG Activities

Although changes in background EEG activities are not disease-specific, they are useful when considering the pathogenesis of underlying diseases; EEG reflects real-time brain function. Neonatal seizures exhibiting acute symptomatic etiologies are often associated with varying degrees of brain dysfunction attributable to acute brain insults. The severity of brain dysfunction is reflected in the acute-stage abnormalities (ASAs) apparent in background EEGs (Watanabe et al. 1980; Maruyama et al. 2002). Neonatal seizures with remote symptomatic etiologies may present with non-physiological background EEG activities (dysmorphic patterns) indicative of brain malformations. Destructive lesions that develop in utero can be associated with disorganized EEG patterns that vary according to the time since lesional onset (Hayakawa et al. 1997; Okumura et al. 2003; Kidokoro et al. 2006). Self-limited neonatal epilepsy is distinguished by the absence of obvious background EEG abnormalities during the interictal period.

9 Non-Epileptic Events That Should Be Differentiated From Neonatal Seizures

Non-epileptic events that should be differentiated from neonatal seizures include the following:

9.1 Jitteriness

Jitteriness is specific to neonates and can be mistaken for clonic seizures. However, jitteriness differs from clonic seizures, which exhibit repetitive, rapid muscle contractions followed by slow muscle relaxation. Jitteriness is not associated with ocular or autonomic symptoms, is easily triggered by tactile stimuli, and can be suppressed by passively flexing the limbs.

9.2 Hyperekplexia

Hyperekplexia is characterized by an excessive startle reflex and persistent tonicity in response to auditory, visual, or somatosensory stimuli (such as body movements, nose-tapping, or blowing air into the face). Hyperekplexia may be both rhythmic and convulsive, and sometimes accompanied by apnea, and it may disappear when the trunk is flexed. Generalized muscle hypertonia and myoclonus during sleep are also common. There is no ictal EEG correlation. Pathological variants in genes involved in glycine receptor and transporter actions (*GLRA1*, *SLC6A5*, and *GLRB*) are associated with this condition.

9.3 Dystonia

Dystonia, i.e., an abnormal posture attributable to increased muscle tone, can be difficult to distinguish from a tonic seizure. Common symptoms include finger hyperextension, hyperflexion of the wrist joints, hyperextension of the elbow joints, and neck and trunk torsion. Dystonia is typically caused by lesions in the basal ganglia or disorders of the extrapyramidal tract, which is connected to the basal ganglia.

9.4 Myoclonus

Benign neonatal sleep myoclonus typically appears about 1 week after birth. This condition is characterized by intermittent, bilateral, synchronous, repetitive myoclonic movements of the extremities that last for several minutes. Benign neonatal sleep myoclonus occurs only during sleep, especially quiet (non-REM) sleep. The condition is evoked by vibration and disappears on awakening. It generally resolves within 2 months; neurological development is not affected.

Early myoclonic encephalopathy is a drug-resistant form of epileptic encephalopathy that emerges in the neonatal period. The associated myoclonus usually lacks ictal EEG correlates and is considered to be non-epileptic. Myoclonus can also be associated with several other diseases but is often non-epileptic.

10 Continuous EEG Monitoring in Neonates with Seizures

Continuous EEG monitoring is useful for differentiating neonatal seizures and non-epileptic events, and it can detect electrographic-only seizures in the absence of apparent clinical manifestations. Prolonged video-EEG monitoring is recommended for all neonates with suspected or EEG-confirmed seizures. The advent of digital EEG has reduced the technical challenges, but the required equipment is not always available in NICUs. Therefore, the development and widespread use of simple monitoring devices is essential. aEEG is one of the most promising tools.

aEEG simplifies the analysis by reducing the number of electrodes, compressing the time span on display, and filtering to extract maximum and minimum EEG amplitudes at specific frequencies. This aids long-term recording and interpretation. However, seizures with short or low-voltage discharges may be missed, and ictal EEG changes distant from the electrodes cannot be detected given the reduced number of electrodes. Qualitative evaluations, i.e., differentiation of genuine conditions from artifacts and assessment of background EEG activity, are also limited. Recent devices that simultaneously record raw EEG activities are expected to enhance diagnostic accuracy when aEEG is combined with conventional EEG (Alfonso et al. 2001).

EEG monitoring is important not only to diagnose neonatal seizures and determine their etiology and severity, but also when evaluating the efficacy of treatments (Clancy 2006). The primary goal of those who treat neonatal seizures is to resolve all ictal events observable on an EEG. Electrographic-only seizures are commonly seen in neonates, especially after administration of antiseizure medications. Although the need for such medications to treat electrographic-only seizures without clinical manifestations remains unclear, it is not appropriate to assess treatment efficacy using clinical observations alone. Furthermore, in children in intensive care who are prescribed muscle relaxants, seizures may be undetected in the absence of continuous EEG monitoring.

11 Neonatal Seizures (1)

Neonatal seizures in a term infant (40 weeks PMA) with hypoxic-ischemic encephalopathy. During the interictal period, the background EEG activity was flat, indicating maximal depression (A; blue arrow). The seizures commenced with high-voltage slow waves in the bilateral frontal areas, followed by repetitive, stereotyped, rhythmic delta waves that propagated to the occipital areas (A). The ictal discharges gradually became more widespread, and the voltage increased (B); the ictal discharges eventually terminated as rhythmic, high-amplitude slow waves in the frontal areas (C). During neonatal seizures, although the individual waveforms were stereotyped, evolutionary changes in the voltage and frequency were apparent; these allowed the seizures to be distinguished from artifacts. Such seizures lack clinical symptoms and are classified as "electrographic-only seizures" by the ILAE (Fig. 17.3).

12 Neonatal Seizures (2)

A seizure in a neonate at 38 weeks PMA due to hyperammonemia of unknown etiology. During the interictal period, the background EEG activity was flat, indicating maximal depression. The ictal EEG revealed repetitive low-voltage delta waves originating from the right frontal area. When the EEG background was hypoactive, the ictal discharge voltage tended to be low. This seizure was not associated with any clinical symptoms and was thus classified as an "electrographic-only seizure" using the ILAE classification (Fig. 17.4).

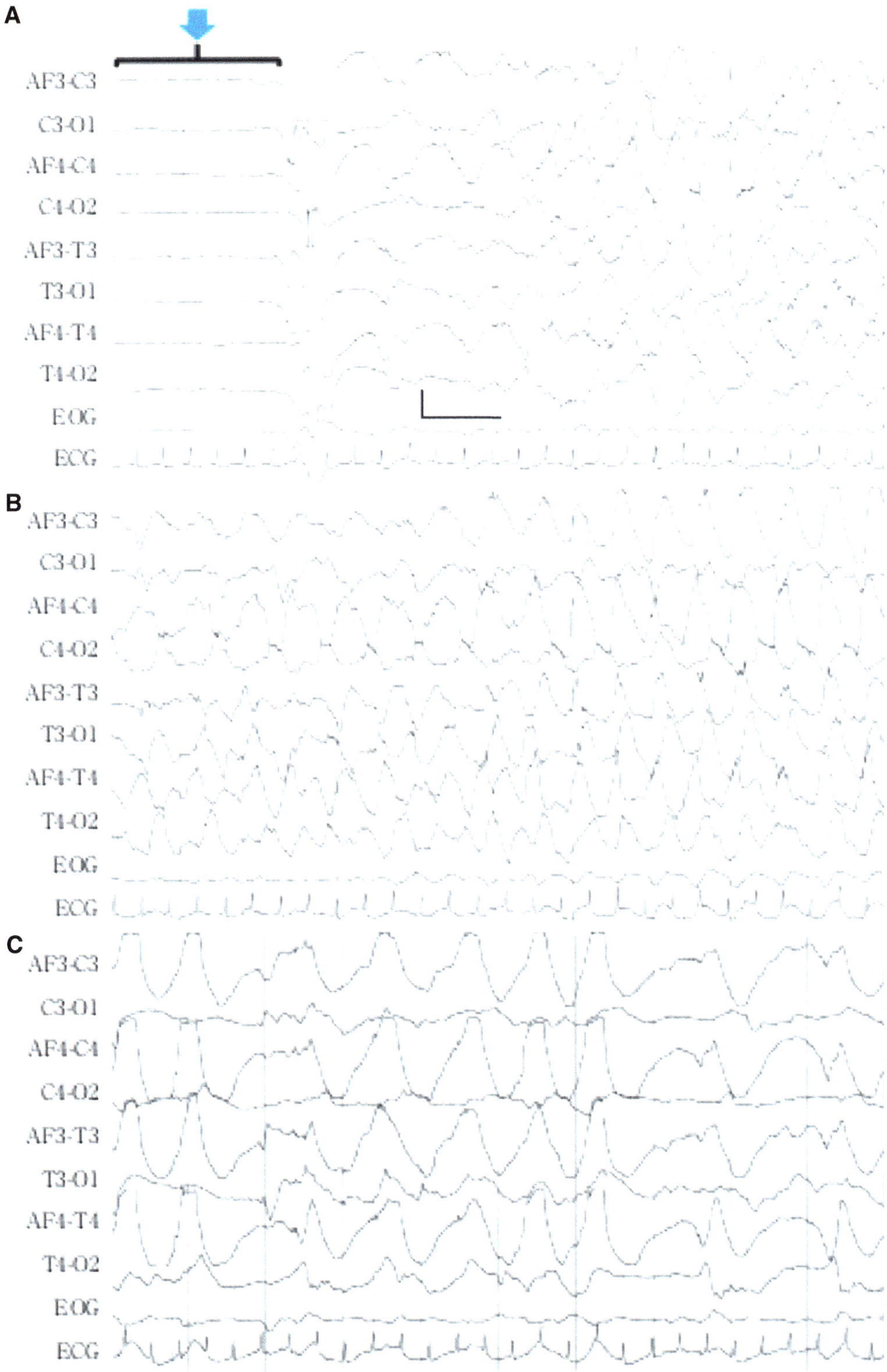

Fig. 17.3 Neonatal seizures (1)

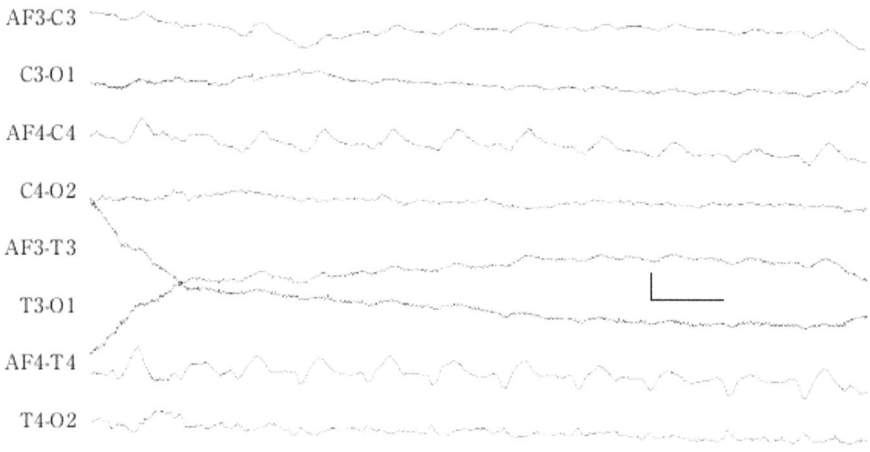

Fig. 17.4 Neonatal seizures (2)

13 Neonatal Seizures (3)

An infant with neonatal herpes simplex encephalitis at 43 weeks PMA. Rhythmic spikes developed in the left frontal-central regions (A), and there were ictal discharges in the contralateral hemisphere, whereas they were not completely generalized (B). The ictal discharges included sharp waves, spikes, polyspikes, spike-waves, polyspike-waves, and other waveforms. The seizure was associated with clonic movement beginning on the right face that then spreading to the upper and lower extremities. This seizure was a clonic seizure according to the ILAE classification (Fig. 17.5).

14 Neonatal Seizures (4)

Neonatal seizures developed in a 38-week PMA infant with a peroxisomal disorder. Interictal EEG revealed normal background activities. Ictal EEG revealed rhythmic delta waves in the right central area (A), followed by sharp and slow waves in the same area (B) that then propagated to the right temporal area (C). Subsequently, the ictal discharges were transformed into high-voltage rhythmic sharp waves in the left central area (D), followed by a rapid waveform change (E) to slow waves (2–3 Hz) before termination (F). Such waveform changes are common features of neonatal seizures. Waveform changes of ictal discharges develop successively within a single seizure, and the ictal discharge waveforms of the left and right hemispheres may be completely different. The infant presented with eye-opening, irregular respiration, oral automatic movements, and clonic movements from the right to the left foot and then back to the right foot. This seizure was classified as sequential (Fig. 17.6).

15 Neonatal Seizures (5)

In a term infant with hypocalcemia at 38-week PMA, the ictal EEG revealed very high-voltage rhythmic slow waves in the left frontal area. The interictal EEG exhibited normal background activities, in contrast to the EEG shown in Fig. 17.4. The seizure was associated with vibratory movements of all limbs, eye fixation, and decreased oxygen saturation. The seizure was classified as autonomic (Fig. 17.7).

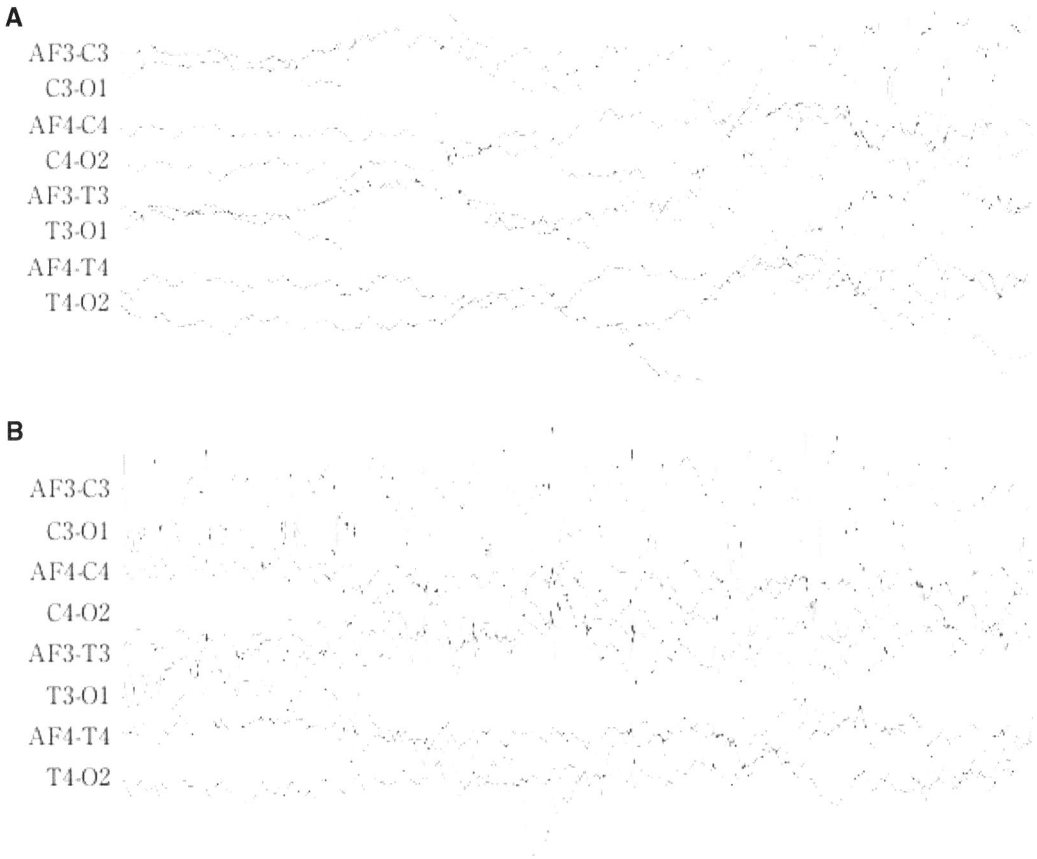

Fig. 17.5 Neonatal seizures (3)

16 Epileptic Spasms in Neonates

In an infant with unilateral megalocephaly at 38 weeks PMA, the interictal EEG exhibited alternating high- and low-voltage components (A, 20-s sample). Ictal EEG revealed preceding sharp waves in the left frontal area, followed by a generalized and polyphasic high-voltage slow wave (blue arrow) (B). The patient exhibited twitching limb movements concurrent with high-voltage slow waves. This seizure was defined as an epileptic spasm using the ILAE classification. In figure B, a 16-channel reference derivation was used. When an eight-channel neonatal EEG montage was applied (C, bipolar derivation; D, reference derivation), EEG interpretation may be difficult. When epileptic spasms are suspected, it is essential to record and analyze EEGs in full-channel mode, even in neonates (Fig. 17.8).

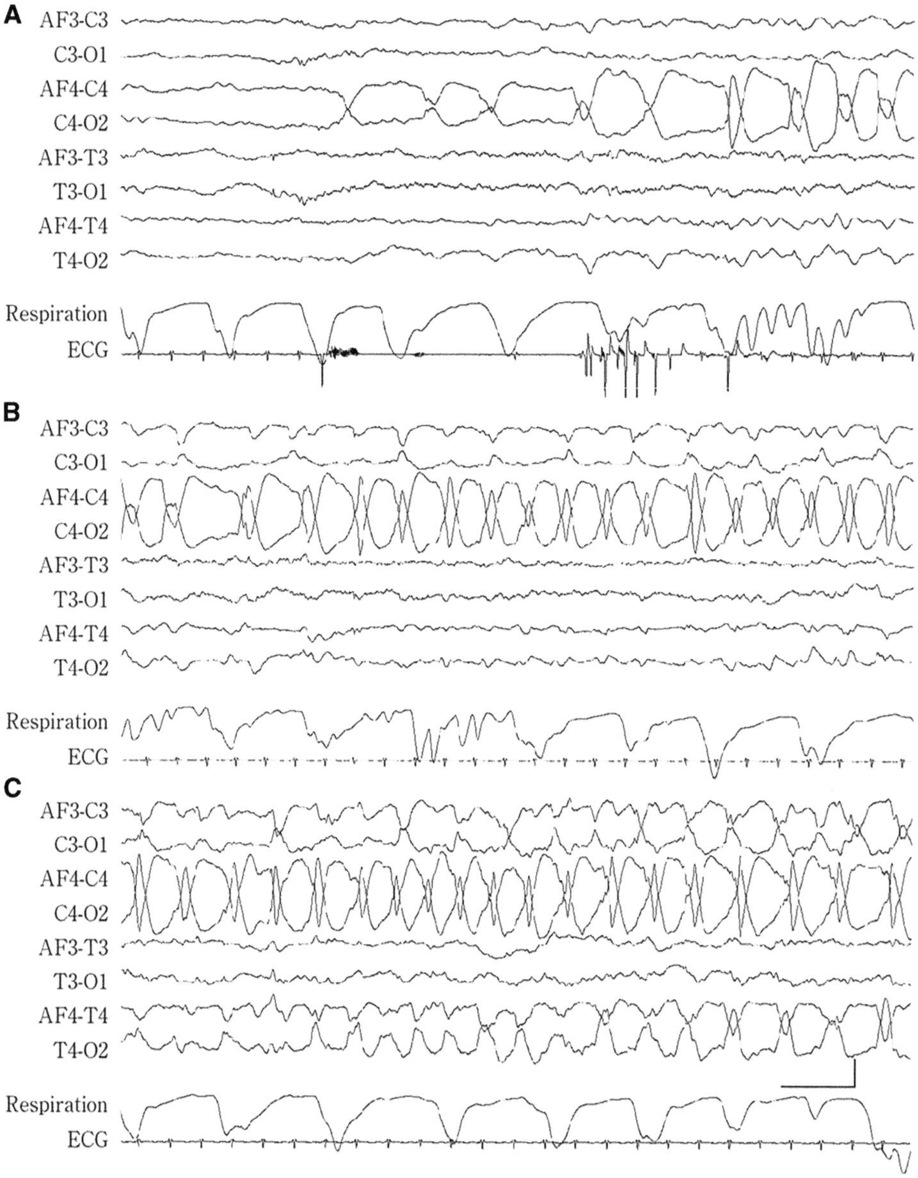

Fig. 17.6 Neonatal seizures (4)

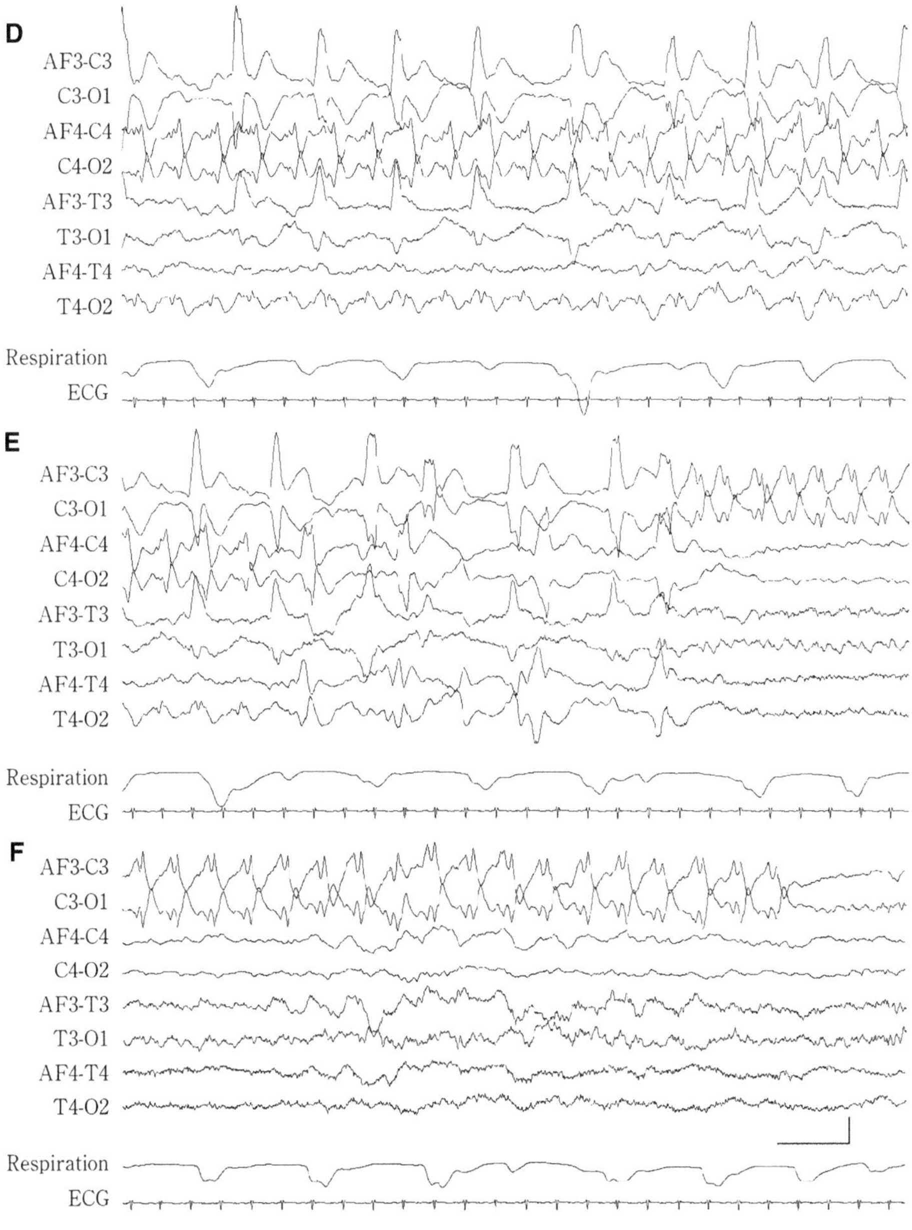

Fig. 17.6 (continued)

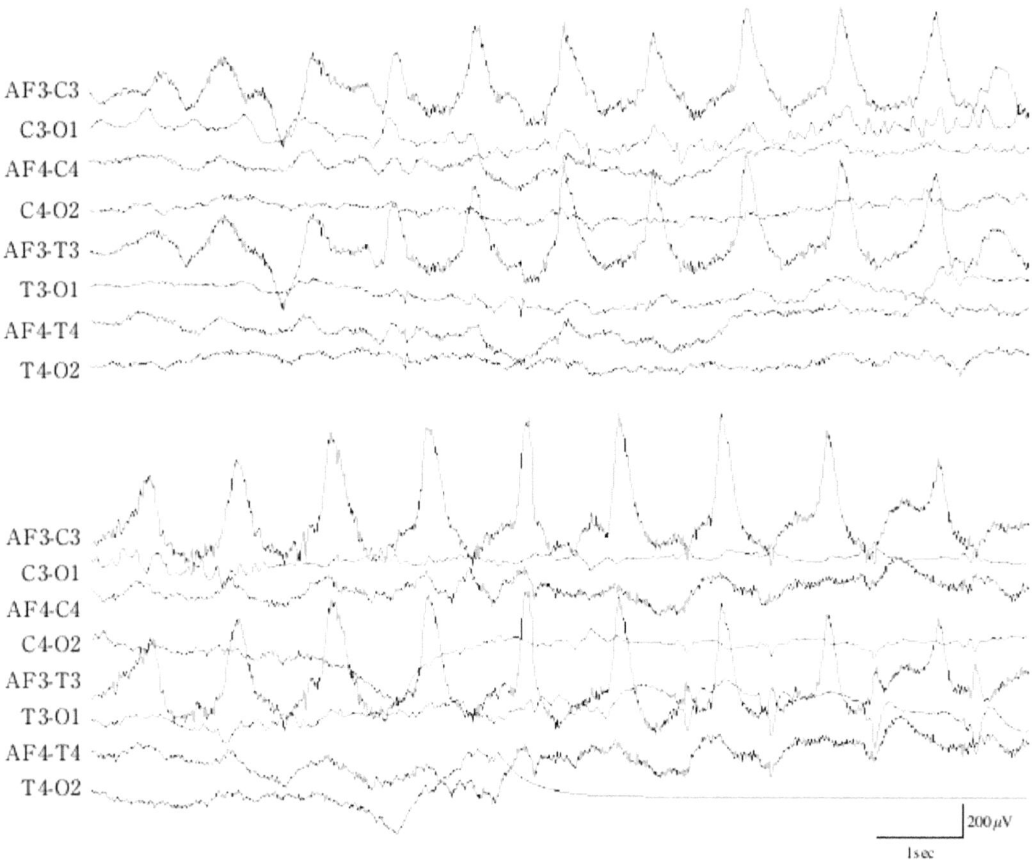

Fig. 17.7 Neonatal seizures (5)

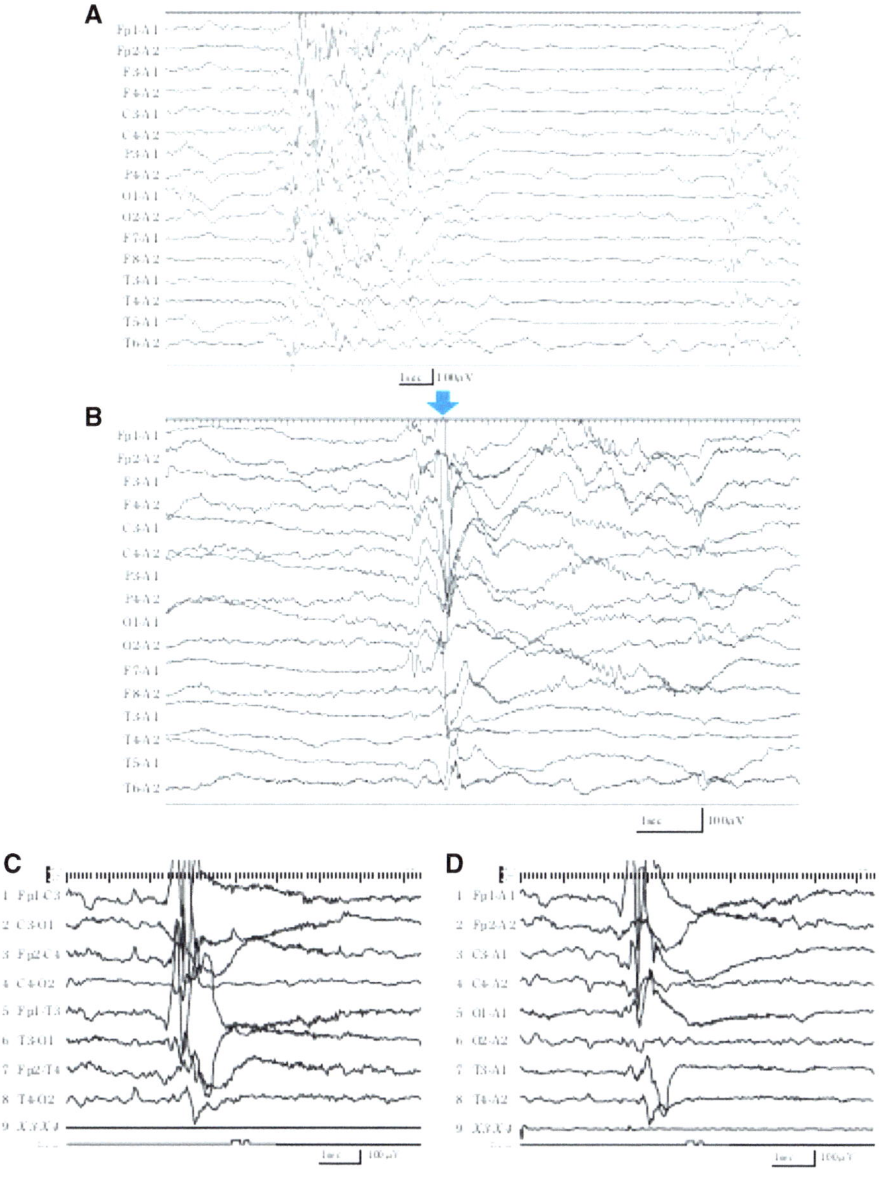

Fig. 17.8 Epileptic spasms in neonates

Column: Acute- and Chronic-Stage Abnormalities

(Fumio Hayakawa)

When interpreting neonatal EEGs, it is crucial to distinguish between acute-stage abnormalities (ASAs) and chronic-stage abnormalities (CSAs). During the acute phase, background EEG activities may be suppressed depending on the type and severity of the acute insult. In contrast, during the chronic phase, EEG reveals qualitative abnormalities reflecting the initially affected brain functions that are recovering. However, abnormalities in the convalescent and chronic phases can only be determined after recovery from acute depression. In

(continued)

infants with severe brain damage, EEG activities may be almost completely absent even in the chronic phase. It is important to know this to avoid misinterpretations.

For example, a 40-week-old boy, weighing 3105 g at birth, with Apgar scores of 5 (at 1 min) and 7 (at 5 min), was admitted to an NICU. He was born after spontaneous vaginal delivery without any prenatal abnormality but was hospitalized because of weak crying and reduced limb movement. Laboratory results at birth were unremarkable, but he was a floppy infant with poor movement. He experienced a cluster of right hemiconvulsions lasting for 30 s commencing several hours after birth. The EEG revealed so-called burst-suppression patterns. Even after painful stimulation, the EEG did not change into a continuous pattern, but paroxysmal EEG changes appeared and persisted for several tens of seconds.

Although he was not diagnosed with birth asphyxia, his EEG showed marked depression of ASAs, leading to a diagnosis of neonatal seizures associated with asphyxia. However, there were no changes in the EEG findings or clinical features over the following weeks. If the burst-suppression patterns were ASAs, the EEG activities should have recovered, and the later EEG recordings should have revealed CSAs. Instead, the burst-suppression patterns persisted for several weeks.

Repeated neuroimaging revealed no abnormalities, but a genetic disorder was suspected. In this infant, the burst-suppression pattern was considered to be a CSA, thus reflecting abnormalities in the steady state. ASAs cannot be diagnosed until the abnormal findings resolve.

References

Alfonso I, Jayakar P, Yelin K, Dunayer C, Papazian O, Vasconcellos E, Valeron NM. Continuous-display four-channel electroencephalographic monitoring in the evaluation of neonates with paroxysmal motor events. J Child Neurol. 2001;16(8):625–8.

Clancy RR. Prolonged electroencephalogram monitoring for seizures and their treatment. Clin Perinatol. 2006;33(3):649–65.

Fisher RS, Cross JH, French JA, Higurashi N, Hirsch E, Jansen FE, Lagae L, Moshé SL, Peltola J, Roulet Perez E, Scheffer IE, Zuberi SM. Operational classification of seizure types by the International League Against Epilepsy: position paper of the ILAE Commission for Classification and Terminology. Epilepsia. 2017;58(4):522–30.

Hayakawa F, Okumura A, Kato T, Kuno K, Watanabe K. Disorganized patterns: chronic-stage EEG abnormality of the late neonatal period following severely depressed EEG activities in early preterm infants. Neuropediatrics. 1997;28(5):272–5.

Kidokoro H, Okumura A, Watanabe K. Abnormal brushes in preterm infants with periventricular leukomalacia. Neuropediatrics. 2006;37(5):265–8.

Maruyama K, Okumura A, Hayakawa F, Kato T, Kuno K, Watanabe K. Prognostic value of EEG depression in preterm infants for later development of cerebral palsy. Neuropediatrics. 2002;33(3):133–7.

Murray DM, Boylan GB, Ali I, Ryan CA, Murphy BP, Connolly S. Defining the gap between electrographic seizure burden, clinical expression and staff recognition of neonatal seizures. Arch Dis Child Fetal Neonatal Ed. 2008;93(3):187–91.

Okumura A, Hayakawa F, Kato T, Maruyama K, Kubota T, Suzuki M, Kidokoro H, Kuno K, Watanabe K. Abnormal sharp transients on electroencephalograms in preterm infants with periventricular leukomalacia. J Pediatr. 2003;143(1):26–30.

Pressler RM, Cilio MR, Mizrahi EM, Moshé SL, Nunes ML, Plouin P, Vanhatalo S, Yozawitz E, de Vries LS, Puthenveettil Vinayan K, Triki CC, Wilmshurst JM, Yamamoto H, Zuberi SM. The ILAE classification of seizures and the epilepsies: modification for seizures in the neonate. Position paper by the ILAE Task Force on Neonatal Seizures. Epilepsia. 2021;62(3):615–28.

Watanabe K, Miyazaki S, Hara K, Hakamada S. Behavioral state cycles, background EEGs and prognosis of newborns with perinatal hypoxia. Electroencephalogr Clin Neurophysiol. 1980;49(5-6):618–25.

Weiner SP, Painter MJ, Geva D, Guthrie RD, Scher MS. Neonatal seizures: electroclinical dissociation. Pediatr Neurol. 1991;7(5):363–8.

Part V

Amplitude-integrated EEG

18 Amplitude-Integrated Electroencephalogram (aEEG): General

Yuichiro Sugiyama and Tetsuo Kubota

1 Introduction

The amplitude-integrated EEG (aEEG) was developed in the late 1960s as a technique for continuous monitoring of brain function in adults; it was originally termed the cerebral function monitor. In Japan, the aEEG has been widely used in neonatal intensive care units since 2010, especially after it became an adjunctive diagnostic criterion for therapeutic hypothermia in neonatal hypoxic-ischemic encephalopathy. (Note: Since 2015, aEEG findings have not been included in the criteria for therapeutic hypothermia.)

The aEEG is significantly easier to interpret than the conventional EEG (cEEG). It enables real-time monitoring of neonatal brain function at the bedside, which has a significant impact on clinical decision-making. As with the cEEG, a persistent decline in brain function on an aEEG recording over a certain period indicates neurological sequelae. Additionally, the aEEG is becoming a necessary tool for the efficient detection of neonatal seizures, a well-known poor prognostic factor in newborns. We recommend using aEEG to monitor brain function as a vital sign and incorporating it into the decision-making for treatment plans.

This section outlines the principles of the aEEG and presents the normal findings of the aEEG in both term and preterm infants.

2 Principle of an aEEG

The process for displaying an aEEG trace is illustrated in Figs. 18.1 and 18.2. Initially, to remove artifacts efficiently, a filter is applied to the EEG components to extract frequencies of 2–15 Hz (filtering). The filtered waveform is then processed around a reference line and expressed in absolute values (rectification). The peaks of this rectified waveform are gently connected to each other (smoothing). Through this method, the maximum and minimum values of the EEG waveform's peaks at each unit of time are extracted and displayed as a line segment (compression) on the aEEG waveform, as depicted in Fig. 18.1.

Y. Sugiyama (✉)
Department of Pediatrics, Japanese Red Cross Aichi Medical Center Nagoya Daiichi Hospital, Nagoya, Japan
e-mail: sugiyama-les400@nagoya-u.jp

T. Kubota
Department of Pediatrics, Anjo Kosei Hospital, Anjo, Japan
e-mail: t-kubota@kosei.anjo.aichi.jp

A. Okumura, H. Kidokoro (eds.), *Neonatal EEG: Atlas and Interpretation*,
https://doi.org/10.1007/978-981-96-0726-6_18

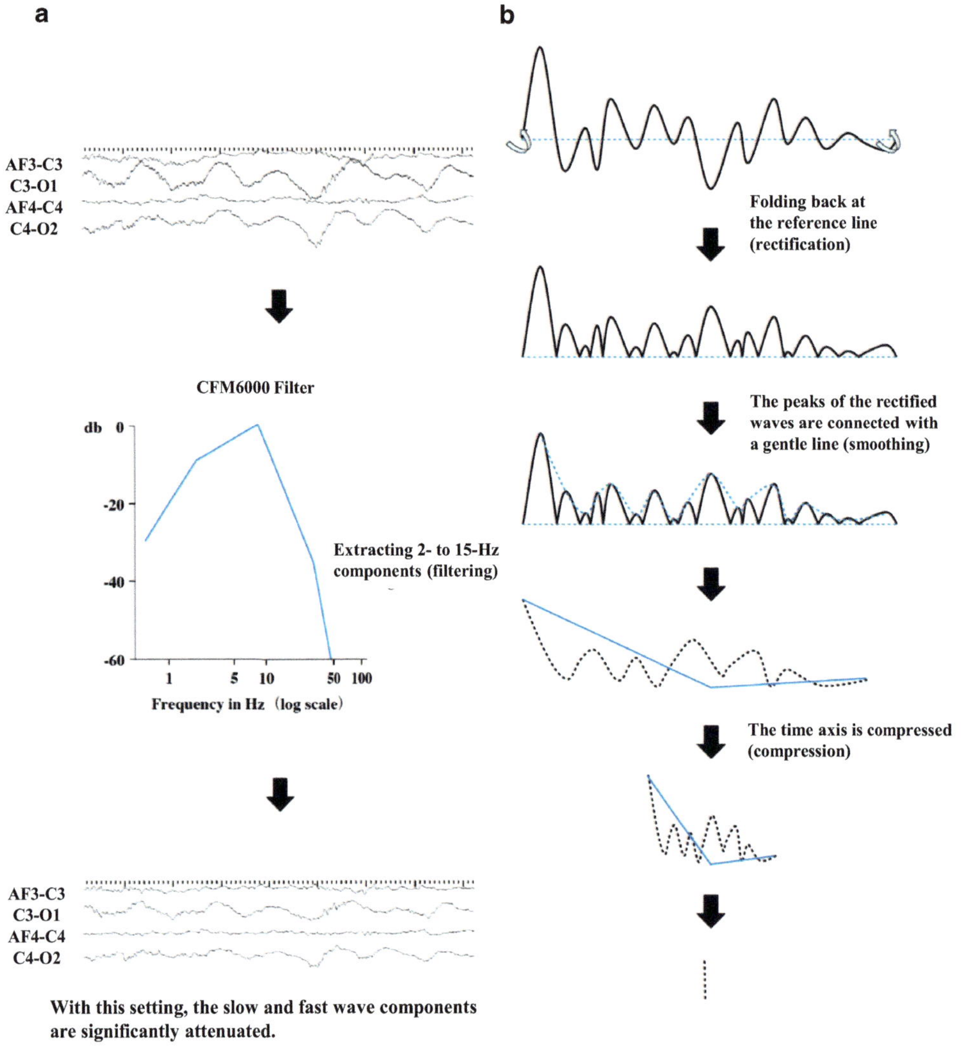

Fig. 18.1 Principle of generation of aEEG trace. (**a**) Filtering. The upper panel displays a four-channel raw EEG with a low-cut filter set at 0.53 Hz and a high-cut filter set at 60 Hz (standard display settings for a neonatal EEG). When a strong filter is applied, as shown in the lower panel, the activity of both delta waves and fast waves decreases. It is important to note that, with this filtering, both slow and fast wave components are significantly attenuated. (**b**) aEEG generation process

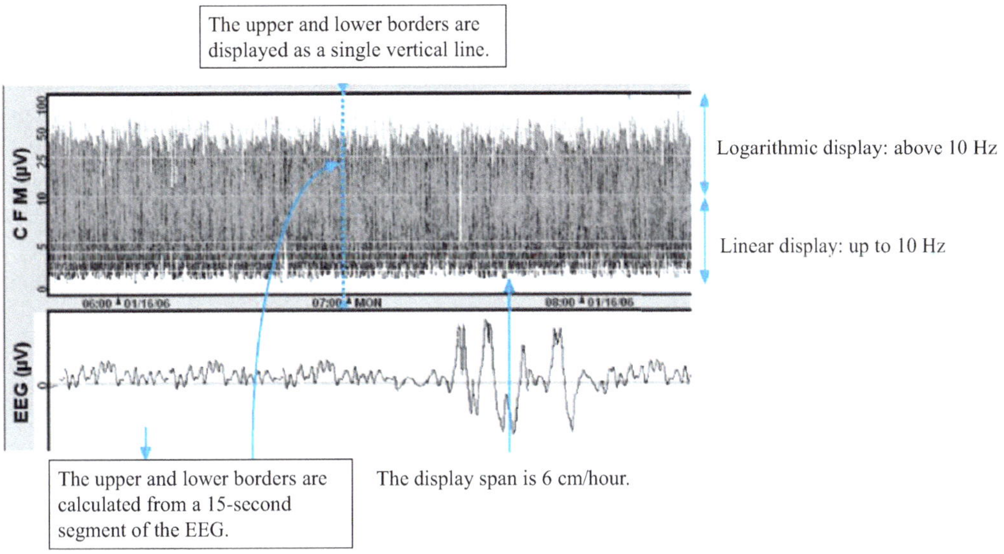

Fig. 18.2 aEEG display

3 Display Format of an aEEG

The display span of an aEEG is 6 cm/h, whereas the display span of a cEEG is 3 cm/s; thus, the time axis is significantly compressed in an aEEG. In other words, aEEG recordings are evaluated over a longer period than cEEG recordings. In addition, newer aEEG models allow the display speed to be changed in various ways. However, because the standard for reading is based on a display speed of 6 cm/h, aEEG recordings with this display span are used in the following sections of this textbook.

The aEEG display method is unique. As shown in Fig. 18.2, the vertical axis is a "semi-logarithmic scale" of 0–10 μV in integer and 10–100 μV in logarithm. This is an important method to facilitate reading the height and variability of the lower margin. Considering that 1 μV is displayed at a height of only 0.1 mm in the cEEG, the aEEG emphasizes the minimum amplitude value.

4 Normal aEEG Pattern in Neonates

4.1 aEEG in Term Infants

The background EEG activity is different at each postmenstrual age (PMA). This section primarily addresses the evaluation of the aEEG background in normal-term infants, i.e., those of 37–42 gestational weeks.

As previously mentioned, the aEEG is a type of compressed EEG utilizing a specific algorithm. Consequently, much detail is lost compared with the cEEG. Mild depression and chronic-stage abnormalities are difficult to identify on an aEEG, at least from an observational standpoint. With respect to neuromonitoring, however, the real-time capability to observe brain functions for several hours and the ease of identifying neonatal seizures are advantageous in the clinical setting. For example, it is useful to determine whether the brain function of an infant with asphyxia is recovering. If not, further interventions to improve respiratory or circulatory control may be considered. When an aEEG is recorded in infants who appears to be somewhat unwell, it may detect neonatal seizures associated with brain dysfunction, cerebral hemorrhage, metabolic abnormalities, and infection.

4.2 Interpretation of a Normal aEEG Pattern

Figure 18.3 shows the basic knowledge necessary to interpret aEEG trace.

4.2.1 Cycling

The lower margin of the aEEG trace shows periodic sinusoidal fluctuations every 40–80 min. In neonates, EEG patterns undergo significant physiological changes in response to the sleep–wake cycle. In the EEGs of normal term infants, two distinct patterns are observed: a continuous pattern, in which EEG activity is continuous irrespective of amplitude, and an alternating pattern, characterized by the alternate appearance of high-amplitude and low-amplitude EEGs every several seconds. The continuous pattern is observed during wakefulness, active sleep, and the early stages of quiet sleep (e.g., high-voltage slow wave pattern), whereas the alternating pattern occurs during the late stages of quiet sleep. The periodic appearance of these two patterns is identifiable in an aEEG, and confirming their presence is crucial. According to a review by Hellströme-Westas, the transition between these two patterns is referred to as sleep–wake cycling (Hellström-Westas and Rosén 2006). However, because the term "wake" in this context does not exclusively refer to the actual awake state, we prefer to use the term "cycling" or "cyclicity" (Kidokoro et al. 2012).

4.2.2 Lower Border

The lower border refers to the lower margin of the aEEG trace. In both term and preterm infants, the lower border exhibits periodic fluctuations. With brain maturation, this lower border rises, reflecting a decrease in the duration of the low-amplitude or flat parts (e.g., interburst intervals) in the cEEG. In most cases of neonatal seizures, the lower border of the aEEG trace increases because the ictal EEG activity occurs continuously and is not interrupted by low-amplitude or flat parts. Therefore, the interpretation of the lower border is of great clinical importance.

4.2.3 Upper Border

The upper border refers to the upper margin of the aEEG trace. Because it is associated with the magnitude of EEG activity, it reflects EEG suppression. Additionally, the upper border is useful for assessing EEG maturity because it tends to

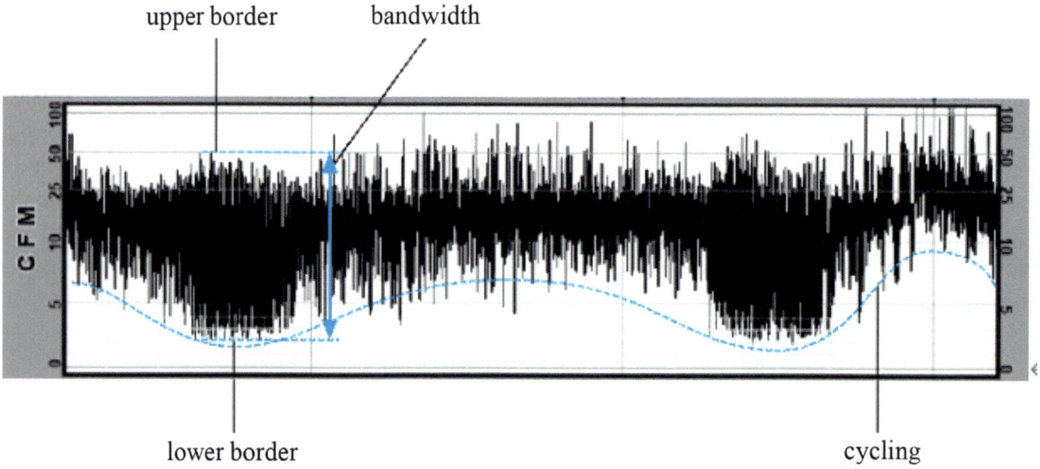

Fig. 18.3 Basics of Interpreting aEEG pattern in the newborn

decrease with increased maturity. This decrease corresponds to the change in the amplitude of the delta wave in the cEEG.

4.2.4 Bandwidth

This term refers to the range between the upper and lower borders, essentially indicating the vertical width of the aEEG trace.

4.3 Interpretation of the Normal Pattern in Term Infants

Figure 18.4 illustrates the normal aEEG pattern of a term infant. In this pattern, the upper and lower aEEG border values are approximately 25 μV and ≥5 μV, respectively. The aEEG amplitude displays a sinusoidal pattern (cycling), reflecting the sleep cycle. This pattern is classified as continuous normal voltage (CNV) in the Hellströme-Westas's classification of background activity in term infants (Hellström-Westas and Rosén 2006). Given that most stand-alone aEEG measuring instruments are set to display approximately 3 h/screen, an aEEG in a normal term infant can be interpreted as normal if two to three cycles are confirmed within this range and the lower border value is generally >5 μV.

4.4 aEEG in Preterm Infants

In preterm infants, EEG patterns fluctuate according to the physiological sleep–wake cycle, but this cycle is less distinct than in term infants. Sleep–wake cycling typically remains indistinct until approximately 26 weeks PMA and then gradually becomes more defined, maturing by 37 weeks PMA. Additionally, unlike in normal term infants, physiological flat parts in the tracé discontinu pattern (a discontinuous pattern) are observed during quiet sleep in preterm infants. As maturity progresses, the proportion of the flat part decreases, leading to an increase in the lower border of the aEEG trace; additionally, the trace density in the aEEG, generated every 15 s, becomes denser. By contrast, the amplitude of delta wave decreases with maturity, declining the upper border. Therefore, the bandwidth tends to be narrower with maturation. In summary, the changes with maturation in preterm infants are as follows: (1) cycling is more distinct, (2) the trace density increases, and (3) the upper and lower borders are lower and higher, respectively, in more mature infants, leading to a narrower bandwidth.

4.5 Interpretation of aEEG in Preterm infants

Like the cEEG, which can be used to evaluate brain maturation every 2 weeks, the aEEG can be used to evaluate changes associated with maturation. However, an established method for interpreting aEEG recordings of preterm infants has not yet been developed. In this context, we describe herein our novel reading method based on pattern recognition. The scoring system developed by Burdjalov et al. is also described (Burdjalov et al. 2003).

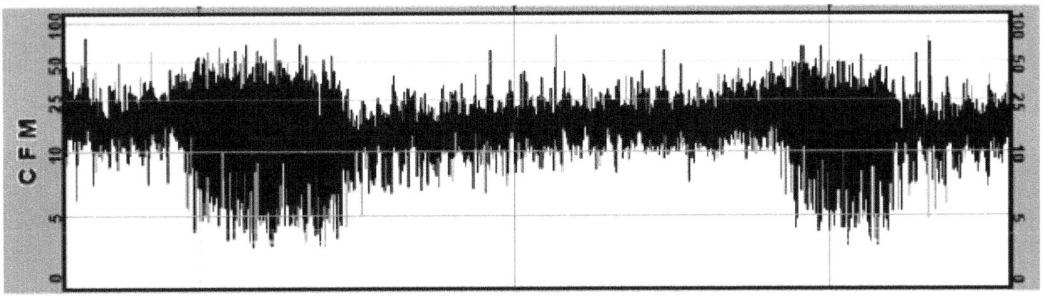

Fig. 18.4 Normal aEEG trace in a 38-week-old infant

4.5.1 Pattern Recognition Method

When interpreting the maturity of an aEEG trace in preterm infants, we employ a pattern recognition method for ease of use in clinical practice. This method is simpler than the scoring system developed by Burdjalov et al. because it focuses on the shape of the trace of the upper and lower borders and does not consider the density of the aEEG as a decision factor. The method is explained below and summarized in Table 18.1.

First, the general progression of aEEG maturation is as follows. At 24 weeks PMA, there is little fluctuation in the lower border (Fig. 18.5a). By 26 weeks PMA, fluctuation in the lower border begins to appear (Fig. 18.5b). From 28 to 30 weeks PMA, the traces of the upper and lower borders show fluctuation of the same direction while the bandwidth remains almost constant, giving the appearance of the entire band moving up and down. However, the cycling of fluctuation is not yet consistent (Fig. 18.5c, d). At 32–34 weeks PMA, the upper border becomes almost flat with little fluctuation; cycling is produced only by fluctuations in the lower border, with the cycling being of a periodic nature (Fig. 18.5e, f). At 36 weeks PMA, the fluctuation of the upper and lower borders moves in opposite directions. When the trace of the upper borders rises, the trace of the lower border falls, and vice versa, leading to a pattern of cycling characterized by alternating narrowing and expanding bandwidth (Fig. 18.5g).

Table 18.1 Interpreting the aEEG pattern in preterm infants

Figure 18.5	Postmenstrual age	Cycling periodicity	Form of cycling	Upper border	Lower border
a	24 weeks	None	No fluctuation	50 μV or more	3 μV or less
b	26 weeks	Little fluctuation	Only the lower border fluctuates		Roughly 5 μV or less
c	28 weeks	Fluctuations are observed, but no constant periodicity	The upper and lower borders move in the same direction.		
d	30 weeks			At minimum 50 μV approx	Maximum value is greater than 5 μV, but generally less than 5 μV
e	32 weeks	A constant periodicity is observed	The trace of the upper border remains constant, and only the trace of the lower border fluctuates The bandwidth at the concave part break of the lower border does not exceed half of the maximum bandwidth	At minimum 25 μV approx	
f	34 weeks		The trace of the upper border remains constant, and only the trace of the lower border fluctuates The bandwidth at the concave part break of the lower border does not exceed half of the maximum bandwidth		
g	36 weeks		The traces of upper and lower borders move in the opposite directions, with the waveforms in reverse phase with each other The convex of the upper border appears earlier than that of the convex of the lower border		Roughly greater than 5 μV, but minimum value does not exceed 5 μV
h	38 weeks			The minimum value is 25 μV or less	Roughly 5 μV or more

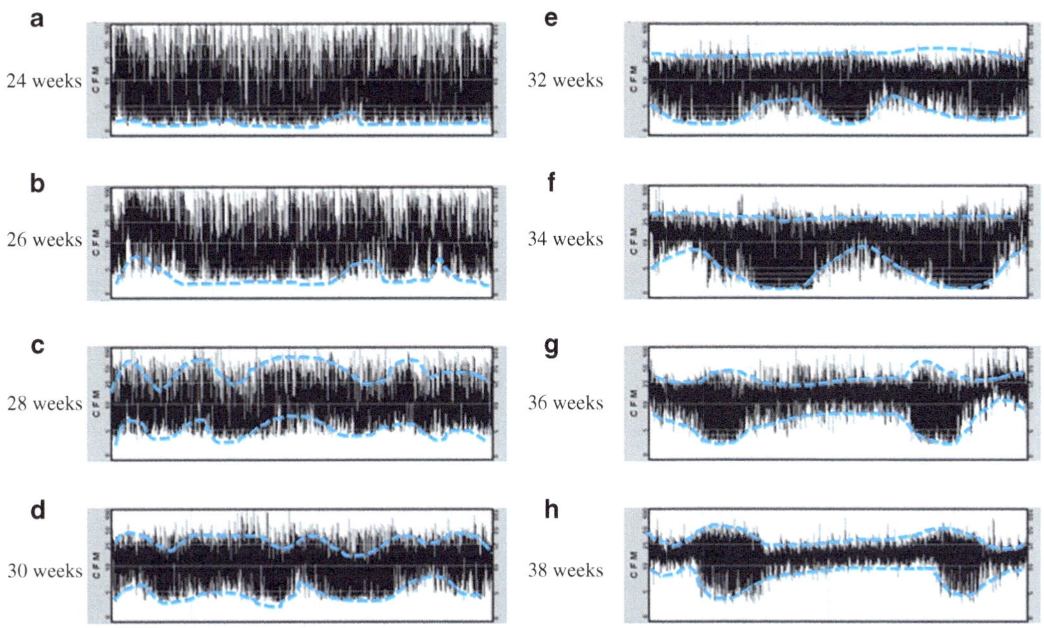

Fig. 18.5 Pattern recognition method. (**a**) The lower border is ≤3 μV, and the upper border is >50 μV. Both borders are flat with little fluctuation, and no cycling is observed. (**b**) The lower border is <5 μV, and the upper border is >50 μV. A slight rise or fall of the lower border is observed. (**c**) The lower border is <5 μV, and the upper border is approximately 50 μV. Both the upper and lower borders move up and down in the same direction. Cycling is present but not yet stable. (**d**) The lower border is <5 μV, and the upper border is approximately 25 μV. Both border values are in phase, with observable cycling and clear periodicity. (**e**) The lower border is <5 μV, and the upper border is approximately 25 μV. The upper border remains constant, and cycling is observed only at the lower border. The curve of the lower border is gentle, and the width of the concave part is often less than half of the widest bandwidth. (**f**) The lower border is increasingly >5 μV, and the upper border is approximately 25 μV. The upper border remains constant, and cycling is observed only at the lower border, indicating periodicity. The convexity of the lower border is steep, and the width of the concavity often exceeds half of the bandwidth. (**g**) The lower border is ≥5 μV, and the upper border is approximately 25 μV. The fluctuation of the upper and lower borders is seen in the opposite direction. (**h**) The lower border value is almost >5 μV, and the upper border is <25 μV. The cycling between the upper and lower borders is in the opposite direction, with clear periodicity

More detailed 2-week difference is as follows. The difference between 28 and 30 weeks PMA is seen in the amplitude of the upper border, which is approximately 50 μV at 28 weeks and approximately 25 μV at 30 weeks (Fig. 18.5c, d). The difference between 32 and 34 weeks PMA lies in the form in fluctuation of the lower border. At 32 weeks, the curve of the lower border is gentle, and the width of the concave part, where the bandwidth narrows, does not exceed half of the width of convex (Fig. 18.5e). At 34 weeks PMA, the curve of the lower border becomes steep, and the bandwidth of concave part becomes narrower than the half of the bandwidth of convex part (Fig. 18.5f). The difference between 36 and 38 weeks PMA is in the amplitude of the upper border. At 36 weeks (Fig. 18.5g), the upper border exceeds 25 μV, but after 38 weeks, it no longer surpasses 25 μV (Fig. 18.5h).

4.5.2 Scoring Method by Burdjalov et al.

In the scoring method developed by Burdjalov et al., the PMA is estimated based on the total score of four items: continuity, cycling, lower border amplitude, and bandwidth (Table 18.2). These items are evaluated using a minimum of 3–4 h of stable recordings. The total scores correspond to specific weeks: a score of 2 points indicates 24–25 weeks, a score of 6 points indicates 27–28 weeks, a score of 8 points indicates 29–30 weeks, a score of 10 points indicates

Table 18.2 Scoring system by Burdjalov et al.

Continuity	Lower border amplitude
0 discontinuous	0 <3 μV
1 somewhat continuous	1 3–5 μV
2 continuous	2 >5 μV
Cycling	Bandwidth
0 none	0 bandwidth <15 μV, lower border <5 μV
1 waves 1st appear	1 bandwidth >15 μV, lower border <5 μV
2 not definite	2 bandwidth >20 μV, lower border >5 μV
3 definite cycling, but interrupted	3 bandwidth 15–20 μV, lower border >5 μV
4 definite cycling, not interrupted	4 bandwidth <15 μV, lower border >5 μV
5 regular and mature	
Total score and estimated PMA	
2 points: 24–25 weeks, 6 points: 27–28 weeks, 8 points: 29–30 weeks, 10 points: 31–32 weeks, 11 points: 34 weeks, 13 points: 36–37 weeks	

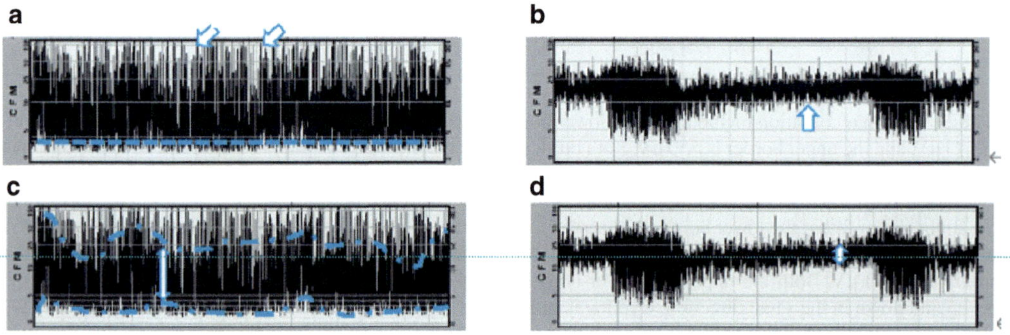

Fig. 18.6 Notes on the scoring method by Burdjalov et al. Continuity is evaluated based on the density of each line generated by the aEEG. The lower border is assessed as the average in the absence of cycling and at the narrowest bandwidth when cycling is observed. When evaluating the bandwidth (**b**), the narrowest part of the trace is evaluated. In this case, the upper and lower border values are evaluated in the area of high density. In this figure, *CO* continuity, *CY* cycling, *LB* lower border amplitude, *B* bandwidth. (**a**) CO: 0. Low density with many gaps between lines (arrows). LB: 1. Because no cycling is observed, the average of the lower border values is evaluated (dotted line). An amplitude of 3 μV is assigned 1 point. (**b**) CO: 2. High density with no gaps between line segments. LB: 2. The lower border value is evaluated in the area where the bandwidth is narrowest (arrow). An amplitude exceeding 5 μV is assigned 2 points. (**c**) B: 1. The part of the trace where the bandwidth is narrowest is evaluated (arrow). The upper and lower border values are evaluated at the point of high density (dotted line). A bandwidth of 20 μV and a lower border of < 5 μV is assigned 1 point. (**d**) B: 4. The area with the narrowest bandwidth is evaluated (arrow). The overall density is high, making it easy to determine the upper and lower border values. A bandwidth of <15 μV is assigned 4 points

31–32 weeks, a score of 11 points indicates 34 weeks, and a score of 13 points indicates 36–37 weeks. A higher score indicates a greater level of maturity. However, there are some points to note when making these assessments. A brief explanation and a sample chart indicating the scoring by weeks are also provided.

Continuity

In an aEEG, continuity manifests as changes in traces and the density of line. High continuity is defined as a state of high density with frequent up-and-down fluctuation. In contrast, Low continuity is defined as a state of low density with little fluctuation of the trace (Fig. 18.6a, b).

Cycling

Cycling refers to the expansion and contraction of the bandwidth of the traces over time. Cycling is observed at approximately 27–28 weeks PMA and is observed stably and periodically from approximately 32 weeks PMA.

Lower Border

If cycling is absent, the average of the lower border of the aEEG trace should be taken. When cycling is present, the narrowest part of the bandwidth is evaluated. After 28 weeks PMA, when cycling can be determined, the score is typically 2 points (Fig. 18.6a, b).

Bandwidth

The bandwidth of the narrowest part of the aEEG trace is measured, typically where the lower border shows the greatest rise. Both the upper and lower borders are evaluated in areas of high trace density (Fig. 18.6c, d). The scoring of an aEEG for each week is depicted in the samples.

5 24-week aEEG Recording

Gestational age: 24 weeks 3 days, birth weight: 624 g, age: 3 days, PMA: 24 weeks 6 days

Recording instrument: CFM-6000, electrode position: C3–C4.

The lower border is ≤3 μV, and the upper border is >50 μV. Both the upper and lower borders are flat with little fluctuation, and no periodicity is observed (Fig. 18.7).

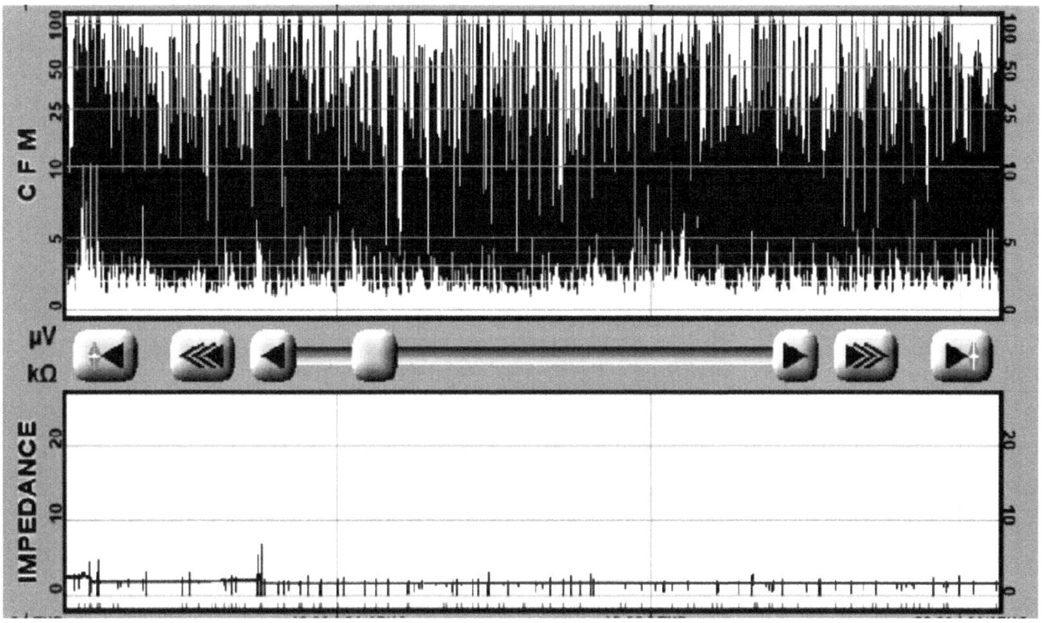

Fig. 18.7 24-week aEEG recording

6 26-week aEEG Recording

Gestational age: 24 weeks 3 days, birth weight: 624 g, age: 13 days, PMA: 26 weeks 2 days.

Recording device: CFM-6000, electrode position: C3–C4.

The lower border is <5 μV, and the upper border is >50 μV. A slight rise and fall in the lower border are observed (Fig. 18.8).

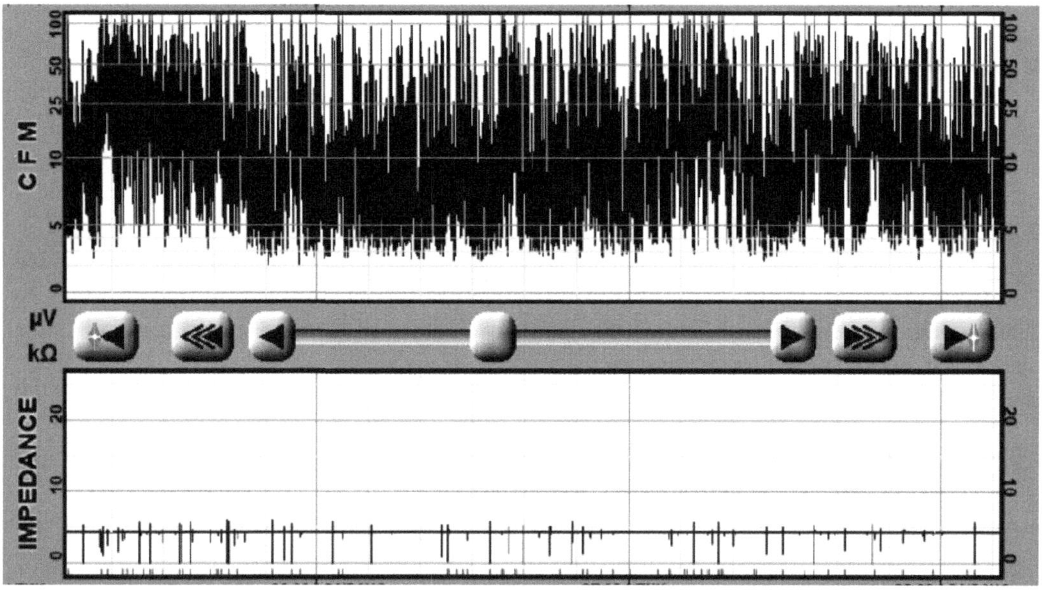

Fig. 18.8 26-week aEEG recording

7 28-week aEEG Recording

Gestational age: 24 weeks 3 days, birth weight: 624 g, age: 26 days, PMA: 28 weeks 1 day.

Recording device: CFM-6000, electrode position: C3–C4.

The lower border is <5 μV, and the upper border is approximately 50 μV. Both the upper and lower border of the trace begin to move in the same direction. Cycling is present, but stable periodicity has not yet been established (Fig. 18.9).

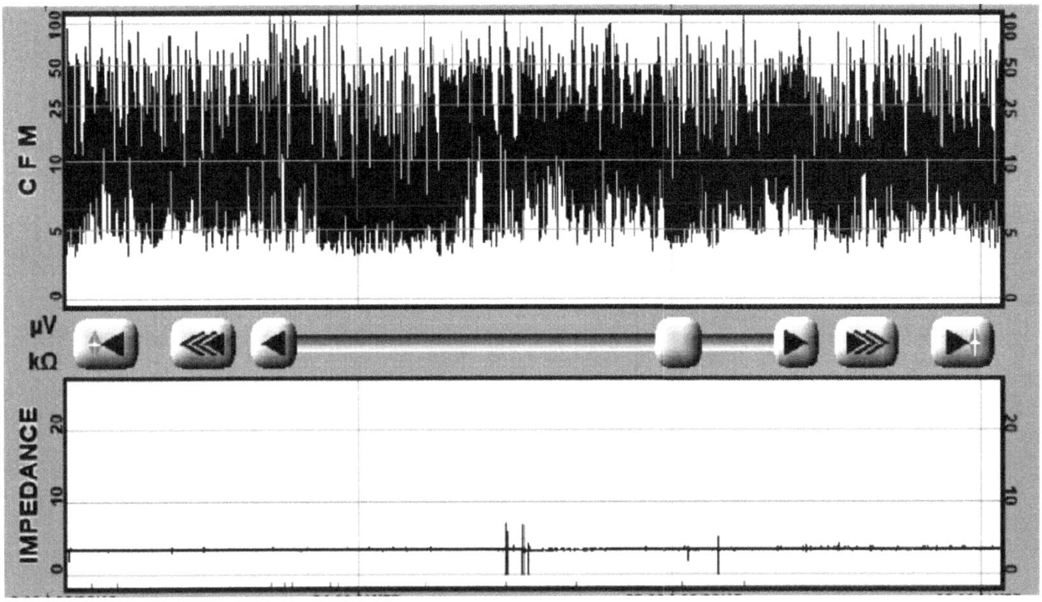

Fig. 18.9 28-week aEEG recording

8 30-week aEEG Recording

Gestational age: 27 weeks 1 day, birth weight: 1106 g, age: 22 days, PMA: 30 weeks 2 days.

Recording device: CFM-6000, electrode position: C3–C4.

The lower border is <5 μV and the upper border is approximately 25 μV. Both the upper and lower borders move in the same direction, cycling is observed, and the periodicity has become distinct (Fig. 18.10).

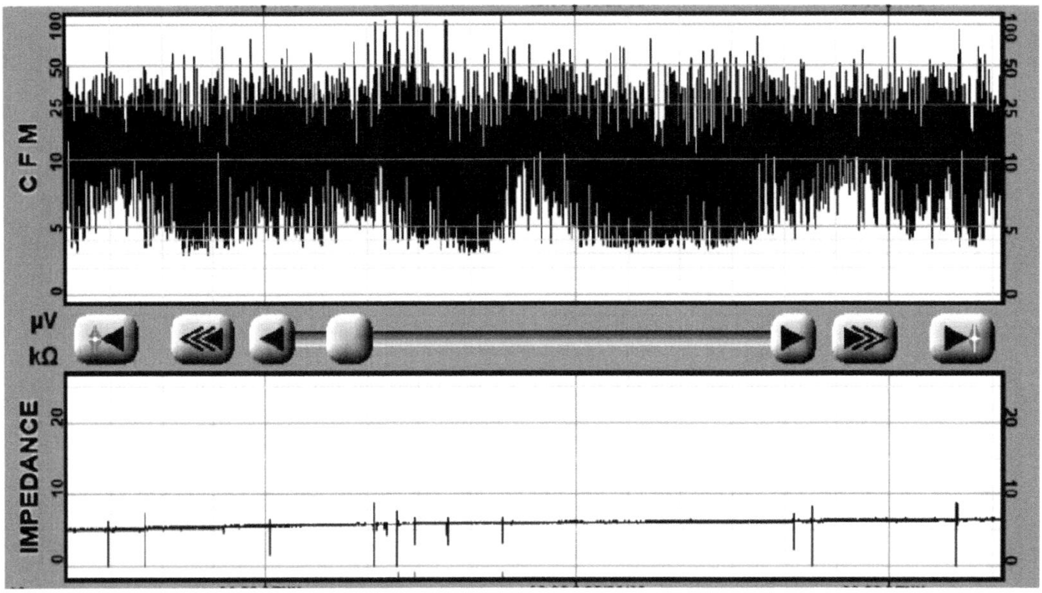

Fig. 18.10 30-week aEEG recording

9 32-week aEEG Recording

Gestational age: 28 weeks 5 days, birth weight: 1376 g, age: 24 days, PMA: 32 weeks 1 day.

Recording device: CFM-6000, electrode position: C3–C4.

The lower border is <5 μV and the upper border is approximately 25 μV. The upper border is constant, and cycling is observed only at the lower border, indicating periodicity. The curve of the lower border is gentle, and the width of the concave part is often less than half the bandwidth (Fig. 18.11).

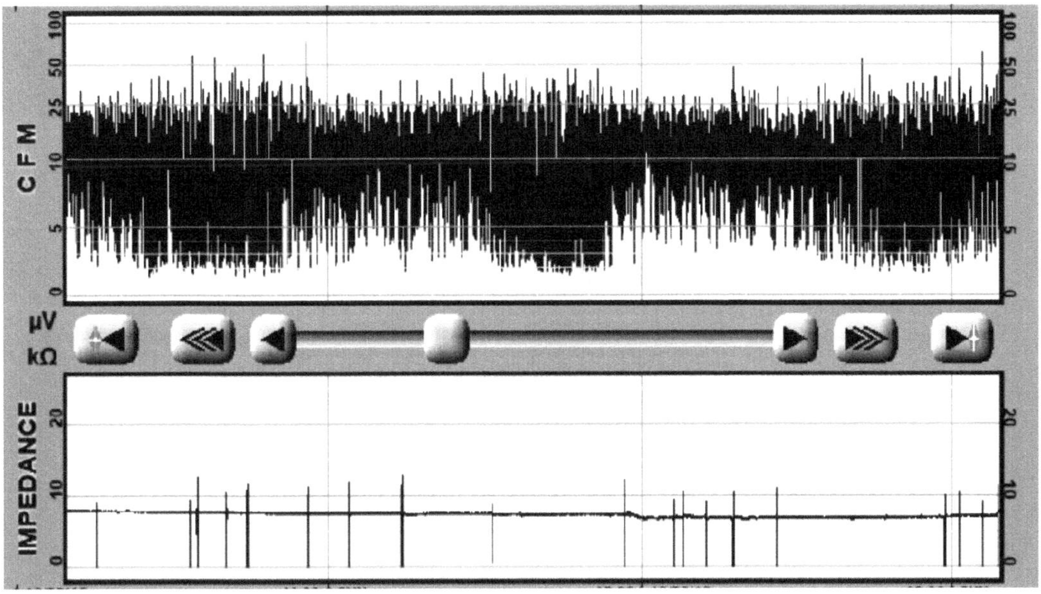

Fig. 18.11 32-week aEEG recording

10 34-week aEEG Recording

Gestational age: 27 weeks 4 days, birth weight: 1032 g, age: 47 days, PMA: 34 weeks 2 days.

Recording device: CFM-6000, electrode position: C3–C4.

The lower border is increasingly >5 μV, and the upper border is approximately 25 μV. The upper border is constant, and cycling is observed only at the lower border, indicating periodicity. The convexity of the lower border is steep, and the width of the concavity often exceeds half the bandwidth (Fig. 18.12).

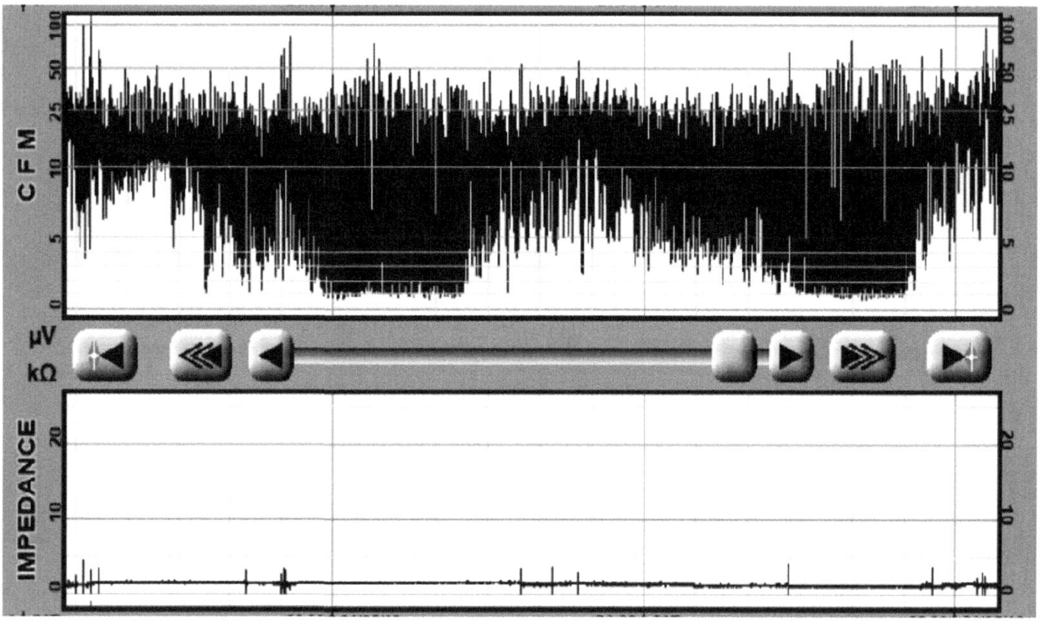

Fig. 18.12 34-week aEEG recording

11 36-week aEEG Recording

Gestational age: 34 weeks 6 days, birth weight: 1816 g, age: 11 days, PMA: 36 weeks 3 days.

Recording equipment: CFM-6000, electrode position: C3–C4.

The lower border is ≥5 μV, and the upper border is approximately 25 μV. The upper and lower borders move in the opposite direction with clear periodicity (Fig. 18.13).

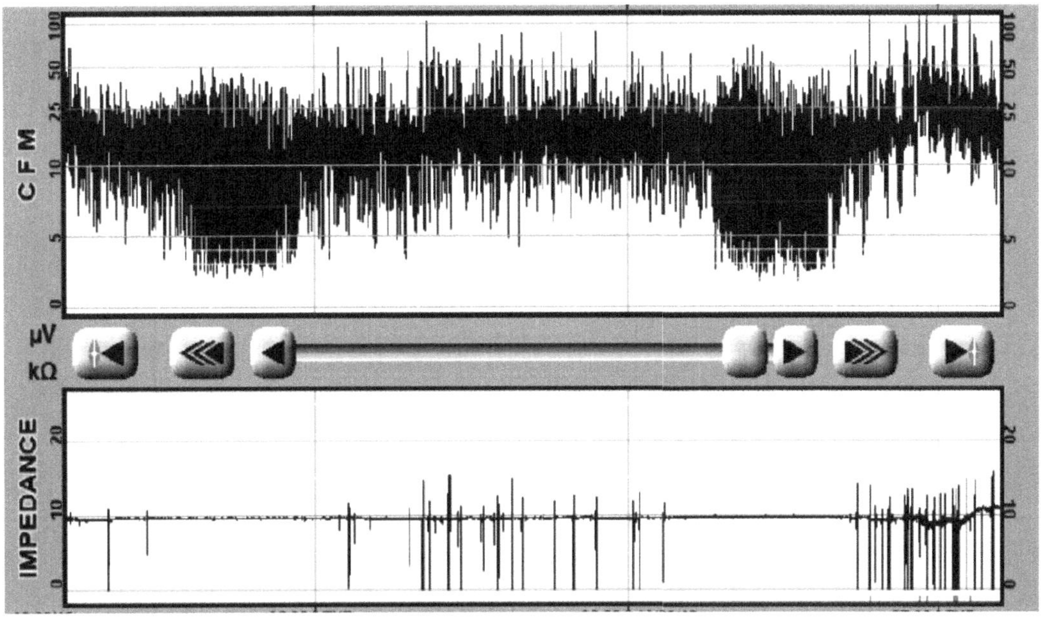

Fig. 18.13 36-week aEEG recording

12 38-week aEEG Recording

Gestational age: 36 weeks 5 days, birth weight: 2508 g, age: 8 days, PMA: 38 weeks 1 day.

Recording device: CFM-6000, electrode position: C3–C4.

The lower border is >5 μV and the upper border is <25 μV. The fluctuation of the upper and lower borders occurs in the opposite direction, with clear periodicity. The convexity of the upper border appears earlier than that of the lower border (Fig. 18.14).

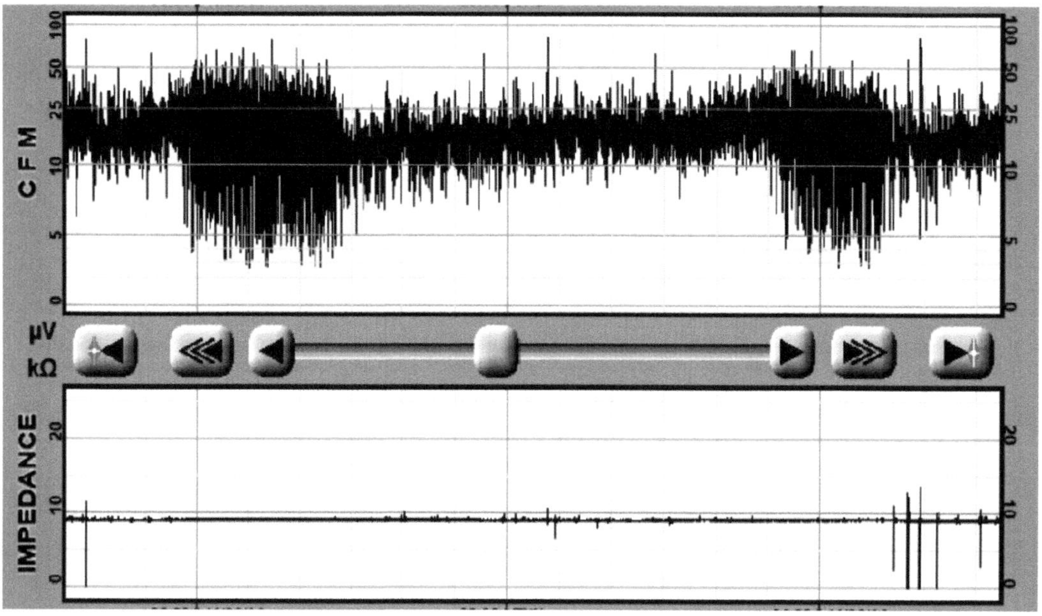

Fig. 18.14 38-week aEEG recording. Gestational age: 36 weeks 5 days, birth weight: 2508 g, age: 8 days, PMA: 38 weeks 1 day. Recording device: CFM-6000, electrode position: C3–C4. The lower border is >5 μV and the upper border is <25 μV. The fluctuation of the upper and lower borders occurs in the opposite direction, with clear periodicity. The convexity of the upper border appears earlier than that of the lower border

References

Burdjalov VF, Baumgart S, Spitzer AR. Cerebral function monitoring: a new scoring system for the evaluation of brain maturation in neonates. Pediatrics. 2003;112(4):855–61.

Hellström-Westas L, Rosén I. Continuous brain-function monitoring: state of the art in clinical practice. Semin Fetal Neonatal Med. 2006;11(6):503–11.

Kidokoro H, Inder T, Okumura A, Watanabe K. What does cyclicity on amplitude-integrated EEG mean? J Perinatol. 2012;32(8):565–9.

Acute-Stage Abnormalities on aEEG

19

Yuichiro Sugiyama and Tetsuo Kubota

1 Abnormal Patterns in Term Infants

EEG suppression occurs when neuronal activity decreases secondary to central nervous system damage, which may be associated with various diseases. Generally, more severe disease is associated with more pronounced EEG suppression. aEEG background activity is also used to assess the degree of this suppression. However, assessing chronic-stage abnormalities, such as disorganized patterns evident in a conventional EEG, is challenging in an aEEG, especially when relying on visual analysis. The primary purpose of an aEEG is to evaluate acute-stage abnormalities; i.e., whether there is a certain level of suppression of current brain activity. It is also important to know the limitations of aEEG.

Y. Sugiyama (✉)
Department of Pediatrics, Japanese Red Cross Aichi Medical Center Nagoya Daiichi Hospital, Nagoya, Japan
e-mail: sugiyama-les400@nagoya-u.jp

T. Kubota
Department of Pediatrics, Anjo Kosei Hospital, Anjo, Japan
e-mail: t-kubota@kosei.anjo.aichi.jp

2 Abnormal aEEG Background Activity in Term Infants

The classification of aEEG background activity in term infants, widely used today, is based on the classification proposed by Hellströme-Westas et al. (Fig. 19.1). This classification categorizes aEEG patterns into the following five distinct categories.

2.1 Continuous Normal-Voltage (CNV) Pattern

The upper border of an aEEG trace ranges from 10 to 25 (up to 50) μV, while the lower border ranges from 7 to 10 μV (generally exceeding 5 μV). Regular cycling is observable in the lower border of aEEG traces.

2.2 Discontinuous Normal-Voltage (DNV) Pattern

When brain activity is mildly reduced, the upper border stays within the normal range, but the lower border decreases. A DNV pattern, as defined by Hellströme-Westas et al., is characterized by a lower border of <5 μV and may or may not include cycling.

A. Okumura, H. Kidokoro (eds.), *Neonatal EEG: Atlas and Interpretation*,
https://doi.org/10.1007/978-981-96-0726-6_19

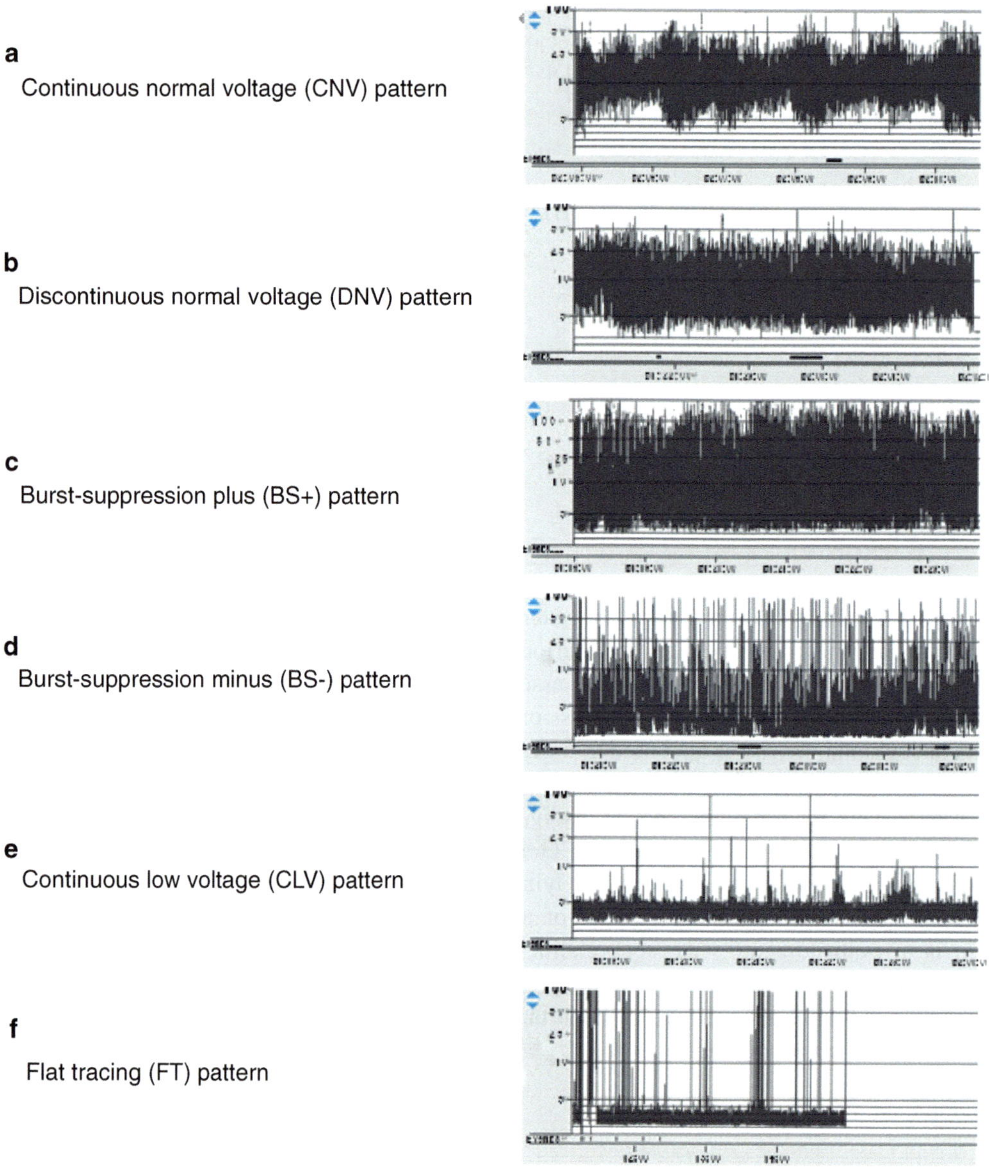

Fig. 19.1 Classification of aEEG background activity in term infants. Brain function shows a higher degree of suppression with progression from A to F (Courtesy of Dr. Rosen I). (**a**) Continuous normal voltage (CNV) pattern. (**b**) Discontinuous normal voltage (DNV) pattern. (**c**) Burst-suppression plus (BS+) pattern. (**d**) Burst-suppression minus (BS−) pattern

2.3 Burst-Suppression (BS) Pattern

As the EEG continuity decreases, the EEG shifts from a DNV pattern to a BS pattern. In this pattern, the lower border further decreases to 0–1 μV, and the upper border also intermittently decreases. This pattern results from alternating burst and suppression activities in the EEG, where the bursts are periodic, and their upper border intermittently exceeds 25 μV. High aEEG density with numerous bursts (>100 bursts/h) is classified as BS+, while lower aEEG density (<100 bursts/h) is classified as BS−.

2.4 Continuous Low-Voltage (CLV) Pattern

When brain activity is significantly suppressed, bursts are rarely observed, and the upper border consistently remains low (≤ 5 μV).

2.5 Flat Trace (FT) Pattern

The upper border of the potential is close to 0, ranging from 0 to 5 μV. Correspondingly, the original EEG waveform shows no activity and appears flat.

3 Background Abnormalities and Their Interpretation in Neonatal Asphyxia of Term Infants

An aEEG is frequently used for term infants with neonatal asphyxia. With the standardization of therapeutic hypothermia, the predictive value of the aEEG has changed. Before therapeutic hypothermia became popular, most reports suggested that outcomes were related to the BS pattern or more severe patterns, or to the loss of cycling within the first 6–12 h of life. However, in the era of hypothermia, it has become clear that the positive predictive value of poor neurological outcomes depends on the time after birth until the recovery of suppressed background activity. A systematic review performed in 2016 showed that, in neonates with a gestational age of ≥35 weeks, the positive predictive value of neurological abnormalities in infants with aEEG abnormalities after 6 h of age remained almost unchanged in the non-hypothermia group (Del Río et al. 2016). In the hypothermia group, however, the positive predictive value for poor neurological outcomes increased with the delayed recovery of aEEG abnormalities (Fig. 19.1). This review classified an aEEG pattern of BS/CLV/FT or an upper border of ≤10 μV as abnormal, with outcomes being death, paralysis, or moderate or severe developmental delay.

4 Abnormal aEEG in Preterm Infants

The criteria for identifying abnormal aEEG findings in preterm infants are not yet well established. In preterm infants, acute brain injury can cause cEEG suppression, characterized by an increase in flat parts and a decrease in amplitude. While an aEEG can detect a decrease in amplitude, accurately reading the amplitude becomes challenging unless it is severely suppressed. As a result, aEEG interpretation often relies on the loss of cycling as an indicator, rather than a decrease in amplitude. For example, reports suggest that the presence or absence of cyclicity immediately after birth is related to neurological outcomes (Kidokoro et al. 2010), reflecting prenatal and postnatal insults. Furthermore, loss of cyclicity can also result from various other factors, such as jaundice, infection, and respiratory failure. Figure 19.2 shows aEEG findings before, during, and after the onset of late-onset circulatory collapse.

As a brain function monitoring tool, an aEEG can determine objectively the period from which brain function began to deteriorate. This information is valuable in assessing which clinical management approaches may have contributed to or worsened the infant's brain function.

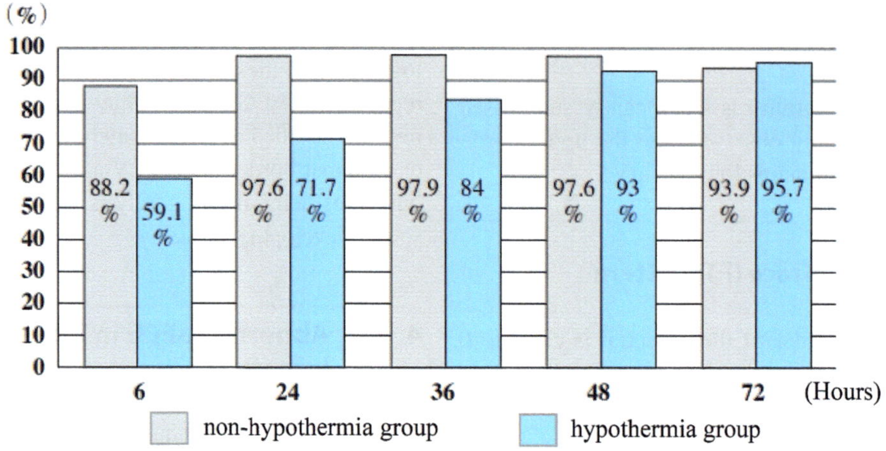

Fig. 19.2 aEEG background abnormalities at each recording time point and positive predictive values of neurological abnormalities in asphyxiated neonates

5 Discontinuous Normal-Voltage (DNV) Pattern

Gestational age: 37 weeks 3 days, birth weight: 3145 g, age: 6 days.

Recording equipment: NicoletOne, electrode positions: C3–P3, C4–P4, and C3–C4.

The patient underwent therapeutic hypothermia for neonatal asphyxia resulting from placental abruption and neonatal hypoxic-ischemic encephalopathy (Sarnat stage 3). After therapeutic hypothermia, the infant is able to breathe spontaneously and responds to stimulation, but oral feeding is slow.

Cycling is present in the aEEG trace, but its periodicity is relatively poor. The lower border consistently remains at 5 μV, leading to the conclusion that the pattern is DNV (Fig. 19.3).

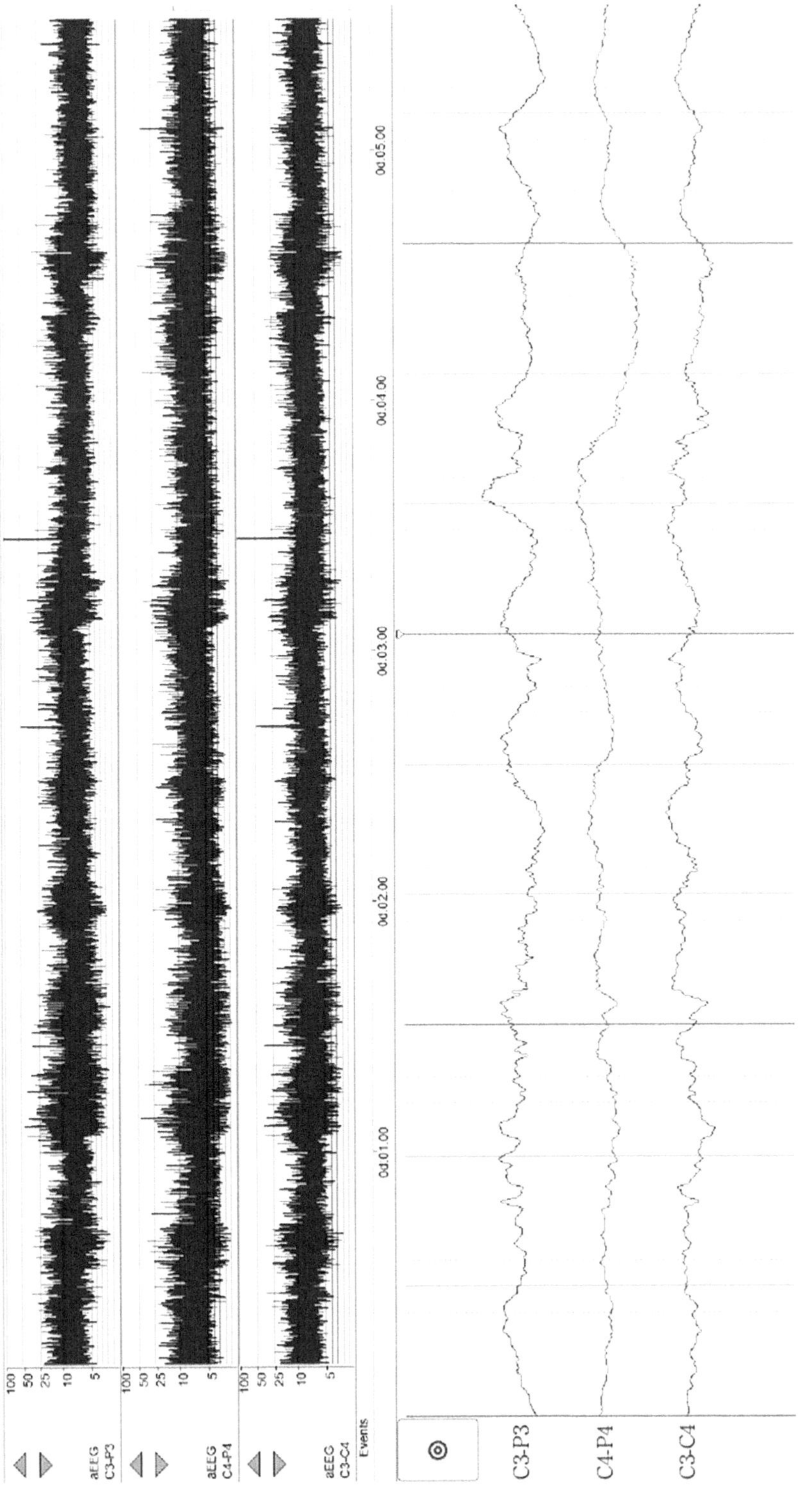

Fig. 19.3 Discontinuous normal voltage (DNV) pattern

6 BS Pattern

Gestational age: 37 weeks 3 days, birth weight: 3145 g, age: 0 days.

Recording equipment: NicoletOne, electrode positions: C3–P3, C4–P4, and C3–C4.

This case corresponds to that in Fig. 19.3. The patient had severe neonatal hypoxic-ischemic encephalopathy and lacked spontaneous respiration; therapeutic hypothermia was performed. The aEEG recording was obtained 6 h after birth.

The lower border is approximately 1 μV, and the upper border only intermittently rises above 25 μV. An extremely low density indicates significantly reduced continuity (Fig. 19.4).

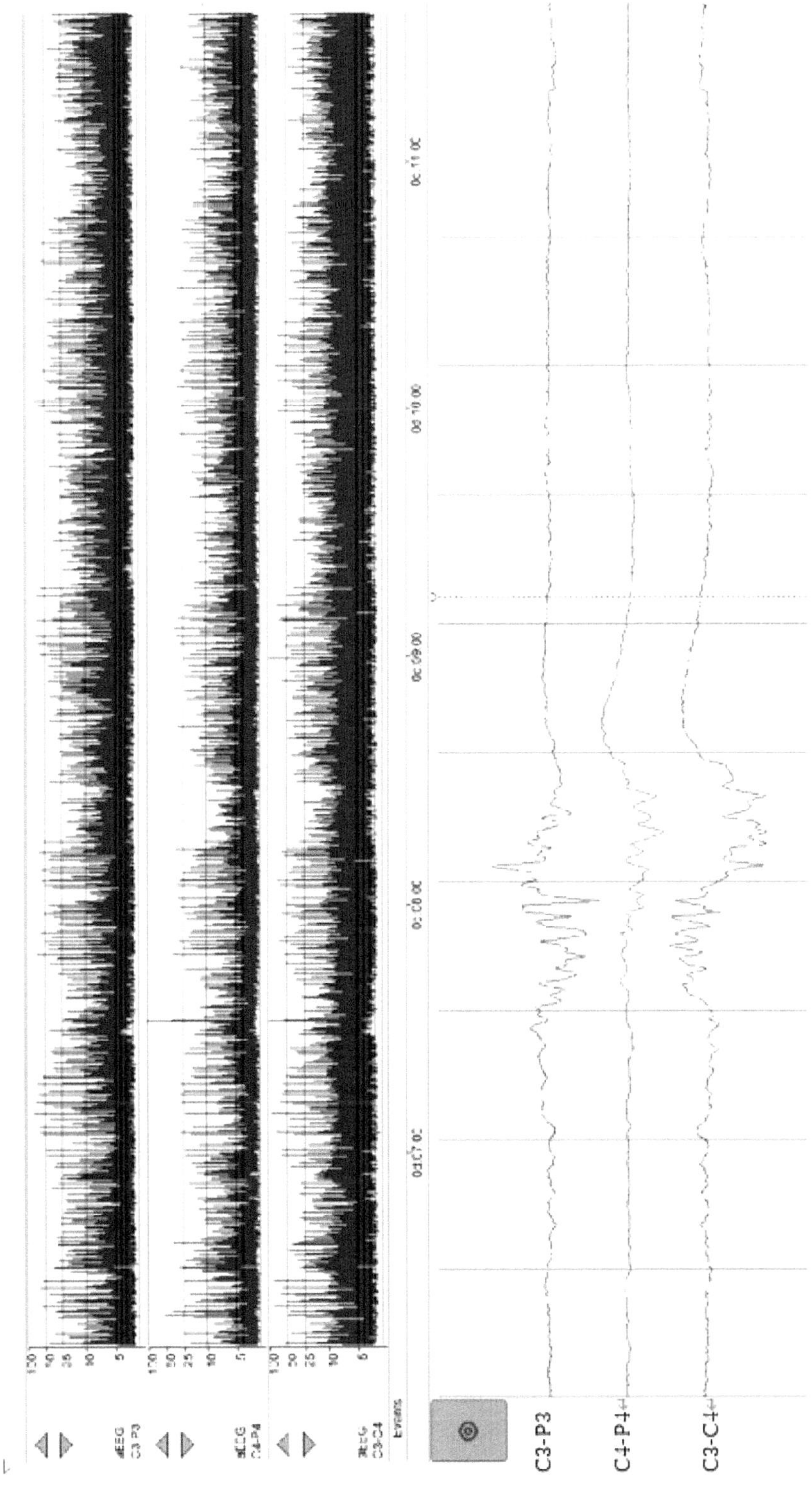

Fig. 19.4 Burst-suppression (BS) pattern

7 Continuous Low-Voltage (CLV) Pattern

Gestational age: 39 weeks 5 days, birth weight: 3531 g, age: 1 day.

Recording equipment: NicoletOne, electrode positions: C3–P3, C4–P4, and C3–C4.

The infant was born without spontaneous respiration because of meconium peritonitis and had been hypotensive since birth. Because of the infant's critical condition, neither surgical treatment nor hypothermic therapy could be administered. The aEEG data were obtained 36 h after birth.

The lower border of the aEEG was approximately 1 μV, and the upper border was almost consistently <5 μV. This pattern is interpreted as CLV (Fig. 19.5).

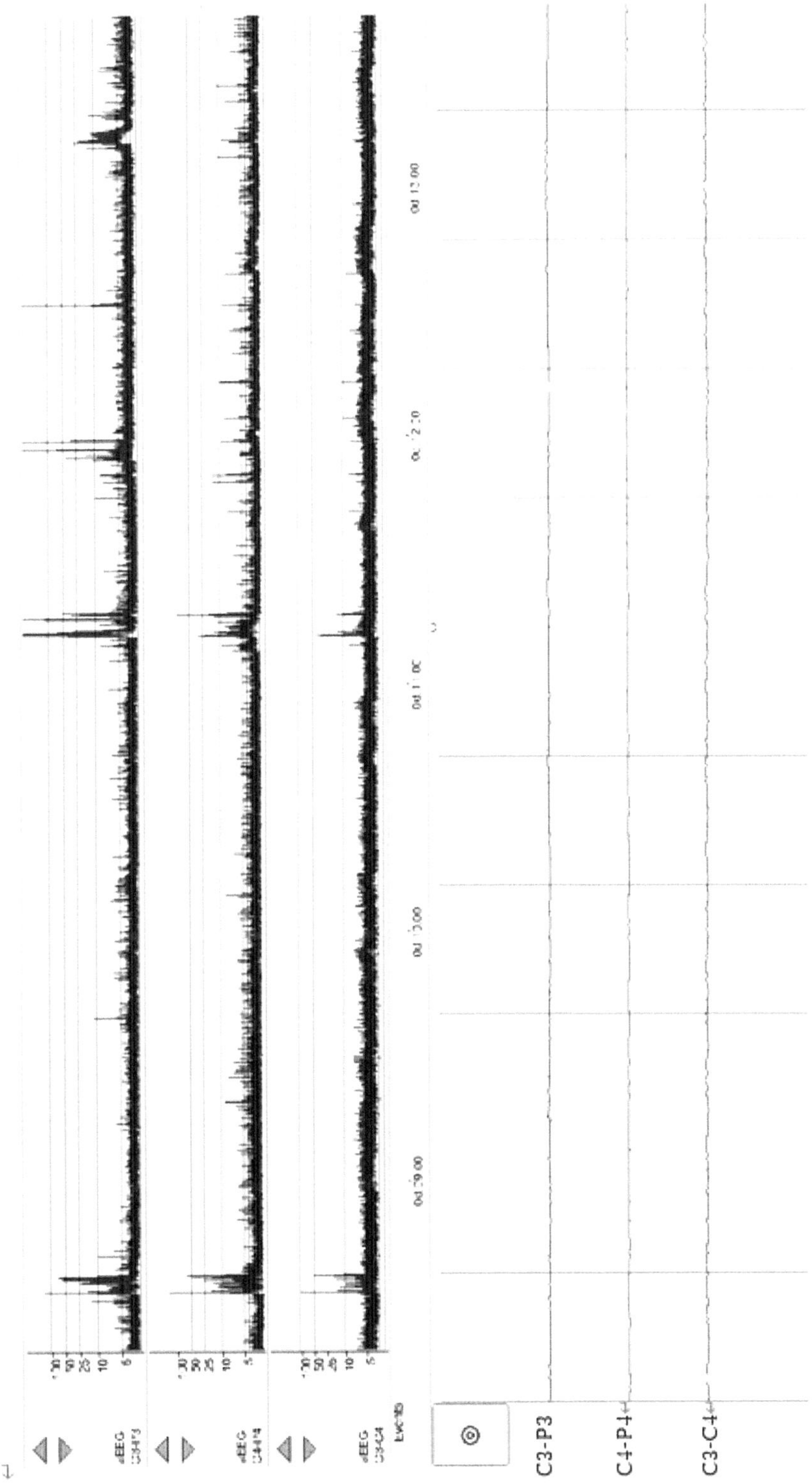

Fig. 19.5 Continuous low-voltage (CLV) pattern

8 Absent Cyclicity Associated with Late-Onset Circulatory Collapse

Gestational age: 28 weeks 0 days, birth weight: 940 g, age: 15–18 days, PMA: 30 weeks 2–5 days.

Recording instrument: CFM-OBM, electrode position: C3–C4.

A preterm infant, born at 28 weeks via emergency cesarean section due to preterm labor and cervical incompetence, being clinically stable on continuous positive airway pressure with good feeding tolerance. However, from day 16 (PMA: 30 weeks 3 days), the infant developed a decrease in urine output and blood pressure without obvious triggers. The circulation collapse resolved with corticosteroid administration. Continuous aEEG recording allowed for the monitoring of the patient's condition before, during, and after the onset of illness. On day 15 (the day before onset), both the upper and lower borders of the aEEG traces were consistent, indicative of a typical 30-week aEEG trace. The cycling, which had been poor before the decrease in urine output noticed on day 16, had returned by day 18 (post-recovery). This loss of cyclicity in the aEEG indicates a decrease or loss of continuity in the cEEG, a sign of suppressed brain activity in preterm infants (Fig. 19.6).

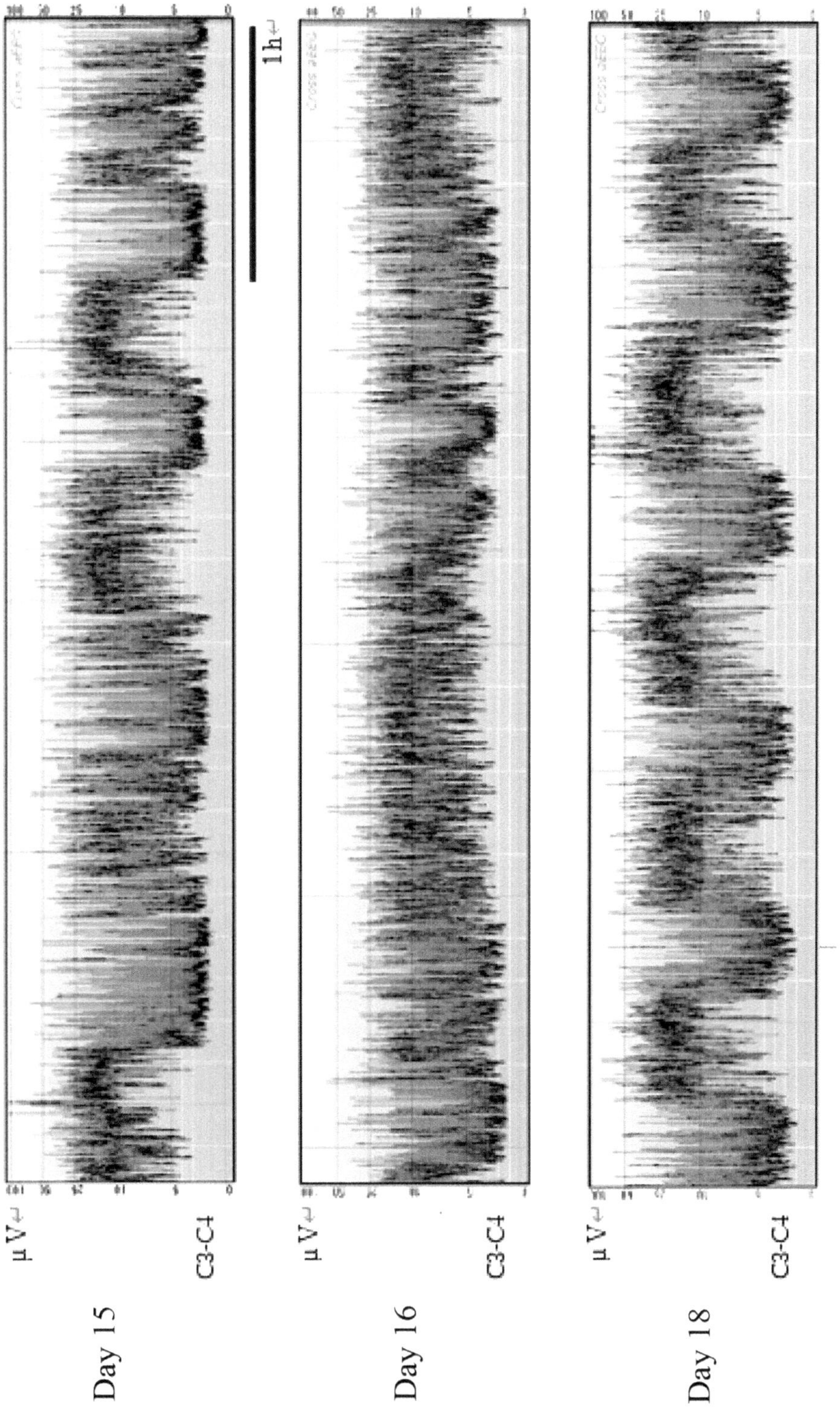

Fig. 19.6 Absent cyclicity associated with late-onset circulatory collapse

References

Del Río R, Ochoa C, Alarcon A, Arnáez J, Blanco D, García-Alix A. Amplitude integrated electroencephalogram as a prognostic tool in neonates with hypoxic-ischemic encephalopathy: a systematic review. PLoS One. 2016;11(11):e0165744. https://doi.org/10.1371/journal.pone.0165744. PMID: 27802300; PMCID: PMC5089691.

Kidokoro H, Kubota T, Hayashi N, Hayakawa M, Takemoto K, Kato Y, Okumura A. Absent cyclicity on aEEG within the first 24 h is associated with brain damage in preterm infants. Neuropediatrics. 2010;41(6):241–5.

Neonatal Seizures on aEEG

20

Takeshi Suzuki and Tetsuo Kubota

1 The Utility of aEEG in the Management of Neonatal Seizures

The most important feature of neonatal seizures is the difficulty of identifying seizures based solely on clinical manifestations even by experienced physicians (Murray et al. 2008; Aileen et al. 2009). Many physicians have probably encountered cases where it is challenging to confirm a true neonatal seizure, even after receiving a report of a "seizure" from nursing staff. On the other hand, there are cases that present only with symptoms such as apnea, which are unlikely to be seizures. Moreover, there are subclinical seizures that are not accompanied by any clinical symptoms.

Early and accurate diagnosis of neonatal seizures not only enables prompt intervention with antiseizure medications but can also aid the early identification of underlying conditions that cause acute symptomatic seizures. Both of these factors are of great clinical significance because they may improve the long-term developmental outcome of the infant. However, as mentioned, diagnosis of neonatal seizures based on clinical manifestations alone is challenging. In clinical practice, patients considered at high risk of neonatal seizures (e.g., with severe neonatal asphyxia, cardiac malformations, various pre- and postoperative conditions, severe infections, or metabolic diseases) often undergo intensive treatment, including respiratory and circulatory management, limiting the availability of diagnostic tests at the bedside. The gold standard for diagnosis is EEG. In a previous report, NICU staff were only about 50% accurate when identifying neonatal seizures from video recordings taken during clinical events, reaffirming that EEG is required for definitive diagnosis or exclusion of neonatal seizures (Aileen et al. 2009). Conventional EEG (cEEG) is useful in that it permits noninvasive repeated assessments. However, access to neonatal EEG varies greatly among facilities; many are unable to perform tests on every day. Furthermore, monitoring of neonatal seizures often requires long-term continuous recording. If the monitoring results are to be incorporated into real-time treatments, not only specialists but also general pediatricians, neonatologists, and bedside nurses must be able to recognize seizures quickly. Currently, amplitude-integrated EEG (aEEG) is widely used in many institutions to evaluate neonatal seizures. aEEG employs only a small number of electrodes and can be easily applied by on-duty doctors or nurses without specialized training. aEEG is

T. Suzuki (✉)
Department of Pediatrics, Okazaki City Hospital, Okazaki, Japan

T. Kubota
Department of Pediatrics, Anjo Kosei Hospital, Anjo, Japan
e-mail: t-kubota@kosei.anjo.aichi.jp

A. Okumura, H. Kidokoro (eds.), *Neonatal EEG: Atlas and Interpretation*, https://doi.org/10.1007/978-981-96-0726-6_20

suitable for long-term monitoring and offers several advantages in terms of management of neonatal seizures, such as relatively easy seizure recognition and the ability to view trends over time on a single screen, as detailed below.

However, it must be acknowledged that, compared to cEEG, monitoring with only aEEG may overlook some seizures, or, may misinterpret other phenomena as seizures (Divyen et al. 2008; Evans et al. 2010). Therefore, it is important to understand the limitations of monitoring using only aEEG when managing neonatal seizures, and to employ cEEG along with aEEG when necessary. The relationship between these two modalities is complementary in terms of their limitations; this is similar to the relationship between bedside electrocardiogram (ECG) monitoring and 12-lead ECG. Just as 12-lead ECG is essential for detailed classification of arrhythmias and definitive diagnosis of myocardial infarction, 8-channel cEEG is necessary for accurate diagnosis and detailed evaluation of neonatal seizures.

2 Neonatal Seizures on aEEG

The ictal findings of neonatal seizures on cEEG are characterized by repetitive, stereotyped rhythmic waveforms (Fig. 20.1). The frequencies and amplitudes of these waveforms typically increase at the onset of the seizure and decrease toward the end. With this in mind, we can look at what neonatal seizures look like in aEEG. In aEEG, one vertical line represents the lower border (lower line) and the upper border (upper line) of the amplitude over a 15-s cEEG period. When evaluating a seizure on aEEG, the focus is on the lower border. As the stereotyped waveform appears during the seizure, the lower border rises compared with interictal period (Fig. 20.2). After the seizure finished EEG activity is suppressed transiently. Eventually, the lower border shows a transient rise followed by brief falls (Fig. 20.3). In cases with repetitive seizures, aEEG exhibits a sawtooth-like pattern characterized by the repeated rises of the lower border (Fig. 20.4). Thus, the aEEG pattern changes associated with

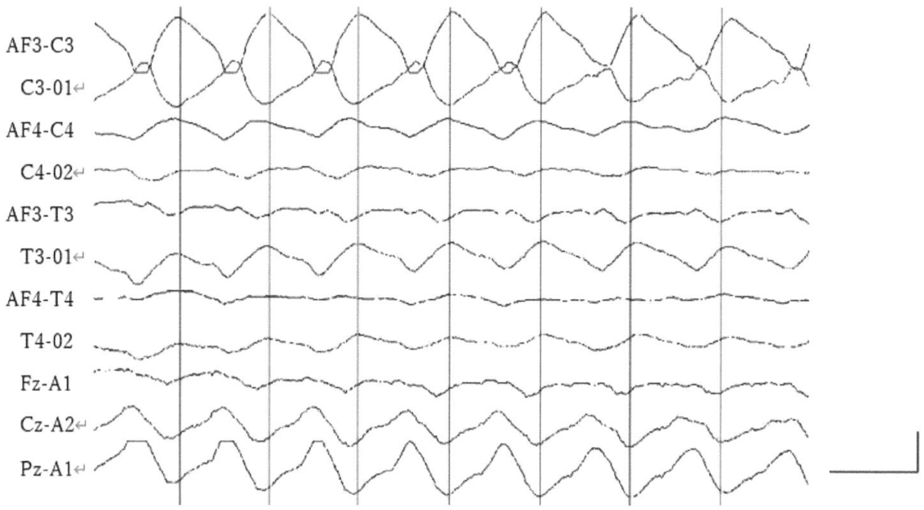

Fig. 20.1 An ictal EEG of a neonate. Neonatal seizures present on cEEG as repetitive, stereotyped, rhythmic waveforms. The figure shows typical seizure activity, characterized by rhythmic delta waves with a frequency of around 1 Hz at C3

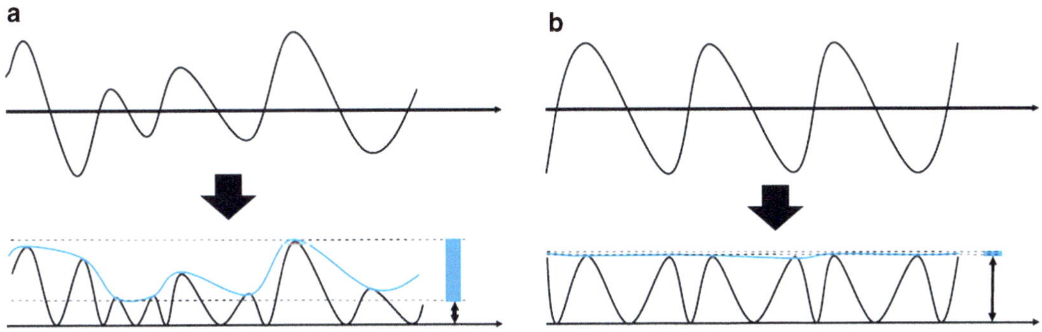

Fig. 20.2 Schematic comparison of EEG during non-ictal and ictal events. (**a**) Conversion of cEEG signal (upper panel) to aEEG bands (lower panel) during a non-ictal event. As the waves vary in size, the lower border (shown in the figure) is low, reflecting the presence of low-amplitude waves. (**b**) Conversion of cEEG signal (upper panel) to aEEG bands during ictal events (lower panel). As stereotyped waves in consistent size and shape repeat during the ictal event, the lower border (as depicted in the figure) is higher than that during the interictal period, and the bandwidth becomes narrower

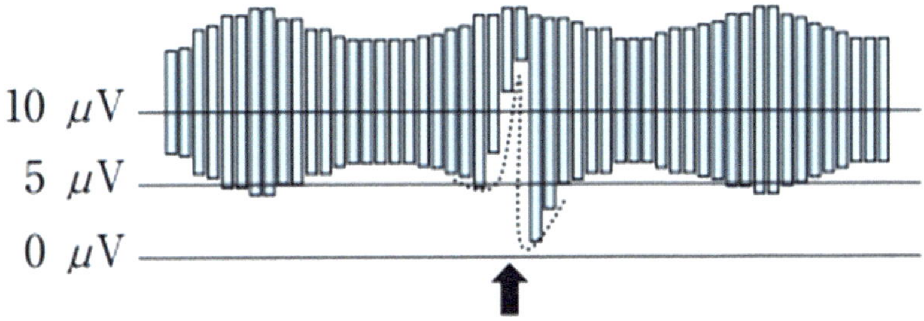

Fig. 20.3 The aEEG schema during an isolated neonatal seizure. During a seizure, the stereotyped waveform causes the lower border of the aEEG trace to rise compared to the interictal period. EEG activity is transiently suppressed after the seizure stops. Consequently, the lower border shows a transient rise followed by a brief fall

Fig. 20.4 The aEEG schema during repetitive seizures. In cases of repetitive seizures, the aEEG exhibits repeated rises of the lower border, known as a sawtooth-like pattern

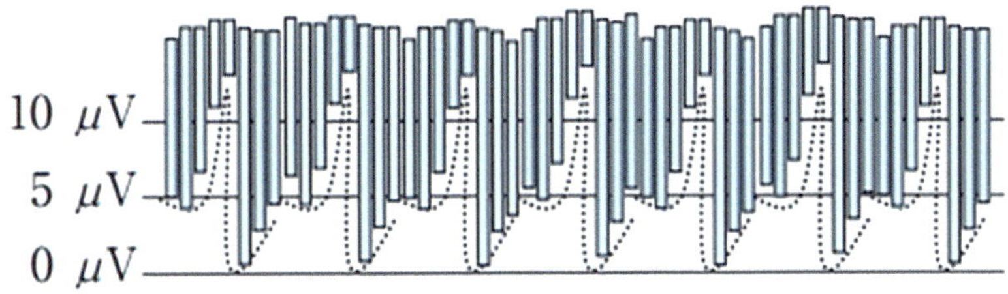

neonatal seizures are distinct and easily recognizable. aEEG is also useful to compare seizure frequencies before and after administration of medication, as aEEG allows visual recognition of seizure frequency over a specific time period. Figures 20.5, 20.6, 20.7, 20.8, 20.9, 20.10, 20.11, 20.12, 20.13, 20.14, 20.15, 20.16, and 20.17 show typical aEEG findings of neonatal seizures.

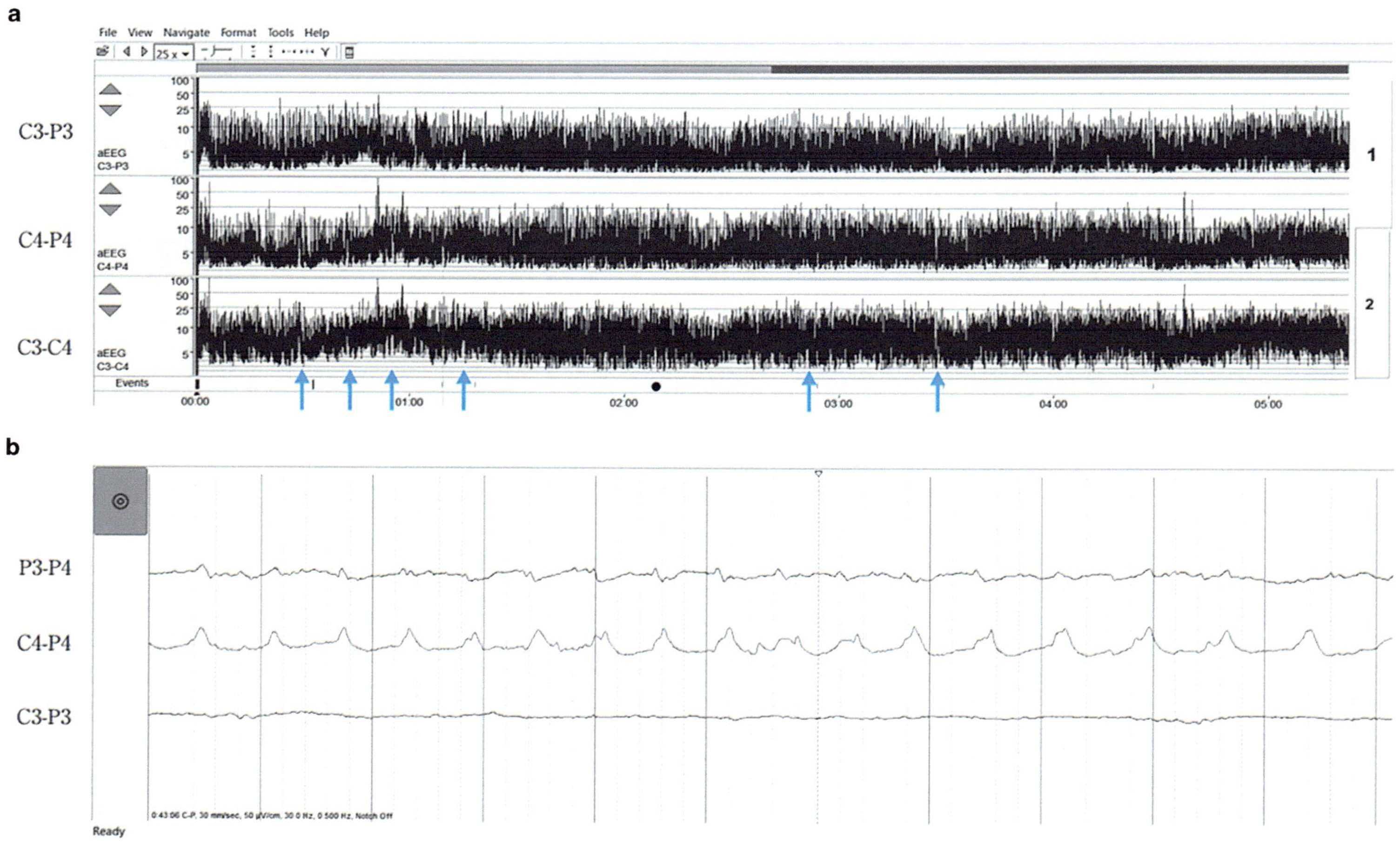

Fig. 20.5 aEEG of neonatal seizures (1). An infant with a human parechovirus type 3 infection underwent aEEG at 38 weeks PMA. The aEEG shows transient increases in the lower border (**a**: blue arrows), coinciding with apnea, but bradycardia was absent. In the simultaneously recorded cEEG, a repetitive, stereotyped, rhythmic 2-Hz waveform exhibiting right central parietal dominance is observed (**b**). The areas indicated by the black dot in (**a**) appeared to be associated with elevated lower border on aEEG; however, cEEG revealed that this was an artifact. In neonatal seizures, apnea without bradycardia is a typical clinical sign

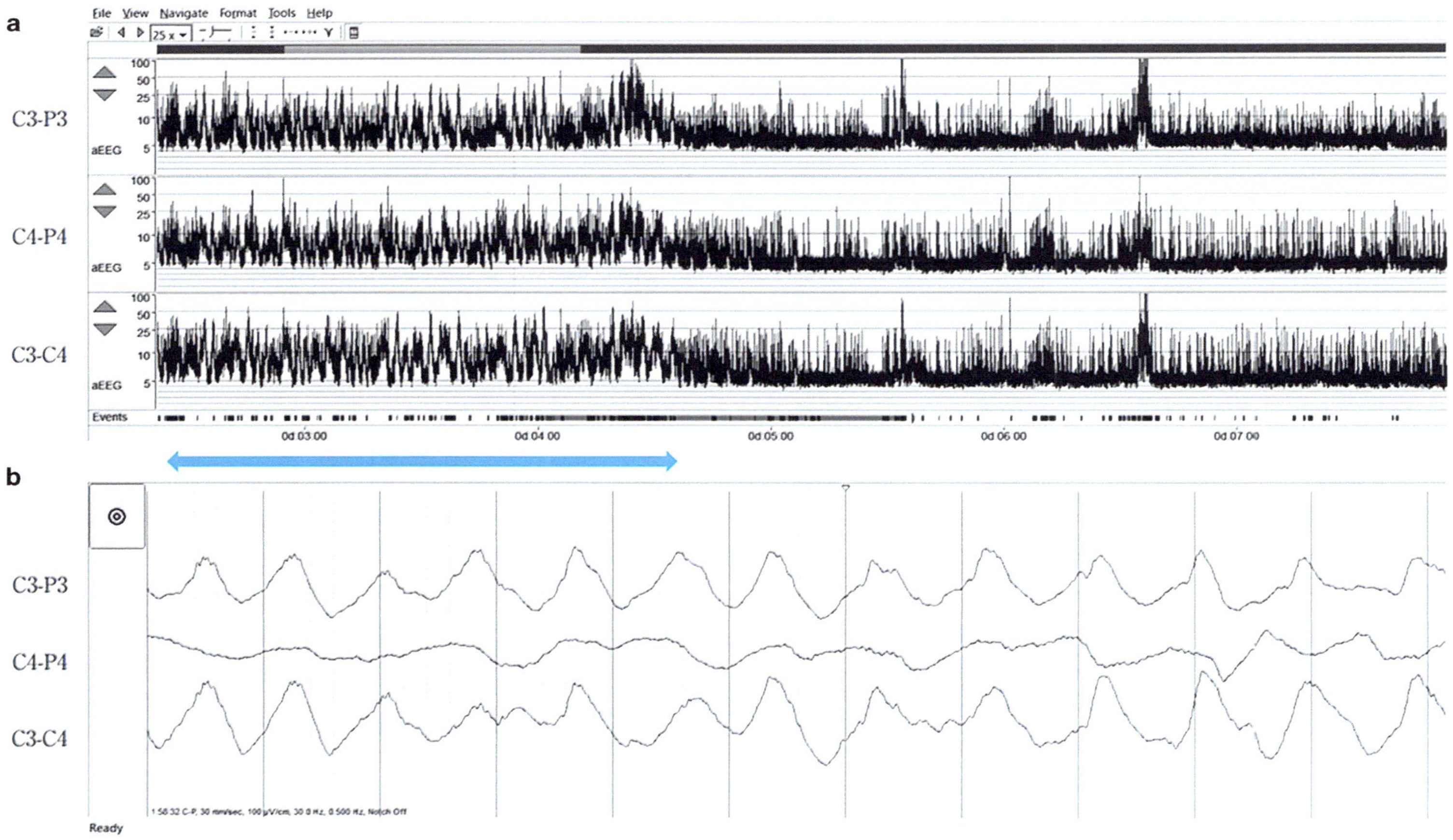

Fig. 20.6 aEEG of neonatal seizures (2). An infant with a Listeria infection underwent aEEG at 38 weeks PMA. aEEG revealed the so-called sawtooth pattern (**a**: a blue arrow) attributable to the repetitive increases in the lower border during repeated seizures. The simultaneously recorded cEEG revealed a repetitive, stereotyped, rhythmic waveform ranging from 1 to 1.5 Hz, predominantly in the left central parietal region (**b**). As EEG activity is highly suppressed during the interictal period, the transient increases in the lower border are easily recognized in this case, compared to those of Figs. 20.5 and 20.7. This aEEG trace shows the typical sawtooth pattern characteristic of repetitive seizures

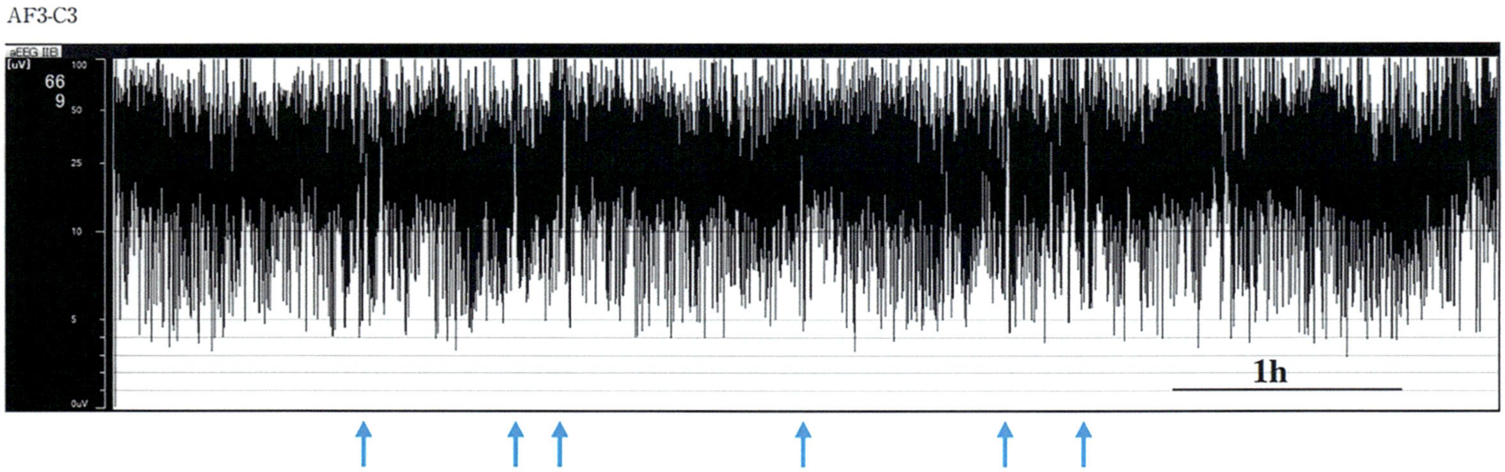

Fig. 20.7 aEEG of neonatal seizures (3). An infant with HIE underwent aEEG at 40 weeks PMA. cEEG showed the repetitive, stereotyped rhythmic waveform typical of neonatal seizures. However, detection of the transient increase in the lower border on aEEG is sometimes challenging given the short duration of each seizure. The blue arrows in the concurrently recorded aEEG trace indicate the areas of seizure activity. Although a rise in the lower border is easily noticeable when the background EEG reveals continuous low voltage or burst-suppression pattern, this rise becomes more difficult to discern when the background EEG activity is maintained, as in the present case

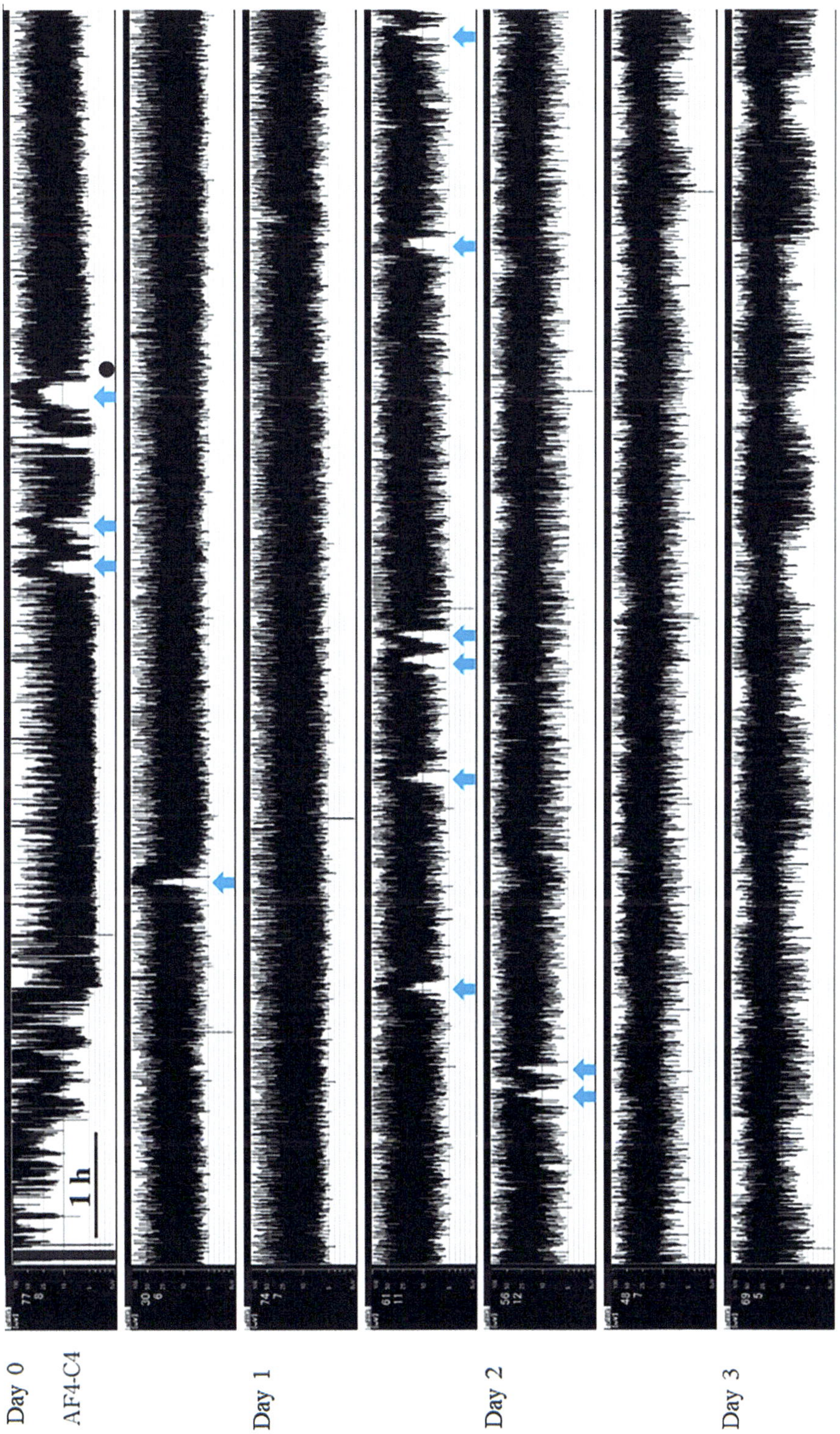

Fig. 20.8 aEEG of neonatal seizures (4). An infant with HIE underwent aEEG at 40 weeks PMA. The aEEG trace was recorded during therapeutic hypothermia for HIE of Sarnat stage 2. Throughout the recording, EEG-only seizures (blue arrows), without clinical manifestations, were observed. aEEG readily revealed clinical course during several days; in this case, the seizure frequency temporarily decreased after administration of antiseizure medication (black dot), and cycling developed commencing in the latter half of the sixth row. It is common for neonates to present with EEG-only seizures; clinical signs are lacking. Therefore, evaluation of brain function via EEG monitoring is essential not only when sedatives or muscle relaxants are used but also when infants require critical care

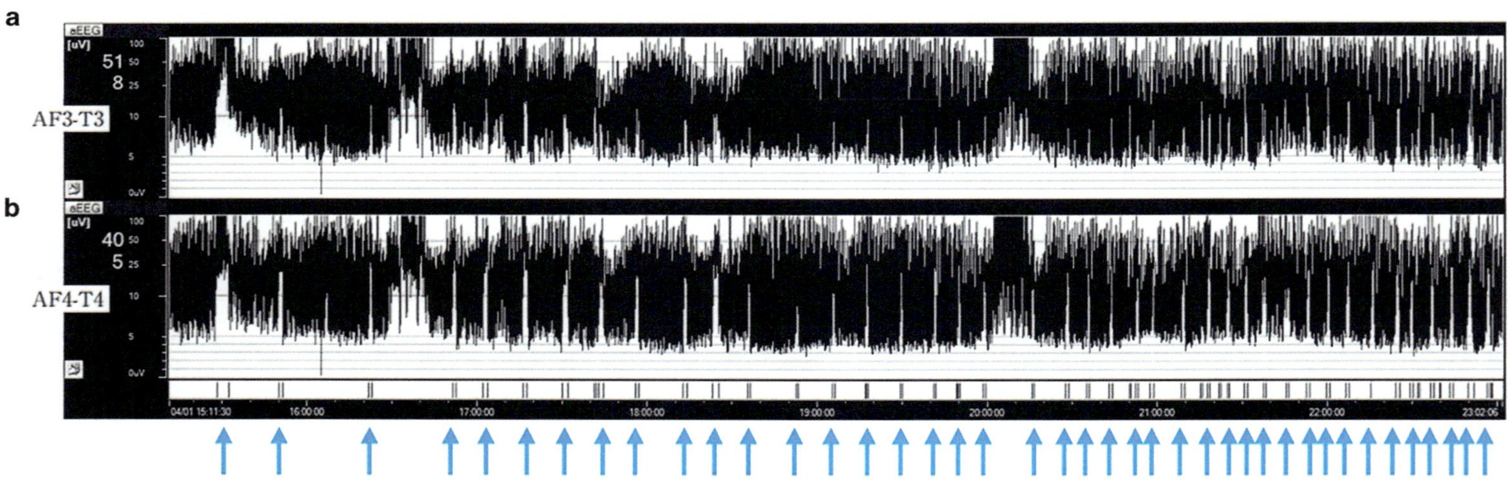

Fig. 20.9 aEEG of neonatal seizures (5). An infant with HIE underwent aEEG at 40 weeks PMA. The aEEG trace shows a typical seizure pattern, with a transiently increased lower border during the seizures (blue arrows), although clinical signs are lacking. This patient experiences EEG-only seizures. In panel (**b**) (AF4-T4), the seizures are more recognizable than in panel (**a**) (AF3-T3). It is important to note that seizure detection by aEEG varies by the locations and numbers of electrodes used

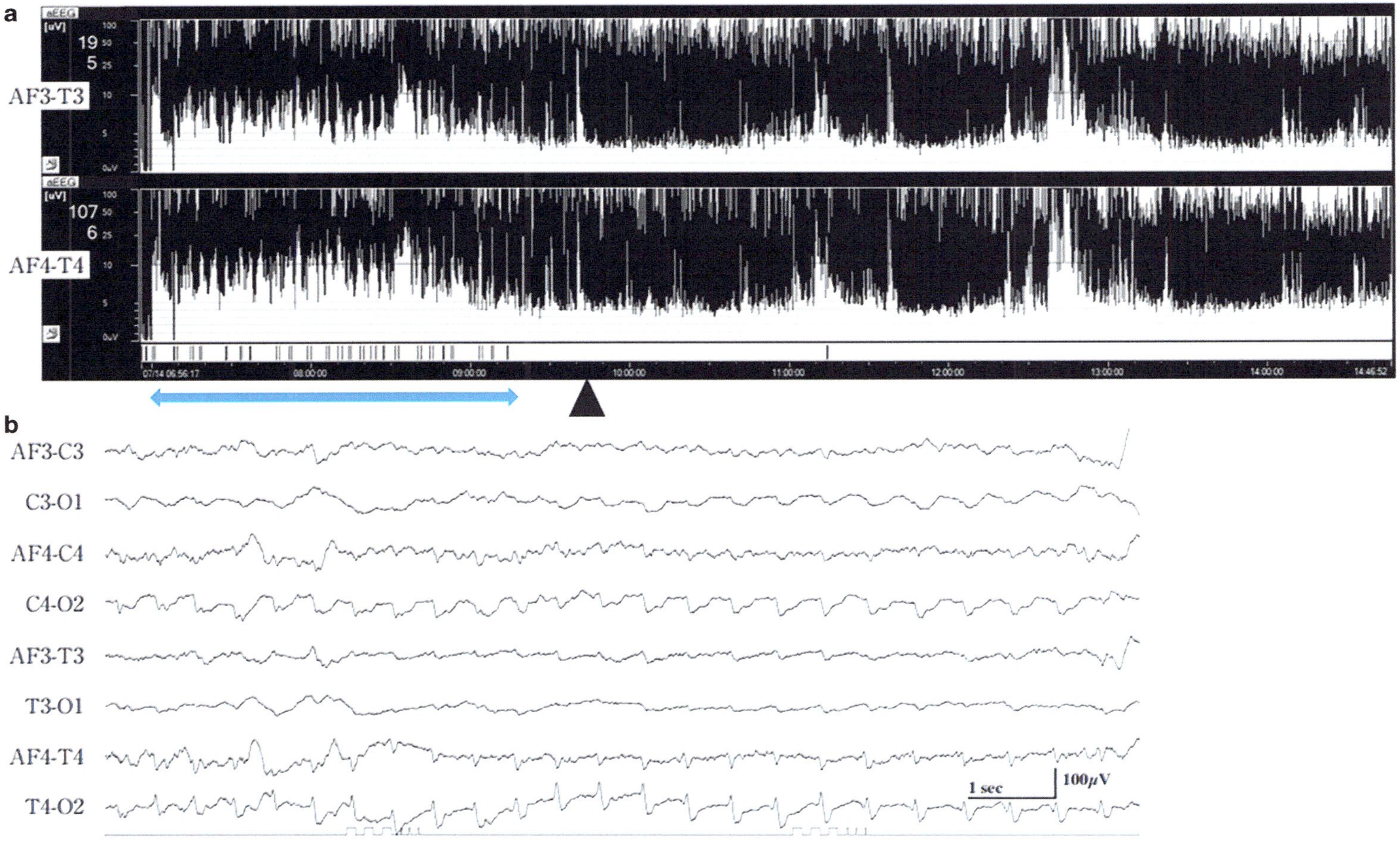

Fig. 20.10 aEEG of neonatal seizures (6). An infant with trisomy 18 underwent aEEG/cEEG at 39 weeks PMA. aEEG/cEEG reveals a typical pattern, thus frequent apneic seizures and corresponding rises in the aEEG lower border compared to other areas (**a**: blue arrow). Administration of phenobarbital (at black triangle) not only reduces the seizure frequency but also slightly decreases the lower border, indicating suppression of brain function. cEEG (**b**) shows a repetitive, stereotyped, rhythmic waveform, predominantly in the right temporo-occipital area. Even after phenobarbital administration, the lower aEEG border appears to increase transiently, indicating the possibility of seizures, but cEEG revealed that these are artifacts

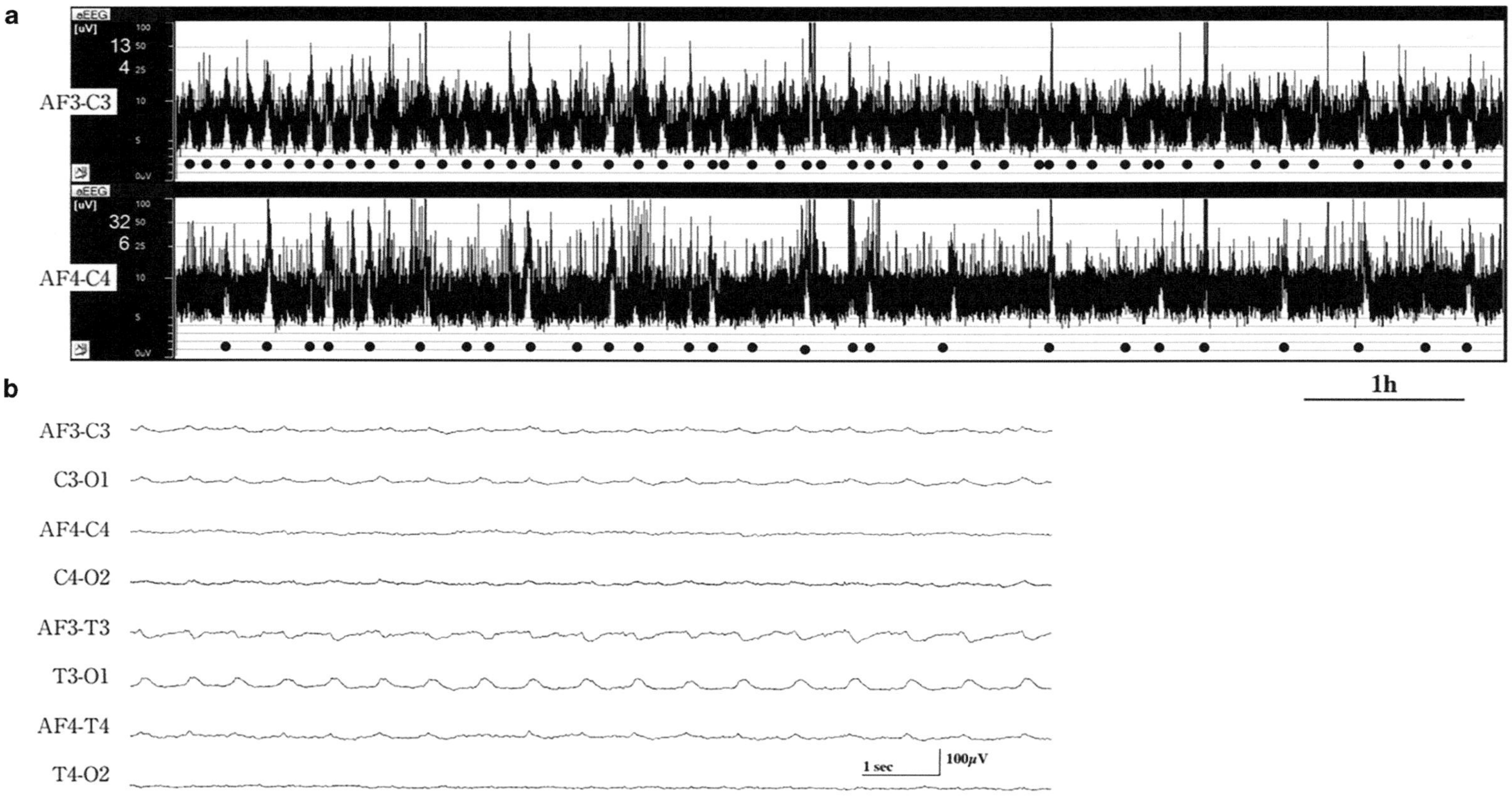

Fig. 20.11 aEEG of neonatal seizures (7). An infant with HIE underwent aEEG/cEEG at 34 weeks PMA. The aEEG (**a**) shows a typical seizure pattern (black dots), with the lower border being frequently elevated at the sites of neonatal seizures, predominantly in the left hemisphere. The cEEG (**b**) exhibits repetitive, stereotyped, rhythmic waves extending from the left central to the temporal area at a frequency of around 1.5 Hz. It is common for neonatal seizures to persist on EEG even after treatment with antiseizure medication, hence the need for continuous EEG monitoring. Seizures were more frequently observed in the left hemisphere (first row of **a**) than in the right hemisphere (second row of **b**)

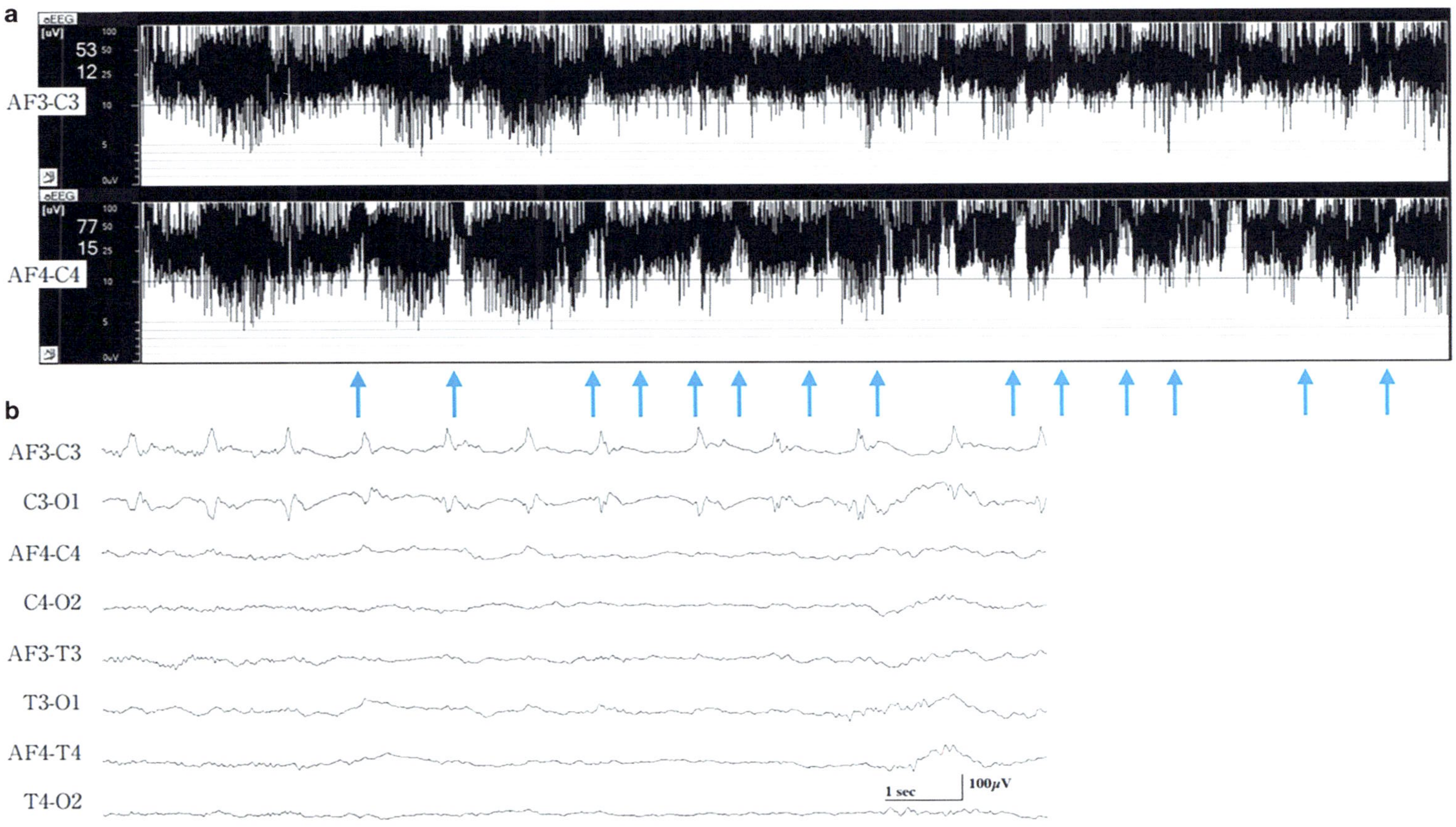

Fig. 20.12 aEEG of neonatal seizures (8). On aEEG (**a**), a typical seizure pattern is noted, characterized by a transiently elevated lower border. cEEG (**b**) shows repetitive, stereotyped, rhythmic, waveforms originating from the left central area. Although the lesion in this case is located in the right temporal lobe on head magnetic resonance imaging, the seizure activities are bilateral on EEG

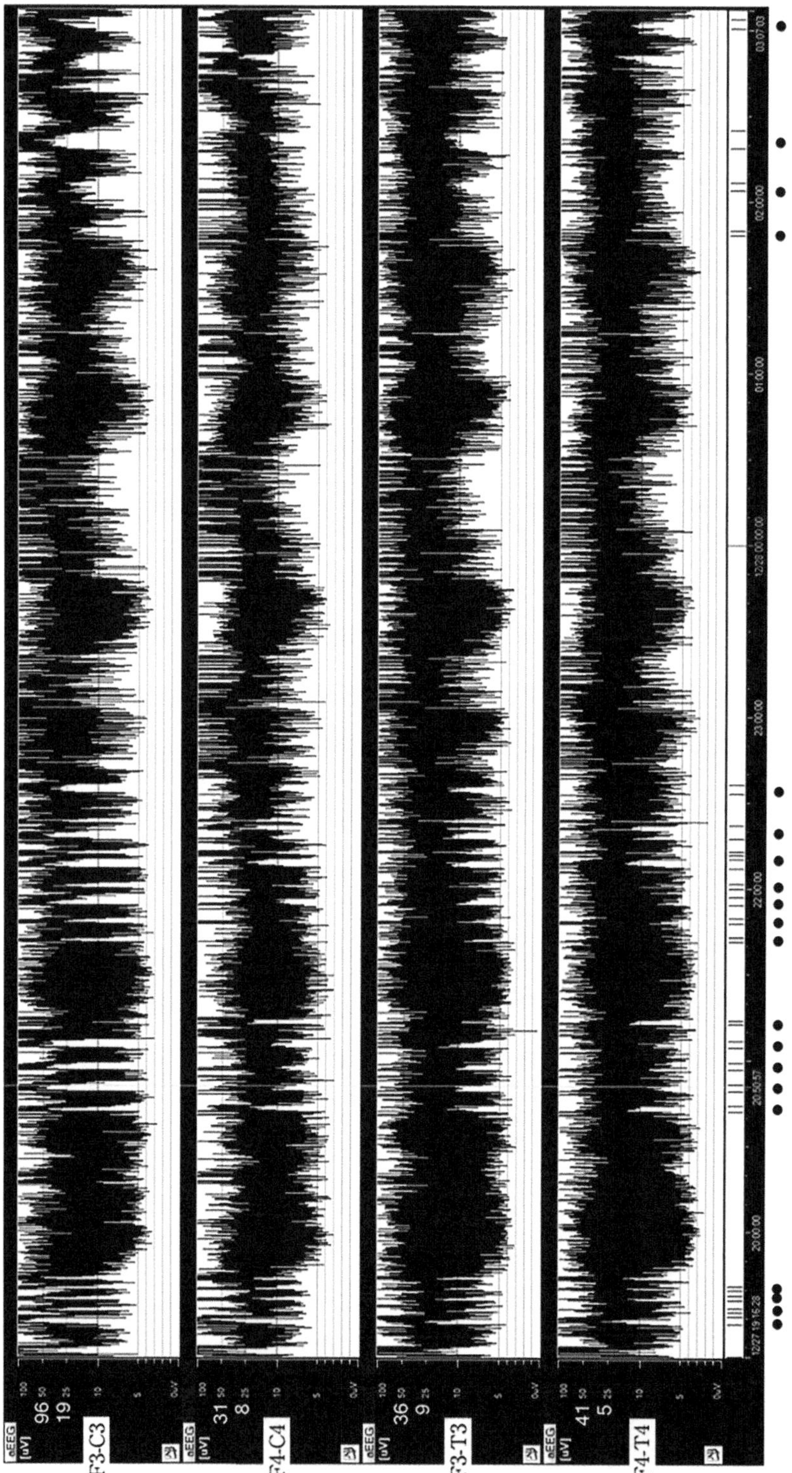

Fig. 20.13 aEEG of neonatal seizures (9). An infant with a bilateral middle cerebral artery infarction underwent aEEG at 41 weeks PMA. The aEEG background exhibited cyclicity, and neonatal seizures at the locations marked by the black dots

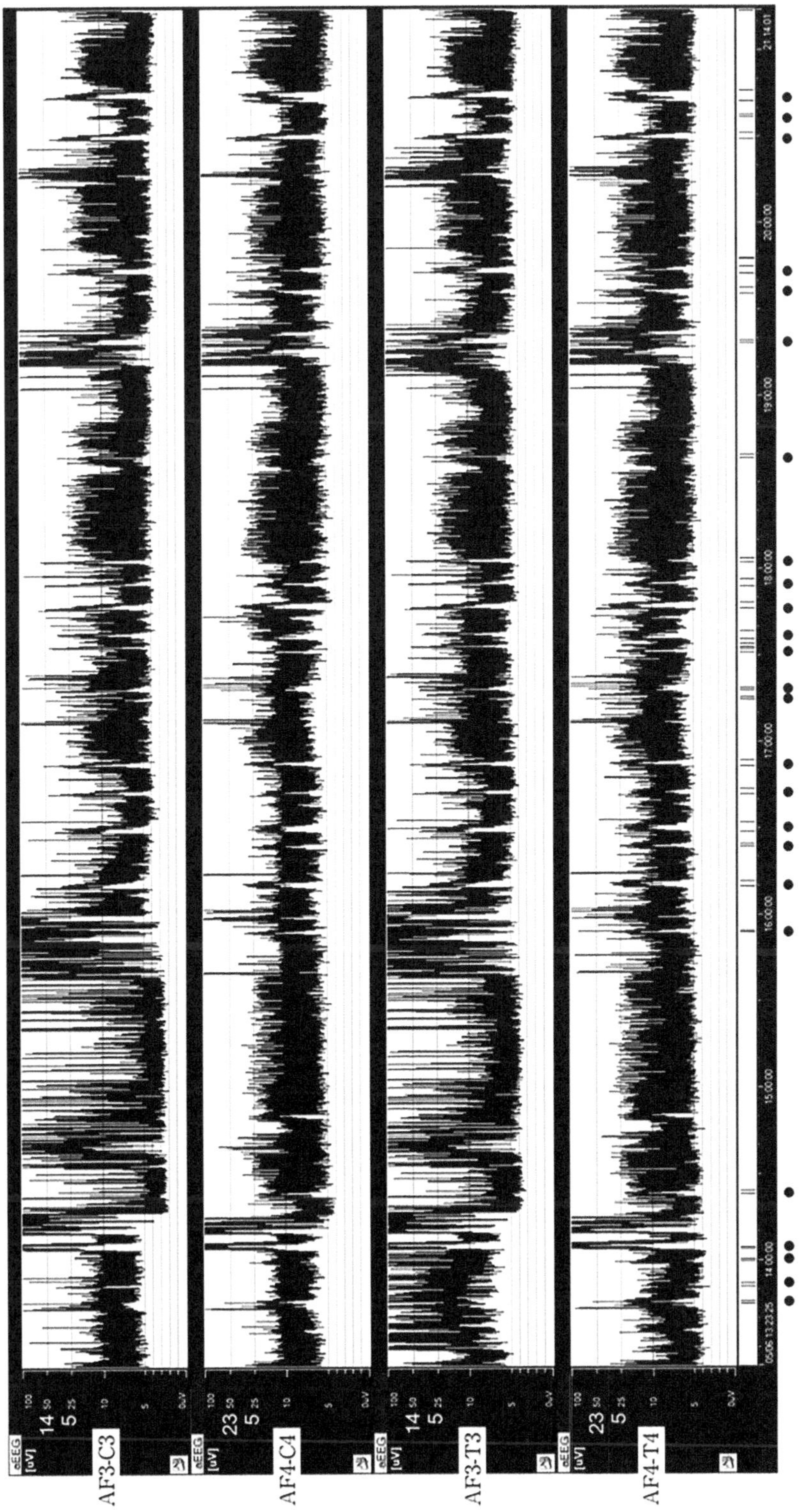

Fig. 20.14 aEEG of neonatal seizures (10). An infant with HIE underwent aEEG at 39 weeks PMA. The aEEG trace records many artifacts and a high lower border, but the background aEEG activity is considered to exhibit a continuous low voltage pattern. Neonatal seizures are indicated by the black dots

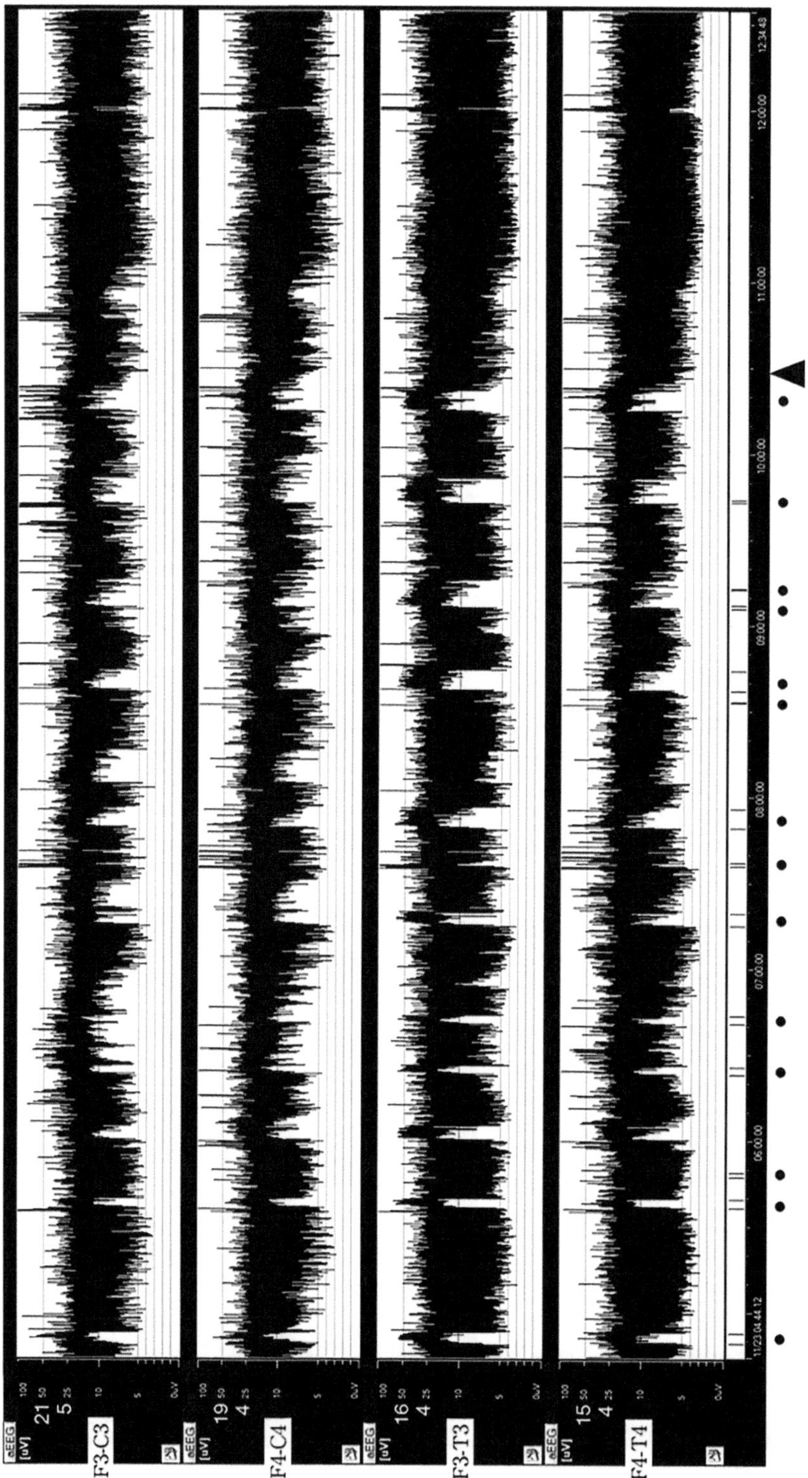

Fig. 20.15 aEEG of neonatal seizures (11). An infant with cerebral hemorrhage underwent aEEG at 39 weeks PMA. The background aEEG showed a discontinuous normal-voltage pattern, and neonatal seizures at the locations are marked by black dots. The seizures ceased following antiseizure medication (at black triangle)

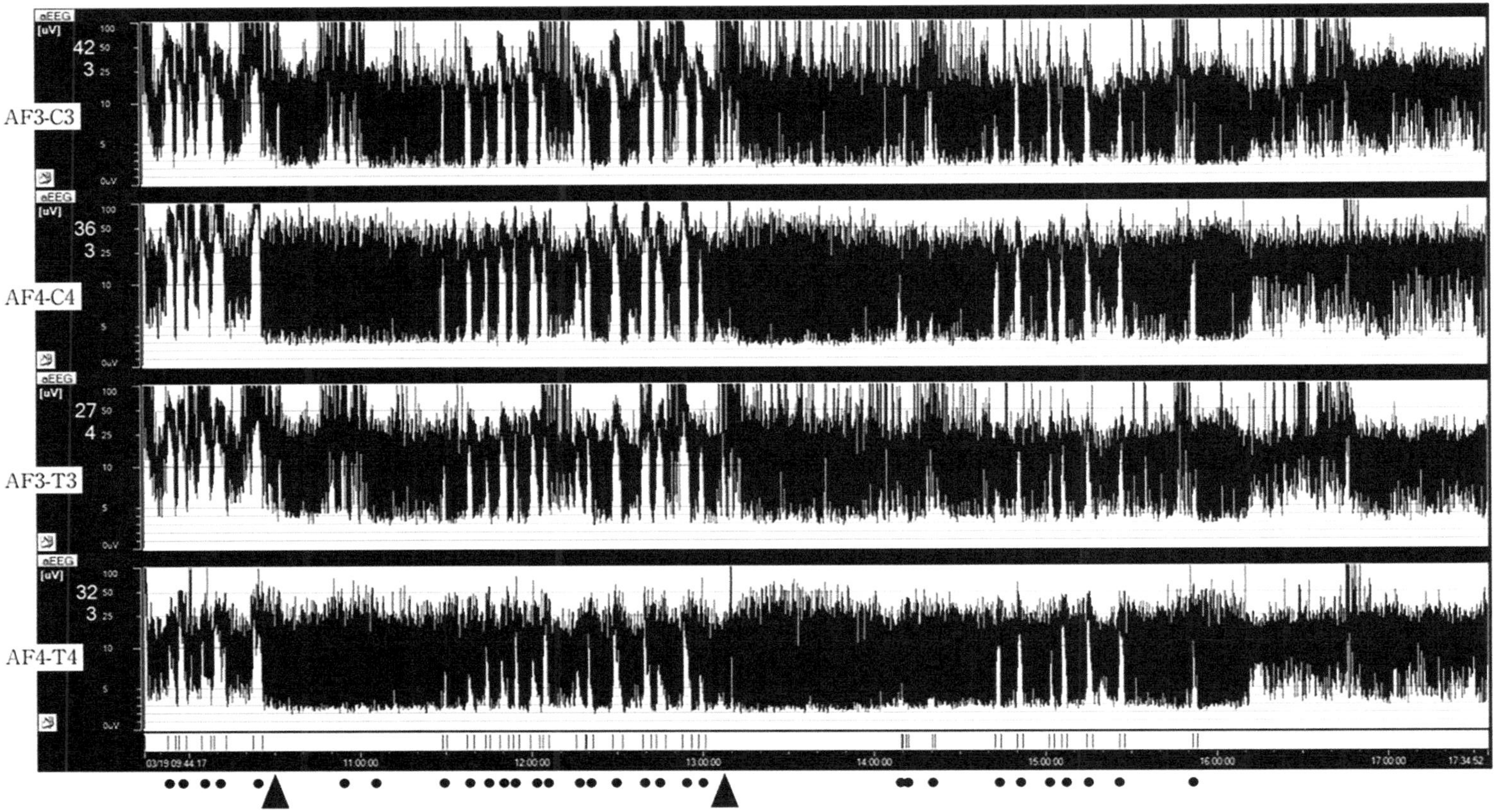

Fig. 20.16 aEEG of neonatal seizures (12). An infant with multiple malformations underwent aEEG at 38 weeks PMA. Neonatal seizures are indicated by the black dots. The administration of antiseizure medications (black triangles) temporarily reduced the frequency of seizures but did not eliminate them completely

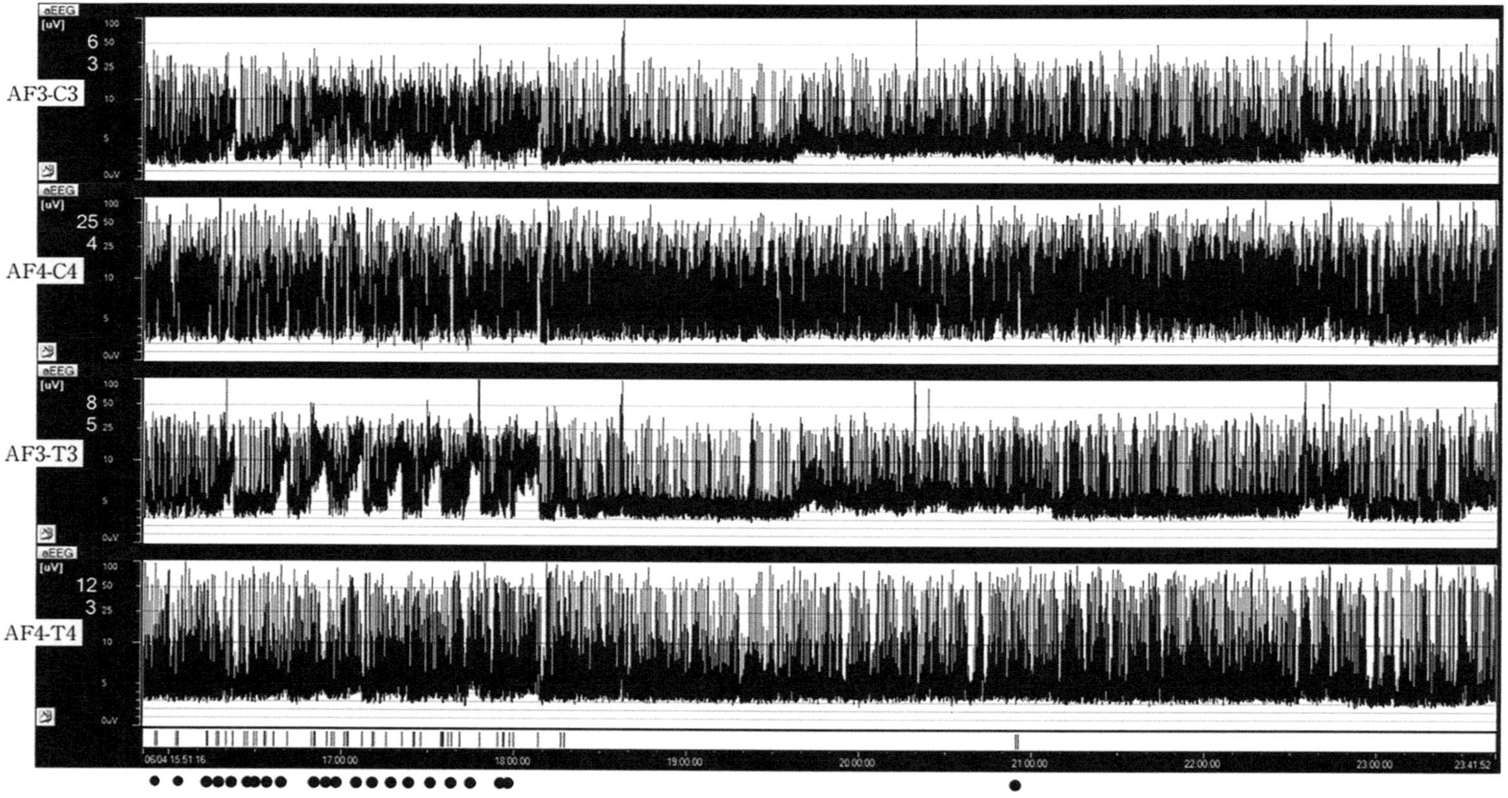

Fig. 20.17 aEEG of neonatal seizures (13). An infant with HIE underwent aEEG at 40 weeks PMA. The background aEEG shows a burst-suppression pattern. Neonatal seizures of various durations are indicated by the black dots. Recognizing seizures of short duration using aEEG alone was challenging

3 Precautions When Managing Neonatal Seizures with aEEG

Neonatal seizures are generally focal and may spread or shift to other sites within a single seizure. Therefore, the placement of electrodes is important, especially when recording with a reduced number of electrodes. In general, central electrodes are more likely to capture seizures than other electrodes and about 80% of seizures can be recognized by the central electrode alone (Kidokoro et al. 2013). Conversely, frontal electrodes less effectively capture seizures; recording exclusively in the frontal region should be avoided. Although the use of more electrodes and channels complicates the setup, this enhances the sensitivity of seizure detection.

When diagnosing and treating neonatal seizures during aEEG monitoring, the risk of overlooking seizures is a major concern. Many studies that compared the sensitivities of aEEG and cEEG in terms of detecting seizures estimated that aEEG might detect only about 30% of all seizures identified by cEEG (Renée et al. 2007). Seizures longer than 30 s are more easily detected by aEEG. However, it is important to note that single seizures shorter than 30 s are likely to be undetectable by aEEG (Russell et al. 2009). EEG activity during interictal periods also affects seizure detection by aEEG. When EEG activity is of the continuous low voltage (CLV) or burst-suppression (BS) pattern during interictal periods, the original lower border is low with little fluctuation, rendering rise of lower border easily recognizable. Conversely, if EEG activity is not or only mildly suppressed, the lower border is higher and fluctuates physiologically with cycling, rendering it more challenging to recognize transient rises associated with neonatal seizures.

The specificity of aEEG in terms of detecting neonatal seizures is relatively high; false-positives are rare. However, in clinical practice, artifacts caused by electromyography and body movement can mimic neonatal seizure pattern. A pseudo-sawtooth (PST) pattern, defined as a periodic increase of the upper and/or lower margin of the aEEG trace without any seizure activity apparent on cEEG appears in infants with severe hypoxic-ischemic encephalopathy (Tanaka et al. 2020). If a seizure is suspected on aEEG, concurrent cEEG verification is important. Understanding the characteristics of both aEEG and cEEG and exploiting their respective strengths will improve the management of neonatal seizures.

References

Aileen M, Anthony Ryan C, Fitzgerald A, Burgoyne L, Connolly S, Boylan GB. Interobserver agreement in neonatal seizure identification. Epilepsia. 2009;50(9):2097–101.https://doi.org/10.1111/j.1528--1167.2009.02132.x. Epub 2009 Jun 1.

Divyen KS, Mackay MT, Lavery S, Susan Watson A, Harvey S, Zempel J, Mathur A, Inder TE. Accuracy of bedside electroencephalographic monitoring in comparison with simultaneous continuous conventional electroencephalography for seizure detection in term infants. Pediatrics. 2008;121(6):1146–54. https://doi.org/10.1542/peds.2007-1839.

Evans E, Koh S, Lerner R, Sankar MG. Accuracy of amplitude integrated EEG in a neonatal cohort. Arch Dis Child Fetal Neonatal Ed. 2010;95(3):169–73. https://doi.org/10.1136/adc.2009.165969.

Kidokoro H, Kubota T, Hayakawa M, Kato Y, Okumura A. Neonatal seizure identification on reduced channel EEG. Arch Dis Child Fetal Neonatal Ed. 2013;98(4):359–61.

Murray DM, Boylan GB, Ali I, Ryan CA, Murphy BP, Connolly S. Defining the gap between electrographic seizure burden, clinical expression and staff recognition of neonatal seizures. Arch Dis Child Fetal Neonatal Ed. 2008;93(3):187–91. https://doi.org/10.1136/adc.2005.086314. Epub 2007 Jul 11.

Renée AS, Soaita AI, Clancy RR. Sensitivity of amplitude-integrated electroencephalography for neonatal seizure detection. Pediatrics. 2007;120(4):770–7. https://doi.org/10.1542/peds.2007-0514.

Russell L, Mathur A, Tich SNT, Zempel J, Inder T. A pilot study of continuous limited-channel aEEG in term infants with encephalopathy. J Pediatr. 2009;154(6):835–41. https://doi.org/10.1016/j.jpeds.2009.01.002. Epub 2009 Feb 23.

Tanaka M, Kidokoro H, Kubota T, Fukasawa T, Okai Y, Sakaguchi Y, Ito Y, Yamamoto H, Ohno A, Nakata T, Negoro T, Okumura A, Kato T, Watanabe K, Takahashi Y, Natsume J. Pseudo-sawtooth pattern on amplitude-integrated electroencephalography in neonatal hypoxic-ischemic encephalopathy. Pediatr Res. 2020;87(3):529–35.

Part VI

Application of EEG in Neonates

21 How to Record a Neonatal EEG

Akihisa Okumura

The interpretation of a neonatal EEG relies on the waveform itself. Therefore, maintaining appropriate conditions is desirable for interpreting neonatal EEGs. If recording conditions such as electrode placement, montage, and filters are changed, it becomes challenging to accumulate knowledge on normal and abnormal findings. With paper recordings, standardizing recording conditions were straightforward. However, in the current era of digital EEGs, which are commonly read on displays, standardizing reading conditions is more difficult due to varying monitor resolutions and aspect ratios. To address this issue, it is recommended that each facility establish its own conditions for reading neonatal EEGs.

1 Electrodes

1.1 Electrode Location

Conventionally, eight electrodes are used: AF3, AF4, C3, C4, O1, O2, T3, and T4 (Fig. 21.1a). AF3 is located at the midpoint between Fp1 and F3, and AF4 is at the midpoint between Fp2 and F4. For the frontal electrodes, Fp1 and Fp2 can be used, as substituting AF3 and AF4 for Fp1 and Fp2, respectively, does not cause substantial issues in interpretation. If possible, electrodes should also be placed along the midline at Fz, Cz, and Pz. When using a digital EEG, the A1 and A2 electrodes may also be attached for analysis. Note that the reference electrodes must be attached. For example, the reference electrodes for electroencephalographs manufactured by Nihon Kohden are set to C3 and C4, and these electrodes must be attached.

1.2 How to Attach Electrodes

First, wipe any vernix caseosa and blood off the scalp using alcohol and cotton, and then, scrub the scalp. If feasible, use a scrub such as SkinPure® for additional cleansing. This step is important for obtaining high-quality EEG recordings. Some institutions discourage alcohol use in very low birth weight infants; in these cases, a cotton pad moistened with fresh water is used to remove the vernix caseosa.

Next, apply electrode paste on the scalp. It is helpful to expose the scalp by parting the hair with a small amount of paste. Then, apply the paste on the electrodes and attach them to the scalp. Applying too little paste may not secure the electrode properly, while too much can render it unstable.

A. Okumura (✉)
Department of Pediatrics, Aichi Medical University, Nagakute, Aichi, Japan
e-mail: okumura.akihisa.479@mail.aichi-med-u.ac.jp

A. Okumura, H. Kidokoro (eds.), *Neonatal EEG: Atlas and Interpretation*, https://doi.org/10.1007/978-981-96-0726-6_21

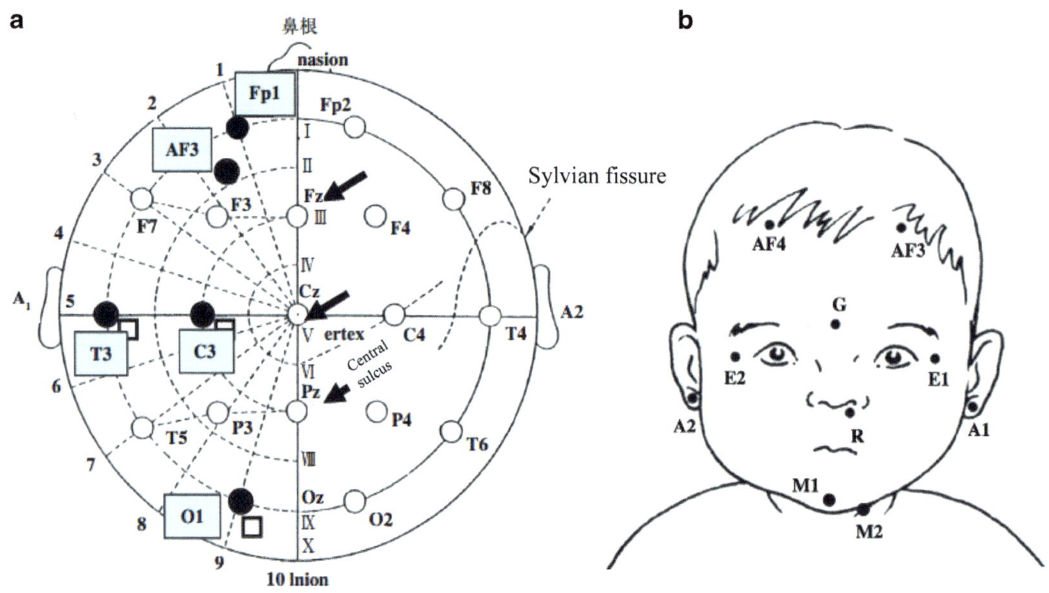

Fig. 21.1 Arrangement of scalp electrodes and physiological indicators. (**a**) Scalp electrode placement based on the international 10/20 method. For neonatal EEG, the electrodes indicated by black dots are used. The electrodes in the midline shown by black arrows may be added. AF3 is located at the midpoint between Fp1 and F3, and AF4 is at the midpoint between Fp2 and F4. (**b**) Arrangement of physiological indicators. G, body grounding; E1–E2, eye movement; A1–A2, earlobe (reference electrode); R, respiration (thermistor); M1–M2, chin electromyogram

Ideally, the impedance should be reduced to <5 kΩ. Experienced technicians often achieve this level, but beginners may find it challenging. Although high impedance is undesirable, newer electroencephalographs are capable of recording an EEG under less optimal conditions.

1.3 EEG Electrode Cap

Recently, various manufacturers have released cap-shaped devices with EEG electrodes suitable for newborn infants. Once the cap is placed on the patient, the EEG recording can commence by injecting gel into the electrodes. This method is convenient because it eliminates the need to attach individual electrodes and enables stable EEG recordings. Although small devices are available for preterm infants as young as 28 weeks of gestation, there are no appropriate devices for very preterm infants. Currently, facilities with experience recording neonatal EEGs do not routinely use these cap-shaped devices.

1.4 Body Grounding

Many EEGs are equipped with body grounding systems, and a grounding electrode is placed on the middle of the forehead, similar to the placement of other scalp electrodes (Fig. 21.1b). Body grounding is effective for reducing AC noise.

1.5 Stabilizing the Electrode

After applying the scalp and polygraph electrodes, they are covered with dry cotton or secured with elastic bandages to ensure a long and stable EEG recording.

1.6 Avoiding Artifacts

In the neonatal intensive care unit (NICU), where numerous electronic devices are present, AC noise often presents a challenge. The cables of EEG electrodes may cross over those of monitors, leading to AC noise. To prevent this, we should place the electrode box in a different location and bundle the EEG electrode cables together, avoiding crossover with cables of other electronic devices. Infusion pumps are a common source of noise in the NICU. Moving these pumps as far away as possible from the electrodes and electrode box can often reduce noise. Sometimes, noise may even disappear by simply relocating the electrode box. If noise is unavoidable and disrupts the recording, unplugging the power supply of the suspected equipment might be necessary, although this is not an option if the noise source is a critical device like a ventilator. Modern EEGs are equipped with effective noise filters; activating the AC filter often reduces noise to a level resulting in a legible EEG. If noise persists, lowering the high-cut filter to 30 ~ 35 Hz can be effective.

In addition to AC noise, there are various other artifacts that can be mitigated. Artifacts occurring when electrodes touch the incubator mat can be reduced by repositioning the infant's head. Adjusting the head position can also minimize artifacts due to head movement and breathing. When high-frequency oscillatory ventilation (HFOV) is used, a steady 15-Hz artifact can be introduced due to the head oscillating at the same frequency as the HFOV, which is often challenging to remove. Electromyogram artifacts are commonly observed in the temporal and frontal areas. Artifacts caused by frowning, tremors, or sucking, or by eyelid, eye, or tongue movements, are also common. Observing the infant during the EEG recording can help distinguish genuine EEG signals from artifacts.

2 Polygraph

In neonatal EEG, it is important to differentiate between active sleep (AS) and quiet sleep (QS), making polygraphic recording desirable. However, in preterm infants under 30 weeks, this is not always necessary as their sleep cycle is not well-defined and the utility of physiological indices for determining sleep states is limited.

2.1 Eye Movement

For normal neonatal EEG recordings, a single channel (E1–E2) connecting both external canthi is sufficient to capture eye movements (Fig. 21.1b). The electrode should be placed 0.5 cm above the external canthus and slightly outward on one side, and 0.5 cm below the external canthus and slightly outward on the opposite side.

Other recording methods include two-channel recording that connects the external canthus to the ipsilateral earlobe (E1–A1 and E2–A2) using both earlobes as reference electrodes (E1–AV and E2–AV, where AV is the average of A1 and A2). For more detailed recording, electrodes may be placed above and below the orbit, although this is not usually necessary.

2.2 Chin Electromyography

To record chin electromyography, one electrode should be placed on either the mental protuberance of the mandible or the tip of the lower jaw, with another placed on the bicuspid muscle on the left (or right) of the trachea (Fig. 21.1b). The electrodes must be attached to the areas where muscle movement is most obvious when the baby sucks. In preterm infants, this is often omitted due to their small jaws, which make attaching the electrode difficult, and because a chin electromyogram is less useful. For term infants, however, chin electromyography should be performed when possible.

2.3 Electrocardiography

A variety of electrode arrangements can be used for electrocardiography recordings. Typically, electrodes are placed on the anterior thorax, equidistant from the midline and sufficiently far from the clavicles. Although electrodes on both arms can be used for recording, the electromyogram often interferes with the electrocardiogram.

2.4 Respiration

2.4.1 Impedance Method

Set the electrodes on the right and left axillary lines of the chest or abdomen, ensuring they are equidistant from the midline and at the same height. To monitor respiratory movement effectively, place the electrodes at a site where respiratory movement is most pronounced.

2.4.2 Strain Gauge Method

Stretch a strain gauge slightly and fix it either 1 cm above or below the nipple line for optimal recording. Although it is necessary to keep the strain gauge clean because of repeated use, this is a reliable method for recording respiratory movements of the thorax or abdomen. However, it can be difficult to use in extremely preterm infants.

2.4.3 Thermistor Method

A thermistor, which detects the difference in temperature between exhaled and inhaled air, is placed near the nostrils to detect airflow (Fig. 21.1b). It cannot be used in infants who are on artificial ventilation. For children with apnea, it is necessary to use both a thermistor to monitor airflow and either an impedance or strain gauge to monitor respiratory movement. This dual monitoring method helps differentiate between central and obstructive apnea. In central apnea, there is a simultaneous decrease in both airflow and respiratory movement, while in obstructive apnea, airflow decreases but respiratory movement does not, which differentiates between the two.

3 Recording Conditions

Table 21.1 shows the recording conditions for each parameter. The EEG recording conditions are especially important. Given the significance of the frequency and form of slow waves in a neonatal EEG, the time constant of the EEG is always set at 0.3 s. If using a low-cut filter instead of a time constant, it should be adjusted to 0.5 or 0.53 Hz. Altering the time constant or low-cut filter can significantly change the waveform of slow waves, which can greatly hinder interpretation.

For paper recording, the paper feed rate should be 3 cm/s. In Europe and the USA, the rate is often set at 1.5 cm/s, but this is not recommended as it can obscure the waveform changes.

3.1 Sedation

Neonates are not sedated for EEG recordings, as it is important to capture natural sleep cycles.

3.2 Recording Time

Newborns tend to fall asleep after feeding. High-quality EEG recordings are easier to obtain if the electrodes are applied before feeding and the recording begins immediately after feeding. Clinically useful information is usually available if at least QS and AS are recorded before and after QS. Therefore, a recording time of 40–60 minutes is often sufficient. However, if the sleep stages remain unchanged, it is advisable to

Table 21.1 Polygraph recording conditions

Indicator	Time constant	High cut filter	Gain (μ V mm)
EEGs	0.3 s (0.5 ~ 0.53 Hz)	60 Hz (may be reduced to 30 Hz)	10
ECG	0.1 s	15 Hz	Appropriately
Respiration	0.3 or 1.5 s	15 Hz	Appropriately
Eye movement	0.3 or 1.5 s	30 Hz	Appropriately
Chin electromyogram (EMG)	0.05 s	Off	Appropriately

extend the recording time to 60 min. To obtain a complete record of the sleep–wake cycle, a minimum 3-h recording is necessary. If the sleep cycle is unclear or there are prolonged periods without EEG pattern changes, tactile or acoustic stimulation should be applied to observe any EEG changes.

3.3 Example Montages

Tables 21.2 and 21.3 show examples of the montages used in experienced facilities. Each facility should determine its own montage based on these examples. However, as mentioned at the beginning of this textbook, the first eight channels

Table 21.2 Examples of EEG montages for preterm infants

	Anjo Kosei Hospital	Okazaki City Hospital	Nagoya University Hospital
1 Ch	AF3-C3	AF3-C3	Fp1-C3
2 Ch	C3-O1	C3-O1	C3-O1
3 Ch	AF4-C4	AF4-C4	Fp2-C4
4 Ch	C4–O2	C4-O2	C4-O2
5 Ch	AF3-T3	AF3-T3	Fp1-T3
6 Ch	T3-O1	T3-O1	T3-O1
7 Ch	AF4-T4	AF4-T4	Fp2-T4
8 Ch	T4–O2	T4-O2	T4-O2
9 Ch		Fz-A2[a]	T3-C3
10 Ch	Eye movement	Cz-A1[a]	C3-Cz
11 Ch	Respiration (thorax)	Pz-A2[a]	Cz-C4
12 Ch	ECG	Respiration (thorax)	C4-T4
13 Ch		ECG	ECG
14 Ch			Respiration (thorax)

AF3 and AF4 may be replaced by Fp1 and Fp2
[a]May be omitted

Table 21.3 Example of an EEG montage for term infants

	Anjo Kosei Hospital	Okazaki City Hospital	Nagoya University Hospital
1 Ch	AF3-C3	AF3-C3	Fp1-C3
2 Ch	C3-O1	C3-O1	C3-O1
3 Ch	AF4-C4	AF4-C4	Fp2-C4
4 Ch	C4-O2	C4–O2	C4-O2
5 Ch	AF3-T3	AF3-T3	Fp1-T3
6 Ch	T3-O1	T3-O1	T3-O1
7 Ch	AF4-T4	AF4-T4	Fp2-T4
8 Ch	T4-O2	T4-O2	T4-O2
9 Ch	Fz-A1	Fz-A2[a]	T3-C3
10 Ch	Cz-A2	Cz-A1[a]	C3-Cz
11 Ch	Pz-A1	Pz-A2[a]	Cz-C4
12 Ch	Eye movement	Chin electromyogram[a]	C4-T4
13 Ch	ECG	Eye movement[a]	Eye movement[a]
14 Ch	Chin electromyogram[a]	Respiration (thorax)	ECG
15 Ch	Respiration (thorax)	ECG	Chin electromyogram[a]
16 Ch	Breathing (nostrils)[a]		Respiration (thorax)

AF3 and AF4 may be replaced by Fp1 and Fp2
[a]May be omitted if polygraph is not needed

should remain unchanged; altering them may hinder the application of the knowledge acquired from this textbook.

For facilities less experienced with neonatal EEG, it is recommended to record an 8-channel EEG without a polygraph initially. This approach often reveals that recording neonatal EEG is unexpectedly easy.

Column: Neonatal Seizures and Sleep Stages

(Kazuyoshi Watanabe)

Currently, hypoxic–ischemic encephalopathy is the most common cause of neonatal seizures, whereas hypocalcemia used to be a very common cause. Unlike hypoxic–ischemic encephalopathy, hypocalcemia typically shows only mild abnormalities in the background EEG. The sleep cycle is preserved because there is no parenchymal brain damage.

On examining the timing of seizures in relation to sleep stages, we found that 77% of seizures occurred during active sleep, 17% during indeterminate sleep, 5% during quiet sleep and 1% during wakefulness (Watanabe et al. 1982). By contrast, seizures in older children and adults are often observed during non-rapid eye movement (REM) sleep and arousal, but not during REM sleep. In visual and auditory evoked potentials in neonates and infants, the amplitude of the negative component tends to be larger in REM sleep than in non-REM sleep, which is opposite to what is observed in older children and adults.

These results suggest that, unlike in older children, the excitability of cortical neurons in neonates is greater during REM sleep than in non-REM sleep.

Reference

Watanabe K, Hara K, Miyazaki S, Hakamada S. Neurophysiological study of newborns with hypocalcemia. Neuropediatrics. 1982;13(1):34–8.

22 How to Write a Neonatal EEG Report

Akihisa Okumura

Once a neonatal EEG is interpreted, a report must be written. A good EEG report is invaluable. The format for a neonatal EEG report should differ from that used for older children or adults.

Figure 22.1 shows the format for EEG reports that we are currently using. Many facilities now use online reading and EEG report systems. These systems are convenient, allowing the selection of frequently used words and phrases from pull-down menus. Using this report format as a foundation, each facility should develop its own format tailored to neonatal EEG. Figure 22.2 presents an example of an EEG report.

The following descriptions correspond to the numbers in Fig. 22.1.

(1) Clinical information: The gestational age, birth weight, and postnatal days at the time of recording should be included as a minimum. In addition, a brief summary of the perinatal and postnatal history, along with any complications, should be noted. Previous EEG findings can be valuable for prognostication.

(2) The behavioral state cycle and recorded sleep stage: We should describe the sleep–wake cycle recorded. Specify whether active sleep (AS), quiet sleep (QS), and AS after QS (post-QS AS) were captured.

(3) EEG code: The EEG patterns observed during AS and QS should be described using EEG codes. If multiple patterns corresponding to the postmenstrual age (PMA) are observed during AS, they should be described as 322, 323, and 343, for example. Where the corresponding PMA is uncertain due to abnormal findings, it can be noted as −2 or −7.

(4) Acute- and (5) chronic-stage abnormalities: Describe the presence or absence of acute- and chronic-stage abnormalities and their severity. Descriptions of the findings that determined the severity of each abnormality are provided below. Although this report format does not include descriptions of changes during seizures, it would be beneficial to include them separately. It is advisable to include a section for "other abnormalities" to account for dysmorphic, asymmetric, and asynchronous patterns.

(6) EEG age: Describe the maturity of the EEG findings based on the patterns observed. If the findings suggest a mixture of ages between 34 and 36 weeks PMA, indicate it as "34–36 weeks." Also, assess whether the EEG code aligns with the PMA of the infant.

(7) EEG diagnosis: State whether the EEG is normal or abnormal. If abnormal, specify the degree of abnormality.

(8) Presumed outcome: Outline the presumed outcome based on the EEG findings.

A. Okumura (✉)
Department of Pediatrics, Aichi Medical University, Nagakute, Aichi, Japan
e-mail: okumura.akihisa.479@mail.aichi-med-u.ac.jp

A. Okumura, H. Kidokoro (eds.), *Neonatal EEG: Atlas and Interpretation*,
https://doi.org/10.1007/978-981-96-0726-6_22

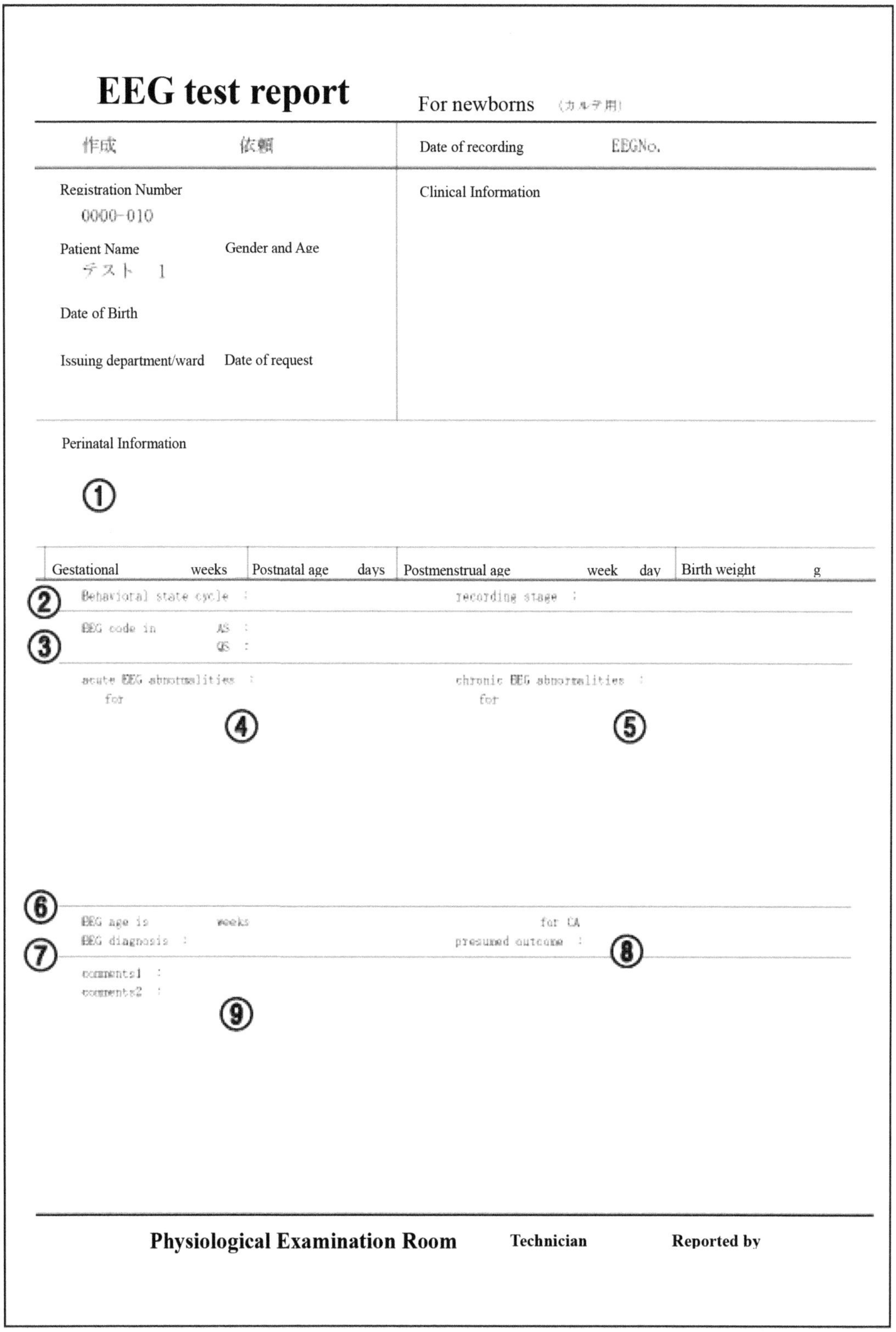

EEG test report For newborns （カルテ用）

作成 依頼 | Date of recording EEGNo.

Registration Number
0000-010

Patient Name Gender and Age
テスト 1

Date of Birth

Issuing department/ward Date of request

Clinical Information

Perinatal Information

①

Gestational weeks	Postnatal age days	Postmenstrual age week day	Birth weight g

② Behavioral state cycle : recording stage :

③ EEG code in AS :
QS :

acute EEG abnormalities : chronic EEG abnormalities :
for for
④ ⑤

⑥
EEG age is weeks for CA
EEG diagnosis : presumed outcome :
⑦ ⑧
comments1 :
comments2 :
⑨

Physiological Examination Room Technician Reported by

Fig. 22.1 Sample EEG report format

EEG test report For newborns (カルテ用)

作成 依頼 | Date of recording EEGNo.

Registration Number
0000-010

Patient Name Gender and Age
テスト 1

Date of Birth

Issuing department/ward Date of request

Clinical Information

Perinatal Information **The infant was born after 26 weeks of gestation due to premature rupture of the membranes and a maternal fever.**

The infant's respiration and circulation are generally stable.

Gestational 26 weeks 2 days	Postnatal age 1 day	Postmenstrual age 26 weeks 3 days	Birth weight 892 g

Behavioral state cycle : present recording stage : AS, QS, post QS-AS

EEG code in AS : 262, 263, 283
QS : 267

acute EEG abnormalities for : moderate chronic EEG abnormalities for : absent

Decreased continuous pattern

EEG age is 26 weeks consistent for CA
EEG diagnosis : moderately abnormal presumed outcome : subtle

comments1 :
comments2 :

Moderate suppression is observed, as the continuity of the EEG activity during the continuous patterns is poor. The occurrence of neurological sequelae cannot be excluded. A repeat examination within 2–3 days is recommended for further assessment.

Physiological Examination Room **Technician** **Reported by**

Fig. 22.2 Sample EEG report

(9) Comments: This section of the report allows for flexibility and can reflect the individuality of the reader. One should describe findings that do not fit into the standard format or observations that, while not necessarily being abnormal, are noteworthy. It is also valuable to include personal interpretations and insights here.

Clinical Application of EEG in the Neonatal Period

23

Hiroyuki Kidokoro and Anna Shiraki

1 Introduction

Even today, despite the development of new technologies for evaluation of neonatal brain function, neonatal EEG remains one of the most valuable, diagnostic, and prognostic tools in clinical practice. The background EEG activity is a more reliable predictor of outcomes in infants with hypoxic-ischemic encephalopathy (HIE) than are either traditional neurological examinations or the presence/absence of neonatal seizures. This is true not only of full-term but also of preterm infants. EEG serves as the gold standard when diagnosing neonatal seizures. Nowadays, many NICUs are equipped with user-friendly devices, such as amplitude-integrated EEG (aEEG) systems, which greatly aid screening. Contemporaneously, the use of conventional EEG in NICUs is on the rise. When both modalities are effectively combined, neonatal EEGs become even more valuable in terms of diagnosis and prognosis. It is hoped that, in future, the numbers of NICUs that engage in continuous EEG monitoring with simultaneous video-recording will rise.

Although many recent research works have mathematically analyzed EEG data, this chapter is focused specifically on the clinical applications that can be guided by visual inspection of neonatal EEGs.

2 Utility of Neonatal EEGs

Neonatal EEGs are useful when evaluating all infants with severe clinical conditions, particularly those for whom existing neonatal seizures are suspected or those at risk of such seizures, thus infants with HIE, periventricular leukomalacia (PVL), periventricular hemorrhagic infarction (PVHI), or central nervous system infections. Table 23.1 lists the indications for EEG examinations in clinical practice. It is important to note that approximately 50% of neonates with seizures may not exhibit clinical signs, and such seizures will thus be overlooked unless EEG is performed. EEG is noninvasive and can be readily performed at the bedside as often as is required, regardless of the overall condition of the infant. The information obtained from even a single EEG examination is substantial, and repeated recordings enhance the precision and richness of the data. In other words, performing several EEG examinations over time, or continuous EEG monitoring, maximizes the utility of EEG assessments. Neonatal EEG is an integral component of neurological evaluation when

H. Kidokoro (✉) · A. Shiraki
Department of Pediatrics, Nagoya University Graduate School of Medicine, Nagoya, Aichi, Japan
e-mail: kidokoro.hiroyuki.i6@f.mail.nagoya-u.ac.jp; shiraki.anna.g9@f.mail.nagoya-u.ac.jp

A. Okumura, H. Kidokoro (eds.), *Neonatal EEG: Atlas and Interpretation*,
https://doi.org/10.1007/978-981-96-0726-6_23

Table 23.1 Indications for EEG

• All preterm infants (especially those under 32 weeks of gestational age)
• Infants with neonatal encephalopathy (including hypoxic-ischemic encephalopathy)
• Infants who experienced intrauterine growth retardation
• Infants with central nervous system complications (such as meningitis and hydrocephalus)
• Infants with worsening general conditions (such as sepsis and acute post-withdrawal circulatory failure)
• Infants with neurological symptoms (such as decreased muscle tone)
• Infants presenting with multiple malformations or certain congenital abnormalities
• Infants under care after surgery to treat congenital heart disease
• Infants suspected of neonatal seizures, or infants at high risk of such seizures
• Infants receiving muscle relaxants

infants develop severe conditions during their NICU stays.

3 Hypoxic-Ischemic Encephalopathy (HIE) in Term Infants

In term infants with HIE, it is essential to evaluate the extent of suppression of background EEG activity within 6 h of birth. This is crucial in terms of initiation of hypothermic therapy and prediction of outcomes. Several evaluation systems for background EEG abnormalities have been developed; the Watanabe's classification is based on the physiological neural activities of the brain of a term infant (see Fig. 12.1). Regardless of which evaluation system is used, moderate-to-severe EEG abnormalities are strongly associated with poor outcomes.

According to Watanabe's classification, if EEGs performed within 1 week of birth are normal or exhibit only the mildest depression, all infants develop normally. Most infants with mild depression also develop normally; only a few experience mental retardation. Among those with moderate depression, 36% develop normally, 40% experience mental retardation, and 24% develop cerebral palsy. For those exhibiting marked depression, the outcomes are 24% mental retardation, 68% cerebral palsy, and 9% early death. The figures for the group with maximal depression are 67% cerebral palsy and 33% early death (Watanabe et al. 1980).

It is important to recognize that the significance of EEG findings can vary depending on the timing of the EEG recording. Acute-stage abnormalities (ASAs) and chronic-stage abnormalities (CSAs) should be evaluated separately. Even if no abnormal EEG findings are noted later than 2 weeks of age, the prognosis should still be considered uncertain. Additionally, it is known that therapeutic hypothermia per se may delay the recovery of ASAs. In terms of predicting outcomes, the severity of ASAs is more important than a neurological examination.

In terms of the future risk of West syndrome, cases in whom ASAs persist for more than 3 weeks often exhibit the most severe imaging findings and thus become at risk of future West syndrome (Table 23.2) (Kato et al. 2010). Infants with HIE are also at high risk of neonatal seizures. Therefore, rather than a single EEG evaluation, repeated recording or continuous EEG monitoring (preferably video-EEG) should be performed whenever possible. Consideration should also be given to the fact that sedatives and antiseizure medications (ASM, such as phenobarbital, midazolam, etc.) used to manage HIE infants may affect background EEG activity.

Table 23.2 Prediction of infantile epileptic spasm syndrome in infants with neonatal hypoxic-ischemic encephalopathy. Created by the authors based on (Kato et al. 2010)

		Acute-stage abnormalities after 21 days of age	
		Present (n = 4)	Absent (n = 13)
Brain lesions on neonatal MRI	BGT + DWM	●●●●	○
	BGT		●
			○○○○○○○○○
	Watershed		○○

BGT basal ganglia and/or thalamus, *DWM*: diffuse white matter
●: Infants who later presented with infantile epileptic spasm syndrome (IESS)
○: Infants who later did not present with IESS

4 White Matter Injury in Preterm Infants

4.1 Periventricular Leukomalacia (PVL)

If EEG recordings are repeatedly performed commencing from birth, it becomes possible to estimate the timing of PVL injury. This is because, when the brain is affected, acute suppression is apparent in the acute phase of the disease, depending on the extent and duration of damage. In the recovery phase, the suppression findings improve but are replaced by CSAs. If no ASAs are found on EEG performed within 3 days after birth, the risk of future PVL is less than 10%. Conversely, if ASAs are in fact observed, the risk increases with the severity of such abnormalities (Fig. 23.1) (Maruyama et al. 2002; Kidokoro et al. 2009).

On the other hand, CSAs (disorganized patterns) are most prominent from a few days to 2 weeks after the acute phase and then gradually normalize (Fig. 23.2). The extent of ASAs and CSAs are correlated (Table 23.3). If both types of EEG abnormalities are captured, it is possible to make a more accurate prognosis than is afforded by a single recording, and also to estimate the time of PVL injury (Fig. 23.3). When estimating the time of such injury using EEGs, it is likely that many infants who are today diagnosed with PVLs were injured at birth. Even if only specific components of the disorganized pattern, such as

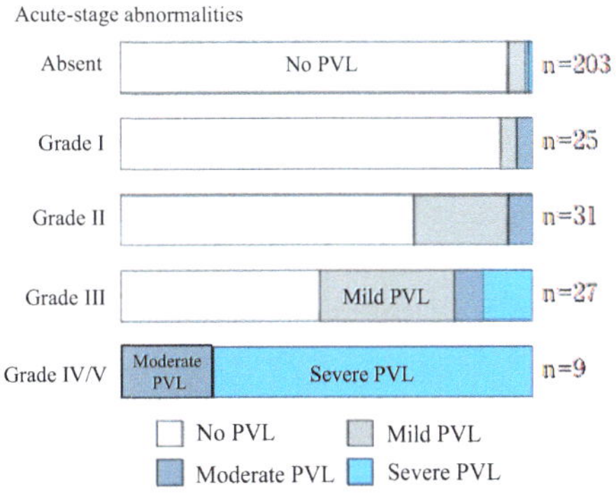

Fig. 23.1 Acute-stage abnormalities and periventricular leukomalacia (PVL) in preterm infant. Created by the authors based on Maruyama et al. (2002)

abnormal brushes and abnormal sharp waves, are evaluated, the disorganized pattern can be assessed to some extent. Abnormal brushes in infants with PVL are particularly frequent in the occipital region, and the locations thereof are related to the sites of white matter lesions and the severity of the clinical prognosis (Kidokoro et al. 2006).

Previous studies have explored the relationship between the frequency of the positive rolandic sharp (PRS) wave (one of the several abnormal sharp transients) and PVL. However, PRS was observed only in infants with severe phenotypes who also presented with extensive cystic lesions. Therefore, occipital or frontal sharp waves afford higher sensitivity when diagnosing PVL (Okumura et al. 2003) (Table 23.4).

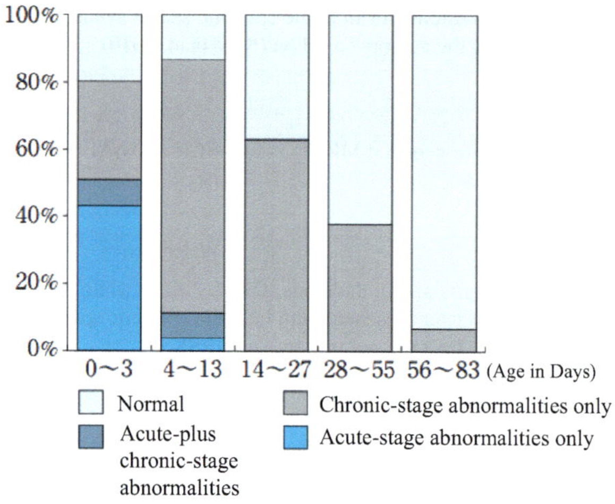

Fig. 23.2 EEG findings in infants with PVL. Created by the authors based on Kidokoro et al. (2009)

Table 23.3 Relationships between the severities of acute-stage EEG abnormalities and chronic-stage EEG abnormalities in infants with PVL ($n = 36$)

		Chronic-stage abnormalities			
		None	Mild	Moderate	Severe
Acute-stage abnormalities	None	○○○○○	○		
			▲■	■	
	Mild	○○	○○	○○	
				▲■■	■■■
	Moderate			○○	
			▲▲■	▲■	▲■■■
	Severe				
					■■■■

○: non-cystic PVL, ▲: localized cystic PVL, ■: extensive cystic PVL

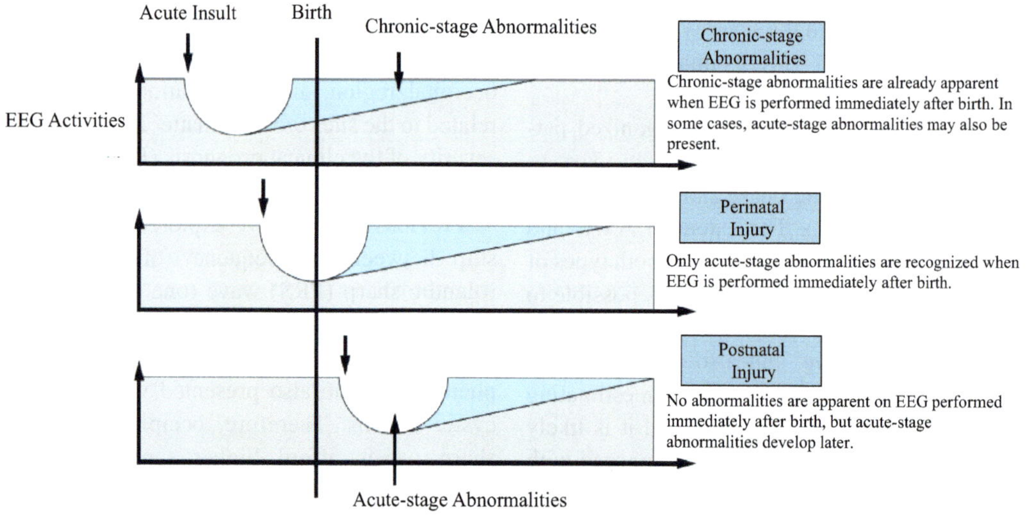

Fig. 23.3 The timing of brain insults

Table 23.4 The relationships between abnormal sharp transients and the neurological outcomes (Okumura et al. 2003)

	FS waves		OS waves		PRS waves	
	FS (–)	FS > 0.1/min	OS (–)	OS > 0.1/min	PRS (–)	PRS > 0.1/min
Control	53	9	59	3	62	0
PVL	8	23	6	25	17	14
Severe	0	10	0	10	1	9
Moderate	5	6	2	9	6	5
Mild	3	7	4	6	10	0
Sensitivity	0.74		0.81		0.45	
Specificity	0.82		0.90		0.82	
PPV	0.72		0.89		1.00	
NPV	0.87		0.91		0.78	

FS frontal sharp, *OS* occipital sharp, *PRS* positive rolandic sharp, *PVL* periventricular leukomalacia, *PPV* positive predictive value, *NPV* negative predictive value

4.2 Intraventricular Hemorrhage (IVH)/Periventricular Hemorrhagic Infarction (PVHI)

In infants with PVL, ASAs are frequently observed in EEG traces obtained immediately after birth (Kidokoro et al. 2009; Kato et al. 2011). In contrast, infants with PVHI do not exhibit ASAs during the period in which a cerebral parenchymal hemorrhage is not yet recognizable on ultrasound examination (Fig. 23.4) (Tsuji et al. 2014). However, when EEGs are performed over time, ASAs are recognized immediately after any substantial hemorrhage and, subsequently, CSAs are noted in cases with poor prognoses (Fig. 23.4). Although the location and extent of a hemorrhage identified via ultrasound examination usefully predict neurological outcomes, EEG also yields reliable prognostic information (Table 23.5) (Kato et al. 2004). In particular, when eight cases with CSAs were evaluated, four of five cases lacking disorganized patterns exhibited normal development, but all three cases with disorganized patterns proceeded to cerebral palsy.

4.3 Encephalopathy of Prematurity

In extremely preterm infants (born before 28 weeks of gestation), the prevalence of neurodevelopmental disorders is high; these include intellectual disabilities, autism spectrum disorders, and attention-deficit/hyperactivity disorder, even in the absence of gross white matter lesions such as PVL or PVHI. Such neurodevelopmental disorders are thought to reflect alteration of normal brain development by a combination of premature birth per se and various perinatal factors. Significant postnatal factors include malnutrition and acute postnatal circulatory failure. In extremely preterm infants with insufficient enteral nutrition, delayed maturation of EEGs, termed the dysmature pattern, is observed, along with reduced physical and head circumference growth; all are risk factors for future intellectual disabilities (Table 23.6) (Hayakawa et al. 2003). On the other hand, acute postnatal circulatory failure, a major cause of postnatal-onset PVL, is also associated with a high prevalence of dysmature patterns at 36–40 weeks of postmenstrual age in extremely preterm infants. This pattern has been reported to correlate with future intellectual disabilities or the onset of West syndrome (Table 23.7) (Okumura et al. 2008).

In the neonatal intensive care units of today, the promotion of normal brain development is an important goal when managing extremely preterm infants, and it is thus vital to perform several EEG tests over time. This aids evaluation of whether brain maturation appropriate for the corrected age can be achieved.

In addition, the two CSAs, thus the disorganized and dysmature patterns, play different roles in terms of the mechanisms of injury and the estimations of outcomes. Okumura and colleagues performed serial EEGs on 183 preterm infants

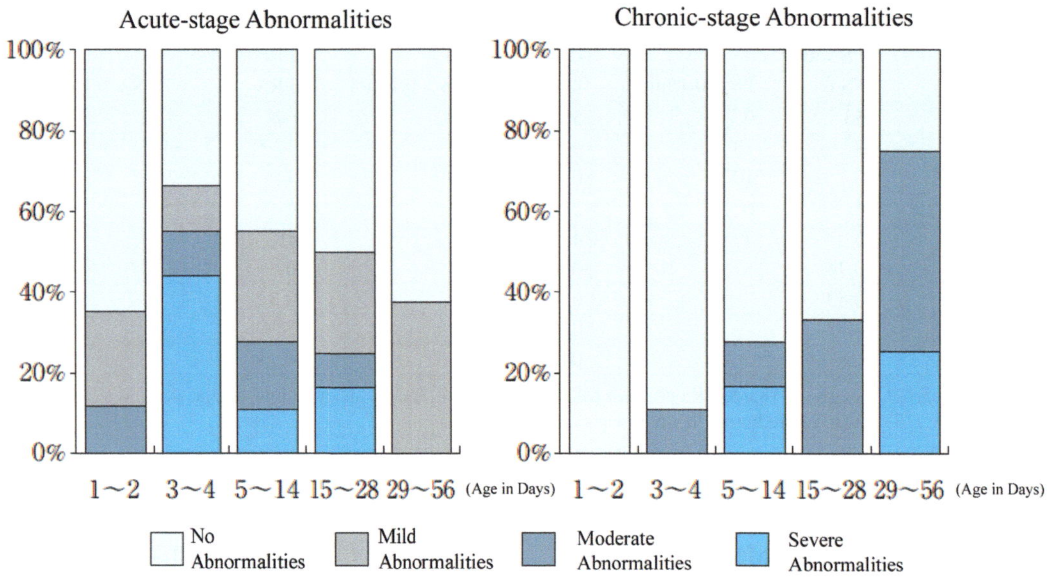

Fig. 23.4 Chronological changes in the EEG findings of infants with PVHI ($n = 22$) (Tsuji et al. 2014)

Table 23.5 The EEG findings and prognoses of infants with PVHI. Created by the authors based on Kato et al. (2004)

		Normal development	Cerebral palsy	Death
Acute-stage abnormalities	None	4	2	0
	Mild	0	1	0
	Moderate	0	0	0
	Marked	0	1	1
	Maximal	0	0	2
Chronic-stage abnormalities	None	4	1	—
	Disorganized pattern	0	3	—

and observed disorganized patterns in 52 and dysmature patterns in 28 (Okumura et al. 2002). Although the disorganized pattern was frequently observed in infants with gross cerebral lesions such as PVL and PVHI, the dysmature pattern was more common in extremely preterm infants. The latter pattern was less often associated with imaging abnormalities and is strongly linked to intellectual disabilities in the absence of cerebral palsy.

The delta brushes of human preterm infants correspond to the spindle bursts that appear in the immature brain during animal development. These reflect the activities of subplate neurons; hence, their frequency and appearance may be of prognostic utility. Shiraki et al. conducted a large-scale analysis of preterm infant EEGs in an attempt to quantify the occurrence of delta brush. Consistent with previous reports on the occurrence of delta brush, such brushes peaked at 32 to 34 weeks and then trended lower to 40 weeks (Fig. 23.5). Maeda et al. reported that the occurrence of brush at 36 weeks of postmenstrual age was negatively correlated with the outcomes at 18 months of corrected age (Maeda et al. 2021).

4.4 Neonatal Seizures

Video EEG examination is the gold standard for diagnosis of neonatal seizures because, during the neonatal period, electrographic-only seizures (thus seizures without any clinical signs) are common. Conversely, even if neonatal seizures

Table 23.6 The dysmature pattern (DMP). Reproduced with permission from Hayakawa et al. (2003)

	Case	Postmenstrual weeks																	Cause of malnutrition
		24 weeks				28 weeks				32 weeks				36 weeks					
Patients with persistent DMP	1	○				○				●		●		●		●			Necrotizing Enterocolitis
	2		○		○			○		○		●		●			●	●	Necrotizing Enterocolitis
	3		○		○		○		○		●		●		●		●		Meconium Plug Syndrome
	4			○	○		○				●		●		●		●		Infection
	5				○	○		○		●				●					Patent Ductus Arteriosus
	6		○	○						●						●	●		No Malnutrition
Patients with transient DMP	7	○	○			○		●		●		●	○	○		○			Infection
	8		○					●		●				○					Feeding intolerance
	9			○	○		○		●			●	●			○	○	○	Feeding intolerance

●: DMP present, ○: normal EEG record

Table 23.7 West syndrome in extremely premature infants. Created by the authors based on Okumura et al. (2008)

	West syndrome (WS) ($N = 3$)	No WS ($N = 29$)	
Necrotizing enterocolitis	0	2 (7%)	NS
Early establishment of enteral feeding	1 (33%)	24 (83%)	NS
Late-onset circulatory dysfunction	3 (100%)	6 (21%)	$p < 0.05$
Grade III or IV intraventricular hemorrhage	0	2 (7%)	NS
Cystic periventricular leukomalacia	0	2 (7%)	NS
Dysmature pattern at 36–40 weeks of postmenstrual age	3 (100%)	10(34%)	$p = 0.058$
Head circumference at 40 weeks of postmenstrual age < tenth percentile	3 (100%)	1 (3%)	$p < 0.01$

NS not significant

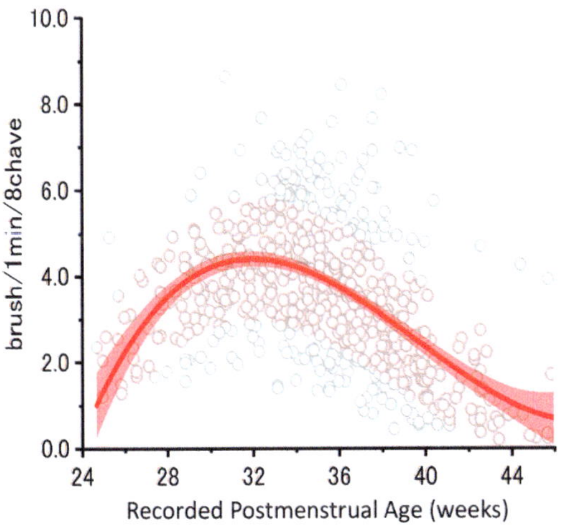

Fig. 23.5 Developmental changes in the occurrence of delta brushes

are clinically suspected, changes in EEG during such episodes are often absent. Alternating limb movements such as pedaling or crawling, previously considered to be subtle seizures, are classified as non-epileptic abnormal movements because they are not accompanied by EEG changes. When ASMs are administered to infants with neonatal seizures, the seizure manifestations may disappear, but EEG-only seizures often remain. If EEG recording is neglected at this time, treatment will be incomplete. Therefore, EEG examination is important not only for the definitive diagnosis of neonatal seizures but also when determining treatment effectiveness. If seizures are suspected, or even if they have disappeared, EEG monitoring should be performed for at least 24 h.

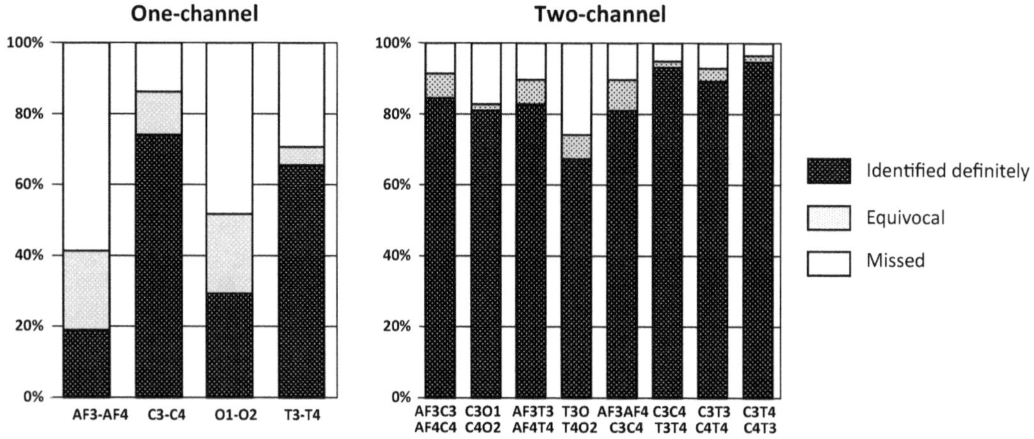

Fig. 23.6 The sensitivities of seizure detection using limited number of electrodes

Appropriate management of neonatal seizures may affect the outcome to some extent, but the underlying disease and the severity thereof typically exert more significant impacts on the outcome. Interictal EEG findings usefully predict the outcomes of infants with neonatal seizures. For example, severe ASAs apparent on EEG during the interictal period suggest a poor outcome, and a dysmorphic pattern indicates potential brain malformation. In infants with self-limited neonatal epilepsy, even if seizures are frequent, normal EEG findings during the interictal period are common, and the outcome is generally good.

Although aEEG is helpful when it is sought to evaluate neonatal seizures easily, the diagnostic capacities thereof have several limitations: (1) aEEG may miss short-duration or low-amplitude seizures; (2) it is more challenging to identify aEEG artifacts than those of standard EEG; and, (3) if a small number of electrodes is used, focal seizures may not be captured. Kidokoro et al. simulated whether seizures recorded via standard eight-channel EEG could be detected using only one or two channels (Kidokoro et al. 2013). The one-channel setup detected approximately 70% of seizures in the central and temporal regions, but only 30% in the frontal and occipital regions. However, with a two-channel setup, regardless of the locations of the channels, the seizure detection rate ranged from 70–90% (Fig. 23.6).

Therefore, if neonatal seizures are suspected, video EEG recording should be promptly initiated and continued for at least 24 h. If true seizures are detected, the use of ASMs should be considered based on the frequency of seizures observed on EEG. EEG monitoring should be continued until at least 24 h has passed since the seizures ceased on EEG. Furthermore, accurate assessment of background EEG findings can provide valuable prognostic information.

References

Hayakawa M, Okumura A, Hayakawa F, Kato Y, Ohshiro M, Tauchi N, Watanabe K. Nutritional state and growth and functional maturation of the brain in extremely low birth weight infants. Pediatrics. 2003;111(5 Pt 1):991–5.

Kato T, Okumura A, Hayakawa F, Kuno K, Watanabe K. Electroencephalographic aspects of periventricular hemorrhagic infarction in preterm infants. Neuropediatrics. 2004;35(3):161–6.

Kato T, Okumura A, Hayakawa F, Tsuji T, Hayashi S, Kubota T, Fukasawa T, Suzuki M, Maruyama K, Oshiro M, Hattori T, Kidokoro H, Natsume J, Hayakawa M, Watanabe K. Prolonged EEG depression in term and near-term infants with hypoxic ischemic encephalopathy and later development of West syndrome. Epilepsia. 2010;51(12):2392–6.

Kato T, Okumura A, Hayakawa F, Tsuji T, Natsume J, Hayakawa M. Amplitude-integrated electroencephalography in preterm infants with cystic periventricular leukomalacia. Early Hum Dev. 2011;87(3):217–21.

Kidokoro H, Okumura A, Watanabe K. Abnormal brushes in preterm infants with periventricular leukomalacia. Neuropediatrics. 2006;37(5):265–8.

Kidokoro H, Okumura A, Hayakawa F, Kato T, Maruyama K, Kubota T, Suzuki M, Natsume J, Watanabe K,

Kojima S. Chronologic changes in neonatal EEG findings in periventricular leukomalacia. Pediatrics. 2009;124(3):e468–e75.

Kidokoro H, Kubota T, Hayakawa M, Kato Y, Okumura A. Neonatal seizure identification on reduced channel EEG. Arch Dis Child Fetal Neonatal Ed. 2013;98(4):F359–F61.

Maeda T, Kidokoro H, Tachibana T, Shiraki A, Yamamoto H, Nakata T, Fukasawa T, Kubota T, Sato Y, Kato T, Natsume J, Okumura A, Hayakawa M. Trajectory of the incidence of brushes on preterm electroencephalogram and its association with neurodevelopment in extremely low birth weight infants. Brain and Development. 2021;43(10):979–87.

Maruyama K, Okumura A, Hayakawa F, Kato T, Kuno K, Watanabe K. Prognostic value of EEG depression in preterm infants for later development of cerebral palsy. Neuropediatrics. 2002;33(3):133–7.

Okumura A, Hayakawa F, Kato T, Kuno K, Watanabe K. Developmental outcome and types of chronic-stage EEG abnormalities in preterm infants. Dev Med Child Neurol. 2002;44(11):729–34.

Okumura A, Hayakawa F, Kato T, Maruyama K, Kubota T, Suzuki M, Kidokoro H, Kuno K, Watanabe K. Abnormal sharp transients on electroencephalograms in preterm infants with periventricular leukomalacia. J Pediatr. 2003;143(1):26–30.

Okumura A, Suzuki M, Kubota T, Hisada K, Kidokoro H, Kato T, Hayakawa F, Shimizu T. West syndrome in extremely preterm infants: its relation to postnatal events. Arch Dis Child Fetal Neonatal Ed. 2008;93(4):F326–F7.

Tsuji T, Okumura A, Kidokoro H, Hayakawa F, Kubota T, Maruyama K, Kato T, Oshiro M, Hayakawa M, Watanabe K. Differences between periventricular hemorrhagic infarction and periventricular leukomalacia. Brain and Development. 2014;36(7):555–62.

Watanabe K, Miyazaki S, Hara K, Hakamada S. Behavioral state cycles, background EEGs and prognosis of newborns with perinatal hypoxia. Electroencephalogr Clin Neurophysiol. 1980;49(5–6):618–25.

Correction to: Neonatal EEG: Atlas and Interpretation

Akihisa Okumura and Hiroyuki Kidokoro

Correction to:
A. Okumura, H. Kidokoro (eds.), *Neonatal EEG: Atlas and Interpretation*, https://doi.org/10.1007/978-981-96-0726-6

The original version of the book was inadvertently published with incorrect author names and figures. The chapters and the book have been updated with these corrections.

The updated version of this book can be found at
https://doi.org/10.1007/978-981-96-0726-6

A. Okumura, H. Kidokoro (eds.), *Neonatal EEG: Atlas and Interpretation*,
https://doi.org/10.1007/978-981-96-0726-6_24

Questions and Answers

Q1. Choose all EEGs of quiet sleep from A to D.

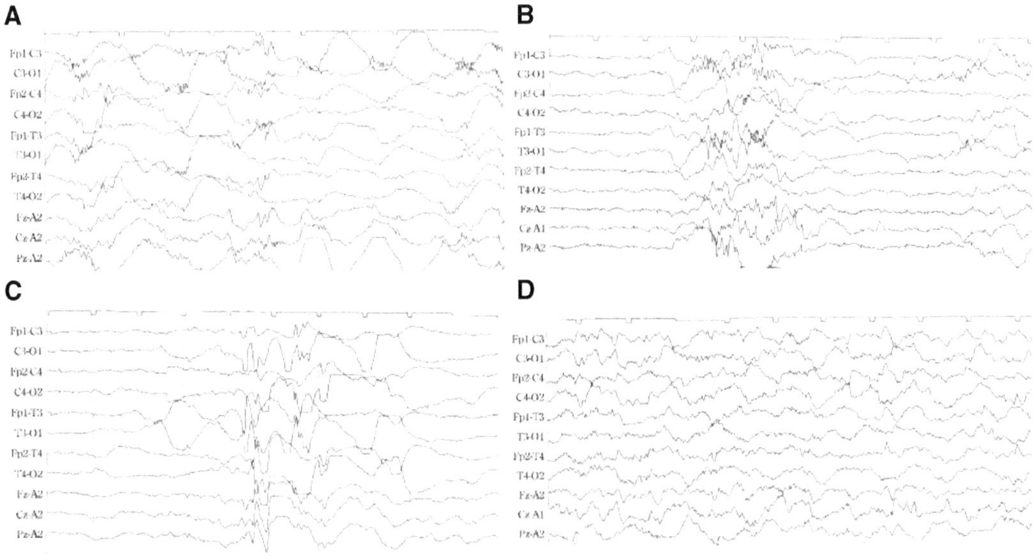

The correct answer: B, C, and D

A is 303, **B** is 367, **C** is 287, and **D** is 405. The high-voltage slow wave (HVS) pattern is represented as "3" in preterm infants and "5" in full-term infants; the former being a pattern during active sleep and the latter during quiet sleep. The code number "7" signifies discontinuous EEG, which is a pattern of EEG during quiet sleep. Therefore, of the four EEG samples, only **A** is an EEG during active sleep, and the rest are EEGs during quiet sleep.

A. Okumura, H. Kidokoro (eds.), *Neonatal EEG: Atlas and Interpretation*, https://doi.org/10.1007/978-981-96-0726-6

Q2. Arrange the EEGs of quiet sleep in order of immaturity.

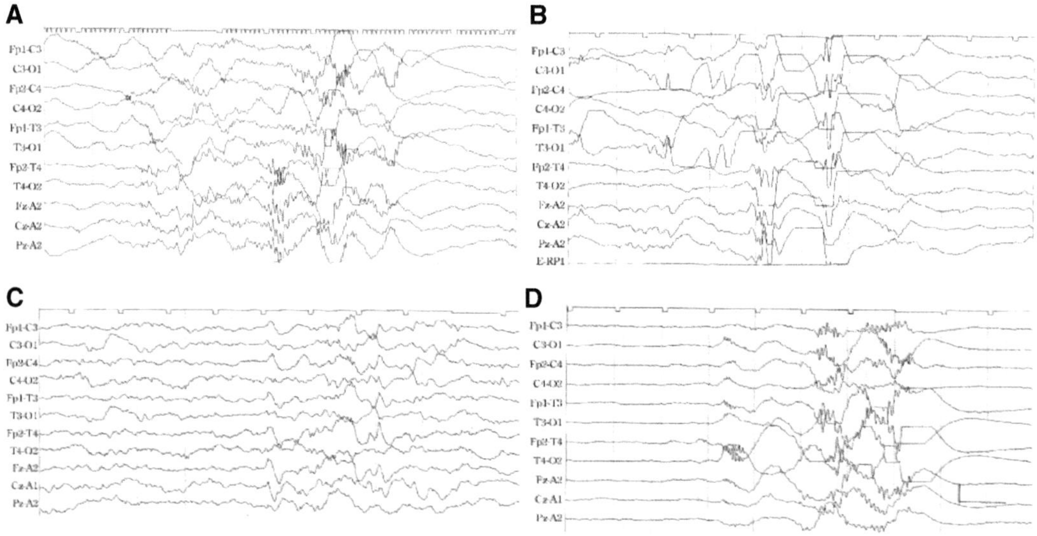

The correct answer: B → D → A → C

The size of the slow waves and the presence or absence of transients are the key points. The slow waves are largest in **B** (267), where sharp wave bursts from the frontal area, characteristic of extremely immature EEGs, can be seen. The slow waves are large, and the monotony remains, with abundant brush appearing in **D** (307). This further matures to **A** (347), where the slow waves become smaller. These are the patterns of quiet sleep in preterm infants. In contrast, in **C** (407), the brush decreases significantly, and the polymorphism of the slow waves stands out, with activity also observed in the low amplitude part, which is characteristic of a full-term infant pattern.

Q3. Arrange the EEGs of quiet sleep in order of immaturity.

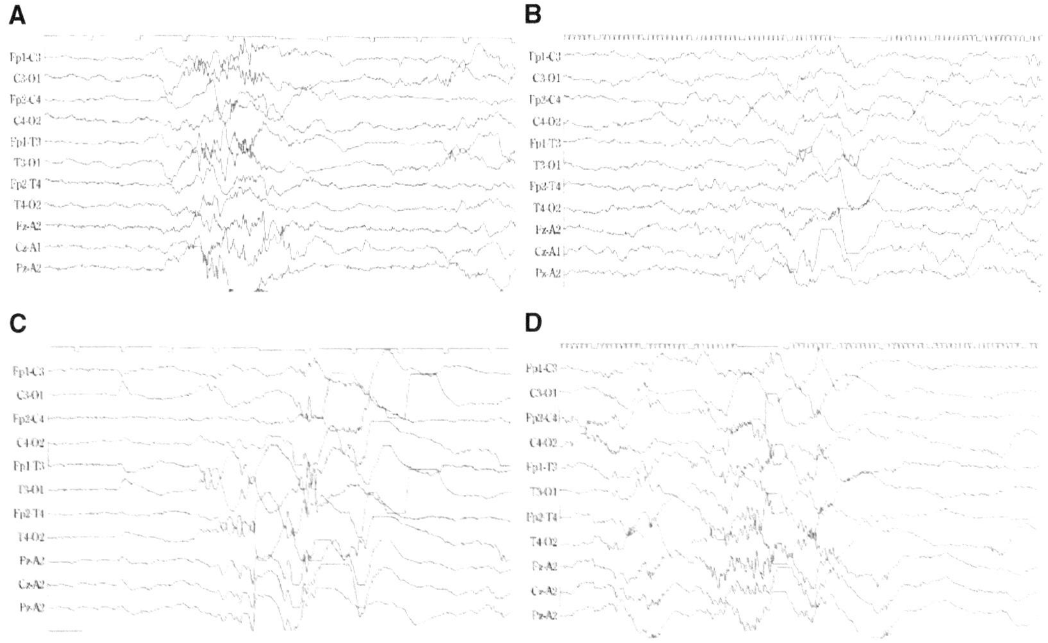

The correct answer: C → D → A → B

The size of the slow waves and the presence or absence of transients are the key points. The slow waves are largest in **C** (287), where sharp wave bursts from the temporal area, characteristic of immaturity, can be seen. Then, the slow waves are large, and the monotony remains with abundant brush appearing in **D** (327). This further matures to **A** (367), where the slow waves become smaller. These are patterns of quiet sleep in preterm infants, while in **B** (407), the brush decreases significantly and there is marked slow wave polymorphism, with activity also observed in the low amplitude part, which is a full-term infant pattern.

Q4. Arrange the compressed EEGs in order of immaturity.

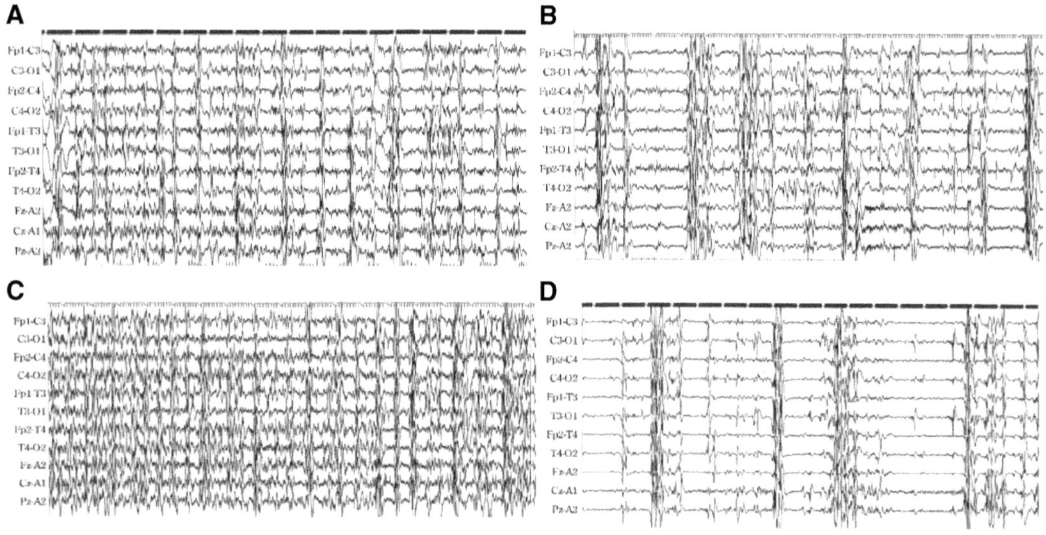

The correct answer: D → B → A → C

Focus on the duration of the interburst interval (IBI).

D has a noticeable discontinuity with few bursts, and the maximum IBI is approximately 50 s (287). **B** shows shortening of the IBI with a few seconds of high-amplitude part, but there are also IBIs of approximately 20 s (347). **A** has further shortening of the IBI to approximately 10 s (367). In **C**, it is difficult to distinguish between the high-amplitude part and the IBI, and the duration of IBI is 10 s or less (387). In this way, shortening of the duration of IBI is seen with maturity.

Q5. Arrange the compressed EEGs in order of immaturity.

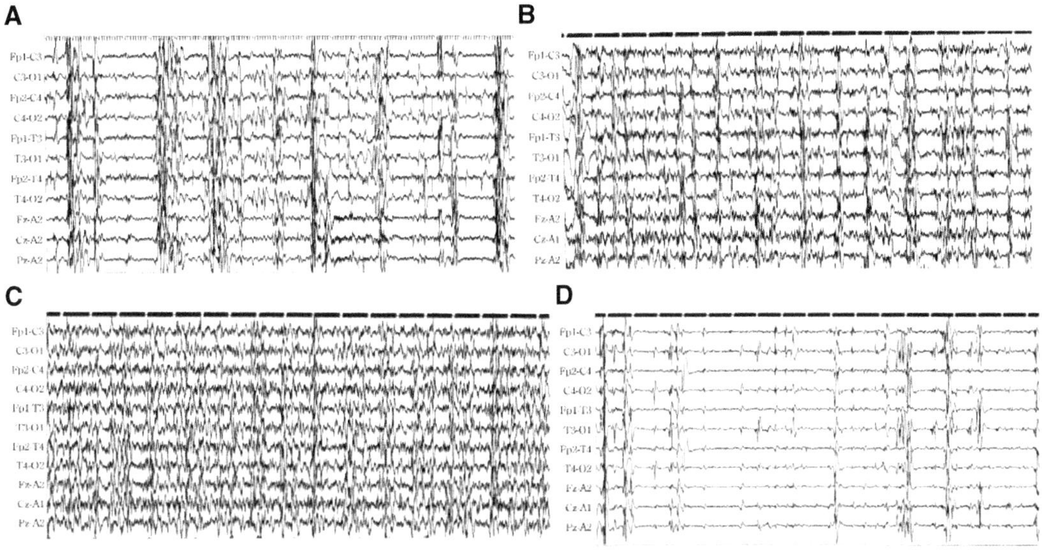

The correct answer: D → A → B → C

Focus on the duration of the interburst interval (IBI). **D** has a noticeable discontinuity with few bursts, and the maximum IBI is approximately 60 s (267). **A** shows shortening of the IBI with a few seconds of high-amplitude parts, but there are also IBIs exceeding 20 s (327). In **B**, the IBI is shortened further to approximately 10 s (367). In **C**, it is difficult to distinguish between the high-amplitude part and the IBI, and the duration of the IBI is a few seconds (407). In this way, shortening of the IBI duration is seen with maturity.

Q6. EEG samples A to D are TA/TD at 36–44 weeks postmenstrual age. Arrange them in order of immaturity.

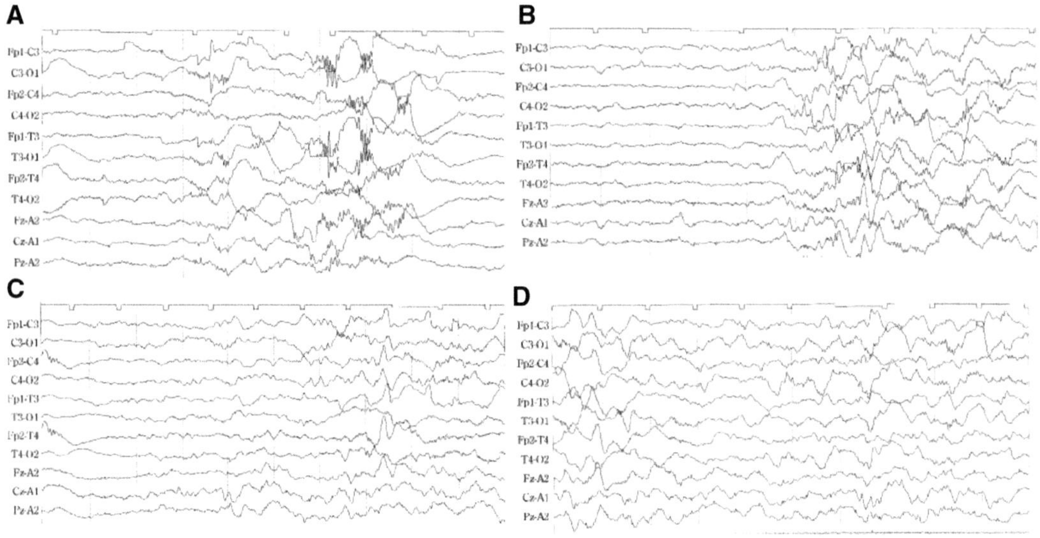

The correct answer: A → B → C → D

A is 367 with abundant brushes and sharp transients. **B** is 387, characterized by flattening of the low-amplitude parts and brush. **C** is 407, showing few brushes and activity in the low-amplitude parts. **D** is 447, showing no clear alternations with firm activity in the low-amplitude parts. After 46 weeks of postmenstrual age, EEGs never show a discontinuous pattern in a physiological state. The only exception is in cases of severe brain function suppression, such as acute encephalopathy or hypoxic–ischemic encephalopathy, where burst suppression may be observed.

Q7. Choose all EEGs of active sleep.

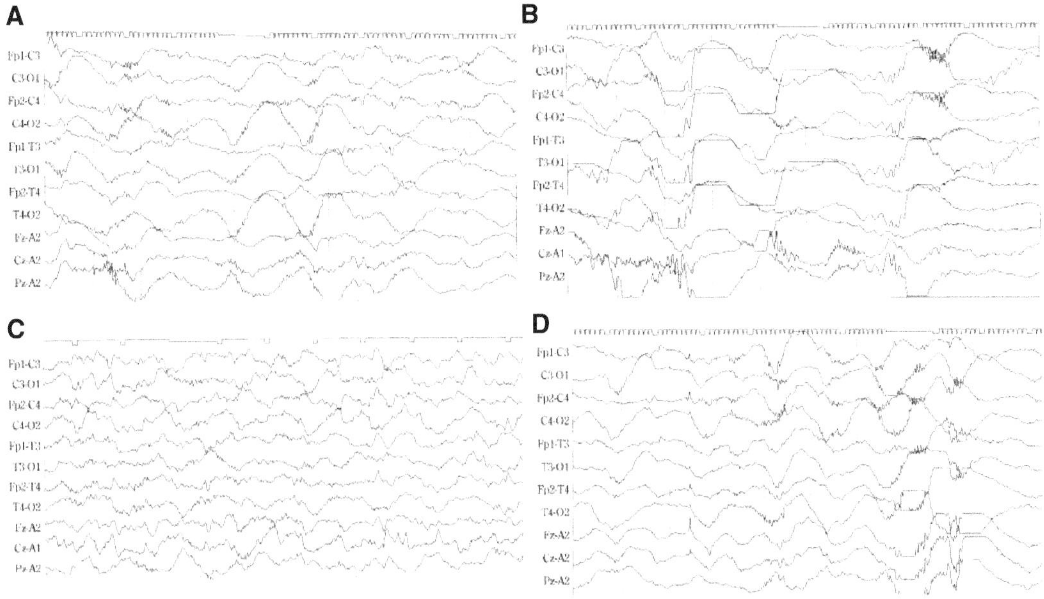

The correct answer: A, B, and D

A is 323, **B** is 263, **C** is 405, and **D** is 343. The high-voltage slow wave (HVS) pattern is represented by "3" in preterm infants and "5" in full-term infants, with the former indicating active sleep and the latter quiet sleep. Therefore, of the four EEG samples, only **C** is an EEG of quiet sleep, while the others are all of active sleep. Continuous, monotonous bowl-shaped slow waves indicate active sleep in preterm infants, while continuous small slow waves with polymorphism indicate quiet sleep in full-term infants and persist into older age.

Q8. Arrange the active sleep EEGs from A to D in order of immaturity.

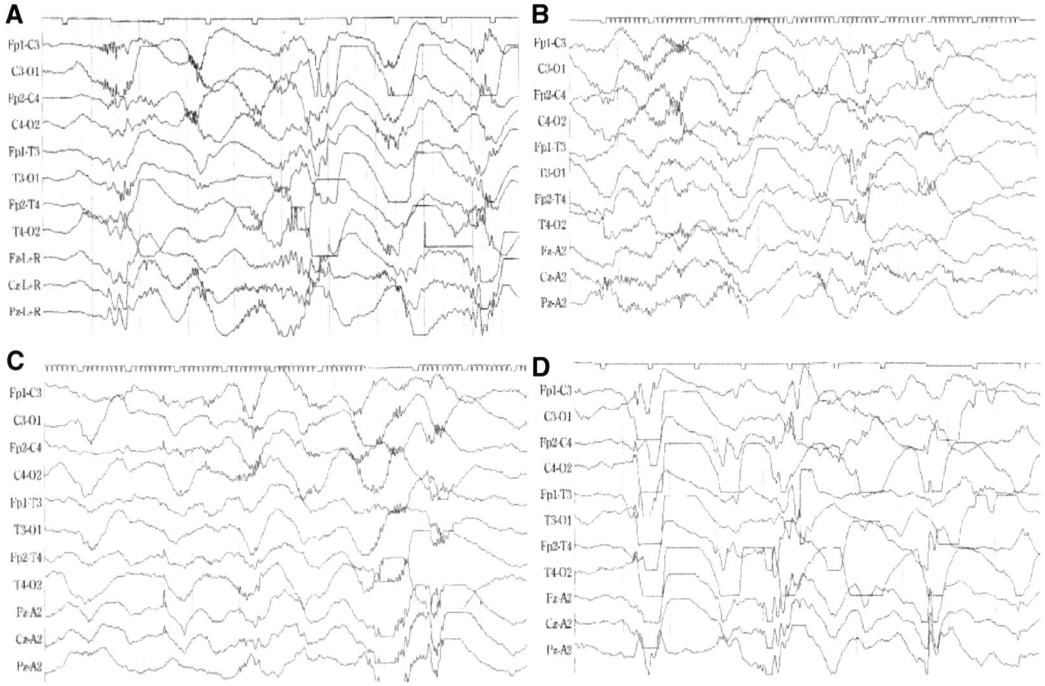

The correct answer: D → A → B → C

Identifying the postmenstrual weeks based on the principle that larger sizes of slow waves indicate immaturity and focusing on transients. The order based on the size of the slow waves is D → A → B → C. **D** is 263, characterized by sharp bursts from the frontal area and 0.5-Hz slow waves over 300 μV; **A** is 303, showing abundant brushes and slow waves of approximately 1 Hz and 300 μV; **B** is 323, showing abundant brushes with 1 Hz and 250 μV slow waves; and **C** is 343, with 1.5 Hz and 200 μV slow waves.

Q9. Arrange the EEGs in order of immaturity.

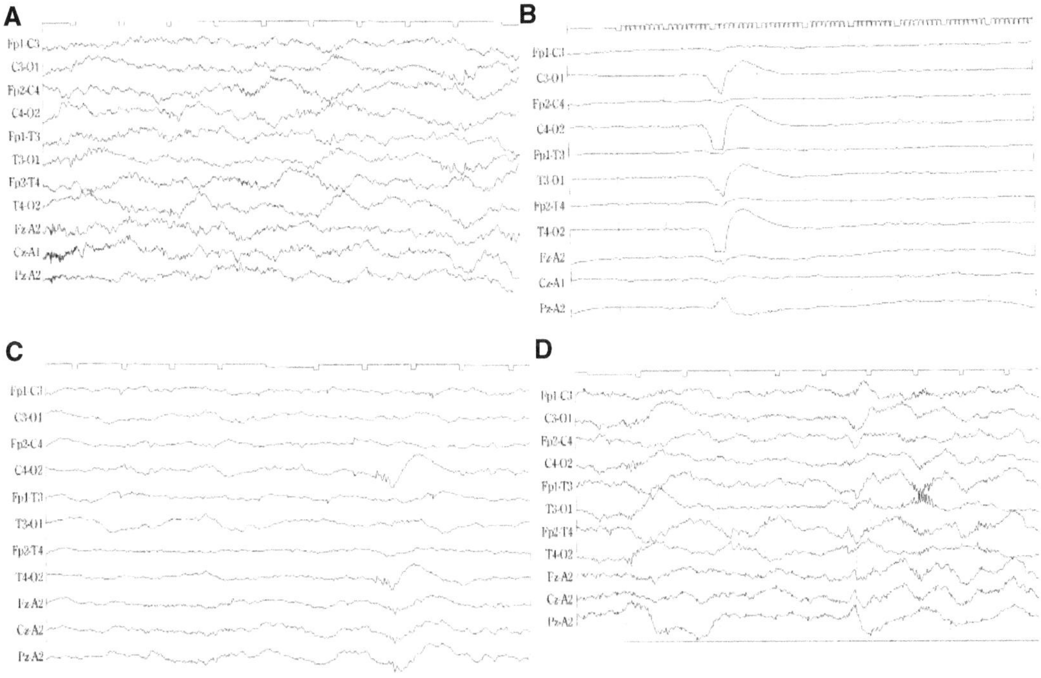

The correct answer: B → C → D → A

A shows a "2" or "3" pattern with 8–12-Hz semi-rhythmic activity and brushes as the main component, as 382 or 383. **B** is very immature, with almost flat low-amplitude occipital sharp waves appearing isolately, as 262. **C** shows 1-Hz slow waves with brushes preceding a low amplitude baseline, classified as 302 or 322. **D** is characterized by monotonous low voltage slow waves with abundant brushes and hardly any sharp waves, classified as 342 or 343. Based on this, the order of immaturity is **B → C → D → A**.

Q10. What is the code of the EEG pattern below?

① 283
② 303
③ 323
④ 343

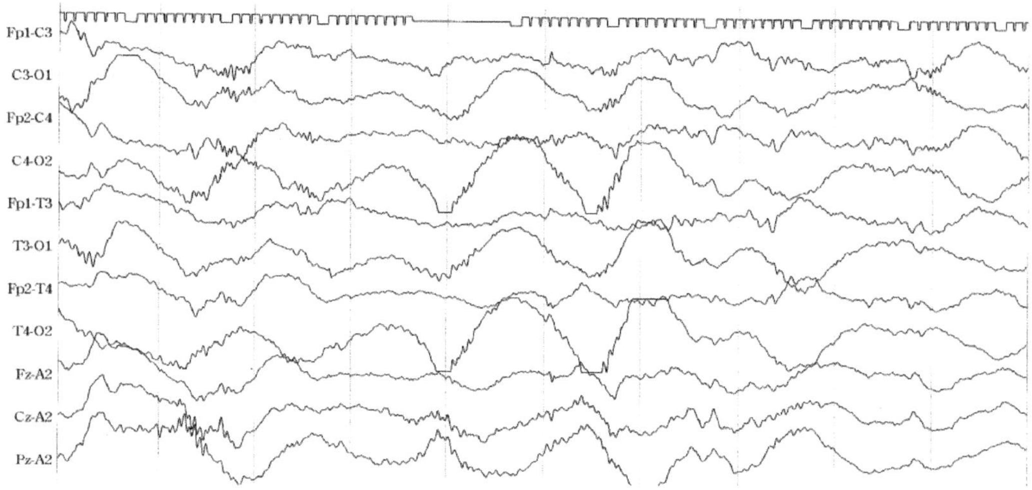

The correct answer: 323

Monotonous high-amplitude slow waves appear continuously; this high-amplitude slow wave pattern of preterm infants is classified as a "3" pattern. The slow waves, approximately 1 Hz and 200–300 μV, appear continuously from the occipital area. Although brushes are abundantly superimposed, no sharp waves are recognized, indicating characteristics of 32–34 weeks. The size of the slow waves suggests immaturity at 32 weeks rather than 34 weeks, so it is classified as 323.

Q11. What is the code for the following EEG pattern?

① 263
② 283
③ 265
④ 285

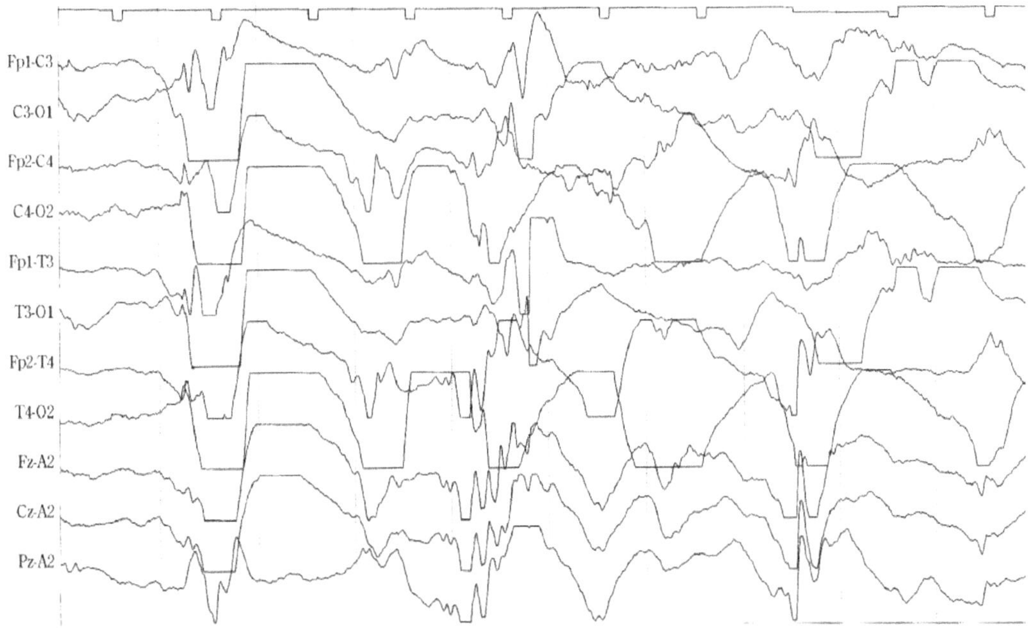

The correct answer: 263

A monotonous high-voltage slow wave lacking polymorphism appears continuously; this is a high-voltage slow wave pattern of premature infants (pattern "3"). The slow wave is approximately 0.5–0.8 Hz and 300–400 μV, showing extremely immature characteristics. No brushes are observed, but frontal sharp bursts are present. Based on this, it is classified as an extremely immature EEG pattern, interpreted as 263.

Q12. What is the code for the following EEG pattern?

① 347
② 367
③ 387
④ 407

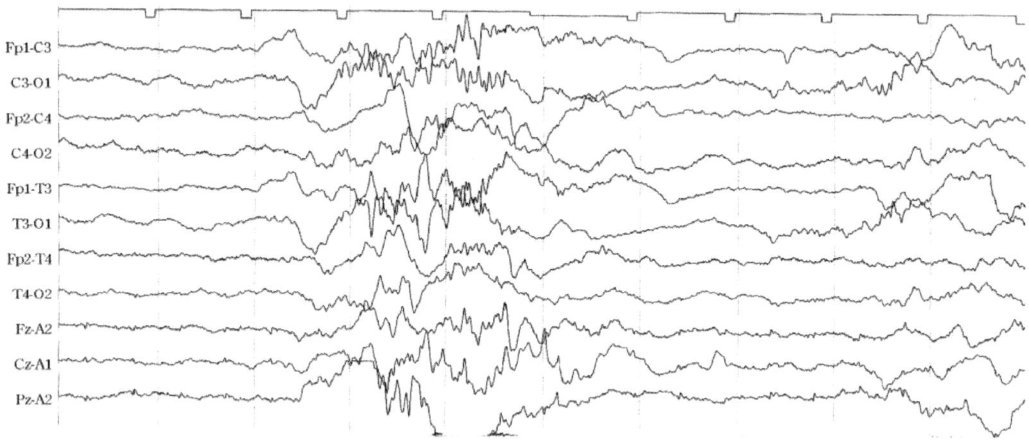

The correct answer: 367

A monotonous high-voltage slow wave lacking polymorphism forms a high-amplitude part for approximately 3 s continuously. The parts before and after this are intermittent low-amplitude parts, forming a discontinuous pattern "7" code. The slow wave is approximately 2 Hz and 100–150 μV, and abundant brushes are superimposed. Sharp waves appear isolately from the temporal area. These are all consistent with the characteristics of 36 weeks postmenstrual age, and it is classified as 367.

Q13. What is the code for the following EEG pattern?

① 385
② 387
③ 405
④ 407

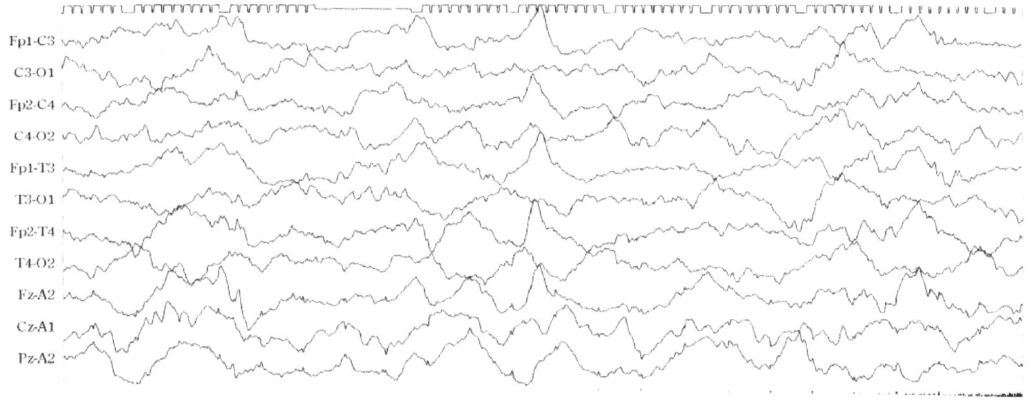

The correct answer: 405

High-voltage slow waves rich in polymorphism appear continuously, with the slow waves at 2–3 Hz and 100–150 μV. No brushes or sharp waves are seen. Considering the size of the slow waves and their polymorphism, it is the high-voltage slow wave (HVS) pattern of full-term infants, so it is coded as "5." It is considered to be indicative of 38–44 weeks of postmenstrual age, but at 38 weeks, monotony and brush remain, and at 44 weeks, the slow waves become larger. Therefore, this can be considered a typical 40-week HVS, and it is classified as 405.

Q14. What is the code for the following EEG pattern?

① 383
② 385
③ 403
④ 405

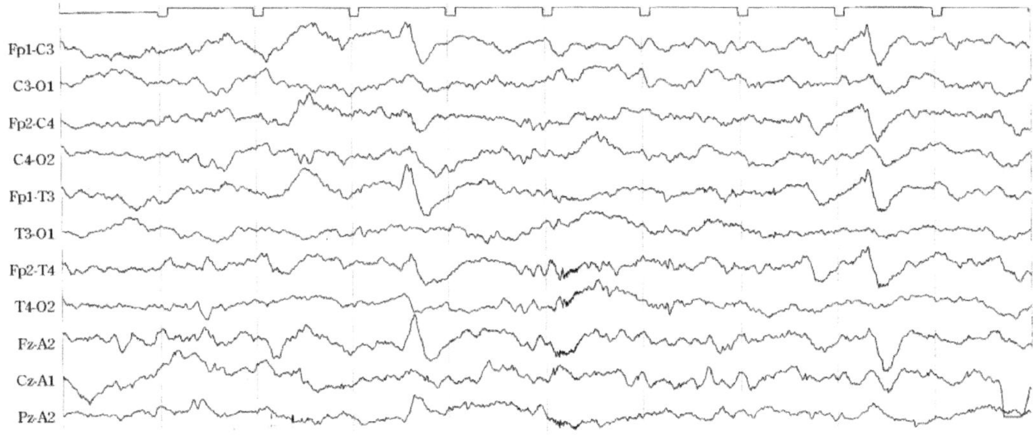

The correct answer: 403

Except for two sharp waves observed from Fp1, no high-amplitude waveforms are observed. The brush is scarce, and semi-rhythmic theta activity is observed. Based on this, it is classified as a mixed pattern "403" with frontal sharp transients.

Q15. What is the code for the following EEG pattern?

① 425
② 427
③ 445
④ 447

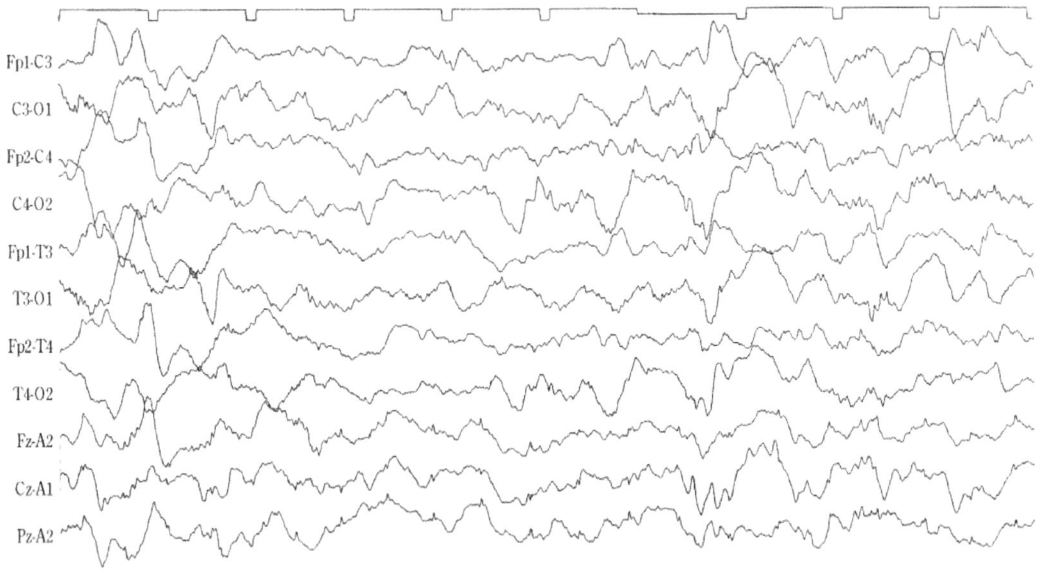

The correct answer: 447

Large, polymorphic slow waves are clustered at the left end and slightly to the right of center. No significant slow waves are observed in other parts. As high- and low-amplitude parts appear alternately, it is an alternating pattern (TA), but the suppression of activity in the low-amplitude part is not noticeable. This is a TA that has matured beyond 407 and is just before the disappearance of TA, that is, "447." The high-voltage slow waves at this time are similar in morphology to the slow waves during sleep in infancy.

Q16. Choose all the 40-week EEGs.

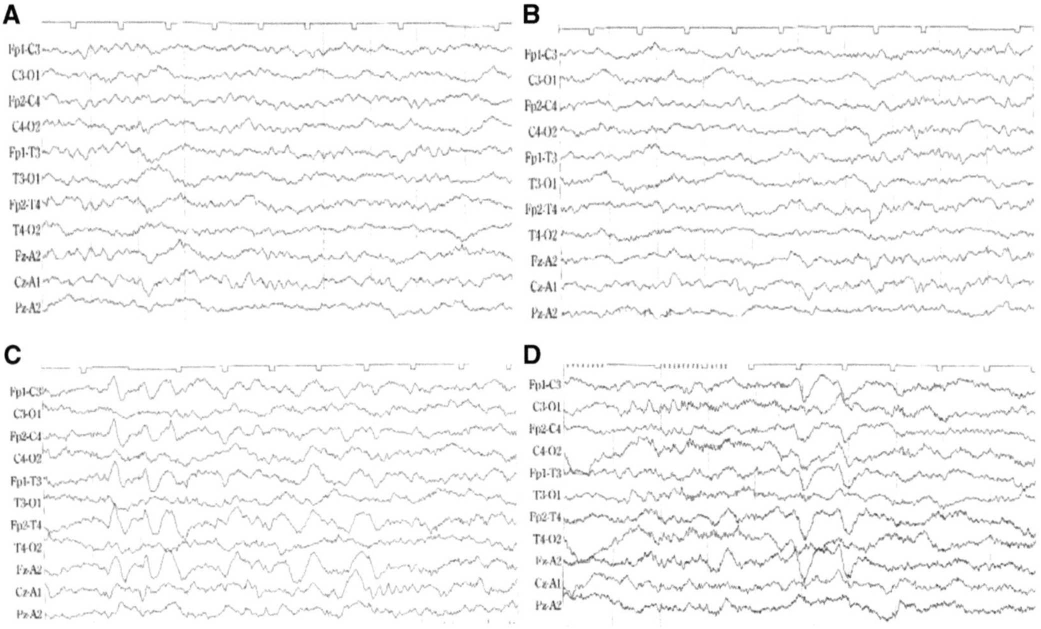

The correct answer: B and C

A shows 3–4 Hz semi-rhythmic theta, which is more indicative of a 44-week pattern (442) than a 40-week postmenstrual age pattern. **B** shows 5–7 Hz semi-rhythmic theta, 402. **C** is classified as 403 with frontal sharp transients and frontal slow bursts. **D** is similar to **C**, but with more remaining brushes, and the frequency of semi-rhythmic activity is fast at 8–12 Hz, so it is judged to be 383. Therefore, **B** and **C** have the 40-week code.

Q17. Choose all EEG samples that show disorganized patterns.

A **(30 weeks postmenstrual age)**

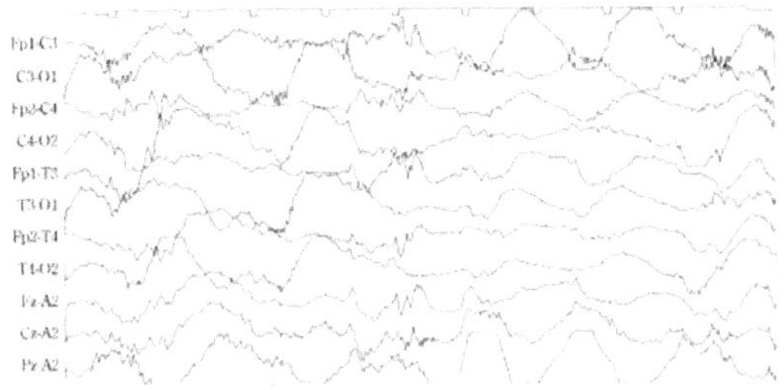

B **(30 weeks postmenstrual age)**

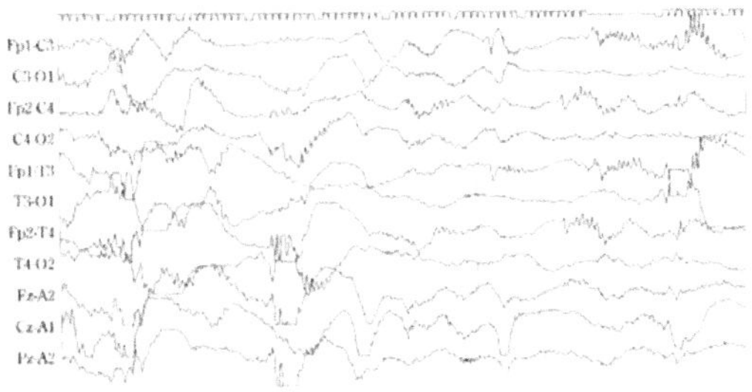

C **(40 weeks postmenstrual age)**

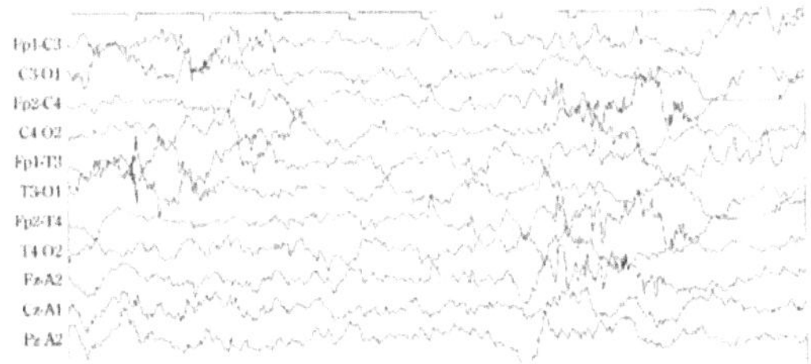

D **(40 weeks postmenstrual age)**

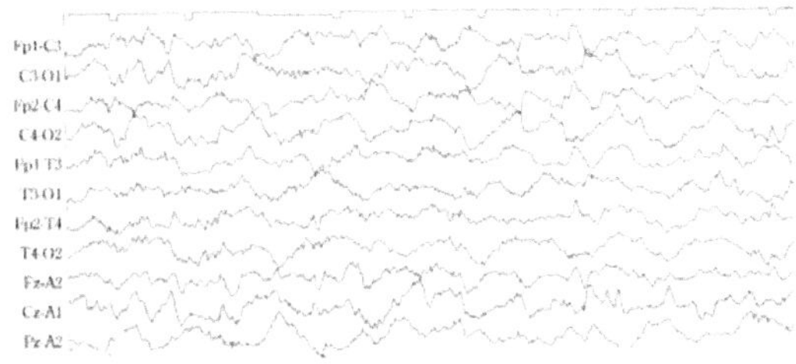

The correct answer: B and C

A has a series of beautiful bowl-shaped slow waves, classified as 303, with the brush somewhat spiky but not mechanical. **B** has a positive sharp wave appearing from Cz, and the brush is mechanical, indicating a typical disorganized pattern. **C** has a good 405 background, but irregular fast waves superimposed on interhemispheric asynchrony appear, and deformation is seen in the slow waves, which are disorganized. **D** has a mature 40-week pattern with polymorphism, and no significant deformation is observed, representing a normal 405.

Q18. Choose all EEG samples that show disorganized patterns.

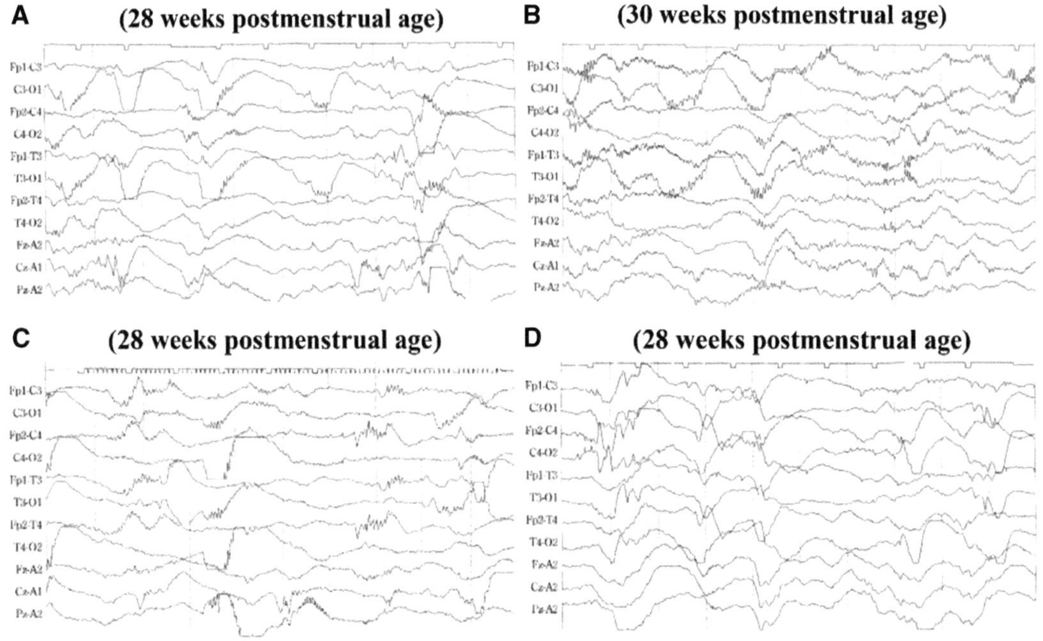

The correct answer: A and C

A and **C** exhibit deformed high-amplitude slow waves due to the insertion of repeated abnormal sharp waves and the appearance of mechanical brushes, which are typical disorganized patterns. In **B**, brush appears frequently, but no deformation is observed in either slow waves or brushes. **D** also shows clustering of very immature high-amplitude slow waves (267 or 287) but does not show non-physiological deformation.

Q19. Choose all EEG samples that show positive rolandic sharp waves.

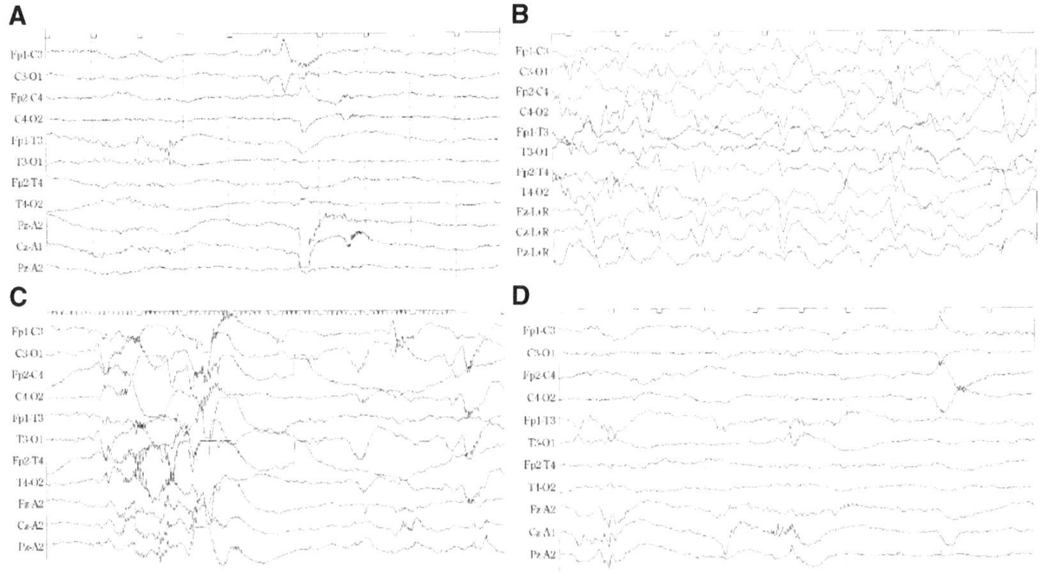

The correct answer: A, C, and D

A shows positive rolandic sharp wave (PRS) typically seen in the recovery period, appearing consecutively from C3 and C4, accompanied by a decrease in amplitude (slightly to the right of the center). **B** exhibits a high-voltage slow wave pattern with many sharp waves overall, but no clear PRS is observed. **C** shows the PRS typical of a disorganized pattern, appearing from C3 on the right side. **D** also shows PRS appearing synchronously from the left and right central parts in low voltage EEG activity (to the right).

Q20. Choose all EEG samples that show mechanical brushes.

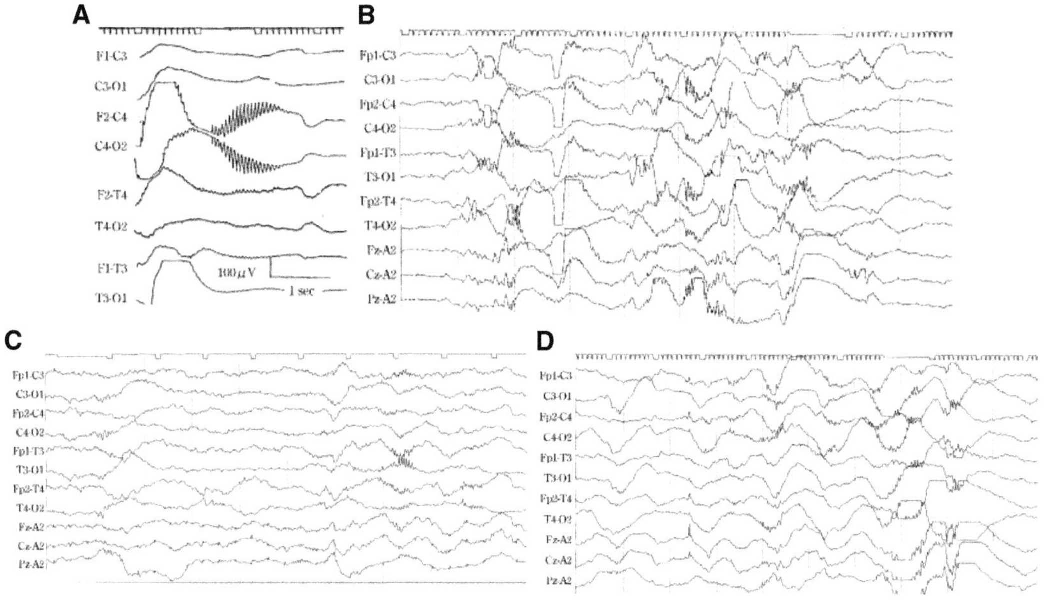

The correct answer: A and B

A is a typical mechanical brush, characterized by a cogwheel-like shape. Remember that, similar to a positive rolandic sharp wave (PRS), a mechanical brush does not appear in isolation but are always accompanied by depression or a disorganized pattern. If you remember this, you will not make a mistake. For example, of **B**, **C**, and **D**, only **B** has a disorganized EEG background. The periods of **C** (363) and **D** (343) are when the brush becomes somewhat sharp physiologically, but they should not be judged as mechanical.

Q21. Choose all EEG samples that show a dysmature pattern.

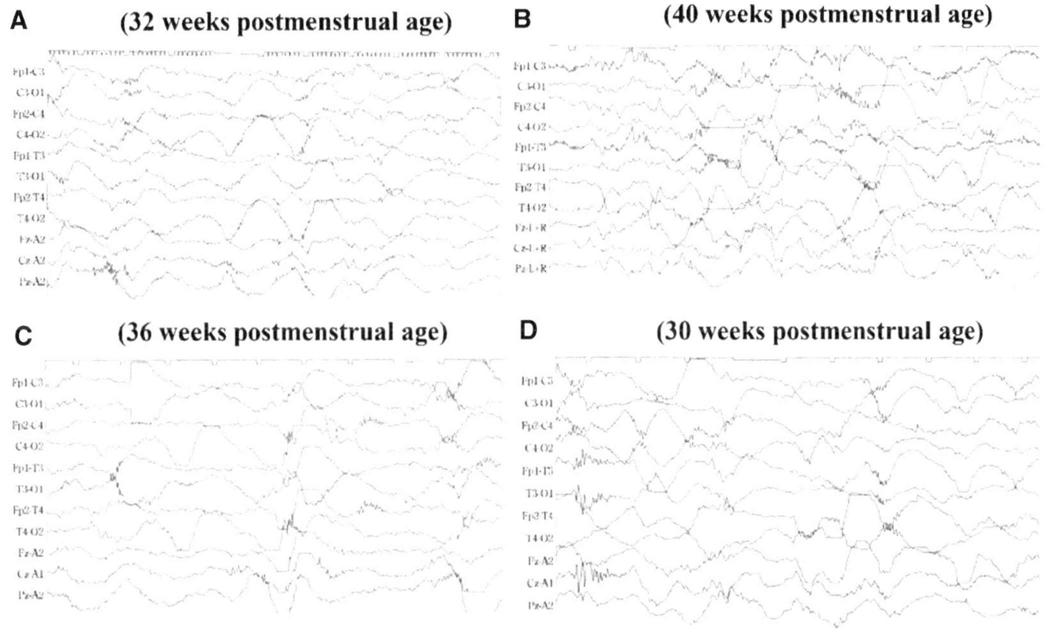

The correct answer: B and C

A dysmature pattern in an EEG indicates immaturity relative to the expected postmenstrual age (PMA). The PMA estimated from the slow waves and transients are **A** at 32 weeks PMA, **B** at 32–34 weeks PMA, **C** at 32–34 weeks PMA, and **D** at 28–30 weeks PMA. The correct answer is **B** (an approximately 6–8-week delay) and **C** (a 2–4-week delay).

Q22. Choose an abnormal EEG.

A **(40 weeks postmenstrual age)**

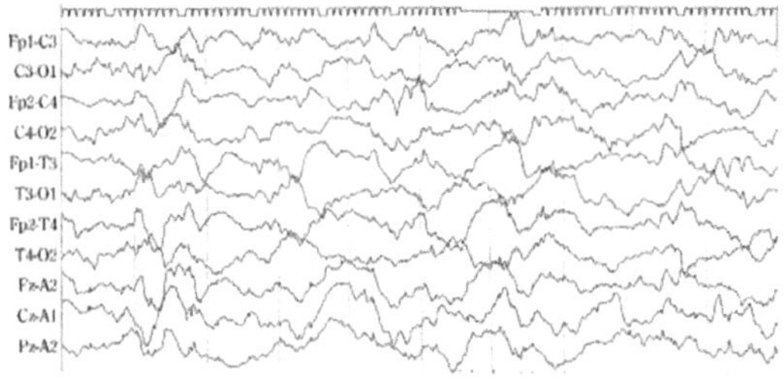

B **(28 weeks postmenstrual age)**

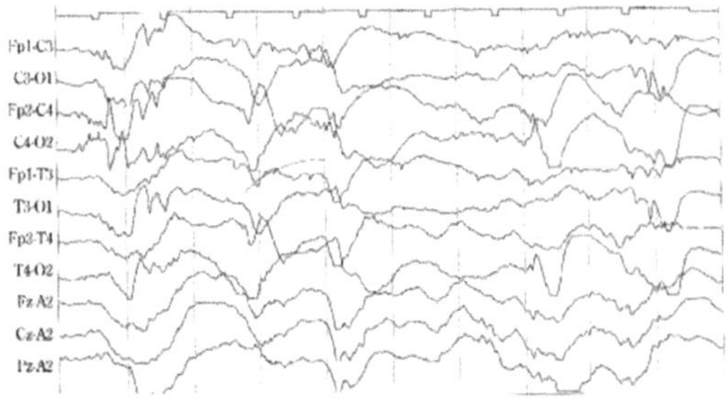

C **(34 weeks postmenstrual age)**

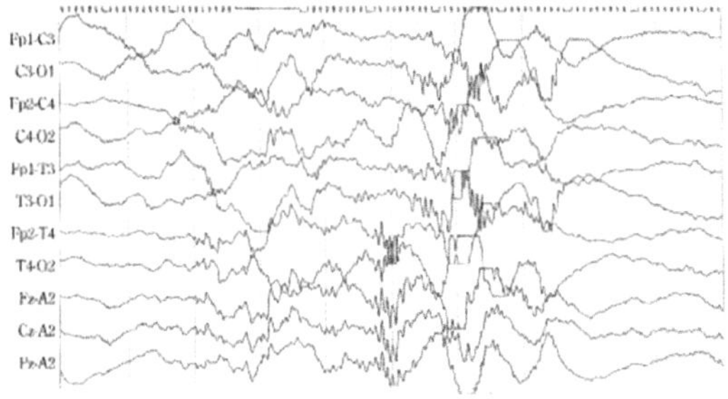

D **(28 weeks postmenstrual age)**

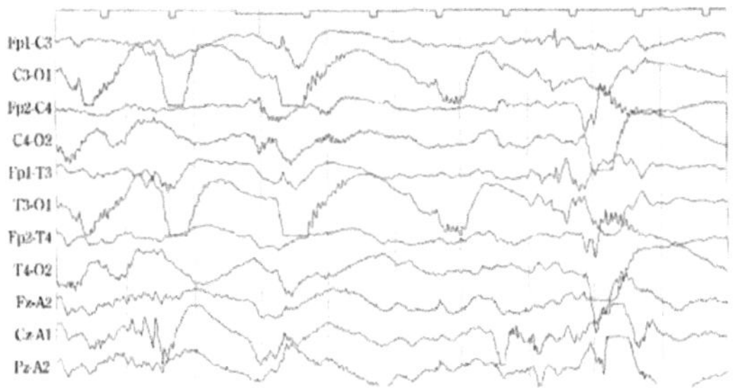

The correct answer: D

A is a well-developed 405 with polymorphism; if this pattern is confirmed, there is less concern about an abnormal outcome. **B** is 283; if this pattern is found in a very premature baby, it is reassuring. **C** is the high-amplitude part of 347/367. There are many brushes, but they are not mechanical. **D** is 263/283, but there are abnormal sharp waves from the occipital region and Cz. The brushes are deformed to mechanical, and it is a disorganized pattern.

Q23. Choose all EEGs that include transients of premature infants.

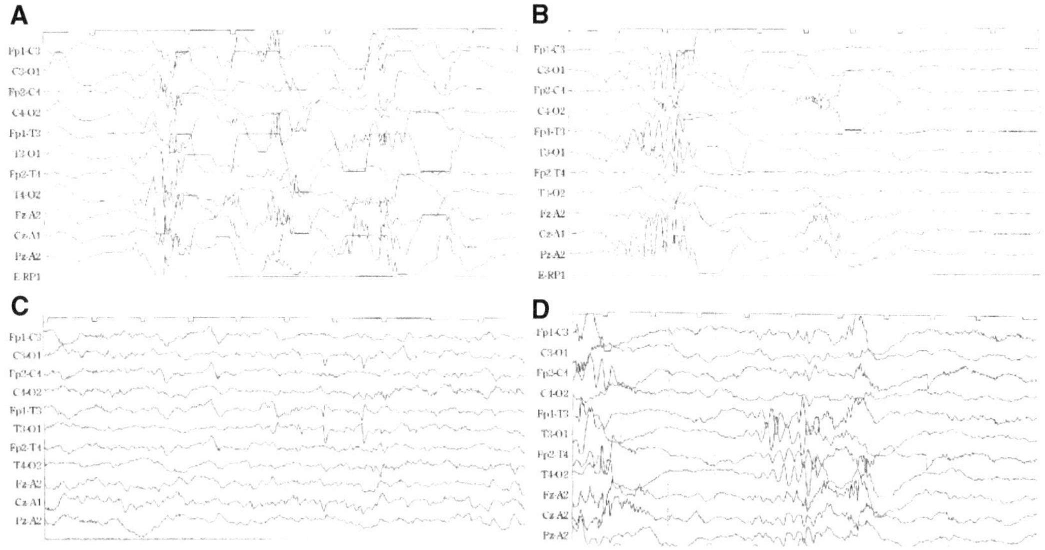

The correct answer: A, B, and D

A shows frontal sharp bursts most frequently seen during the extremely immature period of 24–26-weeks postmenstrual age (PMA). **B** shows high-amplitude theta most frequently seen at 28 weeks PMA. **C** shows frontal and temporal sharp transients, famous at 36–42 weeks, especially at 40-weeks PMA. **D** shows rhythmic temporal theta often seen at 30 weeks PMA. Therefore, the transients of premature infants are **A**, **B**, and **D**.

Q24. Which is an abnormal EEG?

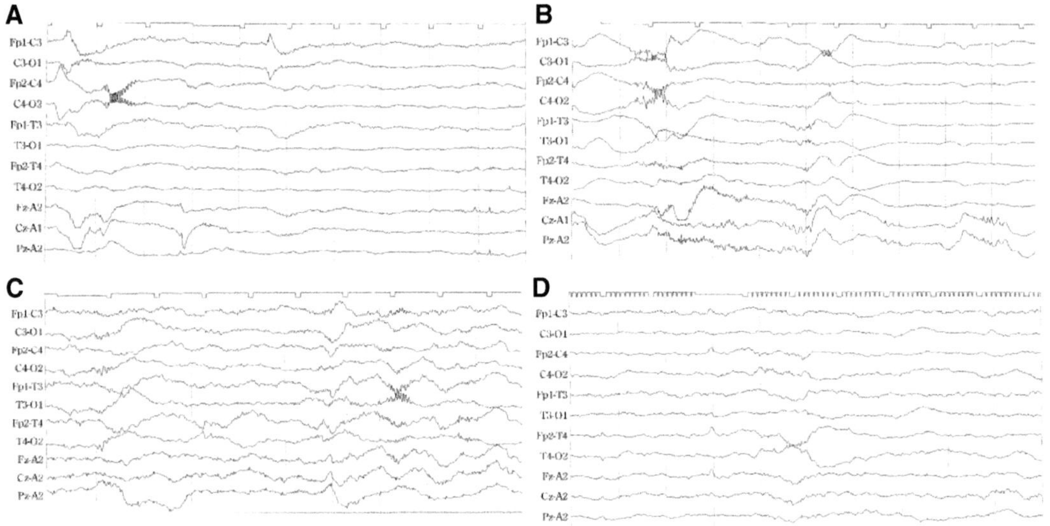

The correct answer: A

A to **D** are all "2" patterns, in which no high-amplitude activity is seen. Therefore, it is difficult to find abnormalities at this stage. Nevertheless, even at this stage, it is necessary to be sensitive to the appearance of abnormal waveforms. **A** has a positive rolandic sharp wave (PRS) appearing from C3 so, unlike **B**, **C**, and **D**, it is a disorganized pattern accompanied by decreased activity. **B** is a normal low-voltage irregular (LVI) pattern at 28-weeks postmenstrual age (PMA), **C** is at 34 weeks PMA, and **D** is at 38 weeks PMA.

Q25. Which of the following abnormal findings is observed in this EEG?

A. Acute stage abnormality

B. Disorganized pattern

C. Dysmature pattern

D. Dysmorphic pattern

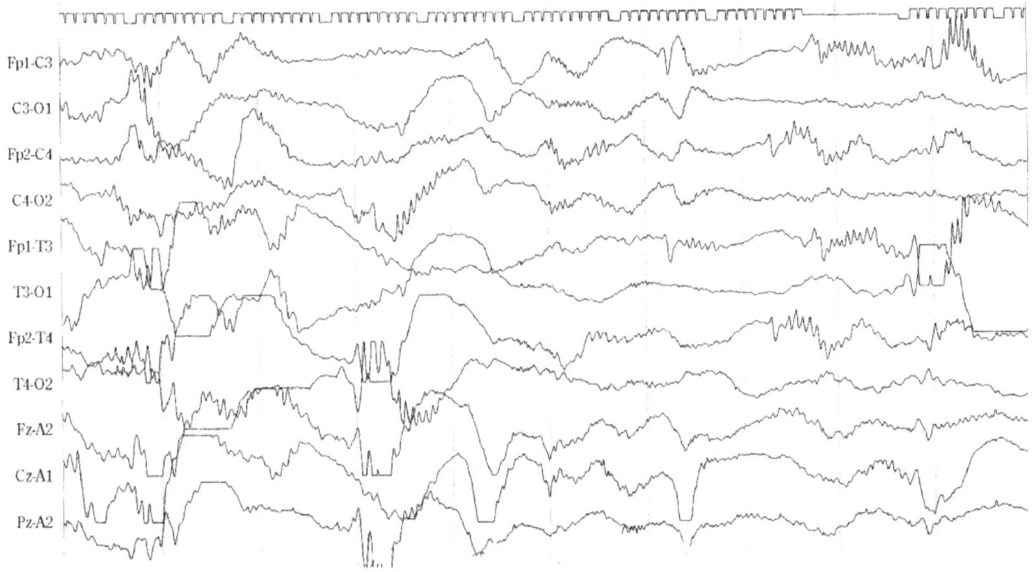

The correct answer: B

Premature infants are particularly vulnerable in the deep white matter due to age-specific vascular distribution. When the deep white matter is damaged from premature birth, the EEG shows an abnormal disorganized pattern during the recovery period. This occurs because fiber bundles projecting from the deep gray matter to the cerebral cortex are ruptured, deforming slow waves or brushes. The presence of positive rolandic sharp waves (PRS) and/or mechanical brushes aid in diagnosis. This finding suggests the possibility of periventricular leukomalacia and later cerebral palsy.

Q26. Which of the following abnormal findings is observed in this EEG?

A. Acute phase abnormality

B. Disorganized pattern

C. Dysmature pattern

D. Dysmorphic pattern

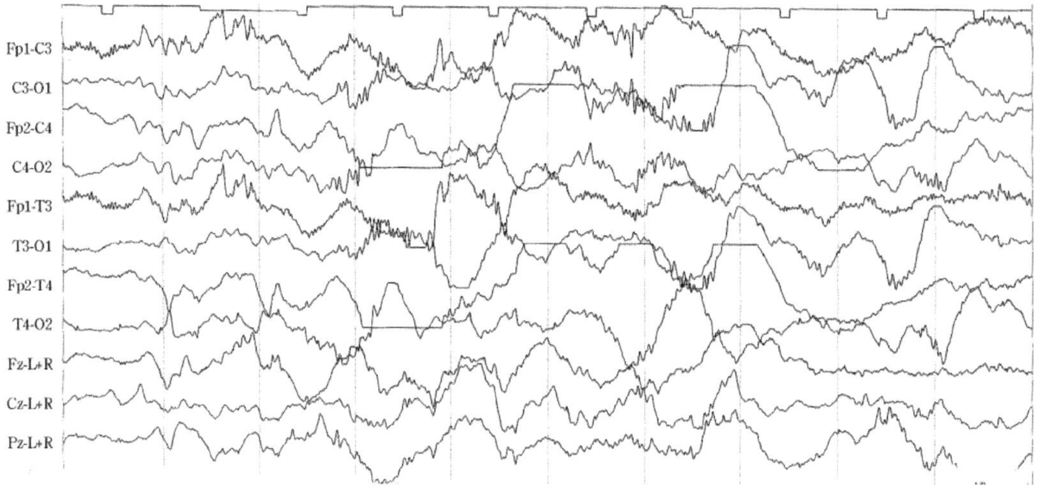

The correct answer: C

This high-voltage slow wave (HVS) pattern, rich in polymorphism, generally indicates a term infant. However, it shows monotonous HVSs, which are never seen in term infants, and more brushes remain than expected, Therefore, it was judged to be a dysmature pattern.

The state in which immature findings are present elementally is called heterochronism, and in EEG finding, it is called the dysmature pattern (dysmaturity). This finding is thought to reflect the delay in the construction of neural networks due to various environmental factors in the extremely premature period. A delay in intellectual development is a concern, especially if the delay is 3–4 weeks or more.

Q27. Which of the following abnormal findings is observed in this EEG?

A. Acute phase abnormality
B. Disorganized pattern
C. Dysmature pattern
D. Dysmorphic pattern

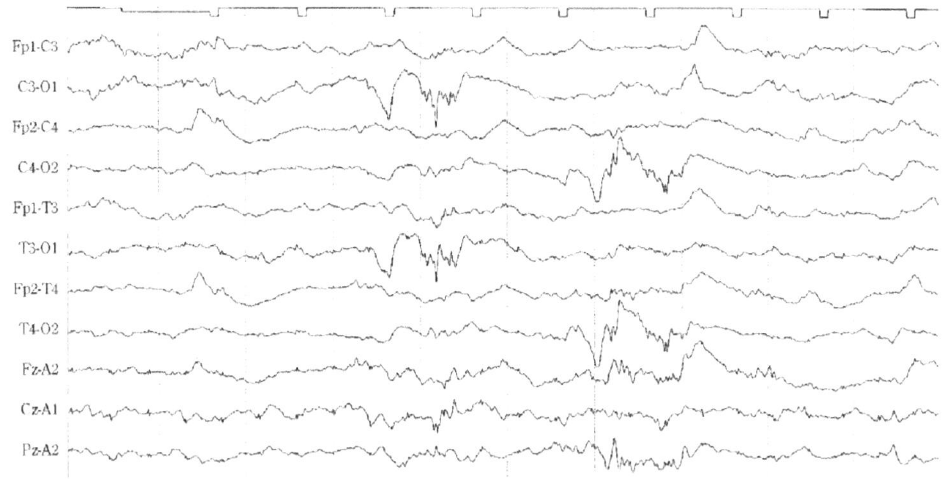

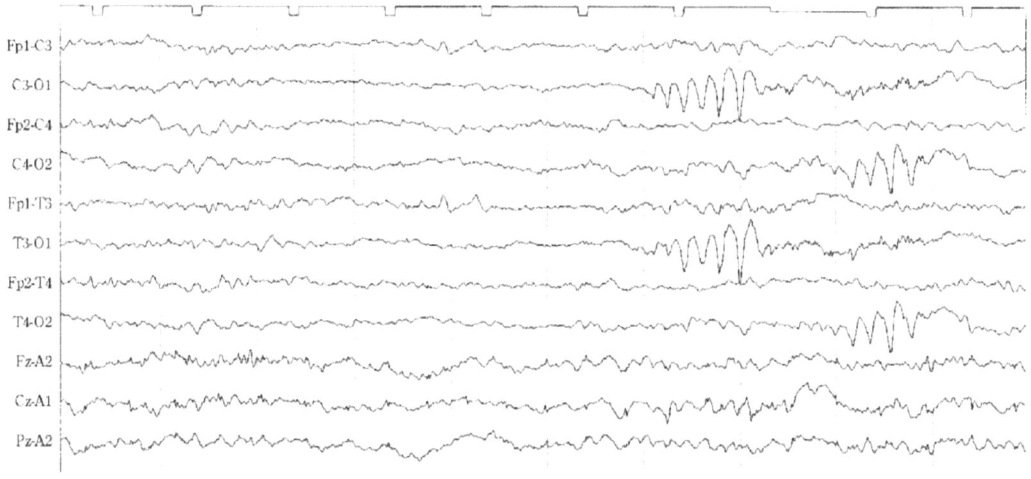

The correct answer: D

Qualitative abnormalities of the background EEG in acquired brain damage can be summarized as disorganized patterns and dysmature patterns. However, congenital brain malformations exhibit abnormalities not classified under these categories. The presence of waveforms not observed in physiological situations consolidates this type of functional abnormality, justifying their conceptual grouping. We collectively refer to these as dysmorphic patterns. If there is no deformation or delay of physiological waveforms, it is recommended to categorize them within this group of abnormalities for now.

Q28. Which of the following abnormal findings is observed in this EEG?

A. Acute phase abnormality
B. Disorganized pattern
C. Dysmature pattern
D. Dysmorphic pattern

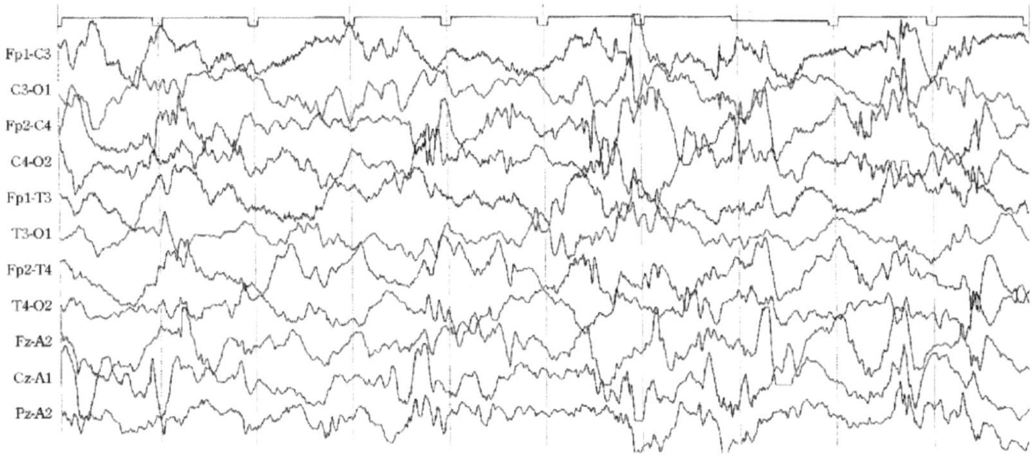

The correct answer: D

If qualitative abnormalities in chronic-stage EEG abnormalities are divided into disorganized, dysmature, and dysmorphic patterns, this EEG frequently shows a combination of spike and polyspike-and-slow waves. By definition, this is a dysmorphic pattern. However, this pattern can change from moment to moment as neonatal seizures are controlled, so it is unreasonable to consider it a chronic-stage abnormality. Seizure activity may secondarily affect the overall background activity, which should always be kept in mind during periods when neonatal seizures are frequent.

Q29. Choose all the findings during seizures.

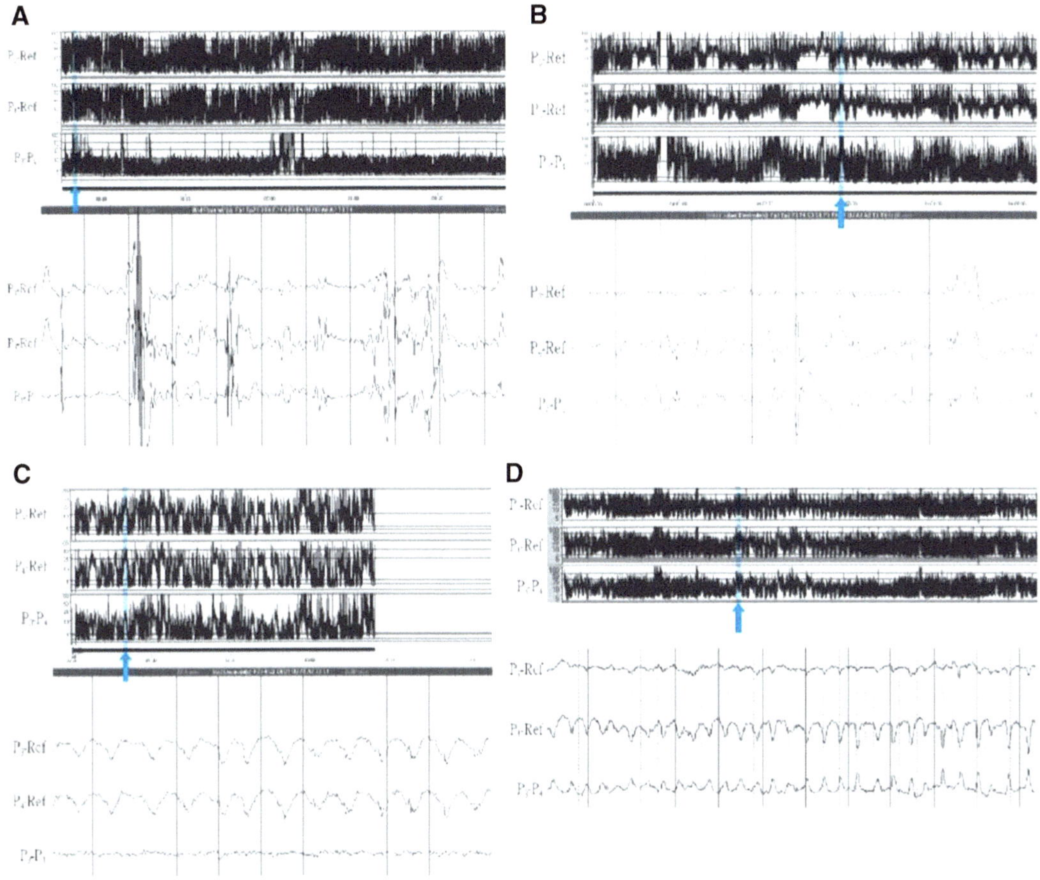

The correct answer: C and D

A–D all show a rise in the lower border in the aEEG, so it is necessary to confirm the waveform with raw EEG. **C** and **D** show repetitive, rhythmic, stereotyped waveforms in the raw EEG and are considered ictal findings of neonatal seizures. In comparison, **A** and **B** have irregular high-amplitude waveforms mixed in and are considered artifacts. It is impossible to diagnose neonatal seizures with aEEG alone; it is always necessary to confirm them with raw EEG.

Q30. Choose all the findings that occur during seizures.

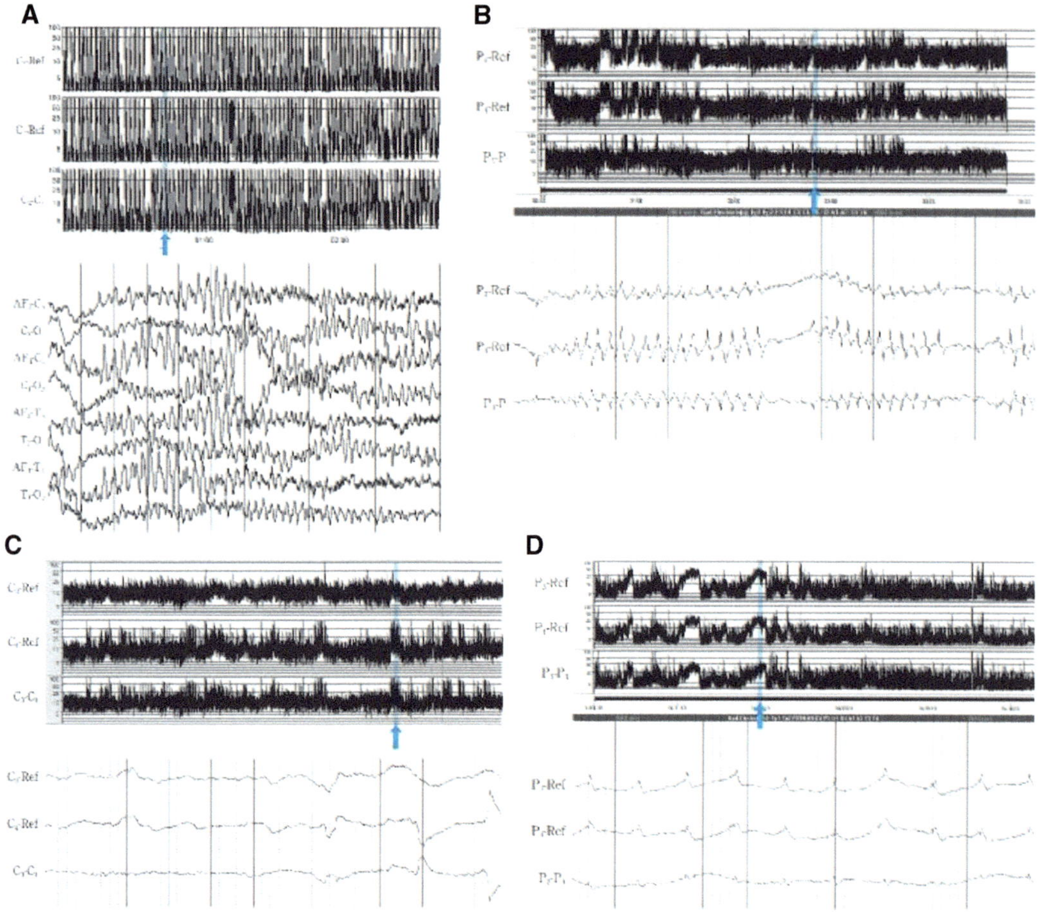

The correct answer: A and D

The aEEG of **A** shows a saw-tooth pattern, with continuous rhythmic theta waves are also recognized in the conventional EEG (cEEG). In **B** and **C**, the cEEG waveform lacks rhythm and is inconstant. **D** is easily identifiable by the rise in the lower border due to the suppression of background activity, with rhythmic repetition of the same waveform in cEEG. **C** is from a case where neonatal seizures were actually observed; diagnosing neonatal seizures is difficult with a medical history or aEEG alone.

Q31. Arrange aEEGs A to D in order of immaturity.

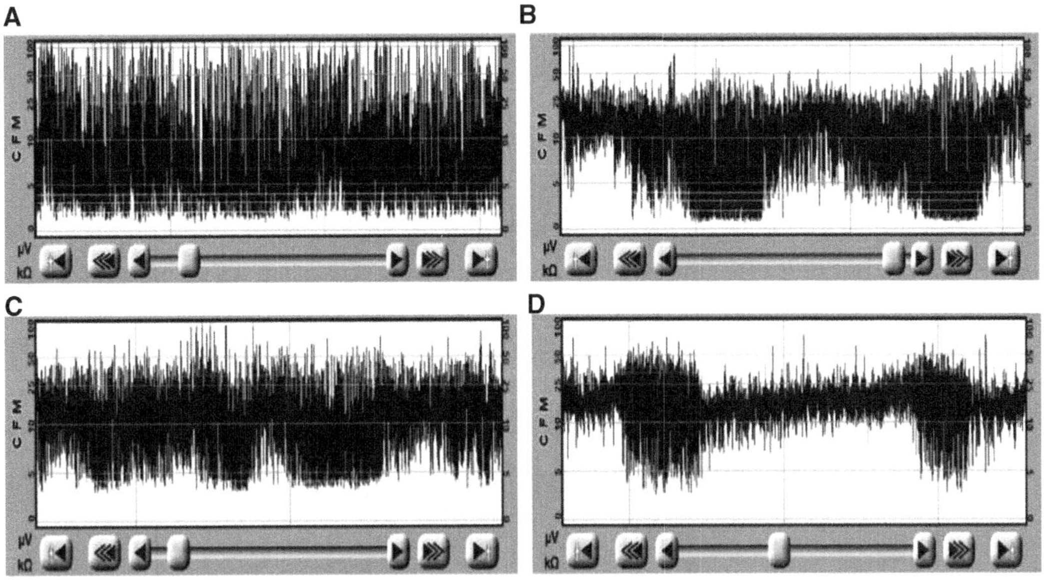

The correct answer: A → C → B → D

A shows little variation or periodicity in both upper and lower borders, equivalent to a 24-week postmenstrual age (PMA) aEEG. **B** shows cycling only in the lower border, equivalent to a 34-week PMA aEEG. **C** shows in-phase cycling, equivalent to a 30-week PMA aEEG. **D** has clear periodicity with the upper and lower borders cycling in opposite directions, equivalent to a 38-week PMA aEEG. From this, the order of immaturity is **A** (24 weeks PMA), **C** (30 weeks PMA), **B** (34 weeks PMA), and **D** (38 weeks PMA).

Q32. Choose all the findings seen during seizures.

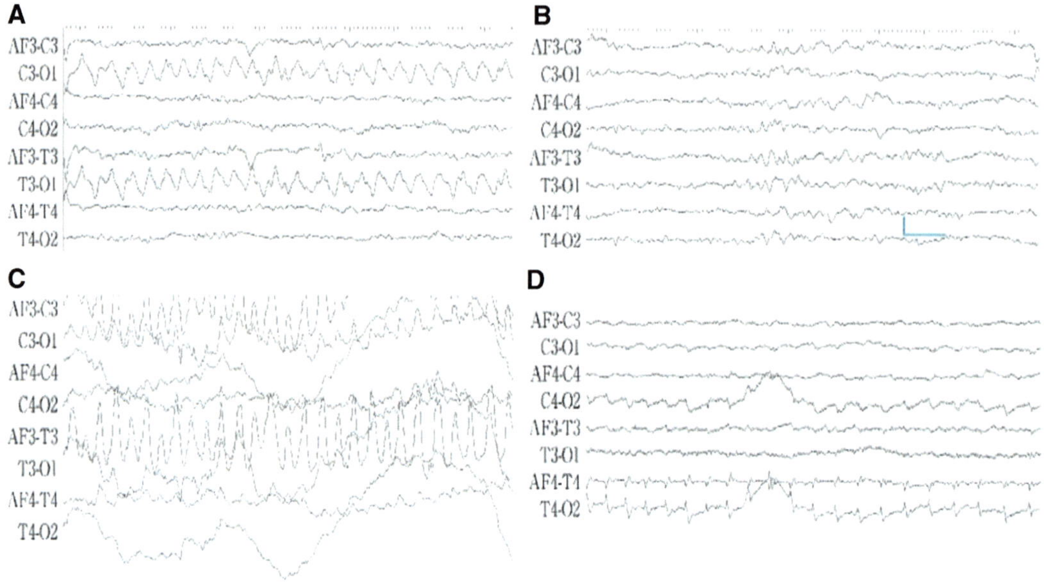

The correct answer: A, C, and D

Ictal EEG changes are characterized by repetitive, rhythmic, stereotyped waveforms. In **A**, rhythmic delta waves are observed in the left occipital region (O1). In **C**, extremely high-amplitude rhythmic delta-theta waves are observed in the left frontal region (AF3). In **D**, rhythmic sharp waves are observed in the right temporal region (T4).

Q33. Which of A–D shows findings during seizures?

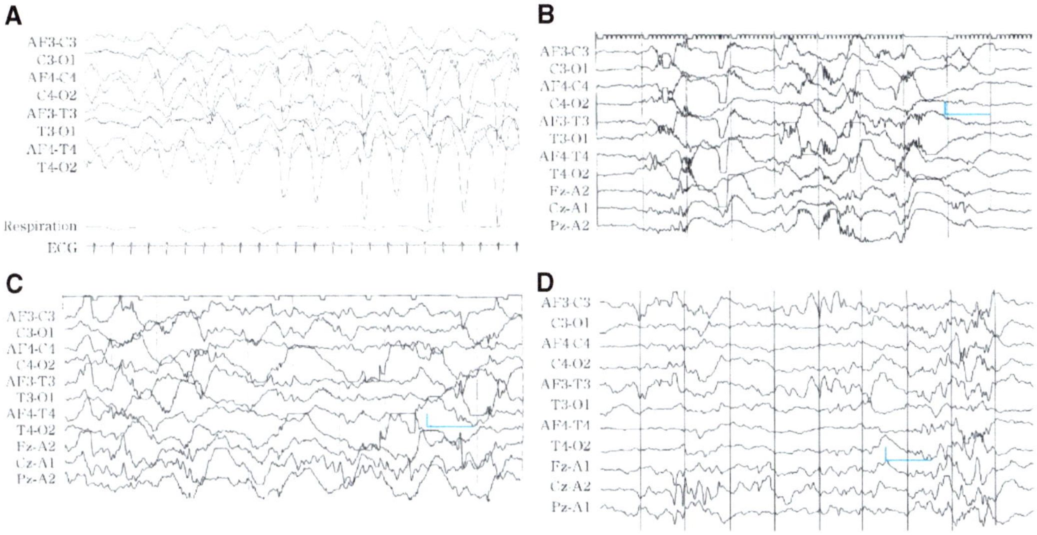

The correct answer: A

Ictal EEG changes are characterized by repetitive, rhythmic, stereotyped waveforms. In **A**, rhythmic high-amplitude slow waves are observed in the right occipital region (O2), showing an evolutional change. **B–D** do not show this.

GPSR Compliance

The European Union's (EU) General Product Safety Regulation (GPSR) is a set of rules that requires consumer products to be safe and our obligations to ensure this.

If you have any concerns about our products, you can contact us on ProductSafety@springernature.com

In case Publisher is established outside the EU, the EU authorized representative is:

Springer Nature Customer Service Center GmbH
Europaplatz 3
69115 Heidelberg, Germany

Batch number: 10731395

Printed by Printforce, the Netherlands